水利工程质量与安全管理

苗兴皓　王艳玲　孙秀玲　主　编
李振佳　席任之　李海峰　副主编

中国建材工业出版社

图书在版编目（CIP）数据

水利工程质量与安全管理/苗兴皓，王艳玲，孙秀玲主编．—北京：中国建材工业出版社，2019.12

ISBN 978-7-5160-2770-7

Ⅰ.①水… Ⅱ.①苗… ②王… ③孙… Ⅲ.①水利工程—工程质量—质量管理②水利工程—工程施工—安全管理 Ⅳ.①TV51

中国版本图书馆CIP数据核字（2019）第282525号

水利工程质量与安全管理
Shuili Gongcheng Zhiliang yu Anquan Guanli
苗兴皓　王艳玲　孙秀玲　主编

出版发行：中国建材工业出版社
地　　址：北京市海淀区三里河路1号
邮　　编：100044
经　　销：全国各地新华书店
印　　刷：北京雁林吉兆印刷有限公司
开　　本：787mm×1092mm　1/16
印　　张：23.75
字　　数：560千字
版　　次：2019年12月第1版
印　　次：2019年12月第1次
定　　价：86.00元

本社网址：www.jccbs.com，微信公众号：zgjcgycbs
请选用正版图书，采购、销售盗版图书属违法行为

本书如有印装质量问题，由我社市场营销部负责调换，联系电话：（010）88386906

前　言

近年来，随着我国政府投资水利项目建设力度的不断加大，水利建设项目规模迅速扩大。但施工单位面对越来越大、越来越多、越来越复杂的工程项目，如何有效地进行管理，应着力做好哪些管理方面的措施，才能有效地完成进度计划、保证工程质量、杜绝安全事故、提高管理效益目标，在水利工程建设施工管理中，怎样处理好质量管理和安全管理之间的关系，是一个永恒的话题。

我国《建筑法》明确规定对建筑活动的基本要求是“应当确保建筑工程质量和安全，符合国家的建筑工程安全标准”。水利水电工程质量与安全的法规、政策、制度不断完善，各项建设、监管制度得到有效地实施，生产过程的安全水平和最终产品的质量水平都有较大的提升。然而，我们也应认识到与发达国家相比，我国的工程质量和安全生产水平仍然滞后于水电建设经济和生产技术发展速度，也滞后于社会发展水平和公众的期望。

本书主要内容包括：工程质量管理、全面质量管理、ISO 9000 质量管理体系、水利工程施工质量控制要点、水利工程建设项目验收、水利工程安全生产基础知识、安全风险管理、水利工程安全生产管理。

本书由苗兴皓、王艳玲、孙秀玲担任主编，由李振佳、席任之、李海峰担任副主编。本书参编人员主要有于文海、李健、刘为公、万明清、孔令华、张云鹏、杜宝君。

本书在编写过程中，得到了山东省住房和城乡建设厅、山东省水利厅、山东大学、山东省建设执业资格注册中心、山东省建设文化传媒有限公司、滨州市水利局等单位的大力支持和帮助，在此一并感谢。

因编者水平有限，书中定会存在不当或错误之处，恳请读者批评指正。

编者

2019 年 12 月

目　录

第一章　工程质量管理

第一节　工程质量管理概述

建设项目质量是决定建设项目成败的关键，也是施工单位四大控制目标（质量、成本、进度、安全）的重点之一。建设项目的成本控制、进度控制和安全控制必须以一定的质量水平为前提，以确保建设项目能全面满足各项要求。为此，我国于1997年11月1日颁布了《中华人民共和国建筑法》（1998年3月1日起施行。根据2011年4月22日第十一届全国人民代表大会常务委员会第二十次会议的决定进行了第一次修正。根据2019年4月23日第十三届全国人民代表大会常务委员会第十次会议的决定进行了第二次修正），2000年1月30日又颁布了《建设工程质量管理条例》（2000年1月30日起施行，2017年10月7日修订，2019年4月23日，对部分条款予以修改）。

随着国民经济与社会的发展，水利水电工程建设也越来越多，工程的复杂程度也越来越高，水利水电工程往往是投资多影响大的大型工程，在建设过程中对质量的要求更高，工程的管理工作必须到位。随着改革开放的不断深入和发展，我国的水利水电工程质量和服务质量的总体水平不断提高。多年来，我国一直强调必须贯彻“百年大计，质量第一”的方针，这对建立和发展社会主义市场经济与扩大对外开放发挥了重要作用。质量管理工作已经越来越为人们所重视，企业领导清醒地认识到了高质量的产品和服务是市场竞争的有效手段，是争取用户、占领市场和发展企业的根本保证。

一、基本概念

1. 质量

《质量管理体系　基础和术语》（GB/T 19000—2016）将质量定义为：质量是指客体的一组固有特性满足要求的程度。

客体是可感知或可想象到的任何事物，如产品、服务、过程、人员、组织、体系、资源。客体可能是物质的、非物质的或想象的，如组织未来的状态。

所谓固有的，是指在某事或某物中本来就有的，尤其是那种永久的特性。特性是指可区分的特征。特性可以是固有的或赋予的，也可以是定性的或定量的。特性又有不同的类别，如物理的（如机械的、电的、化学的或生物学的特性）、感官的（如嗅觉、触觉、味觉、视觉、听觉）、行为的（如礼貌、诚实、正直）、时间的（如准时性、可靠性、可用性）、人体工效的（如生理的特性或有关人身安全的特性）和功能的（如飞机的最高速度）。

所谓要求，是指明示的、通常隐含的或必须履行的需求或期望。“通常隐含”是指组织和相关方的惯例或一般做法，所考虑的需求或期望是不言而喻的。规定要求是经明示的要求，如在形成文件的信息中阐明。特定要求可使用限定词表示，如产品要求、质量管理要求、顾客要求、质量要求等。要求可由不同的相关方或组织自己提出。为实现较高的顾客满意，可能有必要满足那些顾客既没有明示也不是通常隐含或必须履行的期望。当然，要求是随时间变化的。这是因为人们对质量的要求不可能停留在一个水平上，它要受社会、政治、经济、技术、文化等条件的制约。这个定义，既包括有形的产品，也包括无形的产品；既包括满足现在规定的标准，也包括满足用户潜在的需求；既包括产品的外在特征，又包括产品的内在特性。

质量具有时效性和相对性。质量的时效性是因为组织的顾客和其他相关方对组织的产品、过程和体系的需求与期望是不断变化的，因此组织应定期评定质量要求、修订规范标准，不断开发新产品、改进老产品，以满足已变化的质量需求。质量的相对性是因为组织的顾客和其他相关方可能对同一产品的功能提出不同要求，需求不同，质量要求也不同。在不同时期和不同地区，要求也不一样。只有满足要求的产品，才是好的产品。

现代关于质量的认识包括对社会性、经济性和系统性三方面的认识：①质量的社会性。质量的好坏不仅从直接的用户，还从整个社会的角度来评价，关系到生产安全、环境污染、生态平衡等问题时更是如此。②质量的经济性。质量不仅从某些技术指标来考虑，还从制造成本、价格、使用价值和消耗等几方面来综合评价。在确定质量水平或目标时，不能脱离社会的条件和需要，不能单纯追求技术上的先进性，而应考虑使用上的经济合理性，使质量和价格达到合理的平衡。③质量的系统性。质量是一个受设计、制造、使用等因素影响的复杂系统。

上述质量不仅指产品质量，也可以是某项活动或过程的质量，还可以是质量管理体系的质量。

2. 产品

产品是指过程的结果。《质量管理体系　基础和术语》（GB/T 19000—2016）中的过程是指一组将输入转化为输出的相互关联和相互作用的活动。通用的产品分四大类，即硬件、软件、流程性材料和服务。许多产品由不同类别的产品构成，服务、软件、硬件或流程性材料的区分取决其主导成分。

产品是指在组织和顾客之间未发生任何交易的情况下，组织产生的输出。在供方和顾客之间未发生任何必要交易的情况下，可以实现产品的生产。但是，当产品交付给顾客时，通常包含服务因素。产品最主要的部分通常是有形的。硬件是有形的，其量具有计数的特性。流程性材料是有形的，其量具有连续的特性。硬件和流程性材料经常称为货物。软件无论采用何种介质传递如计算机程序、移动电话应用程序、操作手册、字典内容、音乐作品版权、驾驶执照等，都由信息组成。

产品质量是指产品固有特性满足人们在生产及生活中所需的使用价值及要求的属性，它们体现为产品的内在和外观的各种质量指标。根据质量的定义，可以从两方面理解产品的质量：第一，产品质量的好坏和优劣，是根据产品所具备的质量特性能否满足人们需要及满足程度来衡量的。一般有形产品的质量特性主要包括性能、质量标准、寿命、可靠性、安全性、经济性等；无形产品的特性强调服务及时、准确、圆满与友好等。第二，产品质量具有相对性。一方面，对有关产品所规定的标准、性能及要求等因时而异，会随时间、条件而变化；另一方面，满足期望的程度也由于用户要求程度不同因人而异。

3. 服务

服务是指在组织和顾客之间需要完成至少一项活动的组织的输出。服务的主要特征通常是无形的，服务通常包含确定顾客的要求与顾客在接触面的活动以及服务的提供，可能还包括建立持续的关系如银行、会计师事务所或公共组织，如学校或医院等。服务的提供可能涉及在顾客提供的有形产品上所完成的活动；在顾客提供的无形产品上所完成的活动；无形产品的交付；为顾客创造氛围等。服务通常由顾客体验。组织的输出（即过程的结构）是产品还是服务取决于其主要特性。

4. 过程

过程是指利用输入产生预期结果的相互关联或相互作用的一组活动。过程的“预期结果”称为输出，还是称为产品或服务，需随相关语境而定。一个过程的输入通常是其他过程的输出，而一个过程的输出又通常是其他过程的输入。两个或两个以上相互关联和相互作用的连续过程也可作为一个过程。组织为了增值通常对过程进行策划并使其在受控条件下运行。对形成的输出是否合格不易或不能经济地进行确认的过程，通常称为“特殊过程”。

5. 缺陷

缺陷是指与预期或规定用途有关的不合格。不合格（不符合）即为未满足要求。区分缺陷与不合格的概念是重要的，这是因为其中有法律内涵，特别是在与产品和服务责任问题有关的方面。顾客希望的预期用途可能受供方所提供的信息的性质影响，如操作或维护说明。

产品缺陷是指存在于产品的设计、原材料和零部件、制造装配或说明指示等方面的，未能满足消费或使用产品所必须合理安全要求的情形。产品缺陷是指产品存在危及人身、他人财产安全的不合理的危险。不合理的危险是指产品存在明显或者潜在的，以及被社会普遍公认不应当具有的危险。这种危险主要表现为存在可能危及人身、财产安全的因素。

6. 顾客满意

顾客满意是指顾客对其期望已被满足的程度的感受。在产品或服务交付之前，组织有可能不知道顾客的期望，甚至顾客也在考虑中。为了实现较高的顾客满意，可能有必要满足那些顾客既没有明示也不是通常隐含或必须履行的期望。

投诉是一种满意程度低的最常见的表达方式，但没有投诉并不一定表明顾客很满意。即使规定的顾客要求符合顾客的愿望并得到满足，也不一定确保顾客很满意。

7. 管理

管理是指指挥和控制组织的协调的活动。管理可包括制定方针和目标以及实现这些目标的过程。

8. 质量管理

质量管理是指关于质量的管理，是在质量方面指挥和控制组织的协调活动。

任何组织都要从事经营并要承担社会责任，因此每个组织都要考虑自身的经营目标。为了实现这个目标，组织会对各个方面实行管理，如行政管理、物料管理、人力资源管理、财务管理、生产管理、技术管理和质量管理等。实施并保持一个通过考虑相关方的需求，从而持续改进组织业绩有效性和效率的管理体系可使组织获得成功。质量管理是组织各项管理内容中的一项，质量管理应与其他管理相结合。

质量管理可包括制定质量方针和质量目标，以及通过质量策划、质量保证、质量控制和质量改进实现这些质量目标的过程。

9. 质量管理体系

质量管理体系是指在质量方面指挥和控制组织的管理体系。

体系指的是“相互关联或相互作用的一组要素”，其中的要素指构成体系或系统的基本单元。管理体系指的是“建立方针和目标并实现这些目标的体系”。管理体系的建立首先应针对管理体系的内容，建立相应的方针和目标，然后为实现该方针和目标设计一组相互关联或相互作用的要素（基本单元）。

对质量管理体系而言，首先要建立质量方针和质量目标，然后为实现这些质量目标确定相关的过程、活动和资源以建立一个管理体系，并对该管理体系实行管理。质量管理体系主要在质量方面能帮助组织提供持续满足要求的产品，增进顾客和相关方的满意。

质量管理体系包括组织识别其目标以及确定实现预期结果所需过程和资源的活动，质量管理体系管理为有关的相关方提供价值并实现结果所需的相互作用的过程和资源，质量管理体系能够使最高管理者通过考虑其决策的长期和短期后果而充分利用资源，质量管理体系给出了识别在提供产品和服务方面处理预期和非预期后果所采取措施的方法。

10. 质量改进

质量改进是质量管理的一部分，致力于增强满足质量要求的能力。

11. 工程质量

工程质量是指工程产品满足社会和用户需要所具有的特征和特性的总和。其不仅包括工程本身的质量，还包括生产量、交货期、成本和使用过程的服务质量，以及对环境和社会的影响等。

工程项目质量是国家现行的有关法律法规、技术标准、设计文件及工程合同中对工程的安全、使用、经济、美观等特性的综合要求。工程项目一般都是按照合同条件承包建设的，因此，工程项目质量是在“合同环境”下形成的。合同条件中对工程项目的功能、使用价值及设计、施工质量等的明确规定都是业主的“需要”，因而都是质量的内容。

从功能和使用价值来看，工程项目质量又体现在适用性、可靠性、经济性、外观质量与环境协调等方面。由于工程项目是根据业主的要求而兴建的，不同的业主也就有不同的功能要求。所以，工程项目的功能与使用价值的质量是相对于业主的需要而言的，并无一个固定和统一的标准。

任何工程项目都是由分项工程、分部工程和单位工程所组成的，而工程项目的建设则是通过一道道工序来完成，是在工序中创造的。所以，工程项目质量包含工序质量、分项工程质量、分部工程质量和单位工程质量。

但是，工程项目质量不仅包括活动或过程的结果，还包括活动或过程本身，即还要包括生产产品的全过程。因此，工程项目质量应包括如下工程建设各个阶段的质量及其相应的工作质量：

（1）工程项目决策质量；

（2）工程项目设计质量；

（3）工程项目施工质量；

（4）工程项目回访保修质量。

工程项目质量也包含工作质量。工作质量是指参与工程的建设者为了保证工程项目质量所从事工作的水平和完善程度。工程项目质量的好坏是决策、计划、勘察、设计、施工等单位各方面、各环节工作质量的综合反映，而不是单纯质量检验检查出来的，要保证工程项目的质量，就要求有关部门和人员精心工作，对决定和影响工程质量的所有因素严加控制，即通过提高工作质量来保证和提高工程项目的质量。

12. 工序质量

工序质量是指生产过程中，人、机器、材料、施工方法和环境等对施工作业技术和活动综合作用的过程，这个过程所体现的工程质量称为工序质量。

13. 工作质量

工作质量是指反映满足明确和隐含需要能力的特性的总和。

工作质量是指参与工程项目建设的各方，为了保证工程项目质量所做的组织管理工作和生产全过程各项工作的水平和完善程度。工作质量包括社会工作质量，如社会调查、市场预测、质量回访和保修服务等；生产过程工作质量，如政治工作质量、管理工作成量、技术工作质量、后勤工作质量等。工程项目质量是多单位、各环节工作质量的综合反映，而工程产品质量又取决于施工操作和管理活动各方面的工作质量。因此，保证工作质量是确保工程项目质量的基础。

二、质量管理的发展

质量管理的思想和做法自古就有。早在2400多年以前，我国就有了铜制刀剑武器的质量检验制度。但是真正把质量管理作为科学管理的一个组成部分，在企业中由专人负责质量管理工作，则是近百年的事情。

质量管理的发展按照解决质量问题所依据的手段和方式来划分，大致经历了以下三个阶段。

1. 质量检验阶段

质量检验阶段起源于是20世纪20—40年代。这个时期，随着社会和生产力的发展，机器工业生产逐步取代了手工作坊式生产，劳动者集中到一个工厂共同进行批量生产劳动。为了保证零部件的更换及装配的方便，只有通过严格检验来控制和保证出厂或转入下道工序的产品质量，就必须有专门人员从事质量检验，产品的质量检验被逐步独立出来，出现了专门从事质量检验的部门和人员。

质量检验对提高生产、促进企业发展发挥着一定的作用。但从管理角度来看，这个阶段还说不上什么管理，因为它是事后检验，是采取在产品中剔除不合格品的办法来进行质量管理，因此它的管理效能有限。按现在观点来看，它只是质量管理中的一个必不可少的环节。

2. 统计质量管理阶段

统计质量管理阶段起源于在 20 世纪 40—50 年代。这个时期，由于第二次世界大战爆发，需要大量的军需物品，质量检验工作立刻显现出其弱点，检验部门成了生产中最薄弱环节，一度出现了产品质量失的情况，造成废品率大，耽误了交货期，甚至因军火质量差而发生事故，这使企业家开始注意数理统计方法。因此，美国政府和国防部组织专家制定了战时质量控制标准。这些标准以休哈特的质量控制图为基础，运用数理统计中的正态分布方法来预防不合格品生产，并对军需品进行科学的抽样检验，以提高抽样检验的准确度。

3. 全面质量管理阶段

全面质量管理阶段起源于 20 世纪 60 年代，一直发展到今天。这一时期，由于生产力迅速发展，科学技术日新月异，市场竞争加剧，管理理论的发展等，对质量管理提出了一系列新的要求。不仅要求保证产品的一般性能，而且要求保证产品的可靠性、安全性、经济性。特别是国防工业、航天工业的发展，更要求各种零部件除达到规定的性能外，还必须保证有足够的可靠性和安全性。

我国于 1978 年开始推行全面质量管理，1979 年开始在建筑安装施工企业进行全面质量管理试点工作，现已被广大企事业单位普遍接受、采纳和运用，在提高工程（产品）质量，降低成本，提高经济效益，以及丰富全面质量管理理论等方面都取得了丰硕成果。

自 1987 年国际标准化组织（ISO）推出 ISO9000 系列标准以来，质量管理已得到越来越多国家的普遍接受和重视。以 ISO9000 族标准为代表的先进的、科学的质量管理方法，促进了经济快速、稳定、健康发展。

三个阶段的显著特征是：质量检验阶段以检验的方式控制不合格品进入下道工序和交给顾客；统计质量控制阶段通过数理统计的方法对工序质量进行控制，强化预防性管理；全面质量管理阶段则以顾客为关注焦点，企业各部门共同营造质量，以工作质量保障产品质量，领导重视、全员参与创造质量效益。

管理的深度：单纯检验→检验与预防→控制且提高。

管理的广度：前两个阶段局限在制造过程，而全面质量管理向前延伸到设计与试制过程，向后延伸到使用过程。

参与人员：质量检验人员→技术部门、质量检验人员→全体人员。

三、工程质量的影响因素

影响工程质量的因素很多，一般归纳为偶然性因素和异常性因素两类。

偶然性因素是对工程质量经常起作用的原因。如取自同一合格批的混凝土，尽管每组（个）试块的强度值在一定范围内有微小差异，但不易控制和掌握，只能从整体上用方差、离散系数和保证率等综合性指标来判断整体的质量状况。偶然性因素一般是不可避免的，是不易识别和预防的（也可以采取一定技术措施加以预防，但在经济上显然不合理），所以在工程质量控制工作中，一般都不考虑偶然性因素对工程质量波动影响。偶然性因素在质量标准中是通过规定保证率、离散系数、方差、允许偏差的范围来体现的。

异常性因素是人为可以避免的，凭借一定的手段或经验完全可以发现与消除的因素。如调查不充分、论证不彻底，导致项目选择失误；参数选择或计算错误，导致方案选择失误；材料、设备不合格，施工方法不合理，违反技术操作规程等都可能造工程质量事故；等等，都是影响工程质量的异常性因素。异常性因素对工程质量影响比较大，对工程质量的稳定起着明显的作用，因此，在工程建设中，必须正确认识它，充分分析它，设法消除它，使工程质量各项指标都控制在规定的范围内。

异常性因素在工程质量上的表现是其结果导致某些质量指标偏离规定的标准。影响工程建设质量的异常性因素很多，概括起来有人（Man）、机（Machine）、料（Material）、法（Method）、环（Environment）五大因素，简称 4M1E。见图 1-1 所示。

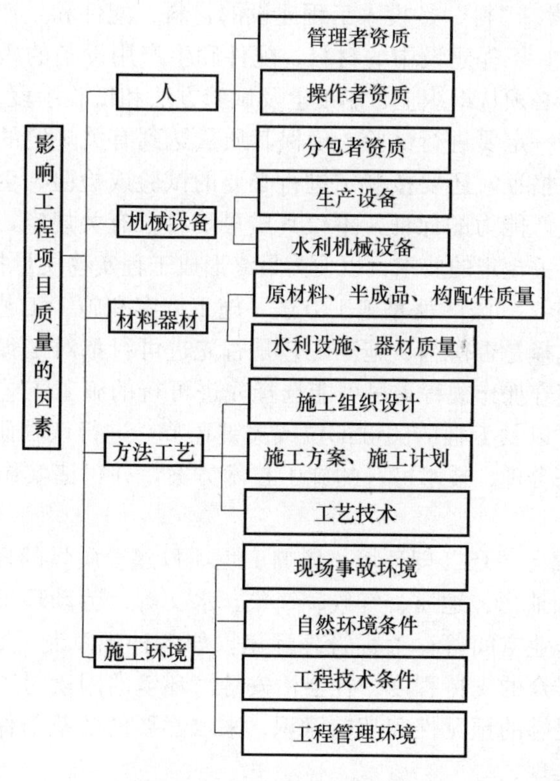

图 1-1 影响工程项目质量的因素

（1）“人”的因素。任何工程建设都离不开人的活动，即使是先进的自动化设备，也需要人的操作和管理。这里的“人”不仅是操作者，也包括组织者和指挥者。由于工作质量是工程质量的一个组成部分，而工作质量则取决于与工程建设有关的所有部门和人员。每个工作岗位和每个工作人员的工作都直接或间接地影响着工程项目的质量。人们的知识结构、工作经验、质量意识以及技术能力、技术水平的发挥程度，思想情绪和心理状态，执行操作规程的认真程度，对技术要求、质量标准的理解、掌握程度，身体状况、疲劳程度与工作积极性等都对工程质量有不同程度的影响。为此，必须采取切实可行的措施提高人的素质，以确保工程建设质量。日本的企业管理很成功，其中很重要的一个方面就是日本企业把人的管理作为企业管理中最重要的战略因素，他们提倡用人的质量来保证工作质量，用工作质量来保证工程质量。

（2）“机”的因素。“机”是指工程建设的机械设备，在工程施工阶段就是施工机械，它是形成工程实物质量的重要手段。随着科学技术和生产的不断发展，工程建设规模越来越大，施工机械已成为工程建设中不可缺少的设备，用来完成大量的土石料开采、运输、填筑和碾压，混凝土拌和、运输和浇筑等工作，代替了繁重的体力劳动，加快了施工进度。同时，施工机械设备的装备水平，在一定程度上也体现了对工程施工质量的控制水平。所以在施工机械设备型式和性能参数选择时，应根据工程的特点、施工条件，并考虑施工的适用性、技术的先进性、操作的方便性、使用的安全性、保证施工质量的可靠性和经济上的合理性，同时要加强对设备的维护、保养和管理，以保持设备的稳定性、精度和效率，从而保证工程质量。

（3）“料”的因素。“料”是投入工程建设的材料、配件和生产用的设备等，是构成工程的实体。所以，工程建设中的材料、配件和生产用设备的质量直接影响着工程实体的质量。因此，必须从组织上、制度上及试验方法和试验手段上采取必要的措施，对建筑材料在选购前一定要进行试验，确保其质量达到有关规定的要求；对采购的原材料不仅要有出厂合格证，还要按规定进行必要的试验或检验；生产用的配件、设备是使工程项目获得生产能力的保证，不仅其质量要符合有关规定，而且其型号、参数等的选择也要满足有关规定的要求，以便为最终形成工程实物质量打下良好的基础。

（4）“法”的因素。“法”就是施工方法、施工方案和施工工艺。施工操作方法正确与否、施工方案选择是否得当、施工工艺是否先进可行都对工程项目质量有直接影响。为此，在严格遵守操作规程，尽可能选择先进可行的施工工艺的同时，还要针对施工的难点、重点，以及工程的关键部位或关键环节，进行认真研究，深入分析，制定出安全可靠、经济合理、技术可行的施工技术方案，并付诸实施，以保证工程的施工质量。

（5）“环”的因素。“环”即环境。影响工程项目建设质量的环境因素很多。其主要有：自然环境，如地形、地质、气候、气象、水文等；劳动环境，如劳动组合、劳动工具、作业面、作业空间等；工程管理环境，如各种规章制度、质量保证体系等；社会环境，如周围群众的支持程度、社会治安等。环境的因素对工程质量的影响复杂而多变，对此要有足够的预见性和超前意识，采取必要的防范与保护措施，以确保工程项目质量目标的实现。

四、水利工程建设质量管理体系

水利水电工程建设项目具有投资多、规模大、建设周期长、生产环节多、参与方多、影响质量形成的因素多等特点，无论哪个方面、哪个环节出了问题，都会导致质量缺陷，甚至造成重大质量事故。水利建设工程质量管理最基本的原则和方法就是建立健全质量责任制，有关各方对其自身的工作负责。影响水利建设工程质量的责任主体主要有建设单位、勘察设计单位、监理单位、施工单位等。

（1）建设单位的质量检查体系。建设单位或项目法人，对于水利经营性项目是工程建设的投资人，对于公益性项目是政府部门的委托代理人，是工程项目建设的总负责方，拥有确定建设项目的规模、功能、外观、选用材料设备、按照国家法律法规规定选择承包单位、支付工程价款等权利，在工程建设各个环节负责综合管理工作，在整个建设活动中居于主导地位。要确保建设工程的质量，首先就要对建设单位的行为进行规范和约束，国家和水利部都对建设单位的质量责任作了明确的规定。其次建设单位为了维护自己或政府部门的利益，保证工程建设质量，充分发挥投资效益，也需要建立自己的质量检查体系，成立质量检查机构，对工程建设的各个工序、隐蔽工程和各个建设阶段的工程质量进行检查、复核和认可。在已实行建设监理的工程项目中，业主已把这部分工作的全部或部分委托给监理单位来承担。但建设单位仍要对工程建设的质量进行检查和管理，以担负起建设工程质量的全面责任。

(2) 监理单位的质量控制体系。监理单位，受建设单位委托，按照监理合同，对工程建设参与者的行为进行监控和督导。它以工程建设活动为对象，以政令法规、技术标准、设计文件、工程合同为依据，以规范建设行为，提高经济效益为目的。监理的过程既可以包括项目评估、决策的监理，又可以包括项目实施阶段和保修期的监理。其任务是从组织和管理的角度来采取措施，以期达到合理地进行投资控制、质量控制和进度控制。在水利工程项目建设实施阶段，监理单位依据监理合同的授权，进行进度、投资和质量控制。监理单位对工程质量的控制，要有一套完整的、严密的组织机构、工作制度、控制程序和方法，从而构成了工程建设项目质量控制体系，是我国水利工程质量管理体系中一个重要的组成部分，对强化工程质量管理工作，保证工程建设质量发挥着越来越重要的作用。

(3) 勘察、设计单位的质量保证体系。工程项目勘察、设计是工程建设最重要的阶段。其质量的优劣，直接影响建设项目的功能和使用价值，关系国民经济及社会的发展和人民生命财产的安全。只有勘察、设计的工作做好了，才能为保证整个工程建设质量奠定基础。否则，后续工作的质量做得再好，也会因勘察设计的“先天不足”而不能保证工程建设的最终质量。要想取得较好的勘察设计质量，勘察设计单位就应顺应市场经济的发展要求，建立健全自己的质量保证体系，从组织上、制度上、工作程序和方法等方面来保证勘察设计质量，以此来赢得社会信誉，增强在市场经济中的竞争力。勘察设计单位，也只有通过建立为达到一定的质量目标而通过一定的规章制度、程序、方法、机构，把质量保证活动加以系统化、程序化、标准化和制度化的质量保证体系，才能保证勘察设计成果质量，从而担负起勘察设计单位的质量责任。

(4) 施工单位的质量保证体系。施工阶段是建设工程质量形成阶段，是工程质量控制的重点，勘察、设计的思想和方案都要在这一阶段得以实现。施工单位应建立和运用系统工程的观点与方法，以保证工程质量为目的，将企业内部的各部门、各环节的生产、经营、管理等活动严密协调地组织起来，明确它们在保证工程质量方面的任务、责任、权限、工作程序和方法，形成一个有机整体的质量保证体系，并采取必要的措施，使其有效运行，从而保证工程施工的质量。

(5) 政府质量监督体系。为了保证建设工程质量，保障公共安全，保护人民群众和生命财产安全，维护国家和人民群众的利益，政府必须加强建设工程质量的监督管理。《建设工程质量管理条例》中，将政府质量监督作为一项制度，以法规的形式予以明确，强调了建设工程的质量必须实行政府监督管理。国家对建设工程质量的监督管理主要是以保证建设工程使用安全和环境质量为主要目的，以法律、法规和强制性标准为依据，以工程建设实物质量和有关的工程建设单位、勘察设计单位、监理单位及材料、配件和设备供应单位的质量行为为主要内容，以监督认可与质量核验为主要手段。政府质量监督体现的是国家的意志，工程项目接受政府质量监督的程度是由国家的强制力来保证的。政府质量监督并不局限某一个阶段或某一个方面，而是贯穿建设活动的全过程，并适用于建设单位、勘察设计单位、监理单位、施工单位及材料、配件和设备供应单位等。

五、施工质量控制的任务

施工质量控制是施工管理的中心内容之一。施工技术组织措施的实施与改进，施工规程的制定与贯彻，施工过程的安排与控制，都是以保证工程质量为主要前提，也是最终形成工程产品质量和工程项目使用价值的保证。

施工质量控制的中心任务，是要通过建立健全有效的质量监督工作体系来确保工程质量达到合同规定的标准和等级要求。根据工程质量形成的时间阶段，施工质量控制可分为质量的事前控制、事中控制和事后控制。其中，工作的重点应是质量的事前控制。

1. 质量的事前控制

（1）确定质量标准，明确质量要求。

（2）建立本项目的质量监督控制体系。

（3）施工场地质检验收。

（4）建立完善质量保证体系。

（5）检查工程使用的原材料、半成品。

（6）施工机械的质量控制。

（7）审查施工组织设计或施工方案。

2. 质量的事中控制

（1）施工工艺过程质量控制：现场检查、旁站、量测、试验。

（2）工序交接检查：坚持上道工序不经检查验收不准进入下道工序的原则，检验合格后签署认可才能进入下道工序。

（3）隐蔽工程检查验收。

（4）做好设计变更及技术核定的处理工作。

（5）工程质量事故处理：分析质量事故的原因、责任；审核、批准处理工程质量事故的技术措施或方案；检查处理措施的效果。

（6）进行质量、技术鉴定。

（7）建立质量检查日志。

（8）组织现场质量协调会。

3. 质量的事后控制

（1）组织试车运转。

（2）组织单位、单项工程竣工验收。

（3）组织对工程项目进行质量评定。

（4）审核竣工图及其他技术文件资料，搞好工程竣工验收。

（5）整理工程技术文件资料并编目建档。

六、质量控制的基本方法

1. 施工质量控制的工作程序

工程项目施工过程中，为了保证工程施工质量，应对工程建设对象的施工生产进行全过程、全面的质量监督、检查与控制，即包括事前的各项施工准备工作质量控制，施工过程中的控制，以及各单项工程及整个工程项目完成后，对建筑施工及安装产品质量的事后控制。

2. 施工质量控制的途径

在施工过程中，质量控制主要是通过审核有关文件、报表，以及进行现场检查、试验这两条途径来实现的。

1）审核有关技术文件、报告或报表

这是对工程质量进行全面监督、检查与控制的重要途径。其具体内容包括以下几方面：

（1）审查施工单位的资质证明文件。

（2）审查开工申请书，检查、核实与控制其施工准备工作质量。

（3）审查施工方案、施工组织设计或施工计划，保证工程施工质量的技术组织措施。

（4）审查有关材料、半成品和构配件质量证明文件（出厂合格证、质量检验或试验报告等），确保工程质量有可靠的物质基础。

（5）审核反映工序施工质量的动态统计资料或管理图表。

（6）审核有关工序产品质量的证明文件（检验记录及试验报告）、工序交接检查（自检）、隐蔽工程检查、分部分项工程质量检查报告等文件、资料，以确保和控制施工过程的质量。

（7）审查有关设计变更、修改设计图纸等，确保设计及施工图纸的质量。

（8）审核有关新技术、新工艺、新材料、新结构等的应用申请报告，确保它们的应用质量。

（9）审查有关工程质量缺陷或质量事故的处理报告，确保质量缺陷或事故处理的质量。

（10）审查现场有关质量技术签证、文件等。

2）质量监督与检查

现场监督检查的主要内容如下：

（1）开工前的检查。其主要是检查开工前准备工作的质量，能否保证正常施工及工程施工质量。

（2）工序施工的跟踪监督、检查与控制。其主要是监督、检查在工序施工过程中，人员、施工机械设备、材料、施工方法、操作工艺以及施工环境条件等是否均处于良好的状态，是否符合保证工程质量的要求，若发现有问题应及时纠偏和加以控制。

（3）对于重要的、对工程质量有重大影响的工序，还应在现场进行施工过程的旁站监督与控制，确保使用材料及工艺过程质量。

（4）工序检查、工序交接检查及隐蔽工程检查。隐蔽工程应在施工单位自检与互检的基础上，经监理人员检查确认其质量合格后，才允许加以覆盖。

（5）复工前的检查。当工程因质量问题或其他原因停工后，在复工前应经检查认可后，下达复工指令，方可复工。

（6）分项、分部工程完成后，应检查认可后，签署中间交工证书。

3）质量检验的主要作用

现场质量检验工作的作用：要保证和提高工程施工质量，质量检验与控制是施工单位保证施工质量的十分重要的、必不可少的手段。质量检验的主要作用如下：

（1）质量检验是质量保证与质量控制的重要手段。为了保证工程质量，在质量控制中需将工程产品或材料、半成品等的实际质量状况（质量特性等）与规定的标准进行比较，以便判断其质量状况是否符合要求，这就需要通过质量检验手段来进行检测。

（2）质量检验为质量分析与质量控制提供了所需的技术数据和信息，这是质量分析、质量控制与质量保证的基础。

（3）通过对进场和使用的材料、半成品、构配件及其他器材、物资进行全面的质量检验，保证质量合格的材料与物资，避免因材料、物资的质量问题而导致工程质量事故的发生。

（4）在施工过程中，通过对施工工序的检验，取得数据，可以及时判断质量，采取措施，防止质量问题的延续与积累。

（5）在某些工序施工过程中，通过旁站监督，及时检验，依据所显示的数据，可以判断其施工质量。

4）现场质量控制的方法

施工现场质量控制的有效方法就是采用全面质量管理。所谓全面质量管理，就质量的含义来说，除了一般理解的“产品质量”“施工质量”方面的含义外，还包括工作质量、如期完工交付使用的质量、质量成本以及投入运行的质量等更为广泛的含义。就管理的内容和范围来说，要采用各种科学方法，如专业技术、数理统计以及行为科学等，对工作全过程各个环节进行管理和控制，实行全员管理，即专业人员管理和非专业人员管理互相结合起来。

全面质量管理的基本方法，可以概括为4个阶段、8个步骤和七种工具。

（1）4个阶段。质量管理过程可分成4个阶段，即计划（Plan）、执行（Do）、检查（Check）和处理（Act），简称PDCA循环。这是管理职能循环在质量管理中的具体体现。PDCA循环的特点有3个：各级质量管理都有一个PDCA循环，形成一个大环套小环，一环扣一环，互相制约，互为补充的有机整体，在PDCA循环中，一般来说，上一级的循环是下一级循环的依据，下一级的循环是上一级循环的落实和具体化；每个PDCA循环，都不是在原地周而复始运转，而是像爬楼梯一样，每一循环都有新的目标和内容，这意味着质量管理每经过一次循环，都能够解决一批问题，质量水平有了新的提高；在PDCA循环中，A是一个循环的关键，这是因为在一个循环中，从质量目标计划的制定，质量目标的实施和检查，到找出差距和原因，只有通过采取一定措施，使这些措施形成标准和制度，才能在下一个循环中贯彻落实，质量水平才能逐步提高。

（2）八个步骤。为了保证PDCA循环有效地运转，有必要把循环的工作进一步具体化，一般细分为以下八个步骤：

① 分析现状，找出存在的质量问题。

② 分析产生质量问题的原因或影响因素。

③ 找出影响质量的主要因素。

④ 针对影响质量的主要因素，制定措施，提出行动计划，并预计改进的效果。所提出的措施和计划必须明确具体，且能回答下列问题：为什么要制定这一措施和计划？预期能达到什么质量目标？在什么范围内、由哪个部门、由谁去执行？什么时候开始？什么时候完成？如何去执行？等等。

⑤ 质量目标措施或计划的实施，这是“执行”阶段。在执行阶段，应该按上一步所确定的行动计划组织实施，并给以人力、物力、财力等保证。

⑥ 调查采取改进措施以后的效果，这是“检查”阶段。

⑦ 总结经验，把成功和失败的原因系统化、条例化，使之形成标准或制度，纳入有关质量管理的规定中。

⑧ 提出尚未解决的问题，转入下一个循环。

前四个步骤是计划阶段的具体化，最后两个步骤属于处理阶段。

（3）七种工具。在以上八个步骤中，需要调查、分析大量的数据和资料，才能做出科学地分析和判断。为此，要根据数理统计的原理，针对分析研究的目的，灵活运用七种统计分析图表作为工具，使每个阶段各个步骤的工作都有科学的依据。常用的七种工具是排列图、直方图、因果分析图、分层法、控制图、散布图、统计分析表。实际使用的不只这七种，还可以根据质量管理工作的需要，依据数理统计或运筹学、系统分析的基本原理，制订一些简便易行的新方法、新工具。

5）施工质量监督控制手段

施工质量监督控制，一般可采用以下几种手段：

（1）旁站监督。这是驻地质量监督人员经常采用的一种主要的现场检查形式。即在施工过程中进行现场观察、监督与检查，注意并及时发现质量事故的苗头和影响质量因素的不利发展变化、潜在的质量隐患以及出现的质量问题等，以便及时进行控制，对于隐蔽工程的施工，进行旁站监督更为重要。

（2）测量。这是对建筑安装尺寸、方位等进行控制的主要手段。施工质检人员应对施工放线及高程控制进行检查，严格控制；在施工中应注意控制，发现偏差及时纠正；中间验收时，对几何尺寸不合要求的，责令施工单位处理。

（3）试验。试验数据是工程师判断和确认公众材料与工程部位内在质量的主要依据。每道工序中如材料性能、拌合料配合比、成品的强度等物理力学性能以及桩体的承载力等，常通过试验手段取得数据来判断其质量。

（4）指令文件。所谓指令文件是工程质量工程师对工程项目提出要求的书面文件，用以指出施工中存在的问题，提出要求或指示其做什么或不做什么等。质量工程师的各项指令都应是书面的或文字记载方为有效，并作为技术文件资料存档。如因时间紧迫，来不及做出正式的书面指令，也可以用口头指令方式下达，但随即应补充书面文件对口头指令予以确认。

（5）规定质量监控程序。按规定的程序进行施工，是进行质量控制的必要手段和依据。

第二节 依法行政与政府质量监督

一、依法行政

依法行政是指各级行政机关在行使国家行政权力和管理国家公共事务过程中，必须严格治政与依法办事的制度。依法行政是法治原则的体现和要求，是现代法治国家政府行使权力时普通奉行的基本准则，是人类社会文明发展的趋势。它要解决的核心问题是在行政立法、执法、守法和法律监督中的权力和权利的分工与制衡，使法律授权与限权，职权与职责相统一，落实政府建设目标。如果说依法治国和建设社会主义法治国家反映的是新时期执政党的执政方式和领导方式的基本特征，是从全局上、长远上统管一切的治国方略，那么依法行政则是反映行政及其运作方式的基本特征，是从全局上、长远上统管一切行政管理的基本准则。

1. 依法行政的提出

依法行政是特定历史时期的产物。在封建君主体制下，封建君主拥有不受法律限制的至高无上的权力，可以任意侵害公民的人身、财产各项权利自由，因而不可能产生依法行政的要求。

依法行政是随着资产阶级革命成功而逐步发展起来的，其理论基础是早期资产阶级思想家提出的分权论和天赋人权、主权在民的理论学说。1689 年英国的洛克在其《论政府》一书中提出分权学说，认为国家权力应分为立法权和执法权，分设立法机关和执行机关来执掌，执行机关只能依据立法机关制定的法律来行使权利，执行权必须受立法权制约。1748 年法国的孟德斯鸠出版《论法的精神》，发展了洛克的分权学说，认为国家权力应由立法、行政、司法三部分组成，相应分设三种机关掌管和相互制约，立法机关不得行使行政权和司法审判权，行政机关和司法审判机关不能自行立法，只能执行立法机关制定的法律，但司法审判机关对议会法律和行政行为具有司法审判权，三种权力相互制约，以防止国家权力集中于一个机关而出现专制，侵害人民的自由。

依法行政首先在西方资产阶级国家付诸实践。1776 年《美国独立宣言》阐述了资产阶级的自然权和人民主权的思想。美国于 1780 年马萨诸塞洲宪法规定实行三权分立，“旨在实现法治政府而非人治政府。美国独立战争胜利后制定的第一部宪法即《1787 年宪法》，规定建立联邦制和总统制共和政体，实行三权分立，依法行政最先在美国得到推行。法国资产阶级于 1789 年制定的《人权宣言》宣称实行“天赋人权”“主权在民”和资产阶级法治原则，革命胜利后制定的宪法也宣布实行三权分立原则，规定行政权力只能依据法律治理国家，并且只有依据法律才能要求服从。随后西方各资产阶级民主制国家纷纷推行依法行政但各国的提法不尽相同。

随着时代的进步与发展，依法行政已成为现代法治国家所普遍奉行的准则。

2. 我国依法行政的发展历程

在我国，依法行政也是历史发展到一定阶段的产物，它是随着我国民主与法制建设的发展逐步提出的。我国依法行政原则的形成，大体可以分为以下三个阶段：

基本理论形成阶段。新中国成立前夕，毛泽东曾提出，新中国如果要跳出中国社会历代王朝兴衰存亡的周期率，就要靠两件法宝：一是民主，二是法制。新中国成立之初，我国社会主义民主与法制建设得到较大发展。但是由于历史原因，自1957年开始，特别是文化大革命，我国社会主义法制遭到极为严重的破坏，依法行政无从谈起。为避免历史悲剧重演，邓小平同志在党的十一届三中全会召开前的工作会议上提出："为了保障人民民主必须加强法制，做到有法可依、有法必依、执法必严、违法必究。"这段重要讲话为依法行政的提出做出了政治上和思想上的准备，奠定了基本理论基础。

初步实践阶段。1982年第五届全国人大常委会第二十二次会议通过了《中华人民共和国民事诉讼法》试行。该法第三条第二款规定："法律规定由人民法院审理的行政案件适用本规定。"由此建立了我国人民法院可以审查行政机关的具体行政行为这一行政诉讼制度的雏形。1982年第五届全国人大代表大会第五次会议通过了《中华人民共和国宪法》。该法第五条规定："一切国家机关和武装力量、各政党和各社会团体、各企业事业组织都必须遵守宪法和法律。一切违反法律和法律的行为，都必须予以追究。任何组织和个人都不得有超越宪法和法律的特权。"这一规定为我国实行依法行政提供了国家根本大法的依据。1989年4月1日第七届全国人民代表大会第二次会议通过了《中华人民共和国行政诉讼法》，首次提出了行政合法性的标准，标志着我国行政诉讼制度正式、全面建立，为实行依法行政从行政机关外部提供了重要的法律保障制度。随后又陆续颁布了《行政复议条例》《中华人民共和国国家赔偿法》等。

正式提出并全面推行依法行政阶段。1995年修订的《中华人民共和国地方各级人民代表大会和地方各级人民政府组织法》第五十五条第三款规定："地方各级人民政府必须依法行政行使职权。"1999年3月15日，第九届全国人民代表大会第二次会议通过宪法修正案规定："中华人民共和国实行依法治国，建立社会主义法治国家。"1999年国务院召开全国依法行政工作会议，出台了《国务院关于全面推进依法行政的决定》。自此依法行政的观念在我国得到普遍认同，依法行政原则在我国开始得到全面推行。

3. 依法行政的含义

（1）国外依法行政的含义。

依法行政在国外最初的主要含义是在人民主权国家，由民意机关制定法律，而由政府机关执行法律，非依实体法和程序法的规定，政府不得限制人民的权利、加重人民的负担。对行政机关的行政行为，行政管理相对人认为违法或不当时，有权提起诉讼，造成损害的，还有权请求赔偿。但依法行政原则在西方各国的确立和实行过程及做法千差万别，对依法行政概念的理解也存在很大差异。

（2）我国依法行政的含义。

依法行政是指行政机关依据法律取得并行使行政权力、管理公共事务，行政相对人如认为行政机关侵害其权益，有权通过法律途径请求纠正行政机关的错误行为，获得法律救济，并要求行政机关承担责任，以切实保障公民的权利。行政所依之法以体现人民意志的法律为最高标准。可从以下两方面理解我国依法行政的含义，行政权力依据法律取得。首先，行政机关的设立应当依据法律。其次，行政机关的行政权力只能来源于法律的授予，行政机关不能从其他来源获得行政权力。

4．依法行政的原则

（1）职权法定。行政机关的职权，在我国主要是指中央政府及其所属部门和地方各级政府的职权，必须由法律规定。行政机关必须在法定的职权范围内活动，非经法律授权，不能享有某项职权。

（2）法律保留。这一原则是指，宪法和法律将某些事项保留在立法机关，只能由立法机关通过法律加以规定，或者由法律明确授权行政机关才可以制定有关的行政规范：法律没有规定的，行政机关不得为之；法律没有明确授权的，行政机关不得制定行政法规范。

（3）法律优先。法律优先主要包括两层含义，一是在法律制度系统内，在已有法律规定的情况下，任何其他法律规范，包括行政法规、地方性法规和规章，都不得与法律相抵触，都以法律为准；二是法律与法律系统外其他事物相比，具有优越地位。

（4）依据法律。行政机关的行政行为必须依据法律，或者说必须有法律依据。行政机关的行政行为以其内容与所涉及的对象为标准，可以分为具体行政行为和抽象行政行为。依据法律不仅要求行政机关在做出其行政行为时必须依据法律，还要求行政机关根据法律和法律的授权制定规范。

（5）权责统一。行政机关的职权与职责是统一的。职权，就是宪法和法律授予行政机关管理经济和管理社会事务的权力。它与公民的权利不同，公民的权利是私权利，私权利可以行使，也可以放弃或让渡，但行政机关的职权是公权力，公权力是必须行使的。法律授予行政机关职权，实际上也就是赋予行政机关义务和责任，因此，行政机关的职权从另一角度来讲就是职责，职权与职责是一个问题的两个方面。

5．依法行政基本要求

（1）合法行政。行政机关实施行政管理，应当依照法律、法规、规章的规定进行；没有法律、法规、规章的规定，行政机关不得做出影响公民、法人和其他组织合法权益或者增加公民、法人和其他组织义务的决定。

（2）合理行政。行政机关实施行政管理，应当遵循公平、公正的原则。

（3）程序正当。行政机关实施行政管理，除涉及国家秘密和依法受到保护的商业秘密、个人隐私的外，应当公开，注意听取公民、法人和其他组织的意见；要严格遵循法定程序，依法保障行政管理相对人、利害关系人的知情权、参与权和救济权。行政机关工作人员履行职责，与行政管理相对人存在利害关系时，应当回避。

（4）高效便民。行政机关实施行政管理，应当遵守法定时限，积极履行法定职责，提高办事效率，提供优质服务，方便公民、法人和其他组织。

（5）诚实守信。行政机关公布的信息应当全面、准确、真实。非因法定事由并经法定程序，行政机关不得撤销、变更已经生效的行政决定；因国家利益、公共利益或者其他法定事由需要撤回或者变更行政决定的，应当依照法定权限和程序进行，并对行政管理相对人因此而受到的财产损失依法予以补偿。

（6）权责统一。行政机关依法履行经济、社会和文化事务管理职责，要由法律、法规赋予其相应的执法手段。依法做到执法有保障、有权必有责、用权受监督、违法受追究、侵权须赔偿。

6. 依法行政条件下的政府对建设工程的质量监督

（1）建设工程质量监督管理是政府的重要职责。

工程建设一旦失事将危及公众生命和财产安全，影响国民经济发展和社会稳定，关系每个人利益。百年大计，质量第一，责任重于泰山，为保证工程建设质量，政府必须进行建设工程质量监督。

（2）高度重视、严格控制工程质量是政府维护国家和公众利益职能的主要体现。

无论古代、现代，不同社会制度和政治体制，发达国家或发展中国家，无限政府、任性政府、法治政府都要对工程质量进行必要监督管理。中国至少从隋朝开始，政府就设有主管工程事务机关。

（3）工程质量监督是政府公共管理职能重要不可或缺的内容。

现代大多数发达国家政府都把制定并执行工程质量管理的法规作为主要任务，把大型项目和政府投资项目作为监督重点，政府对工程质量进行必要的监督检查，是国际惯例。

（4）工程质量监督是政府加强市场管理、规范市场秩序的重要手段。

市场经济体制下，政府重视推行专业人士注册，项目许可、市场准入、设计文件审核、质量体系认证、竣工验收制度，注重全方位、全过程管理质量是政府加强市场管理、规范市场秩序的重要手段。

（5）质量监督是我国政府法定职责。

1998 年 3 月 1 日施行《中华人民共和国建筑法》，未直接提出“建筑工程实行政府质量监督制度”，释义指出有关条款包含政府质量监督内容：“……政府质量监督制度仍是本法所确定的一项基本法律制度。”

2000 年 1 月 10 日《建设工程质量管理条例》第四十三条明确规定：“国家实行建设工程质量监督管理制度”是以法律、法规为准绳，以强制性技术标准为依据；以严格法定建设程序，强制动态全过程监督抽查为手段；以落实工程各参建主体质量责任，确保结构使用安全和环境质量，保护人民生命财产安全，维护社会公共利益为目的一系列政府公共管理活动。

（6）全面推行依法行政，建立和强化行政责任追究机制，必然要求加强政府质量监督。

全面履行好政府职责，提高政府质量监督管理水平，保证工程质量，确保公共生命财产安全；建设工程质量监督管理工作必须不断加强，监管工作质量和水平也还须得到不断提高。

二、发达国家政府监督概况

政府有关部门对建设工程的质量进行必要的监督检查，也是遵循国际惯例。世界上经济发达国家的政府，对建筑安装工程质量都是十分重视的。这些国家从勘察设计、工程材料及制品生产、施工全过程乃至使用，每一阶段都实行质量监督。一般采取政府设专职机构，或由政府与民间相结合以及由政府认可并执行官方意志的民间机构等监督方式。归纳起来，大体有以下三种做法：

1. 直接监督

政府主管部门直接参与工程项目质量的监督和检查。例如，美国、瑞典和新加坡等。在美国，各个城市市政当局都设有建筑工程质量监督部门，对辖区内各类公共投资工程和私人投资工程进行强制性监督检查。政府参加工程项目质量监督检查的人员分为两类：一类是政府自己的检查人员，另一类是政府临时聘请的或要求业主聘请的，属于政府认可的外部专业人员。在瑞典，从中央到地方建立了一个完整而协调的监督体系，中央设立国家规划与建筑局，地方设郡、市建筑委员会，负责工程质量监督。国家规划与建筑局，负责建筑立法和质量监督。其任务除质量监督立法外，负责对定型产品进行全面技术审核、鉴定和发放合格证书，负责审核施工现场责任工程师的资格，收集质量信息，掌握质量动态等：地方建筑委员会，其任务是负责城市规划，审核工程设计，发放施工许可证，制定地方性技术规章，并对其区域内的工程建设质量进行监督检查。在新加坡，则由其主管部门建筑发展局在每个工地均派有建筑师和结构工程师（称为工程监督员）负责对工程质量进行监督。这类监督检查人员都直接参与每道重要工序和每个分项工程的检查验收，由他们确认合格后，方进行下一道工序。对工程材料、制品质量的检验，都由相对独立的法定检测机构检测。在所有监督检查中，又以地基基础和主体结构的隐蔽工程作为重点。

2. 间接管理

政府主管部门对工程项目的质量监督实行间接管理。比较典型的是德国模式。德国为加强对建筑工程质量控制，国家制定有建筑法，规定了监督部门要按国家标准化协会制定的工程建设标准监督施工及验收工作，并建立了完善的质量监督工程师制度。政府对工程质量的监督管理，主要采取由州政府建设主要部门委托或授权，由国家认可的质量监督工程师组成的质量监督审查公司，代表政府对所有新建工程和涉及结构安全的改建工程的质量实行强制性监督审查。在工程质量检查中，对工程材料的检测，一般由承包商负责送到国家认可的工程质量检测机构检测。当发生工程质量事故或业主与承包商对工程材料、施工质量发生争议时，由质量监督工程师委托国家认可的工程质量检测机构进行检测，检测费用由承包商、业主或质量监督公司中的责任方负担。

3. 运用法律和经济手段

政府主管部门不直接参与工程项目的质量监督检查，而是主要运用法律和经济手段促使建筑企业提高工程质量。例如，法国实行强制性的工程保险制度。按照法国的建筑法规《建筑职责与保险》的规定：凡涉及工程建设活动的所有单位，包括业主、总承包商、设计、施工、质检等单位，均须向保险公司投保，而保险公司则要求每项工程在建设过程中，必须委托一个质量检查公司进行质量检查，并给予投保单位可少付保险费的优惠。法国全国设有五个质量检查公司，都是经政府认可的、执行官方意志的、独立性很强的民间组织。它的任务是在设计阶段、施工阶段直至工程验收，确保工程质量达到设计及技术规范要求，保证业主不受经济损失。法国政府规定，凡具有一定规模和特殊要求的建筑工程都必须委托质量检查公司进行强制性监督检查。其他工程虽未做此规定，但要求每项新建的工程都必须投保，而保险公司一般也要求投保的工程，必须经质量检查公司进行监督检查。法国的质量检查公司在营业前，必须取得由政府有关部门组成的委员会审批颁发的证书。

三、政府质量监督特性

（1）执法性。行政执法行为，主体资格合法，严格按法定依据和程序进行监督。

（2）权威性。国家实行建设工程质量监督管理的制度，是国务院依据《中华人民共和国建筑法》，以法规的形式在国务院第279号政府令中予明确。表明了从事建设工程质量监督工作体现的是国家的意志，在我国境内的任何单位和个人都应当在这种制度管理之下从事工程建设活动。任何单位和个人从事工程建设活动都应当服从这种监督。

（3）强制性。《建设工程质量管理条例》中明确规定了实行建设工程质量监督管理是政府各部门的职责，规定了建设行政主管部门或者其他有关部门及其委托的工程质量监督机构依法执行监督检查公务活动，受到法律保护。也就是说，在我国境内的任何单位和个人都必须服从建设工程质量监督管理，否则将受到法律制裁。这体现了国家政权的强制力。

（4）公正性。对建设工程质量进行监督管理是政府部门的职责，体现的是国家的意志，其行为必须公正、客观，在对建设工程实物质量及参与各方的质量行为进行监督管理的同时，也要维护建设各方的合法权益。这就要求工程质量监督必须坚持公正立场。

（5）综合性。政府对建设工程质量进行监督管理，就其管理范围来说应当贯穿建设活动的全过程，而不局限于建设过程中的某一阶段或某一个方面。对于参与工程建设的建设单位、勘察设计单位、施工单位、监理单位和材料、配件及设备供应单位等都应当置于这种监督管理中。

四、政府质量监督的程序

工程质量监督工作同基本建设一样，也遵从一定的规律。对某一工程项目的质量监督从办理质量监督手续、施工前监督、施工过程监督、竣工验收到质量保修期监督的过程，称为质量监督程序，如图1-2所示。

1. 办理质量监督手续

建设单位应当到工程质量监督部门申请办理质量监督手续，同时提交全套地质勘察报告、施工图及其他有关设计文件，施工图设计文件审查报告，施工总承包、承包及分包合同副本，工程监理合同副本、资质证书和初步设计批准文件等有关资料（必要时应提供有关证书的原件），并填报《水利工程质量监督申请表》。

对提供各类证书原件的，监督站应及时安排有关人员，将原件与相应复印件进行核对、验证，以便及时将其退还给报送单位，并按《水利工程质量监督申请核查表》的内容，对收到的资料进行核查，并尽快给予答复（一般要求5个工作日）。如审查合格，办理工程质量监督注册手续，签发监督通知书。如不合格，补充资料重新申请。

水利工程质量监督书的内容通常包括项目名称，建设地点，项目主管部门，项目法人单位，建设单位，质量监督单位及其负责人与联系电话；初步设计批准文号，工程建设规模，计划开竣工时间；设计、施工、监理单位的资质等级及证书编号，法人代表，项目负责人的姓名及联系电话；工程质量监督费及准备委派的质量监督员等。

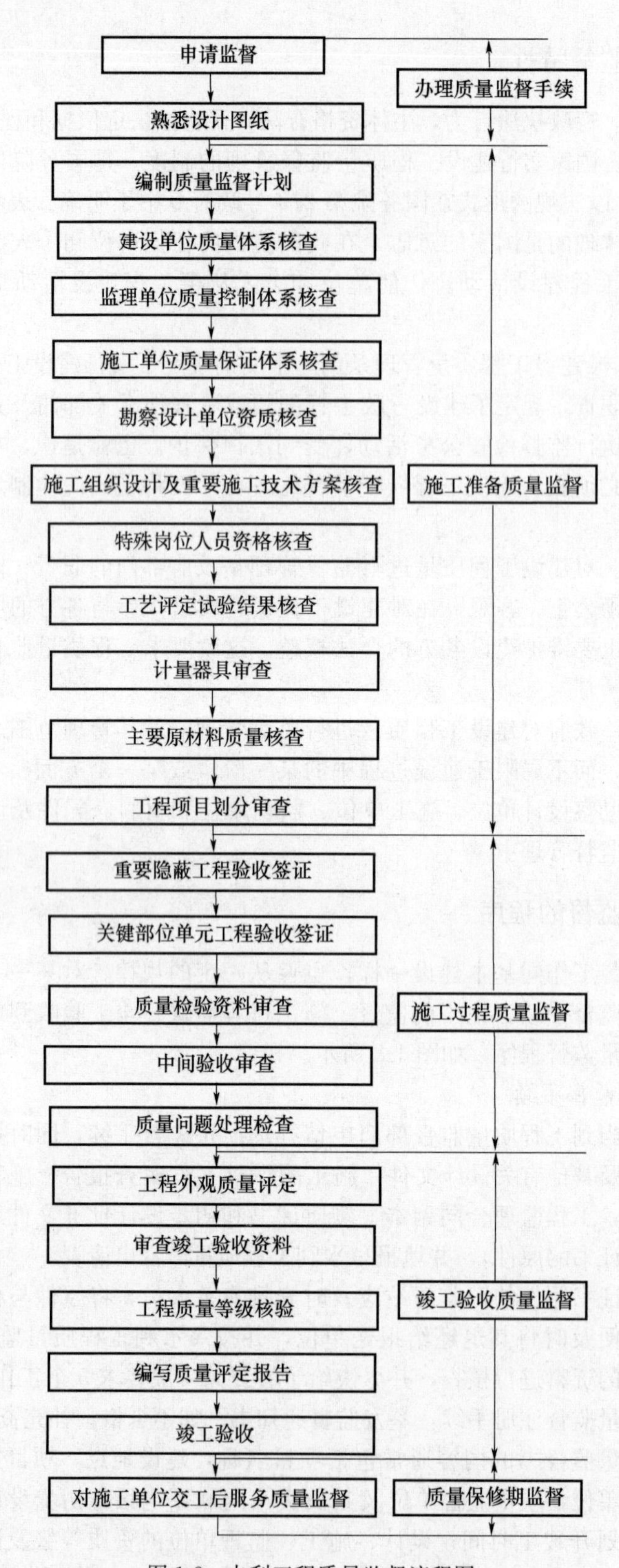

图 1-2　水利工程质量监督流程图

建设单位在办理质量手续的同时，按照国家有关规定缴纳建设工程质量监督费。

按照《建设工程质量管理条例》的规定，办理质量监督手续是法定程序，不办理质量监督手续的，建设行政主管部门和其他有关专业部门不签发施工许可证或批准工程开工报告，工程不准开工。

质量监督手续办好后，就应安排拟承担该工程质量监督工作任务的工程质量监督员，熟悉设计图纸，查阅地质勘察资料和设计文件。

2. 施工准备质量监督

（1）编制质量监督计划。

工程质量监督书下达后，受指派的质量监督员要根据工程概况、设计意图、工程特点和关键部位，编制质量监督计划。监督计划的繁简程度主要取决于工程规模的大小、建设内容多少、工程本身的复杂程度和工程所处的地理位置等因素，一般包括如下内容：编制目的；参建各方主体的质量责任；确定质量监督的组织形式，明确质量监督人员及证书号；联系方式；质量监督的到位计划；工程项目划分；质量体系审查；明确重要隐蔽工程、关键部位单元工程、主要分部工程等质量监督到位点；工程外观质量评定；质量事故处理；工程质量等级核验和需要建设、监理、设计、施工等单位配合的内容等。

（2）建设单位质量体系核查。

水利部在《堤防工程建设管理暂行办法》（水建管［1999］78号）中规定项目法人、建设单位的组成必须具有一定的条件，在机构设置、技术力量、主要负责人的管理能力、技术负责人的工程经验等方面都做了统一的规定，这些也是质量监督员审查项目法人（建设单位）资质的主要依据，尤其是必须具有质量管理机构和相应的规章制度，以便其能够履行质量检查的职责，担负起对工程质量全面负责的重任。

（3）监理单位质量控制体系核查。

2006年12月18日水利部令第29号发布《水利工程建设监理单位资质管理办法》，2019年5月10日对《水利部关于修改部分规章的决定》第四次修正，监理单位资质分为水利工程施工监理、水土保持工程施工监理、机电及金属结构设备制造监理和水利工程建设环境保护监理四个专业。其中，水利工程施工监理专业资质和水土保持工程施工监理专业资质分为甲级、乙级和丙级3个等级，机电及金属结构设备制造监理专业资质分为甲级、乙级两个等级，水利工程建设环境保护监理专业资质暂不分级。

各专业资质等级可以承担的业务范围如下：

① 水利工程施工监理专业资质：

甲级可以承担各等级水利工程的施工监理业务。

乙级可以承担Ⅱ等（堤防2级）以下各等级水利工程的施工监理业务。

丙级可以承担Ⅲ等（堤防3级）以下各等级水利工程的施工监理业务。

② 水土保持工程施工监理专业资质：

甲级可以承担各等级水土保持工程的施工监理业务。

乙级可以承担Ⅱ等以下各等级水土保持工程的施工监理业务。

丙级可以承担Ⅲ等水土保持工程的施工监理业务。

同时具备水利工程施工监理专业资质和乙级以上水土保持工程施工监理专业资质的，方可承担淤地坝中的骨干坝施工监理业务。

③ 机电及金属结构设备制造监理专业资质：

甲级可以承担水利工程中的各类型机电及金属结构设备制造监理业务。

乙级可以承担水利工程中的中、小型机电及金属结构设备制造监理业务。

④ 水利工程建设环境保护监理专业资质：

可以承担各类各等级水利工程建设环境保护监理业务。

（4）施工单位质量保证体系核查。

由于水利工程项目的质量监督期是从开工前办理质量监督手续开始的，这时有的工程项目已经招标选择了施工单位，但也有一些工程项目此时还未选择施工承包单位，且鉴于目前绝大部分水利工程质量监督站都参与施工招标评标工作的实际情况，对施工单位的资质审查不仅应查验施工单位的资质等级证书，还应对施工单位的施工业绩、技术实力、可投入本工程的施工人力（包括主要负责人和技术负责人）和机械设备、经营管理水平、近期财务状况及企业信誉等方面进行审查。

① 施工单位资质等级核查。

根据《建筑业企业资质标准》（建市［2014］159号2014年11月6日），建筑业企业资质分为施工总承包、专业承包和施工劳务3个序列。其中施工总承包序列设有12个类别，一般分为4个等级（特级、一级、二级、三级）；专业承包序列设有36个类别，一般分为3个等级（一级、二级、三级）；施工劳务序列不分类别和等级。该标准包括建筑业企业资质各个序列、类别和等级的资质标准。其中水利水电工程施工总承包资质分为3个等级（一级、二级、三级）；水工金属结构制作与安装工程和水利水电机电安装工程业承包资质各分为3个等级（一级、二级、三级）。

② 施工承包商的业绩和技术力量核查。

承包商近期（一般指3～5年）施工业绩能比较综合地反映出承包商的施工经历、整体实力、技术水平、组织管理能力，以及工程施工的经验。

承包商的技术实力，包括主要负责人和技术负责人，主要的技术人员和管理人员的资历和实际工作能力，以及机械设备的数量、性能和质量等。

在核查时，不仅要审查施工承包商的施工机械设备，还要核查投入本工程的质量检测与试验设备，它是进行施工质量控制的重要手段。不仅要审查施工承包商整体的业绩和技术力量，更要核查拟担任本工程的项目经理和技术负责人的组织管理能力、技术水平和工作业绩，尤其是担任过规模相同或相近工程类似职务，并有良好业绩的工作经历。

③ 承包商经营管理水平和近期财务状况核查。

承包商经营管理水平，不仅反映承包商的主要负责人在组织工程施工，协调各管理部门和施工人员、施工机械，提高企业的工作效率和经济效益方面的能力，更重要的是反映承包商的质量体系的建立和运行状况。一个企业，如果真正建立了一个比较完善的质量体系如ISO9000标准的质量体系，并能很好地加以维持，使之有效运行，则每一个施工工序的质量就有了保证，从而整个工程的施工质量也就有了保证，合同的总目标以及对于投资、进度和质量的控制，应能得以实现。

④ 承包商企业信誉核查。

承包商的企业信誉主要反映在承包商信守合同，按合同办事，全心全意为用户服务，对用户负责的企业精神。一个信守合同的承包商，往往能严格按照合同要求，千方百计地克服困难，比较圆满地完成合同规定的各项任务。即使在执行合同过程中发生一些纠纷，也能以比较合作的态度，通过协商求得妥善解决，使工程项目的建设得以顺利进行。事实上，建设、监理单位与承包商之间建立相互信任、相互理解、相互合作的融洽关系，是顺利履行合同、搞好工程建设的重要外部条件。

(5) 勘察设计单位资质核查。

对勘察设计的质量监督目前一般只能做到对勘察设计单位的资格和其勘察设计成果质量的监督。

(6) 施工组织设计及重要施工技术方案核查。

质量监督部门对施工组织设计的检查，主要是检查施工单位编制的施工组织设计。一方面检查和了解监理单位对施工单位提出的施工组织设计有无明确的审查意见，同时在以下几方面予以关注，以便了解和掌握施工质量控制的难点和关键环节。

① 工程项目经理班子是否健全、真实、可靠。

② 施工总平面布置是否合理。

③ 认真审查工程地质特征和场区环境状况。

④ 主要组织措施是否得力，针对性是否很强。

(7) 特殊岗位人员资格核查。

特殊岗位是指凡与质量、安全效果发生重要影响的管理或操作人员。有的又将其分为关键岗位和特殊工种。关键岗位是指关系着工程建设的经营管理、工程质量、生产安全、经济效益和人民生命财产安全的重要管理岗位。在水利水电工程中涉及的主要有总监理工程师、监理工程师、监理员、项目经理、工长、施工员、预算员、质检员、安全员、材料员、机械管理员、统计员、计划员、财会员、劳资员、定额员等岗位的管理人员。特殊工种是指关系着工程质量、生产安全和人民生命财产安全的工种，如机动车驾驶员、吊车司机、司炉工、焊工、电工、起重工、架子工、探伤工、试验员、化验员、测量工等。对这些特殊岗位的人员，国家和有关部门对其工作资格都作了一定的要求，必须经有关部门考试或考核合格，取得岗位证书后才准上岗。对于上述人员，未取得资质证书的应具有培训合格证，并经水利建设行政主管部门审查通过后才准上岗。

质量监督员核查特殊岗位人员的任务主要是核验那些与建设工程的质量和安全有重要影响的管理、检查和试验人员的岗位证书。其主要核验的对象有总监理工程师、监理工程师、监理员；项目经理、质量检查人员；以及监理单位和施工单位从事各种试验、理化人员。对于其他特殊岗位如施工员、工长、安全员、材料员、焊工、电工等可根据各工程的具体情况进行必要的审查。质量监督员在核验特殊岗位人员资格证书时，务必将证书与其人员进行核对，防止有弄虚作假行为。另外，还要考虑各种岗位人员的数量和其搭配比例，能否满足工程建设的需要。对于特殊岗位工种的人员严重缺乏和不足，又不能采取可靠措施保证其工程质量时，可不准其开工，已经开工的可提请有关部门责成其停工整顿，并下发质量监督整改通知书。

（8）工艺评定试验结果核查。

对于工程质量中的主要性能指标，不能通过其后的检验或试验完全判断，或施工后无法检测，只能通过破坏性检验才能判断其质量的施工作业过程，必须采取特殊的控制措施。对于这些作业过程，应预先进行工艺评定试验，取得可靠的技术参数，在施工作业过程中再由具备相应资格的人员进行连续监控和对主要技术参数加以控制，以确保这些施工作业过程中的工程质量。

（9）计量器具审查。

施工过程中从原材料进场到工程竣工交验包括动力力量、物资量的消耗，都需要检测、测量各项有关参数。计量对工程施工质量具有技术保证作用在于：统一计量单位制、组织量值传递、保证量值统一。没有单位制和量值统一，工艺过程就不能控制，生产过程就无法进行，进行检验和试验所取得的数据也没有比较的价值，提高工程质量也就失去依据。通过计量和检测仪器所获取质量检验数据，是控制工程施工质量的重要手段，是保证和提高工程施工质量的基础条件。

质量监督员应着重对监理抽检和施工承包商自检控制手段进行审查。

（10）主要原材料质量核查。

质量监督员核查材料的质量时，主要是审查监理工程师签发的材料采购单、进场材料质量检验报告单，抽查材质证明书和试验报告单，并赴施工现场和材料存储地进行现场检查，主要检查外形、颜色、尺寸、形状、气味并从其包装、标识等方面检查其型号、品种、数量、性能等指标，若对某种材料的质量有怀疑时，可要求建设单位委托有资格的检测单位进行复检。

（11）工程项目划分审查。

在工程项目正式开工之前，建设单位应组织监理单位、设计单位和施工单位，按照水利部（SL 176—2007）《水利水电工程施工质量检验与评定规程（附条文说明）》、（SL631～637—2012）《水利水电工程单元工程施工质量验收评定标准土方工程》的有关规定对工程进行项目划分，并将工程项目划分方案报质量监督部门审定。质量监督部门对工程项目划分方案的审查主要是看其划分方案的合理性如何，是否遵循了有关规定中所要求的大的原则，既要考虑设计施工的安排，又要便于质量检验评定资料的收集与整理，重要分部或关键部位单元工程的确定是否合理等。

3. 施工过程质量监督

施工过程的质量监督是质量监督工作的重点，也是难点。不仅要监督建设单位质量检查体系、监理单位质量控制体系、设计单位现场服务体系和施工单位的质量管理体系的运行情况，还要通过施工过程实物质量的检查来检验其质量体系的运行效果。如果工程施工质量不好，还要从制度和体系上找原因，以防止质量问题的发生，保证后续工程施工的质量。因而这一阶段的质量监督工作既有事后检查验收的作用，也有事先预防的作用。其任务是监督参加建设各方主体质量体系的运行情况，监督其质量行为和工程实物质量。对于质量监督计划中明确的到位点，一方面施工过程中有关方面应及时通知质量监督部门到场；另一方面质量监督部门也要随时掌握和了解工程建设的进展情况，便于提前进行工作安排，做好足够的思想准备。施工过程质量监督的重点是重要隐蔽工程、关键部位单元工程、质量检验资料、中间验收和质量事故处理等内容。

（1）重要隐蔽工程和关键部位单元工程验收签证。

隐蔽工程一般是指地基开挖、地基处理、基础工程、地下防渗工程、地基排水工程、地下建筑物工程等所有完工后被覆盖，而无法或很难对其再进行检查的工程。严重影响工程安全和使用功能的隐蔽工程，称为重要隐蔽工程；对工程的安全和效益有显著影响的部位称为工程的关键部位。重要隐蔽工程和工程关键部位由于其特别重要，是工程施工中质量控制的关键和重点，同时也是质量控制的难点。为此必须做好事前预防、事中控制、事后验收的工作。

（2）质量检验资料审查。

质量检验是保证工程施工质量的重要手段，质量检验资料是评定工程质量等级的依据。质量监督员对建设、监理和施工单位的质量检验、测试记录进行检查，及时发现漏检、错检和错评的现象，以便保证质量检验资料能真实反映工程质量现状。审查的内容大体是：检验项目、数量是否有漏、缺、少的现象，是否符合有关规定；检验人员是否有必要的资格证书，质量检验员是否专职，尤其是终检的质检员应是专职的；检验用的仪器、仪表是否在规定的检定周期范围内。对施工单位的质量检验程序也要进行审查，施工单位是否执行了“三检制”，检验是否及时，内容是否完整、真实，填写是否规范，签字是否完整、及时，评定结论是否正确等。对监理单位的质量抽检记录也要进行审查。为了进一步验证检验数据的可靠性，必要时可对有关方面的检验、测试过程进行跟踪检查，看其操作是否熟练、程序是否合法、方法是否得当等。

（3）中间验收审查。

对于原材料、配件和设备的监督抽查主要是审查合格证和出厂试验报告，商标与产品是否相符，是否按规定进行了复检，复检项目、结果是否符合有关要求，存放条件如何，材料的发放、领取是否有完善的制度，执行情况如何，等等；单元工程监督抽查，抽查单元工程质量检验评定记录，检查各工序之间的交接手续是否齐全；检验数据是否真实完整；对质量的描述是否真实、准确、客观；内容是否完整、规范；签字是否齐全；如有试验项目，审查试验报告；建设、监理单位审验是否认真、及时等。

4. 竣工验收质量监督

水利水电工程的单位工程完工之后，质量监督部门可要求建设、监理单位组织进行外观质量评定，与此同时，施工单位应将单元工程、分部工程和单位工程的质量检测资料提交给建设、监理单位进行审查，然后质量监督部门根据建设、监理单位的审查结果，结合外观质量评定结果和原材料、中间产品、金属结构及启闭机、机电设备安装质量及质量检测资料的核查情况，核定该单位工程的质量等级。

（1）工程外观质量评定。

按照水利行业现行的规定，水利水电建筑物工程外观质量评定工作要求由质量监督部门主持进行。单位工程完工之后，就应着手进行外观质量评定。水利水电工程外观质量评定一般由质量监督、建设、监理、设计和施工单位的人员参加，参加人员的数量和技术水平都应满足有关规定。

（2）审查竣工验收资料。

由于水利水电工程单位工程的质量评定结果是由分部工程的质量评定情况、原材料、中间产品、金属结构及启闭机、机电设备安装质量情况，质量检测资料和外观质量评定的结果来综合反映的。质量监督审查单位工程竣工验收资料，主要是对其完整性、真实性和客观性进行认真审查，必要时对混凝土强度的检验评定情况、砌筑砂浆强度的检验评定情况、土方填筑干密度的检验评定情况等方面的质量进行审查和复核，不仅要审查施工单位的资料，也要审查监理单位的抽检资料。对于堤防工程，质量监督站还应要求建设单位委托有关部门进行必要的检测，对原材料、中间产品、金属结构及启闭机、机电设备安装质量检测资料的审查都要进行详细记录。

（3）工程质量等级核验。

验收委员会最终确定工程质量等级提供可靠的依据。这就要求质量监督员在监督活动中注意收集和积累有关方面的资料和信息，按工程项目及时记录监督日志。在进行外观质量评定，核查原材料、中间产品、金属结构及启闭机、机电设备安装质量检测资料时，还要对该单位工程中的各分部工程的质量检验评定资料进行认真核验，并形成《单位工程质量评定表》对于由多个单位工程组成的工程项目，建设、监理单位还应认真填写《工程项目施工质量评定表》，连同其他有关材料一起报质量监督部门核验整个工程项目的质量等级。

（4）编写质量评定报告。

水利水电工程质量评定报告，是质量监督部门全面综合反映其质量监督工作的过程、质量监督工作的主要内容、表明质量监督工作方式、阐述质量等级核定理由的重要文件，是验收委员会确定工程质量等级的主要依据。因此，质量监督部门必须慎重地编写好质量评定报告，并经质量监督站站长签发，单位签章后才能正式对外发布。

（5）竣工验收。

水利水电工程项目如已按批准的工程建设内容完建，并经质量监督部门核定工程质量达到合格及其以上等级，有关部门就可以着手组织工程的竣工验收。质量监督部门参与竣工验收工作，提出正式的工程质量监督报告，并对竣工验收的过程进行监督检查。

5. 质量保修期监督

水利工程在保修期间，质量监督的主要任务是监督设计单位、施工单位进行质量回访；检查、了解工程运行中的质量状况；参与和监督质量问题的调查、分析和处理工作；监督施工单位进行质量保修；监督和参与质量责任的鉴定和处理工作。

第三节　水利工程质量管理的基本要求

为了加强水利工程的质量管理，保证工程质量，水利部颁发了《水利工程质量管理规定》（1997年12月21日水利部令第7号发布，2017年12月22日水利部第49号令《水利部关于废止和修改部分规章的决定》修正）。2017版《水利工程质量管理规定》共分为总则、工程质量监督管理、项目法人（建设单位）质量管理、监理单位质量管理、设计单位质量管理、施工单位质量管理、建筑材料、设备采购的质量管理和工程保修、罚则、附则等九章计47条。

根据《水利工程质量管理规定》，水利工程质量是指在国家和水利行业现行的有关法律、法规、技术标准和批准的设计文件及工程合同中，对建设的水利工程的安全、适用、经济、美观等特性的综合要求。

一、质量管理的主要内容

1. 管理职责

根据《水利工程质量管理规定》，水利部负责全国水利工程质量管理工作。各流域机构负责本流域由流域机构管辖的水利工程的质量管理工作，指导地方水行政主管部门的质量管理工作。各省、自治区、直辖市水行政主管部门负责本行政区域内水利工程质量管理工作。

水利工程质量实行项目法人（建设单位）负责、监理单位控制、施工单位保证和政府监督相结合的质量管理体制。

水利工程质量由项目法人（建设单位）负全面责任。监理、施工、设计单位按照合同及有关规定对各自承担的工作负责。质量监督机构履行政府部门监督职能，不代替项目法人（建设单位）、监理、设计、施工单位的质量管理工作。水利工程建设各方均有责任和权利向有关部门和质量监督机构反映工程质量问题。

水利工程项目法人（建设单位）、监理、设计、施工等单位的负责人，对本单位的质量工作负领导责任。各单位在工程现场的项目负责人对本单位在工程现场的质量工作负直接领导责任。各单位的工程技术负责人对质量工作负技术责任。具体工作人员为直接责任人。

2. 项目法人（建设单位）质量管理的主要内容

根据《水利工程质量管理规定》，项目法人（建设单位）质量管理的主要内容如下：

（1）项目法人（建设单位）应根据国家和水利部有关规定依法设立，主动接受水利工程质量监督机构对其质量体系的监督检查。

（2）项目法人（建设单位）应根据工程规模和工程特点，按照水利部有关规定，通过资质审查招标选择勘测设计、施工、监理单位并实行合同管理。在合同文件中，必须有工程质量条款，明确图纸、资料、工程、材料、设备等的质量标准及合同双方的质量责任。

（3）项目法人（建设单位）要加强工程质量管理，建立健全施工质量检查体系，根据工程特点建立质量管理机构和质量管理制度。

（4）项目法人（建设单位）在工程开工前，应按规定向水利工程质量监督机构办理工程质量监督手续。在工程施工过程中，应主动接受质量监督机构对工程质量的监督检查。

（5）项目法人（建设单位）应组织设计和施工单位进行设计交底；施工中应对工程质量进行检查，工程完工后，应及时组织有关单位进行工程质量验收、签证。

3. 监理单位质量管理的主要内容

根据《水利工程质量管理规定》的规定，监理单位必须持有水利部颁发的监理单位资格等级证书，依据核定的监理范围承担相应水利工程监理任务。监理单位必须接受水利工程质量监督单位对其监理资格质量检查体系以及质量监理工作的监督检查。监理单位质量管理的主要内容如下：

（1）监理单位必须严格执行国家法律、水利行业法规、技术标准，严格履行监理合同。

（2）监理单位根据所承担的监理任务向水利工程施工现场派出相应的监理机构，人员配备必须满足项目要求。监理工程师应当持证上岗。

（3）监理单位应根据监理合同参与招标工作，从保证工程质量全面履行工程承建合同出发，签发施工图纸；审查施工单位的施工组织设计和技术措施；指导监督合同中有关质量标准、要求的实施；参加工程质量检查、工程质量事故调查处理和工程验收工作。

4. 设计单位质量管理的主要内容

根据《水利工程质量管理规定》的规定，设计单位必须按其资质等级及业务范围承担勘测设计任务，并应主动接受水利工程质量监督机构对其资质等级及质量体系的监督检查。设计单位质量管理的主要内容如下：

（1）设计单位必须建立健全设计质量保证体系，加强设计过程质量控制，健全设计文件的审核、会签批准制度，做好设计文件的技术交底工作。

（2）设计文件必须符合下列基本要求：

① 设计文件应当符合国家、水利行业有关工程建设法规、工程勘测设计技术规程、标准和合同的要求。

② 设计依据的基本资料应完整、准确、可靠，设计论证充分，计算成果可靠。

③ 设计文件的深度应满足相应设计阶段有关规定要求，设计质量必须满足工程质量、安全需要并符合设计规范的要求。

（3）设计单位应按合同规定及时提供设计文件及施工图纸，在施工过程中要随时掌握施工现场情况，优化设计，解决有关设计问题。对大中型工程，设计单位应按合同规定在施工现场设立设计代表机构或派驻设计代表。

（4）设计单位应按水利部有关规定在阶段验收、单位工程验收和竣工验收中，对施工质量是否满足设计要求提出评价意见。

5. 施工单位质量管理的主要内容

根据《水利工程质量管理规定》的规定，施工单位必须按其资质等级和业务范围承揽工程施工任务，接受水利工程质量监督机构对其资质和质量保证体系的监督检查。施工单位质量管理的主要内容如下：

（1）施工单位必须依据国家、水利行业有关工程建设法规、技术规程、技术标准的规定以及设计文件和施工合同的要求进行施工，并对其施工的工程质量负责。

（2）施工单位不得将其承接的水利建设项目的主体工程进行转包。对工程的分包，分包单位必须具备相应资质等级，并对其分包工程的施工质量向总包单位负责，总包单位对全部工程质量向项目法人（建设单位）负责。工程分包必须经过项目法人（建设单位）的认可。

（3）施工单位要推行全面质量管理，建立健全质量保证体系，制定和完善岗位质量规范、质量责任及考核办法，落实质量责任制。在施工过程中要加强质量检验工作，认真执行“三检制”，切实做好工程质量的全过程控制。

（4）工程发生质量事故，施工单位必须按照有关规定向监理单位、项目法人（建设单位）及有关部门报告，并保护好现场，接受工程质量事故调查，认真进行事故处理。

（5）竣工工程质量必须符合国家和水利行业现行的工程标准及设计文件要求，并应向项目法人（建设单位）提交完整的技术档案、试验成果及有关资料。

6. 建筑材料、设备采购质量管理和工程保修的主要内容

（1）建筑材料、设备采购质量管理的主要内容。

根据《水利工程质量管理规定》，建筑材料和工程设备的质量由采购单位承担相应责任。凡进入施工现场的建筑材料和工程设备均应按有关规定进行检验。经检验不合格的产品不得用于工程。建筑材料或工程设备采购质量管理的主要内容如下：

建筑材料和工程设备的采购单位具有按合同规定自主采购的权利，其他单位或个人不得干预。

建筑材料或工程设备应当符合下列要求：

① 有产品质量检验合格证明。

② 有中文标明的产品名称、生产厂名和厂址。

③ 产品包装和商标式样符合国家有关规定和标准要求。

④ 工程设备应有产品详细的使用说明书，电气设备还应附有线路图。

⑤ 实施生产许可证或实行质量认证的产品，应当具有相应的许可证或认证证书。

（2）水利工程质量保修的主要内容。

根据《水利工程质量管理规定》的规定，水利工程质量保修的主要内容如下：

① 水利工程保修期从通过单项合同工程完工验收之日算起，保修期限按法律法规和合同约定执行。

② 工程质量出现永久性缺陷的，承担责任的期限不受以上保修期限制。

③ 水利工程在规定的保修期内，出现工程质量问题，一般由原施工单位承担保修，所需费用由责任方承担。

7. 罚则

水利工程发生重大工程质量事故，应严肃处理。对责任单位予以通报批评、降低资质等级或收缴资质证书；对责任人给予行政纪律处分，构成犯罪的，移交司法机关进行处理。

因水利工程质量事故造成人身伤亡及财产损失的，责任单位应按有关规定，给予受损方经济赔偿。

（1）项目法人（建设单位）有下列行为之一的，由其主管部门予以通报批评或其他纪律处理。

① 未按规定选择相应资质等级的勘测设计、施工、监理单位的。

② 未按规定办理工程质量监督手续的。

③ 未按规定及时进行已完工程验收就进行下一阶段施工和未经竣工或阶段验收，而将工程交付使用的。

④ 发生重大工程质量事故没有按有关规定及时向有关部门报告的。

（2）勘测设计、施工、监理单位有下列行为之一的，根据情节轻重，予以通报批评、降低资质等级直至收缴资质证书，经济处理按合同规定办理，触犯法律的，按国

家有关法律处理：

① 无证或超越资质等级承接任务的。

② 不接受水利工程质量监督机构监督的。

③ 设计文件不符合本规定第二十七条要求的。

④ 竣工交付使用的工程不符合本规定第三十五条要求的。

⑤ 未按规定实行质量保修的。

⑥ 使用未经检验或检验不合格的建筑材料和工程设备，或在工程施工中粗制滥造、偷工减料、伪造记录的。

⑦ 发生重大工程质量事故没有及时按有关规定向有关部门报告的。

⑧ 工程质量等级评定为不合格，或者工程需加固、拆除的。

（3）检测单位伪造检验数据或伪造检验结论的，根据情节轻重，予以通报批评、降低资质等级直至收缴资质证书。因伪造行为造成严重后果的，按国家有关规定处理。

（4）对不认真履行水利工程质量监督职责的质量监督机构，由相应水行政主管部门或其上一级水利工程质量监督机构给予通报批评、撤换负责人或撤销授权并进行机构改组。

从事工程质量监督的工作人员执法不严，违法不究或者滥用职权、贪污受贿，由其所在单位或上级主管部门给予行政处分，构成犯罪的，依法追究刑事责任。

二、质量监督的主要内容

为了加强水行政主管部门对水利工程质量的监督管理，保证工程质量，确保工程安全，发挥投资效益，水利部于 1997 年 8 月 25 日发布施行《水利工程质量监督管理规定》（水利部水建〔1997〕339 号），该规定共分为总则、机构与人员、机构职责、质量监督、质量检测、工程质量监督费、奖惩、附则等八章计 38 条。

根据《水利工程质量监督管理规定》（水利部水建〔1997〕339 号）的规定，在我国境内新建、扩建、改建、加固各类水利水电工程和城镇供水、滩涂围垦等工程（以下简称水利工程）及其技术改造，包括配套与附属工程，均必须由水利工程质量监督机构负责质量监督。工程建设、监理、设计和施工单位在工程建设阶段，必须接受质量监督机构的监督。

1. 监督依据

水行政主管部门主管质量监督工作。水利工程质量监督机构是水行政主管部门对工程质量进行监督管理的专职机构，对水利工程质量进行强制性的监督管理。工程质量监督的依据如下：

① 国家有关的法律、法规。

② 水利水电行业有关技术规程、规范，质量标准。

③ 经批准的设计文件等。

2. 机构与人员

（1）监督机构。

水利部主管全国水利工程质量监督工作，水利工程质量监督机构按总站、中心站、站三级设置，如图 1-3 所示。

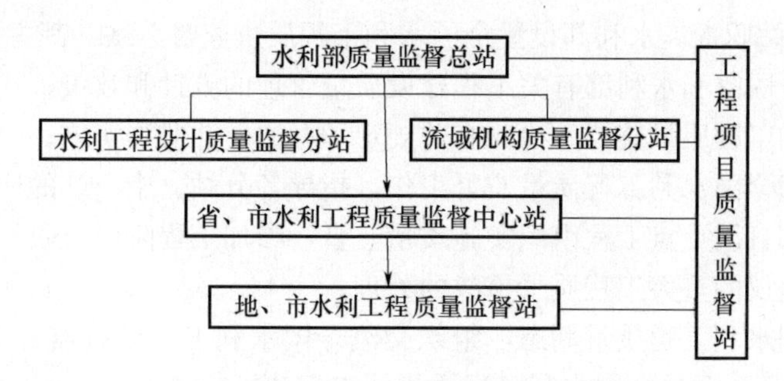

图 1-3　我国水利工程质量监督体系简图

① 水利部设置全国水利工程质量监督总站，办事机构设在建管司。水利水电规划设计管理局设置水利工程设计质量监督分站，各流域机构设置流域水利工程质量监督分站作为总站的派出机构。

② 各省、自治区、直辖市水利（水电）厅（局），新疆生产建设兵团水利局设置水利工程质量监督中心站。

③ 各地（市）水利（水电）局设置水利工程质量监督站。各级质量监督机构隶属于同级水行政主管部门，业务上接受上一级质量监督机构的指导。

水利工程质量监督项目站（组），是相应质量监督机构的派出单位。

（2）监督人员。

各级质量监督机构的站长一般应由同级水行政主管部门主管工程建设的领导兼任，有条件的可配备相应级别的专职副站长。各级质量监督机构的正副站长由其主管部门任命，并报上一级质量监督机构备案。

各级质量监督机构应配备一定数量的专职质量监督员。质量监督员的数量由同级水行政主管部门根据工作需要和专业配套的原则确定。

水利工程质量监督员必须具备以下条件：

① 取得工程师职称，或具有大专以上学历并有五年以上从事水利水电工程设计、施工、监理、咨询或建设管理工作的经历。

② 坚持原则，秉公办事，认真执法，责任心强。

③ 经过培训并通过考核取得“水利工程质量监督员证”。

质量监督机构可聘任符合条件的工程技术人员作为工程项目的兼职质量监督员。为保证质量监督工作的公正性、权威性，凡从事该工程监理、设计、施工、设备制造的人员不得担任该工程的兼职质量监督员。

（3）监督资格。

各质量监督分站、中心站、地（市）站和质量监督员必须经上一级质量监督机构考核、认证，取得合格证书后，方可从事质量监督工作。质量监督机构资质每四年复核一次，质量监督员证有效期为四年。

3. 职责

水利工程按照分级管理的原则由相应水行政主管部门授权的质量监督机构实施质量监督。水利部主管全国水利工程质量监督工作，水利工程质量监督机构按总站、中心站、站三级设置。

（1）监督总站职责。水利部设置全国水利工程质量监督总站，其主要职责如下：

① 贯彻执行国家和水利部有关工程建设质量管理的方针和政策；

② 制订水利工程质量监督、检测有关规定和办法，并监督实施；

③ 归口管理全国水利工程质量监督工作，指导各分站、中心站的质量监督工作；

④ 对水利部直属重点工程组织实施质量监督，参加工程阶段验收和竣工验收；

⑤ 监督有争议的重大工程质量事故的处理；

⑥ 掌握全国水利工程质量动态，组织交流全国水利工程质量监督工作经验，组织培训质量监督人员，开展全国水利工程质量检查活动。

（2）监督分站职责。水利水电规划设计管理局设置水利工程设计质量监督分站。水利工程设计质量监督分站接受总站委托承担的主要任务：

① 归口管理全国水利工程的设计质量监督工作；

② 负责设计全面管理工作；

③ 掌握全国水利工程的设计质量动态，定期向总站报告设计质量监督情况。

各流域机构设置水利工程质量监督分站作为总站的派出机构。其主要职责如下：

① 对本流域内总站委托监督的部属水利工程、中央与地方合资项目（监督方式由分站和中心站协商确定）、省（自治区、直辖市）界及国际边界河流上的水利工程实施监督；

② 监督受监督水利工程质量事故的处理；

③ 参加受监督水利工程的阶段验收和竣工验收；

④ 掌握本流域水利工程质量动态，及时上报质量监督工作中发现的重大问题，开展水利工程质量检查活动，组织交流本流域内的质量监督工作经验。

（3）中心站职责。各省、自治区、直辖市，新疆生产建设兵团设置水利工程质量监督中心站，其主要职责如下：

① 贯彻执行国家、水利部和省、自治区、直辖市有关工程建设质量管理的方针和政策。

② 管理辖区内水利工程质量监督工作，指导本省、自治区、直辖市的市（地）质量监督站的质量监督工作。

③ 对辖区内除总站以及分站已经监督的水利工程外的其他水利工程实施质量监督。

④ 参加受监督工程阶段验收和竣工验收。

⑤ 掌握辖区内水利工程质量动态和质量监督情况，定期向总站报告，同时抄送流域分站；组织培训质量监督人员，开展水利工程质量检查活动，组织交流质量监督工作经验。

根据《水利工程质量监督管理规定》的规定，水利工程建设项目质量监督方式以抽查为主。大型水利工程应设置项目站，中小型水利工程可根据需要建立质量监督项目站（组），或进行巡回监督。从工程开工前办理质量监督手续始，到工程竣工验收委员会同意工程交付使用止，为水利工程建设项目的质量监督期（含合同质量保修期）。

各级质量监督机构的质量监督人员由专职质量监督员和兼职质量监督员组成。其中，兼职质量监督员为工程技术人员，凡从事该工程监理、设计、施工、设备制造的人员不得担任该工程的兼职质量监督员。

4. 监督内容

根据《水利工程质量监督管理规定》的规定，工程质量监督的主要内容如下：

（1）对监理、设计、施工和有关产品制作单位的资质进行复核。

（2）对建设、监理单位的质量检查体系和施工单位的质量保证体系以及设计单位现场服务等实施监督检查。

（3）对工程项目的单位工程、分部工程、单元工程的划分进行监督检查。

（4）监督检查技术规程、规范和质量标准的执行情况。

（5）检查施工单位和建设、监理单位对工程质量检验和质量评定情况。

（6）在工程竣工验收前，对工程质量进行等级核定，编制工程质量评定报告，并向工程竣工验收委员会提出工程质量等级的建议。

5. 监督权限

根据《水利工程质量监督管理规定》的规定，工程质量监督机构的质量监督权限如下：

（1）对监理、设计、施工等单位的资质等级、经营范围进行核查，发现越级承包工程等不符合规定要求的，责成建设单位限期改正，并向水行政主管部门报告。

（2）质量监督人员需持“水利工程质量监督员证”进入施工现场执行质量监督。对工程有关部位进行检查，调阅建设、监理单位和施工单位的检测试验成果、检查记录和施工记录。

（3）对违反技术规程、规范、质量标准或设计文件的施工单位，通知建设、监理单位采取纠正措施。问题严重时，可向水行政主管部门提出整顿的建议。

（4）对使用未经检验或检验不合格的建筑材料、构配件及设备等，责成建设单位采取措施纠正。

（5）提请有关部门奖励先进质量管理单位及个人。

（6）提请有关部门或司法机关追究造成重大工程质量事故的单位和个人的行政、经济、刑事责任。

三、水利工程质量检测的基本要求

根据《水利工程质量监督管理规定》（水利部水建〔1997〕339号）和《水利工程质量检测管理规定》（2008年11月3日水利部令第36号发布，2017年12月22日《水利部关于废止和修改部分规章的决定》的修正，2019年5月10日《水利部关于修改部分规章的决定》第二次修正）的规定，工程质量检测是工程质量监督和质量检查的重要手段。

水利工程质量检测（以下简称质量检测），是指水利工程质量检测单位（以下简称检测单位）依据国家有关法律、法规和标准，对水利工程实体以及用于水利工程的原材料、中间产品、金属结构和机电设备等进行的检查、测量、试验或者度量，并将结果与有关标准、要求进行比较以确定工程质量是否合格所进行的活动。

1. 检测资质

检测单位应当按照本规定取得资质，并在资质等级许可的范围内承担质量检测业务。

检测单位资质分为岩土工程、混凝土工程、金属结构、机械电气和量测共5个类别，每个类别分为甲级、乙级两个等级。

取得甲级资质的检测单位可以承担各等级水利工程的质量检测业务。大型水利工程（含一级堤防）主要建筑物以及水利工程质量与安全事故鉴定的质量检测业务，必须由具有甲级资质的检测单位承担。取得乙级资质的检测单位可以承担除大型水利工程（含一级堤防）主要建筑物以外的其他各等级水利工程的质量检测业务。

前款所称主要建筑物是指失事以后将造成下游灾害或者严重影响工程功能和效益的建筑物，如堤坝、泄洪建筑物、输水建筑物、电站厂房和泵站等。

从事水利工程质量检测的专业技术人员（以下简称检测人员），应当具备相应的质量检测知识和能力，并按照国家职业资格管理的规定取得从业资格。

水利部负责审批检测单位甲级资质；省、自治区、直辖市人民政府水行政主管部门负责审批检测单位乙级资质。

检测单位资质原则上采用集中审批方式，受理时间由审批机关提前三个月向社会公告。

检测单位应当向审批机关提交下列申请材料：

（1）《水利工程质量检测单位资质等级申请表》；

（2）计量认证资质证书和证书附表复印件；

（3）主要试验检测仪器、设备清单；

（4）主要负责人、技术负责人的职称证书复印件；

（5）管理制度及质量控制措施。

具有乙级资质的检测单位申请甲级资质的，还需提交近三年承担质量检测业务的业绩及相关证明材料。

检测单位可以同时申请不同专业类别的资质。

2. 检测效力

水利部批准的水利工程质量检测单位出具的检测结果是水利工程质量的最终检测。流域机构或省级水行政主管部门应明确本流域、本辖区水利工程质量的最高检测单位。仲裁检测由最高检测单位或最终检测单位承担。

3. 检测人员要求

从事水利工程质量检测的专业技术人员（以下简称检测人员），应当具备相应的质量检测知识和能力，并按照国家职业资格管理或者行业自律管理的规定取得从业资格。

4. 检测依据

水利工程质量检测的依据如下：

（1）法律、法规、规章的规定；

（2）国家标准、水利水电行业标准；

（3）工程承包合同认定的其他标准和文件；

（4）批准的设计文件，金属结构、机电设备安装等技术说明书；

（5）其他特定要求。

5. 检测方法

水利工程质量检测的主要方法和抽样方式如下：

（1）国家、水利行业标准有规定的，从其规定；

（2）国家、水利行业标准没有规定的，由检测单位提出方案，委托方予以确认；

（3）仲裁检测，有国家、水利行业规定的，从其规定；没有规定的，按争议各方的共同约定进行。

6. 委托检测

监督机构根据工作需要，可委托水利工程质量检测单位承担以下主要任务：

（1）核查受监督工程参建单位的实验室装备、人员资质、试验方法及成果等；

（2）根据需要对工程质量进行抽样检测，提出检测报告；

（3）参与工程质量事故分析和研究处理方案；

（4）质量监督机构委托的其他任务。

水利工程质量检测的成果是水利工程质量检测报告。检测单位对其出具的检测报告承担相应法律和经济责任。报告内容应客观、数据可靠、结论准确、签名齐全。

任何单位和个人不得明示或者暗示检测单位出具虚假质量检测报告，不得篡改或者伪造质量检测报告。

第四节　水利工程质量事故处理的基本要求

一、事故分类与事故报告的主要内容

1. 质量事故的概念

为了加强水利工程质量管理，规范水利工程质量事故处理行为，根据《中华人民共和国建筑法》和《中华人民共和国行政处罚法》，水利部于1999年3月4日发布实施《水利工程质量事故处理暂行规定》（水利部令第9号），该规定分为总则、事故分类、事故报告、事故调查、工程处理、事故处罚、附则等七章计41条。

根据《水利工程质量事故处理暂行规定》的规定，水利工程质量事故是指在水利工程建设过程中，由于建设管理、监理、勘测、设计、咨询、施工、材料、设备等原因造成工程质量不符合规程规范和合同规定的质量标准，影响工程使用寿命和对工程安全运行造成隐患和危害的事件。

工程建设中，原则上是不允许出现质量事故的。但由于工程建设过程中各种因素综合作用又很难完全避免。工程如出现质量事故后，有关方面应及时对事故现场进行保护，防止遭到破坏，影响今后对事故的调查和原因分析，但在有些情况下，如不采取防护措施，事故有可能进一步扩大时，应及时采取可靠的临时性防护措施，防止事故发展，以免造成更大的损失。

2. 事故的分类

工程质量事故的分类方法很多，可有按事故发生的时间进行分类、按事故产生原因进行分类、按事故造成的后果或影响程度进行分类、按事故处理的方式进行分类，还可按事故的性质进行分类。根据《水利工程质量事故处理暂行规定》的规定，工程质量事故按直接经济损失的大小，检查、处理事故对工期的影响时间长短和对工程正常使用的影响，分为一般质量事故、较大质量事故、重大质量事故和特大质量事故，

见表1-1。其中：

（1）一般质量事故指对工程造成一定经济损失，经处理后不影响正常使用并不影响使用寿命的事故。

（2）较大质量事故指对工程造成较大经济损失或延误较短工期，经处理后不影响正常使用但对工程使用寿命有一定影响的事故。

（3）重大质量事故指对工程造成重大经济损失或较长时间延误工期，经处理后不影响正常使用但对工程使用寿命有较大影响的事故。

（4）特大质量事故指对工程造成特大经济损失或长时间延误工期，经处理仍对正常使用和工程使用寿命有较大影响的事故。

（5）小于一般质量事故的质量问题称为质量缺陷。

表1-1　水利工程质量事故分类标准

事故类别 损失情况		特大质量事故	重大质量事故	较大质量事故	一般质量事故
事故处理所需的物质、器材和设备、人工等直接损失费用（人民币万元）	大体积混凝土、金属制作和机电安装工程	＞3000	＞500 ⩽3000	＞100 ⩽500	＞20 ⩽100
	土石方工程、混凝土薄壁工程	＞1000	＞100 ⩽1000	＞30 ⩽100	＞10 ⩽30
事故处理所需合理工期（月）		＞6	＞3 ⩽6	＞1 ⩽3	⩽1
事故处理后对工程功能和寿命影响		影响工程正常使用，需限制条件运行	不影响正常使用，但对工程寿命有较大影响	不影响正常使用，但对工程寿命有一定影响	不影响正常使用和工程寿命

注：直接经济损失费为必需条件，其余两项主要用于大中型工程。

3. 水利工程质量事故的特点

由于工程建设项目不同于一般的工业生产活动，其项目实施的一次性，建设工程特有的流动性、综合性，劳动的密集性及协同作业关系的复杂性，构成了建设工程质量事故具有复杂性、严重性、可变性和多样性的特点。

（1）复杂性。为了满足各种特定使用功能的需要，适应各种自然环境，水利水电工程品种繁多，类型各异，即使是同类型同级别的水工建筑物，也会因其所处的地理位置不同，地质、水文及气象条件的变化，而带来施工环境和施工条件的变化。尤其需要注意的是，造成质量事故的原因错综复杂，同一性质、同一形态的质量事故，其原因有时截然不同。同时水利水电工程在使用过程中也会出现各种各样的问题。所有这些复杂的因素，必然导致工程质量事故的性质、危害程度以及处理方法的复杂性。

（2）严重性。水利水电工程一旦发生工程质量事故，不仅影响工程建设的进程，造成一定的经济损失，还可能会给工程留下隐患，降低工程的使用寿命，严重威胁着人民生命财产的安全。在水利水电工程建设中，最为严重、影响最恶劣的是垮坝或溃堤事故，不仅造成严重的人员伤亡和巨大的经济损失，还会影响国民经济和社会的发展。

（3）可变性。水利水电工程中相当多的质量问题是随着时间、条件和环境的变化而发展的。因此，一旦发生质量问题，就应及时进行调查和分析，针对不同情况采取相应的措施。对于那些可能要进一步发展，甚至会酿成质量事故的，要及时采取应急补救措施，进行必要的防护和处理；对于那些表面问题，也要进一步查清内部结构情况，确定问题性质是否会转化；对于那些随着时间、水位、温度或湿度等条件的变化可能会进一步加剧的质量问题，要注意观测，做好记录，认真分析，找出其发展变化的特征或规律，以便采取必要有效的处理措施，使问题得到妥善处理。

4. 质量事故报告的主要内容

根据《水利工程质量事故处理暂行规定》的规定，事故发生后，事故单位要严格保护现场，采取有效措施抢救人员和财产，防止事故扩大。因抢救人员、疏导交通等原因需移动现场物件时，应做出标志、绘制现场简图并做出书面记录，妥善保管现场重要痕迹、物证，并进行拍照或录像。

发生质量事故后，项目法人必须将事故的简要情况向项目主管部门报告。项目主管部门接到事故报告后，按照管理权限向上级水行政主管部门报告。较大质量事故逐级向省级水行政主管部门或流域机构报告；重大质量事故逐级向省级水行政主管部门或流域机构报告并抄报水利部；特大质量事故逐级向水利部和有关部门报告。

发生（发现）较大质量事故、重大质量事故、特大质量事故要在48h内向有关单位提出书面报告；突发性事故，事故单位要在4h内向有关单位报告。

有关事故报告应包括以下主要内容：

（1）工程名称、建设地点、工期，项目法人、主管部门及负责人电话；

（2）事故发生的时间、地点、工程部位以及相应的参建单位名称；

（3）事故发生的简要经过，伤亡人数和直接经济损失的初步估计；

（4）事故发生原因初步分析；

（5）事故发生后采取的措施及事故控制情况；

（6）事故报告单位、负责人以及联络方式。

二、事故处理的基本要求

根据《水利工程质量事故处理暂行规定》（水利部令第9号）的规定，因质量事故造成人员伤亡的，还应遵从国家和水利部伤亡事故处理的有关规定。其中质量事故处理的基本要求如下：

1. 质量事故处理的原则

（1）根据《水利工程质量事故处理暂行规定》的规定，发生质量事故必须坚持“事故原因不查清楚不放过、主要事故责任者和职工未受到教育不放过、补救和防范措施不落实不放过”的原则，认真调查事故原因，研究处理补救措施，查明事故责任者，做好事故处理工作。

（2）事故调查应及时、全面、准确、客观，并认真做好记录。

（3）事故处理要建立在调查的基础上。

(4) 根据调查情况，及时确定是否采取临时防护措施。

(5) 事故处理要建立在原因分析的基础上，既要避免无根据地蛮干，又要防治谨小慎微地把问题复杂化。

(6) 事故处理方案既要满足工程安全和使用功能的要求，又要经济合理、技术可行、施工方便。

(7) 事故处理过程要有检查记录，处理后进行质量评定和验收，方可投入使用或进入下一阶段施工。

(8) 对每一个工程事故，无论是否需要进行处理，都要经过分析，明确做出结论。

(9) 根据质量事故造成的经济损失，坚持谁承担事故责任谁负责的原则。质量事故的责任者大致有业主、监理单位、设计单位、施工单位和设备材料供应单位等。

2. 水利工程质量事故分级管理制度

(1) 水利部负责全国水利工程质量事故处理管理工作，并负责部属重点工程质量事故处理工作。

(2) 各流域机构负责本流域水利工程质量事故处理管理工作，并负责本流域中央投资为主的、省（自治区、直辖市）界及国际边界河流上的水利工程质量事故处理工作。

(3) 各省、自治区、直辖市水利（水电）厅（局）负责本辖区水利工程质量事故处理管理工作和所属水利工程质量事故处理工作。

3. 质量事故处理的一般程序（图 1-4）

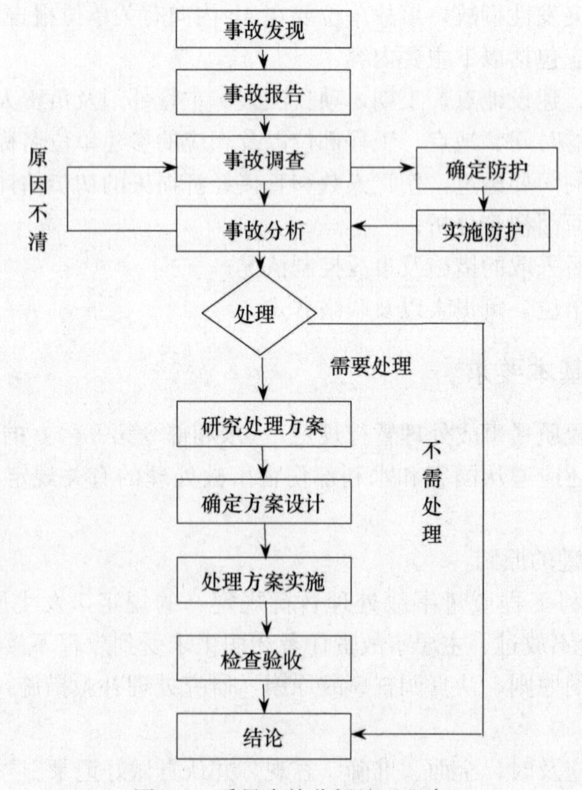

图 1-4　质量事故分析处理程序

（1）发现质量事故。

（2）报告质量事故。发生质量事故，无论谁发现质量事故都应立即报告。

（3）调查质量事故。为了弄清事故的性质、危害程度，查明其原因，为分析和处理事故提供依据，有关方面应根据事故的严重程度组织专门的调查组，对发生的事故进行详细地调查。事故调查一般应从以下几方面入手：工程情况调查；事故情况调查；地质水文资料；中间产品、构件和设备的质量情况；设计情况；施工情况；施工期观测情况；运行情况等。

（4）分析事故原因。

（5）研究处理方案。

（6）确定方案设计。

（7）处理方案实施。

（8）检查验收。

（9）结论。

4. 质量事故的调查

根据《水利工程质量事故处理暂行规定》的规定，发生质量事故，要按照规定的管理权限组织调查组进行调查，查明事故原因，提出处理意见，提交事故调查报告。

事故调查组成员由主管部门根据需要确定并实行回避制度。

（1）一般事故由项目法人组织设计、施工、监理等单位进行调查，调查结果报项目主管部门核备。

（2）较大质量事故由项目主管部门组织调查组进行调查，调查结果报上级主管部门批准并报省级水行政主管部门核备。

（3）重大质量事故由省级以上水行政主管部门组织调查组进行调查，调查结果报水利部核备。

（4）特大质量事故由水利部组织调查。

（5）调查组有权向事故单位、各有关单位和个人了解事故的有关情况。有关单位和个人必须实事求是地提供有关文件或材料，不得以任何方式阻碍或干扰调查组正常工作。

（6）事故调查组提交的调查报告经主持单位同意后，调查工作即告结束。

（7）事故调查费用暂由项目法人垫付，待查清责任后，由责任方负担。

（8）事故调查组的主要任务如下：

① 查明事故发生的原因、过程、财产损失情况和对后续工程的影响；

② 组织专家进行技术鉴定；

③ 查明事故的责任单位和主要责任者应负的责任；

④ 提出工程处理和采取措施的建议；

⑤ 提出对责任单位和责任者的处理建议；

⑥ 提交事故调查报告。

5. 工程处理

根据《水利工程质量事故处理暂行规定》的规定，发生质量事故，必须针对事故原因提出工程处理方案，经有关单位审定后实施。

（1）一般事故，由项目法人负责组织有关单位制定处理方案并实施，报上级主管部门备案。

（2）较大质量事故，由项目法人负责组织有关单位制定处理方案，经上级主管部门审定后实施，报省级水行政主管部门或流域机构备案。

（3）重大质量事故，由项目法人负责组织有关单位提出处理方案，征得事故调查组意见后，报省级水行政主管部门或流域机构审定后实施。

（4）特大质量事故，由项目法人负责组织有关单位提出处理方案，征得事故调查组意见后，报省级水行政主管部门或流域机构审定后实施，并报水利部备案。

（5）事故处理需要进行设计变更的，需原设计单位或有资质的单位提出设计变更方案。需要进行重大设计变更的，必须经原设计审批部门审定后实施。

（6）事故部位处理完成后，必须按照管理权限经过质量评定与验收后，方可投入使用或进入下一阶段施工。

6. 事故处罚

（1）对工程事故责任人和单位需进行行政处罚的，由县以上水行政主管部门或经授权的流域机构按照第五条规定的权限和《水行政处罚实施办法》进行处罚。

特大质量事故和降低或吊销有关设计、施工、监理、咨询等单位资质的处罚，由水利部或水利部会同有关部门进行处罚。

（2）由于项目法人责任酿成质量事故，令其立即整改；造成较大以上质量事故的，进行通报批评、调整项目法人；对有关责任人处以行政处分；构成犯罪的，移送司法机关依法处理。

（3）由于监理单位责任造成质量事故，令其立即整改并可处以罚款；造成较大以上质量事故的，处以罚款、通报批评、停业整顿、降低资质等级，直至吊销水利工程监理资质证书；对主要责任人处以行政处分，取消监理从业资格，收缴监理工程师资格证书、监理岗位证书；构成犯罪的，移送司法机关依法处理。

（4）由于咨询、勘测、设计单位责任造成质量事故，令其立即整改并可处以罚款；造成较大以上质量事故的，处以通报批评，停业整顿，降低资质等级，吊销水利工程勘测、设计资格；对主要责任人处以行政处分，取消水利工程勘测、设计执业资格；构成犯罪的，移送司法机关依法处理。

（5）由于施工单位责任造成质量事故，令其立即自筹资金进行事故处理，并处以罚款；造成较大以上质量事故的，处以通报批评、停业整顿、降低资质等级、直至吊销资质证书；对主要责任人处以行政处分、取消水利工程施工执业资格；构成犯罪的，移送司法机关依法处理。

（6）由于设备、原材料等供应单位责任造成质量事故，对其进行通报批评、罚款；构成犯罪的，移送司法机关依法处理。

（7）对监督不到位或只收费不监督的质量监督单位处以通报批评、限期整顿、重新组建质量监督机构；对有关责任人处以行政处分、取消质量监督资格；构成犯罪的，移送司法机关依法处理。

（8）对隐情不报或阻碍调查组进行调查工作的单位或个人，由主管部门视情节给予行政处分；构成犯罪的，移送司法机关依法处理。

(9) 对不按本规定进行事故的报告、调查和处理而造成事故进一步扩大或贻误处理时机的单位和个人，由上级水行政主管部门给予通报批评，情节严重的，追究其责任人的责任；构成犯罪的，移送司法机关依法处理。

(10) 因设备质量引发的质量事故，按照《中华人民共和国产品质量法》的规定进行处理。

(11) 工程建设中未执行国家和水利部有关建设程序、质量管理、技术标准的有关规定，或违反国家和水利部项目法人责任制、招标投标制、建设监理制和合同管理制及其他有关规定而发生质量事故的，对有关单位或个人从严从重处罚。

7. 质量缺陷的处理

根据《水利工程质量事故处理暂行规定》(水利部令第9号) 的规定，小于一般质量事故的质量问题称为质量缺陷。水利工程应当实行质量缺陷备案制度：

(1) 对因特殊原因，使得工程个别部位或局部达不到规范和设计要求（不影响使用)，且未能及时进行处理的工程质量缺陷问题（质量评定仍为合格)，必须以工程质量缺陷备案形式进行记录备案。

(2) 质量缺陷备案的内容包括：质量缺陷产生的部位、原因，对质量缺陷是否处理和如何处理以及对建筑物使用的影响等。内容必须真实、全面、完整，参建单位（人员）必须在质量缺陷备案表上签字，有不同意见应明确记载。

(3) 质量缺陷备案资料必须按竣工验收的标准制备，作为工程竣工验收备查资料存档。质量缺陷备案表由监理单位组织填写。

(4) 工程项目竣工验收时，项目法人必须向验收委员会汇报并提交历次质量缺陷的备案资料。

第二章　全面质量管理

第一节　全面质量管理概述

一、全面质量管理的发展

全面质量管理（Total Quality Management，TQM）就是一个组织以质量为中心，以全员参与为基础，目的在于通过使顾客满意和本组织所有成员及社会受益而达到长期成功的管理途径。

全面质量管理（TQM）这个名称，最先是于20世纪60年代初由美国的著名专家费根堡姆提出的。费根堡姆《全面质量管理》一书中首先提出了全面质量管理的概念：“全面质量管理是为了能够在最经济的水平上，并考虑充分满足用户要求的条件下进行市场研究、设计、生产和服务，把企业内各部门研制质量、维持质量和提高质量的活动构成为一体的一种有效体系。”

此定义强调了以下3个方面：

（1）这里的“全面”一词首先是相对统计质量控制中的“统计”而言。也就是说要生产出满足顾客要求的产品，提供顾客满意的服务，单靠统计方法控制生产过程是不够的，必须综合运用各种管理方法和手段，充分发挥组织中的每一个成员的作用，从而更全面地来解决质量问题。

（2）“全面”还相对于制造过程而言。产品质量有个产生、形成和实现的过程，这一过程包括市场研究、研制、设计、制订标准、制订工艺、采购、配备设备与工装、加工制造、工序控制、检验、销售、售后服务等多个环节，它们相互制约、共同作用的结果决定了最终的质量水准。仅仅局限于只对制造过程实行控制是远远不够的。

（3）质量应当是“最经济的水平”与“充分满足顾客要求”的完美统一，离开效益空谈质量是没有实际意义的。

全面质量管理得到了进一步的扩展和深化，其含义远远超出了一般意义上的质量管理的领域，而成为一种综合的、全面的经营管理方式和理念。

二、全面质量管理产生的原因

质量管理经历了3个阶段：“质量检验阶段”“统计质量控制阶段”和“全面质量管理阶段”。统计质量控制阶段过多强调了统计方法的作用，忽视了其他方法和组织管理对质量的影响，使人们误认为质量管理就是统计方法，使质量管理成了统计学家的事情，限制了统计方法的推广发展，也限制了质量管理的范畴。

促使统计质量管理向全面质量管理过渡的原因主要有以下几个方面：

（1）科学技术和工业发展的需要，高、精、尖产品的质量控制要求越来越高、越来越复杂。

（2）社会进步引发的观念变革，强调“质量责任”，保护消费者利益运动的兴起。

（3）系统理论和行为科学理论等管理理论的出现和发展。20世纪60年代在管理理论上出现了工人参与管理、共同决策、目标管理等新办法，在质量管理中出现了依靠工人进行自我控制的无缺陷运动和质量管理小组等。

（4）市场竞争加剧，特别是交货期和价格方面的竞争日益激烈。

三、全面质量管理的特点

全面质量管理和ISO9000质量管理体现的共同点，都强调以顾客为中心，满足顾客需求；强调领导的重要性；强调持续改进，按PDCA科学程序进行；要求实行全员、全过程、全要素的管理；重视评审和审核。它们的差异点是ISO9000标准具有一致性，在一定的时间内保持稳定。全面质量管理（TQM）不局限于“标准”的范围，不间断寻求改进机会，研究和创新工作方法，以实现更高的目标。

与传统的质量管理相比较，全面质量管理的特点如下：

（1）把过去的以事后检验和把关为主转变为以预防为主，即从管结果转变为管因素。

（2）从过去的就事论事、分散管理，转变为以系统的观点为指导进行全面的综合治理。

（3）突出以质量为中心，围绕质量开展全员的工作。

（4）由单纯符合标准转变为满足顾客需要。

（5）强调全员参与，全员的教育与培训

（6）强调不断改进过程质量，从而不断改进产品质量。

（7）强调最高管理者的强有力和持续的领导。

（8）强调谋求长期的经济效益和社会效益。

四、全面质量管理的内涵

（1）强烈地关注顾客。从现在和未来的角度来看，顾客已成为企业的衣食父母。“以顾客为中心”的管理模式正逐渐受到企业的高度重视。全面质量管理注重顾客价值，其主导思想就是“顾客的满意和认同是长期赢得市场，创造价值的关键”。为此，全面质量管理要求必须把以顾客为中心的思想贯穿企业业务流程的管理中，即从市场调查、产品设计、试制、生产、检验、仓储、销售、到售后服务的各个环节都应该牢固树立“顾客第一”的思想，不但要生产物美价廉的产品，而且要为顾客做好服务工作，最终让顾客放心满意。

（2）坚持不断地改进。全面质量管理是一种永远不能满足的承诺，“非常好”还是不够，质量总能得到改进，“没有最好，只有更好”。在这种观念的指导下，企业持续不断地改进产品或服务的质量和可靠性，确保企业获取对手难以模仿的竞争优势。

（3）改进组织中每项工作的质量。全面质量管理采用广义的质量定义。它不仅与最终产品有关，还与组织如何交货，如何迅速地响应顾客的投诉、如何为客户提供更好的售后服务等都有关系。

（4）精确地度量。全面质量管理采用统计度量组织作业中人的每一个关键变量，然后与标准和基准进行比较以发现问题，追踪问题的根源，从而达到消除问题、提高品质的目的。

（5）向员工授权。全面质量管理吸收生产线上的工人加入改进过程，广泛地采用团队形式作为授权的载体，依靠团队发现和解决问题。

五、全面质量管理的基础工作

全面质量管理的基础工作包括标准化工作、计量工作、质量信息工作、质量责任制和质量教育工作。

搞好全面质量管理工作必须做好一系列基础工作。因为它是企业建立质量体系、开展质量管理活动的立足点和依据，也是质量管理活动取得成效和质量体系有效运转的前提和保证。全面质量管理基础工作的好坏，决定了企业全面质量管理的水平，也决定了企业能否面向市场长期地提供顾客需要的产品。

全面质量管理过程的全面性，决定了全面质量管理的内容应当包括设计过程、制造过程、辅助过程、使用过程等4个过程的质量管理。

第二节　全面质量管理的基本内容

一、质量管理八原则

1. 以顾客为中心

全面质量管理的第一个原则是以顾客为中心。在当今的经济活动中，任何一个组织都要依存于他们的顾客。组织或企业由于满足或超过了自己的顾客的需求，从而获得继续生存的动力和源泉。全面质量管理以顾客为中心，不断通过PDCA循环进行持续的质量改进来满足顾客的需求。

顾客可以分为内部顾客和外部顾客。内部顾客是指企业内部从业人员：基层员工、主管、经理乃至股东；外部顾客分为显著性和隐蔽性两种。显著型：具有消费能力对某商品有购买需求，了解商品信息和购买渠道，能立即为企业带来收入。隐蔽性（潜在）：预算不足或没有购买该商品的需求，缺乏信息和购买渠道，可能随环境、条件、需要变化，成为显著顾客。

客户满意包括产品满意、服务满意和社会满意3个层次。

（1）产品满意，是指企业产品带给顾客的满足状态，主要是产品的质量满意、价格满意。

（2）服务满意，要求企业在产品售前、售中、售后以及产品生命周期的不同阶段采用相应的服务措施，并以服务质量为中心，实施全方位、全流程的服务。

（3）社会满意，指的是客户在企业产品和服务的消费过程中，所体验到的社会利益的维护。它要求企业的经营活动要追求先进文化，遵循诚信原则促进社会和谐。

顾客最关注的是卓越的产品质量、优质的服务、货真价实，以及按时交货。顾客眼中的价值是从产品或劳务中得到的收益减去商业成本所得的利益。收益主要包括所获效用、实用性、购物享受等；成本主要包括：金钱支出；为获得满足所花时间、精力、获取信息和实物时所经历的种种不便等。而顾客所获得产品的功能主要体现在产品效用、利益，以及隐含的个性化需求。

而“顾客完全满意”就是倡导的一种“以顾客为中心”的文化。企业把顾客放在经营的中心位置，让顾客需求引导企业的决策。在那些建立“顾客完全满意”管理模式的企业当中，企业需要了解顾客及其业务，了解他们使用产品的目的、时间、方式、周期；企业需要以顾客的角度进行思考，即“用顾客的眼睛看世界”。

在管理实践中，常常会要求人们能够透过现象看到问题的本质，尤其是一些复杂的问题，急需这种能力，如何培养和培育这种能力呢？冰山模型是美国著名心理学家麦克利兰于1973年提出的一个著名的模型。所谓“冰山模型”，就是将问题的不同表现表式划分为表面的“冰山以上部分”和深藏的“冰山以下部分”。质量管理专家进行了大量的调查分析，对于顾客的投诉问题也非常符合冰山模型，当顾客对组织提供的产品和服务不满意时，大约有60%的顾客采取原谅，即不进行投诉，大约有35%的顾客会将这种不满意在适当是时机表达出来，而真正提出投诉的顾客仅占5%。因此，为了提高顾客的满意度，组织必须高度重视这些少量的顾客投诉问题。顾客投诉冰山模型，如图2-1所示。

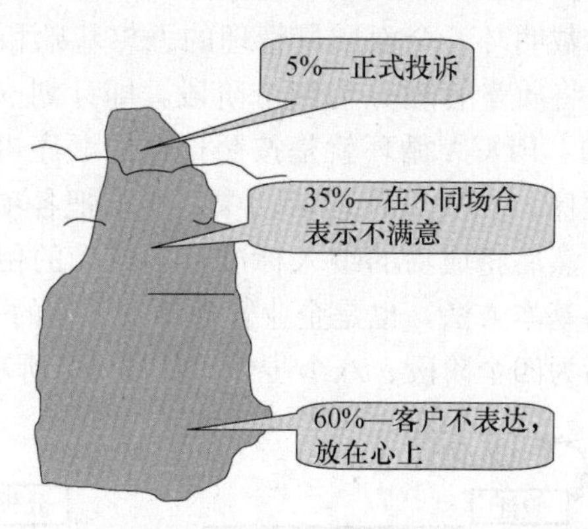

图2-1　顾客投诉冰山模型

2. 领导的作用

全面质量管理的第二大原则是领导的作用。一个企业从总经理层到员工层，都必须参与质量管理的活动中，其中，最为重要的是企业的决策层必须对质量管理给予足够的重视。在我国的《产品质量管理法》中规定，质量部门必须由总经理直接领导。这样才能够使组织中的所有员工和资源都融入全面质量管理中。

最高管理者应通过以下活动，对其建立、实施质量管理体系并持续改进其有效性的承诺提供证据：

（1）向组织传达满足顾客和法律法规要求的重要性；

（2）制定质量方针；

（3）确保质量目标的制定；

（4）进行管理评审；

（5）确保资源的获得。

3. 全员参与

全面质量管理的第三大原则就是强调全员参与。各级人员都是组织之本，只有充分参与，才能使他们为组织的利益发挥其才干。组织治理管理体系的运行是通过各级人员参与相关的所有过程的实现的，过程有效性以及体系运行的有效性取决于各层次人员的质量意识、工作能力、写作精神和工作积极性。只有当每个人的能力、才干得到充分的发挥时，组织才会获得最大收益。一方面，员工本身应具有强烈的参与意识，发挥自己的聪明才智，尽职尽责，在工作实践中不断完善自己；另一方面，也需要组织识别其个人发展要求，将个人的愿望和组织的愿望统一起来，为其创造参与的机会，给予其充分的自主权和体现自身价值的环境。在20世纪70年代，日本的QC小组达到了70万个，我国已注册的QC小组已经超过了1500万个，这些QC小组的活动每年给我国带来的收益超过2500亿元人民币。因此，全员参与是全面质量管理思想的核心。

4. 过程方法

全面质量管理的第四大原则是过程方法，即必须将全面质量管理所涉及的相关资源和活动都作为一个过程来进行管理。PDCA循环实际上是用来研究一个过程，因此必须将注意力集中到产品生产和质量管理的全过程。

PDCA循环是美国质量管理专家休哈特博士首先提出的，由戴明采纳、修改、宣传，获得普及，所以又称戴明环。全面质量管理的思想基础和方法依据就是PDCA循环。PDCA循环的含义是将质量管理分为四个阶段，即计划（Plan）、执行（Do）、检查（Check）、处理（Act），PDCA循环就是按照这样的顺序进行质量管理，并且循环不止地进行下去的科学程序。在质量管理活动中，要求把各项工作按照做出计划、计划实施、检查实施效果，然后将成功的纳入标准，不成功的留待下一循环去解决。这一工作方法是质量管理的基本方法，也是企业管理各项工作的一般规律。

PDCA循环可以概括为四个阶段、八个步骤，如图2-2所示。

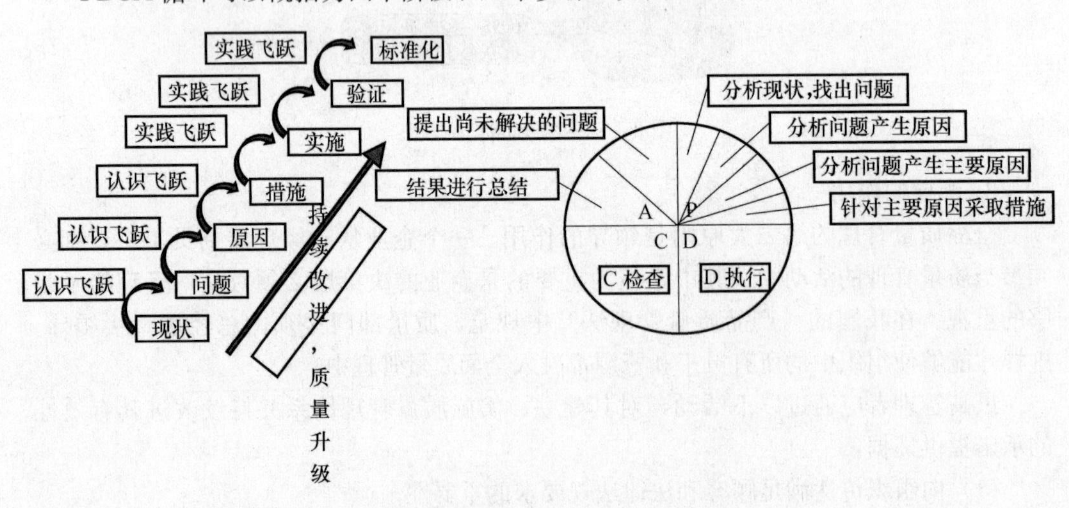

图2-2　PDCA循环的四个阶段八个步骤

（1）计划（P）阶段。

计划是质量管理的第一阶段。通过计划，确定质量管理的方针、目标，以及实现该方针和目标的行动计划和措施。

计划阶段包括以下四个步骤：

第一步，分析现状，找出存在的质量问题。强调对现状的把握和发现问题的意识、能力，发现问题是解决问题的第一步，是分析问题的条件。

第二步，分析原因和影响因素。针对找出的质量问题，分析产生的原因和影响因素。

第三步，找出主要的影响因素。

第四步，制定改善质量的措施，提出行动计划，并预计效果。在进行这一步时，要反复考虑并明确回答以下问题：

为什么要制定这些措施（Why）？制定这些措施要达到什么目的（What）？这些措施在何处即哪个工序、哪个环节或在哪个部门执行（Where）？什么时候执行（When）？由谁负责执行（Who）？用什么方法完成（How）？

以上问题归纳起来就是原因、目的、地点、时间、执行人和方法，也称 5W1H 问题。

（2）实施（D）阶段。该阶段只有一个步骤，即第五步：

第五步，执行计划或措施。

（3）检查（C）阶段。这个阶段也只包括一个步骤，即第六步：

第六步，检查计划的执行效果。通过做好自检、互检、工序交接检、专职检查等方式，将执行结果与预定目标对比，认真检查计划的执行结果。

（4）处理（A）阶段。其包括两个具体步骤：

第七步，总结经验。对检查出来的各种问题进行处理，正确的加以肯定，总结成文，制定标准。

第八步，提出尚未解决的问题。通过检查，对效果还不显著，或者效果还不符合要求的一些措施，以及没有得到解决的质量问题，不要回避，应本着实事求是的精神，把其列为遗留问题，反映到下一个循环中。

处理阶段是 PDCA 循环的关键。因为处理阶段就是解决存在问题，总结经验和吸取教训的阶段。该阶段的重点又在于修订标准，包括技术标准和管理制度。没有标准化和制度化，就不可能使 PDCA 循环转动向前。

PDCA 循环，可以使思想方法和工作步骤更加条理化、系统化、图像化和科学化。它具有如下特点：

（1）大环套小环、小环保大环、推动大循环。

PDCA 循环作为质量管理的基本方法，不仅适用整个工程项目，也适应整个企业和企业内的科室、工段、班组以及个人。各级部门根据企业的方针目标，都有自己的 PDCA 循环，层层循环，形成大环套小环，小环里面又套更小的环。大环是小环的母体和依据，小环是大环的分解和保证。各级部门的小环都围绕着企业的总目标朝着同一方向转动。通过循环把企业上下或工程项目的各项工作有机地联系起来，彼此协同，互相促进。

（2）不断前进、不断提高。

PDCA 循环就像爬楼梯一样，一个循环运转结束，生产的质量就会提高一步，然后制定下一个循环，再运转、再提高，不断前进，不断提高。

(3) 门路式上升。

PDCA 循环不是在同一水平上循环，每循环一次，就解决一部分问题，取得一部分成果，工作就前进一步，水平就进步一步。每通过一次 PDCA 循环，都要进行总结，提出新目标，再进行第二次 PDCA 循环，使品质治理的车轮滚滚向前。PDCA 每循环一次，品质水平和治理水平均更进一步。

5. 系统管理

全面质量管理的第五个原则是系统管理。当进行一项质量改进活动时，首先需要制定、识别和确定目标，理解并统一管理一个有相互关联的过程所组成的体系。由于产品生产并不仅仅是生产部门的事情，因而需要组织所有部门都参与这项活动中，才能够最大限度地满足顾客的需求。

6. 持续改进

全面质量管理的第六个原则是持续改进。实际上，仅仅做对一件事情并不困难，而要把一件简单的事情成千上万次都做对，那才是不简单的。因此，持续改进是全面质量管理的核心思想，统计技术和计算机技术的应用正是为了更好地做好持续改进工作。

7. 以事实为基础

有效的决策是建立在对数据和信息进行合乎逻辑和直观的分析的基础上的，因此，作为迄今为止最为科学的质量管理，全面质量管理也必须以事实为依据，背离了事实基础那就没有任何意义，这就是全面质量管理的第七个原则。

8. 互利的供方关系

全面质量管理的第八大原则就是互利的供方关系，组织和供方之间保持互利关系，可增进两个组织创造价值的能力，从而为双方的进一步合作提供基础，谋取更大的共同利益。因此，全面质量管理实际上已经渗透供应商的管理中。

二、全面质量管理的基本内容

由于全面质量管理是对全过程、全要素及全员的管理，因此全面质量管理的内容包括设计过程、制造过程、辅助过程、使用过程等四个过程的质量管理。

1. 设计过程质量管理

产品设计过程的质量管理是全面质量管理的首要环节。设计质量是使产品具有技术上的先进性和经济上的合理性，在设计中要积极采用新技术、新工艺新材料，从而提高产品质量的档次；在工艺设计方面，使加工制造方便、降低制造成本、提高经济效益。

设计过程包括市场调查、产品设计、工艺准备、试制和鉴定等过程（即产品正式投产前的全部技术准备过程）。其主要工作内容包括通过市场调查研究，根据用户要求、科技情报与企业的经营目标，制定产品质量目标；组织有销售、使用、科研、设计、工艺和质量管理部门参加的审查和验证，确定适合的设计方案；保证技术文件的质量；做好标准化的审查工作；督促遵守设计试制的工作程序等。

根据大量的统计数据证明，产品质量的好坏 60%～70%是由产品设计的质量所决定的。因此，必须加强产品设计的质量管理。

(1) 产品设计的质量职能。产品设计的质量职能主要如下：

根据市场调研结果，掌握用户质量要求，做好技术经济分析，确定适宜的质量水平；

严格认真地按产品质量设计所规定的程序和要求开展工作，对设计质量进行控制；

安排好“早期报警”，包括设计评审、实验室试验、现场试验、小批试验等，把设计造成的先天性缺陷消灭在设计过程之中；

做好质量特征重要程度的分级和传递，使其他环节的质量职能按设计要求进行重点控制，确保符合性质量。

(2) 设计程序。一般企业规定产品设计有以下六个阶段：

第一个阶段规划决策，调查技术、市场、社会基本要求、销售去向。其包括市场调研及预测，产品规划构思和先行试验。

第二个阶段总体方案设计，确定质量目标、技术经济可行性论证，环境要求，总体方案评审。

第三个阶段技术设计，根据已经得到批准的初步设计而编制的更精确、更完备、更具体的文件和图纸。

第四个阶段详细设计与试制，性能指标与经济性预测，初步评审；模拟试验、原理试验。

第五个阶段小批试制，设计评审、可维修性分析、可靠性分析；系统试验、整机试验、设计定型试验。

第六个阶段批量投产，调整修改、定型评审；可靠性试验、现场试验、生产鉴定。

2. 制造过程质量管理

制造过程是产品质量形成的基础，是企业质量管理的基本环节。其基本任务是保证产品的制造质量，建立一个能够稳定生产合格品和优质品的生产系统。其主要工作内容包括组织质量检验工作；组织和促进文明生产；组织质量分析，掌握质量动态；组织工序的质量控制，建立管理点等。

制造过程的质量管理，应当抓好以下几方面的工作：

(1) 严格贯彻执行工艺规程，保证工艺质量；制造过程的质量管理就是要使影响产品质量的各个因素都处在稳定的受控状态，各道工序都必须严格贯彻执行工艺规程，确保工艺质量，禁止违章操作。

(2) 搞好均衡生产和文明生产均衡的、有节奏的生产过程，以及良好的生产秩序和整洁的工作场所代表了企业经营管理的基本素质。均衡生产和文明生产是保证产品质量、消除质量隐患的重要途径，也是全面质量管理不可缺少的组成部分。

(3) 组织技术检验，把好工序质量关。根据技术标准的规定，对原材料、外购件、在制品、产成品以及工艺过程的质量，进行严格的质量检验，保证不合格的原材料不投产、不合格的零部件不转序、不合格的产成品不出厂。质量检验的目的不仅是发现问题，还要为改进工序质量、加强质量管理提供信息。技术检验是制造过程质量控制的重要手段，也是不可缺少的重要环节。

(4) 掌握质量动态。为了真正落实制造过程质量管理的预防作用，必须全面、准确、及时地掌握制造过程各个环节的质量现状和发展动态。建立和健全各质量信息源的原始记录工作，以及和企业质量体系相适应的质量信息系统。

（5）加强不合格品的管理。不合格品的管理是企业质量体系的一个要素。不合格品管理的目的是为了对不合格品做出及时的处置，如返工、返修、降级或报废，但更重要的是为了及时了解制造过程中产生不合格品的系统因素，对症下药，使制造过程恢复受控状态。因此，不合格品管理工作要做到三个“不放过”，即没找到责任和原因“不放过”；没找到防患措施“不放过”；当事人没受到教育“不放过”。

（6）搞好工序质量控制制造过程各工序是产品质量形成的最基本环节，要保证产品质量，预防不合格品的发生，必须搞好工序质量控制。

工序质量控制工作主要有 3 个方面：针对生产工序或工作中的质量关键因素建立质量管理点；在企业内部建立有广泛群众基础的 QC 小组，并对之进行积极的引导和培养工作。由于制造过程越来越依赖于设备，所以工序质量控制的重点将逐步转移到对设备工作状态有效控制上来。

3. 辅助过程质量管理

辅助过程，是指为保证制造过程正常进行而提供各种物资技术条件的过程。其包括物资采购供应、动力生产、设备维修、工具制造、仓库保管、运输服务等。其主要内容：做好物资采购供应（包括外协准备）的质量管理，保证采购质量，严格入库物资的检查验收，按质、按量、按期地提供生产所需要的各种物资（包括原材料、辅助材料、燃料等）；组织好设备维修工作，保持设备良好的技术状态；做好工具制造和供应的质量管理工作等。

4. 使用过程质量管理

使用过程是考验产品实际质量的过程，它是企业内部质量管理的继续，也是全面质量管理的出发点和落脚点。这一过程质量管理的基本任务是提高服务质量，保证产品的实际使用效果，不断促使企业研究和改进产品质量。它主要的工作内容：开展技术服务工作，处理出厂产品质量问题；调查产品使用效果和用户要求。

三、质量审核

质量审核指由具有一定资格而且与被审核部门的工作无直接责任的人员（专家），为确定质量活动是否遵守了计划安排，以及结果是否达到了预期目的所做的系统的、独立的检查和评定。它与传统的上级对下级的工作检查，无论在性质上、内容上和方法上都是不同的。

1. 质量审核的特点

（1）质量审核是提高企业质量职能有效性的手段之一。它是为获得质量信息以便进行质量改进而进行的质量活动。

（2）质量审核是独立进行的，即质量审核人员是由与审核对象无直接责任并经企业领导授权的人员组成的（由经理或厂长授权按合同进行）。

（3）质量审核是有计划按规定日程进行的，不是突击检查，因此审核人员与被审核对象的质量责任人员是相互合作的。

（4）质量审核中发现的质量缺陷或问题，是在与被审核对象有关部门统一认识后才提出审核报告的，因此不是单方面评价，而是共同商量如何进行质量改进。

2. 质量审核分类

质量审核按审核的对象可分为三类：产品质量审核，指对准备交给用户使用的产品的适用性进行审核。工序质量审核，指对工序质量控制的有效性进行审核。质量体系审核指对企业为达到质量目标所进行的全部质量活动的有效性进行审核。

（1）产品质量审核。产品质量审核是指为了获得出厂产品质量信息所进行的质量审核活动。其是对已检验入库或进入流通领域的产品实物质量进行抽查、试验，审核产品是否符合有关标准和满足用户需要。它按用户使用质量来检查和评价产品质量。它包括产品所使用的外协、外购件及成品的质量审核，以成品的质量审核为重点。通过调查产品质量，及时发现产品存在的缺陷，特别防止把有重要缺陷的产品交给用户，同时可及时察觉质量下降的潜在危险，以便及时采取措施；通过审核，发现企业产品质量与质量职能活动上的问题，为制订质量改进目标与措施提供依据；通过审核也可以对质量检验人员的工作质量考核提供依据；通过连续审核，可以对比企业现在与过去生产中的产品的质量水平，估计目前产品质量水平的发展趋势。

（2）工序质量审核。工序质量审核是指对工序质量定期或专题的验证、抽查和考核工序中影响产品质量各种因素的变动情况，以便采取对策加以改进。其动因可能是常规的质量保证规定，也可能是基于用户申诉而临时安排的质量保证要求。工序质量审核的目的，在于考核各工序或工序中影响工序质量的各种因素是否处于受控状态。也就是要求生产过程必须按规定的标准程序进行；随时监控质量动向，一旦发生“失控”，必须立即找出异常原因，把质量故障消除在发生之前；万一发生质量问题，能够及时发现，及时纠正，杜绝重复发生；产品质量具有可追查性。审核的内容：质量管理的领导与组织情况；各部门质量职能活动及相互协调情况；各项质量管理规章制度、工作程序、工作标准的执行情况；质量职能分配及岗位质量责任制执行情况；质量文件、档案、原始记录等是否正确、完善；质量信息管理系统的运行及协调情况；外协、外购件进厂及产品提供服务符合有关规定的情况；人员培训教育和设备安装满足质量工作要求的情况；质量政策、质量目标和质量计划的制订与执行情况；实物质量符合标准和规范的程度等。

四、全面质量管理的推行步骤

在具体推行过程中，可以从以下几个步骤来实施：

（1）通过培训教育使企业员工牢固树立“质量第一”和“顾客第一”的思想，制造良好的企业文化氛围，采取切实行动。

（2）制订企业人、事、物及环境的各种标准，这样才能在企业运作过程中衡量资源的有效性和高效性。

（3）推动全员参与，对全过程进行质量控制与管理。以人为本，充分调动各级人员的积极性，推动全员参与。只有全体员工的充分参与，才能使他们的才干为企业带来收益，才能真正实现对企业全过程进行质量控制与管理。并且确保企业在推行 TQM 过程中，采用系统化的方法进行管理。

（4）做好计量工作。计量工作包括测试、化验、分析、检测等，是保证计量的量值准确和统一，确保技术标准的贯彻执行的重要方法和手段。

（5）做好质量信息工作。企业根据自身的需要，应当建立相应的信息系统，并建立相应的数据库。

（6）建立质量责任制，设立专门质量管理机构。全面质量管理的推行要求企业员工自上而下地严格执行。从一把手开始，逐步向下实施；TQM 的推行必须获得企业一把手的支持与领导，否则难以长期推行。

五、质量改进团队（QC 小组）

QC 小组（Quality Control）就是由相同、相近或互补的工作场所的人们自发组成数人一圈的小圈团体，全体合作、集思广益，按照一定的活动程序来解决工作现场、管理、文化等方面所发生的问题及课题。

TQC 是英文 Total Quality Control 的缩写，全面质量管理是一种综合的、全面的经营管理方式和理念。它以组织全员参与为基础，代表了质量管理发展的最新阶段。

TQC 起源于美国，后来在其他一些工业发达国家开始推行，并且在实践运用中各有所长。特别是日本，在 20 世纪 60 年代以后推行全面质量管理并取得了丰硕的成果，引起世界各国的瞩目。自 20 世纪 80 年代后期以来，全面质量管理得到了进一步的扩展和深化，逐渐由早期的 TQC 演化成 TQM，其含义远远超出了一般意义上的质量管理的领域。

QC 小组的性质。其是企业中群众性质量管理活动的一种有效的组织形式，是职工参加企业民主管理的经验同现代化科学管理方法相结合的产物。

与行政班组、技术革新小组有所不同；组织原则不同；活动的目的不同；活动方式不同。

QC 小组人员是在生产或工作岗位上从事各种劳动的职工，目的是改进质量、降低消耗、提高经济效益和人的素质，其工作范围紧紧围绕企业的经营策略、方针、目标和现场存在的问题，工作手段是运用质量管理的理论和方法。

（1）QC 小组的特点。

明显的自主性。自我教育、自主管理、自愿参加。

广泛的群众性。人人都可以参加，组内平等、互相尊重、提倡自我实现。

高度的民主性。民主的结合、民主的活动小组长自然产生。

严密的科学性。遵循 PDCA 循环程序，采用数理统计方法、逻辑思维模式，用数据资料说话。

（2）QC 小组的分类。

现场型。以班组、现场操作工人为主体，维持质量。现场型主要特点为课题小、难度低、周期短、效益不一定大。

服务型。以提高服务质量为目的的小组。服务型主要特点为课题小、难度低、周期短、社会效益明显。

攻关型。以三结合方式，解决技术关键问题。其主要特点为课题难、周期长、投入多、经济效果显著。

管理型。以管理人员组成，解决管理问题。其主要特点为课题大小不一、难度不尽相同、效果差别大。

创新型。以创新思维为出发点，对现有产品质量进行分析改进。其主要特点为用新的思维方式，创新的方法，开发新产品、新技术、新业物等，实现预期的目标。

（3）QC小组的活动宗旨。QC小组的活动宗旨是提高职工素质、激发职工的积极性和创造性，改进质量、降低消耗、提高经济效益，建立文明和心情舒畅的生产、服务和工作现场。

（4）5S现场管理法。5S现场管理法是现代企业管理模式，5S即整理（Seiri）、整顿（Seiton）、清扫（Seiso）、清洁（Seiketsu）、素养（Shitsuke），又被称为“五常法则”。7S现场管理法：整理、整顿、清扫、清洁、素养、安全、节约。8S现场管理法：在7S基础上加上学习。

5S起源于日本，是指在生产现场中对人员、机器、材料、方法等生产要素进行有效的管理，这是日本企业独特的一种管理办法。1955年，日本的5S的宣传口号为“安全始于整理整顿，终于整理整顿”。当时只推行了前两个S，其目的仅为了确保作业空间的充足和安全。到了1986年，日本的5S的著作逐渐问世，从而对整个现场管理模式起到了冲击的作用，并由此掀起了5S的热潮。

日本企业将5S运动作为管理工作的基础，推行各种品质的管理手法，第二次世界大战后，产品品质得以迅速提升，在丰田公司的倡导推行下，5S对于塑造企业的形象、降低成本、准时交货、安全生产、高度的标准化、创造令人心旷神怡的工作场所、现场改善等方面发挥了巨大作用，逐渐被各国的管理界所认识。随着世界经济的发展，5S已经成为工厂管理的一股新潮流。5S广泛应用于制造业、服务业等改善现场环境的质量和员工的思维方法，使企业能有效地迈向全面质量管理，主要是针对制造业在生产现场，对材料、设备、人员等生产要素开展相应活动。根据企业进一步发展的需要，有的企业在5S的基础上增加了安全（Safety），形成了“6S”；有的企业甚至推行“12S”，但是万变不离其宗，都是从“5S”里衍生出来的。

“5S”活动内容：

整理（Seiri）。按需要将东西分开，处理掉不必要的。首先，把要与不要的人、事、物分开，再将不需要的人、事、物加以处理，对生产现场的现实摆放和停滞的各种物品进行分类，区分什么是现场需要的，什么是现场不需要的；其次，对于车间里各个工位或设备的前后、通道左右、厂房上下、工具箱内外，以及车间的各个死角，都要彻底搜寻和清理，达到现场无不用之物。其目的是改善和增加作业面积；现场无杂物，行道通畅，提高工作效率；减少磕碰的机会，保障安全，提高质量；消除管理上的混放、混料等差错事故；有利于减少库存量，节约资金；改变作风，提高工作情绪。

整顿（Seiton）。必需品依规定定位、定方法摆放整齐有序，明确标示。物品摆放要有固定的地点和区域，以便寻找，消除因混放而造成的差错；物品摆放地点要科学合理。如根据物品使用的频率，经常使用的东西应放得近些，偶尔使用或不常使用的东西则应放得远些；物品摆放目视化，使定量装载的物品做到过目知数，摆放不同物品的区域采用不同的色彩和标记加以区别。其意义是把需要的人、事、物加以定量、定位。通过前一步整理后，对生产现场需要留下的物品进行科学合理的布置和摆放，以便用最快的速度取得所需之物，在最有效的规章、制度和最简洁的流程下完成作业。使得不浪费时间寻找物品，提高工作效率和产品质量，保障生产安全。

清扫（Seiso）清除现场内的脏污、清除作业区域的物料垃圾。

自己使用的物品，如设备、工具等，要自己清扫，而不要依赖他人，不增加专门的清扫工；对设备的清扫，着眼于对设备的维护保养。清扫设备要同设备的点检结合起来，清扫即点检；清扫设备要同时做设备的润滑工作，清扫也是保养，清扫也是为了改善。当清扫地面发现有飞屑和油水泄漏时，要查明原因，并采取措施加以改进。其目的是清除“脏污”，保持现场干净、明亮。将工作场所的污垢去除，使异常的发生源很容易发现，是实施自主保养的第一步，主要是在提高设备稼动率。

清洁（Seitsuke）定期检查，保持工作环境卫生整洁。将整理、整顿、清扫实施的做法制度化、规范化，维持其成果。

清洁的目的是认真维护并坚持整理、整顿、清扫的效果，使其保持最佳状态。通过对整理、整顿、清扫活动的坚持与深入，从而消除发生安全事故的根源。创造一个良好的工作环境，使职工能愉快地工作。

车间环境不仅要整齐，而且要做到清洁卫生，保证工人身体健康，提高工人劳动热情；不仅物品要清洁，而且工人本身也要做到清洁，如工作服要清洁，仪表要整洁，及时理发、刮须、修指甲、洗澡等；工人不仅要做到形体上的清洁，而且要做到精神上的“清洁”，待人要礼貌、要尊重别人；要使环境不受污染，进一步消除浑浊的空气、粉尘、噪声和污染源，消灭职业病。

素养（Shituke）加强自身修养，自觉遵守各项规章制度。人人按章操作、依规行事，养成良好的习惯，使每个人都成为有教养的人。

其目的是提升“人的品质”，培养对任何工作都讲究、认真的人。

努力提高员工的自身修养，使员工养成良好的工作、生活习惯和作风，让员工能通过实践5S获得人身境界的提升，与企业共同进步，是5S活动的核心。

（5）QC小组的作用。有利于开发智力资源，发掘人的潜能，提高人的素质；有利于预防质量问题和改进质量；有利于实现全员参加管理；有利于改善人与人之间的关系，增强人的团结协作精神；有利于改善和加强管理工作，提高管理水平；有助于提高职工的科学思维能力、组织协调能力、分析解决问题的能力；有利于提高顾客的满意程度。

（6）QC小组的组建原则。QC小组的组建原则是自愿参加，上下结合。自觉参加、自我提高，管理者适时的进行组织、引导和启发。实事求是，灵活多样，形式多样，自主开展活动。类型适宜，不搞一刀切。

（7）QC小组的组建程序。QC小组的组建程序可分为自下而上的组建程序、自上而下的组建程序和上下结合的组建程序。

自下而上的组建程序。小组由生产现场班组产生，报主管部门审核。其特点是小组活动力所能及，成员积极性、主动性高。

自上而下的组建程序。其特点是课题难度较大，是企业急需解决的问题，人力、物力、财力易得到保证。

上下结合的组建程序。上级推荐，下级讨论，上下协商组建小组。其特点是可取前两种类型所长，避其所短，应积极倡导。

（8）QC 小组活动的基本条件。QC 小组活动的基本条件：领导对 QC 小组活动思想上重视，行动上支持；职工对 QC 小组活动有认识、有要求；培养一批 QC 小组活动的骨干；建立健全 QC 小组活动的规章制度。

六、质量成本控制

1. 质量成本的概念

质量成本的概念是由美国质量专家 A. V. 菲根堡姆在 20 世纪 50 年代提出来的。其定义是：为了确保产品（或服务）满足规定要求的费用以及没有满足规定要求引起损失，是企业生产总成本的一个组成部分。他将企业中质量预防和鉴定成本费用与产品质量不符合企业自身和顾客要求所造成的损失一并考虑，形成质量成本报告，为企业高层管理者了解质量问题对企业经济效益的影响，进行质量管理决策提供重要依据。此后人们充分认识了降低质量成本对提高企业经济效益的巨大潜力，从而进一步提高了质量成本管理在企业经营战略中的重要性。世界顶尖的公司质量成本占总产值的 7%～9%。

2. 质量成本及其构成

质量成本是指企业为了保证和提高产品或服务质量而支出的一切费用，以及因未达到产品质量标准，不能满足用户和消费者需要而产生的一切损失。质量成本一般包括：为确保与要求一致而做的所有工作称一致成本，以及由于不符合要求而引起的全部工作称不一致成本，这些工作引起的成本主要包括预防成本、鉴定成本、内部损失成本和外部损失成本。其中预防成本和鉴定成本属于一致成本，而内部损失成本和外部损失成本，又统称为故障成本，属于不一致成本。

（1）预防成本。预防成本是指用于预防产生不合格品与故障等所需的各项费用。其包括如下内容：

质量工作费。企业质量体系中为预防、保证和控制产品质量，开展质量管理所发生的办公费，宣传收集情报，制定质量标准，编制质量计划，开展质量管理小组活动，工序能力研究，组织质量信得过活动等所支付的费用。

质量培训费。为达到质量要求，提高人员素质，对有关人员进行质量意识、质量管理、检测技术、操作水平等的培训费用。

质量奖励费。为改进和保证产品质量而支付的各种奖励，如 QC 小组成果奖、产品升等创优奖、质量信得过集体和个人奖、有关质量的合理化建议奖等。

产品评审费。设计方案评价、试制产品质量的评审等所发生的费用。

质量改进措施费：为建立质量体系，提高产品及工作质量，改变产品设计，调整工艺，开展工序控制，进行技术改进的措施费用（属于成本开支范围部分）。

工资及附加费。质量管理科室和车间从事专职质量管理人员的工资及附加费。

（2）鉴定成本。鉴定成本指评定产品是否满足规定的质量要求所需的费用。其包括如下内容：

检测试验费：对进厂的材料，外购、外协件，配套件，工量具，以及生产过程中的半成品、在制品及产成品，按质量标准进行检查、测试，设备的维修、校正所发生的费用。

工资及附加费：指专职检验、计量人员的工资及附加费。

办公费：为检验、试验所发生的办公费用。

检测设备折旧费：用于质量检测的设备折旧及大修理费用。

（3）内部损失成本。内部损失成本是指产品出厂前因不满足规定的质量要求而支付的费用。其包括如下内容：

废品损失：无法修复或在经济上不值得修复的制品、半成品及产成品报废而造成的净损失。

返修损失：对不合格的产成品、半成品及在制品进行返修所耗用的材料、人工费。

停工损失：由于质量事故引起的停工损失。

事故分析处理费：对质量问题进行分析处理所发生的直接损失。

产品降级损失：产品因外表或局部的质量问题，达不到质量标准，又不影响主要性能而降级处理的损失。

（4）外部损失成本。外部损失成本指产品出厂后因不满足规定的质量要求，导致索赔、修理、更换或信誉损失等而支付的费用。其包括如下内容：

索赔费用：产品出厂后，由于质量缺陷而赔偿用户的费用。

退货损失：产品出厂后，由于质量问题，而造成的退货、换货所发生的损失。

保修费：根据合同规定或在保修期内为用户提供修理服务所发生的费用。

诉讼费：用户认为产品质量低劣，要求索赔，提出申诉，企业为处理申诉所支付的费用。

产品降价损失：产品出厂后，因低于质量标准，进行降价造成的损失。

3. 质量成本核算的意义

质量成本核算工作，就是将企业在生产经营过程中，为了保证和提高产品质量所发生的费用，以及由于产品达不到质量标准所造成的损失费用，进行归集、整理、核算、汇总、分析，针对出现的问题，提出解决的方法或建议，为企业领导决策提供依据。目的在于用货币形式，综合反映企业质量管理活动及其结果，为企业全面质量管理工作提供数据。其实际意义表现在以下几方面：

（1）反映和监督企业在生产经营过程中，开展质量管理活动的各项费用支出，以及各种质量损失，使企业更有效地推行质量管理工作，减少质量损失。通过质量成本核算，揭示技术、管理等方面存在的问题，揭示企业各部门、各单位以及个人在质量职能上存在的薄弱环节。

（2）正确归集和分配各项质量费用，计算产品的总质量成本和单位质量成本，为编制质量成本计划，进行质量成本分析和考核，实施质量成本控制，提供准确、完整的数据资料。

（3）通过质量成本核算，探求企业在一定的生产技术、管理条件下，最经济的质量水平，找出质量的合格程度和质量成本间的变化关系，以改善质量成本结构，降低质量成本，提高企业质量管理的经济性。

4. 质量成本控制

（1）质量成本控制原则。

① 以寻求适宜的质量成本为目的。任何企业都有与其产品结构、生产批量、设备

条件、管理方式和人员素质等相适应的质量成本，开展质量成本管理的目的就是找到适宜的质量成本控制方式，来优化企业的质量成本。

② 以严格、准确的记录数据为依据。实施质量成本管理非常重要的一点就是要对成本数据流进行细致的核算和分析，所以提供的各种数据和记录必须真实、可靠，否则对决策只能起到误导作用。

③ 建立完善的成本决算体系。要对成本进行控制，就要对成本的核算——质量成本曲线有统一的口径，应有对人工的工时、成品的加工成本、损失成本、生产定额等有统一的核算和计价标准。

(2) 质量成本控制程序。质量成本控制一般分为三个步骤，即事前、事中控制和事后处置。事前确定质量成本控制的标准。事中控制监督质量成本的形成过程，这是控制的重点。事后处置查明造成实际质量成本偏离目标质量成本的原因。其具体工作内容如下：

要深入开展质量成本管理的宣传和学习，对主要从事质量成本管理的人员进行专门培训，明确其职责和任务。

制定质量成本管理的有效标准，即确定适宜的质量成本水平。

编制、实施质量成本计划，同时要对有关数据进行统计、核算与分析，对质量成本计划的实施进行适时控制。

对质量成本的控制情况进行考核，并结合企业的具体情况，提出质量成本改进计划和相应的质量成本改进措施。

5. 质量成本计划

质量成本诸要素之间客观上存在着内在逻辑关系。例如，随着产品质量的提高，预防鉴定成本随着增加，而内外部损失成本则减少。如果预防鉴定成本过少，将导致内外部损失成本剧增，利润急剧下降。从理论上讲，最佳质量水平应是内外部损失成本曲线与预防鉴定成本曲线的交点。如图 2-3 所示当投入成本（预防成本和鉴定成本）为 0 时，合格品率几乎为 0；而逐步增加投入时，合格品率就迅速上升，损失成本则急剧下降，而总运行质量成本（投入加损失）也迅速下降。在交点时，如再降低不合格率，则需投入的成本就开始迅速增加，总成本也随之上升。因此，交点所对应的总成本即为最适宜的质量成本。

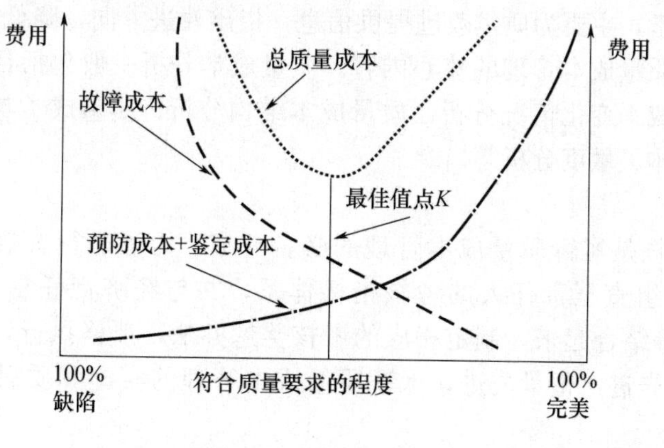

图 2-3　质量成本曲线

质量成本预测一般指企业根据当前的技术经济条件和采取一定的质量管理措施之后，规划一定时期内为保证产品达到必要的质量标准而需要支付的最佳质量成本水平和计划目标。开展质量成本预测工作，其目的主要是编制计划和提出控制的目标。质量成本预测的方法主要有两种：一是经验判断法，即组织企业中质管技术人员、财会人员就手头掌握了的质量方面资料进行综合分析，做出较为客观的判断。二是数学计算分析法，即利用企业良好的管理基础所积累的资料，找出趋近最佳的质量成本数据，运用数学模型等方法展开预测。质量成本计划的制定应与企业的总体经营计划、质量计划和产品成本计划相协调，其内容主要包括总质量成本计划、主要产品的单位产品质量成本计划、质量成本构成比例计划、质量费用计划、质量改进措施计划等。

6. 质量成本分析

质量成本核算是以货币的形式综合反映企业质量管理活动的状况和成效，是企业质量成本管理的重要内容，具体包括：

（1）质量成本数据的收集和统计。质量成本数据来源于记录质量成本数据的有关原始凭证，主要指发生在一个报告期内的相关质量费用。具体来说，预防成本的数据由质量管理部门及检验、产品开发、工艺等有关部门根据费用凭证进行统计；鉴别成本数据由检验和开发部门根据检验、试验的费用凭证进行统计；内部质量损失成本数据由检验部门和车间根据废品报告和生产返工等有关凭证统计；外部质量损失成本数据由市场、销售服务等部门根据客户的反馈信息进行统计。

（2）质量成本的核算。企业质量成本的核算属于管理会计的范畴，应该以会计核算为主、统计核算为辅的原则进行。如果企业已经设置比较完善的质量成本科目，即“质量成本”一级科目和“预防成本”“鉴定成本”“内部损失成本”“外部损失成本”二级科目以及二级科目展开的三级科目，则也应同时设立相应的总分类台账和明细表，即质量成本总分类台账、质量成本预防费用明细账、质量成本鉴定费用明细账、质量成本内部损失费用明细账、质量成本外部损失费用明细账。

企业在进行质量成本核算时，既要利用现代会计制度，又不能干扰企业会计系统的正常运作，要按规定的工作程序对相关的科目进行分解、还原、归集。

（3）质量成本的分析。质量成本分析是通过分析质量成本的构成比例找出影响质量成本的关键因素，主要为质量改进提供信息，指出改进方向，降低产品成本。因此，质量成本分析是质量成本管理的核心内容。质量成本分析一般包括目标质量成本完成情况分析、质量成本变化情况分析、质量成本结构分析、质量成本与其他相关指标对比分析、质量成本灵敏度分析等。

7. 成本考核

质量成本考核是实行质量成本管理的必备环节。为了进行有效的考核，一般要建立从厂部到班组直至责任人的考核指标体系，并与经济责任制、“质量否决权”“成本否决权”等结合起来，制定相应的考核奖惩办法，严格执行，强化管理，定期进行奖惩，鼓励先进，鞭策先进，保证质量成本管理的实施和质量成本控制目标的实现。

第三节　质量数据的处理与应用

一、质量数据的分类

（1）按质量数据的特征分类，可分为计量值数据和计数值数据两种。

① 计量值数据。计量值数据是指可以连续取值的数据，属于连续型变量，如长度、时间、质量、强度等。

② 计数值数据。计数值数据是指只能计数、不能连续取值的数据，如废品的个数、合格的分项工程数、出勤的人数等。

（2）按质量数据收集的目的分类，可以分为控制性数据和验收性数据两种。

① 控制性数据。控制性数据是指以工序质量作为研究对象、定期随机抽样检验所获得的质量数据，主要用来分析、预测施工（生产）过程是否处于稳定状态。

② 验收性数据。验收性数据是以工程产品（或原材料）的最终质量为研究对象，分析、判断其质量是否达到技术标准或用户的要求，采用随机抽样检验而获取的质量数据。

二、测量误差的处理

（一）质量数据变异的原因

在生产实践中，即使设备、原材料、工艺及操作人员相同，生产出的同一种产品的质量也不尽相同，反映在质量数据上，即具有波动性，也称为变异性。究其波动的原因，可归纳为五个方面（4M1E），即人（Man）、材料（Material）、机械（Machine）、方法（Method）及环境（Environment）。

根据造成质量波动的原因，以及对工程质量的影响程度和消除的可能性，将质量数据的波动分为两大类，即正常波动和异常波动。质量特性值的变化在质量标准允许范围内波动称为正常波动，正常波动是由偶然性因素引起的；若是超越了质量标准允许范围的波动，则称为异常波动，异常波动是由系统性因素引起的。

1. 偶然性因素

它是由偶然性、不可避免的因素造成的。影响因素的微小变化具有随机发生的特点，是不可避免、难以测量和控制的，或者是在经济上不值得消除，或者难以从技术上消除，如原材料中的微小差异、设备正常磨损或轻微振动、检验误差等。它们大量存在，但对质量的影响很小，属于允许偏差、允许位移的范畴，引起的是正常波动，一般不会因此造成废品，生产过程正常、稳定。通常把4M1E因素的这类微小变化归为影响质量的偶然性因素、不可避免因素或正常因素。

2. 系统性因素

当影响质量的因素发生了较大变化，如工人未遵守操作规程、机械设备发生故障或过度磨损、原材料质量规格有显著差异等情况发生时，没有及时排除，生产过程不正常，产品质量数据就会离散过大或与质量标准有较大偏离，表现为异常波动，从而产生次品、废品。这就是产生质量问题的系统性因素或异常因素。由于异常波动特征明显，容易识别和避免，特别是对质量的负面影响不可忽视，因此生产中应随时监控，及时识别和处理。

（二）系统误差的发现和减小系统误差的方法

1. 系统误差的发现

（1）在规定的测量条件下多次测量同一个被测量，从所得测量结果与计量标准所复现的量值之差可以发现并得到恒定的系统误差的估计值。

（2）在测量条件改变时，如随时间、温度、频率等条件改变时，测量结果按某一确定的规律变化，可能是线性地或非线性地增长或减小，就可以发现测量结果中存在可变的系统误差。

2. 减小系统误差的方法

通常，消除或减小系统误差有以下几种方法：

（1）采用修正的方法。对系统误差的已知部分，用对测量结果进行修正的方法来减小系统误差。例如，测量结果为30℃，用计量标准测得的结果是30.1℃，则已知系统误差的估计值为－0.1℃，也就是修正值为＋0.1℃，已修正测量结果等于未修正测量结果加修正值，即已修正测量结果为30℃＋0.1℃＝30.1℃。

（2）在实验过程控制系统误差。在实验过程中尽可能减少或消除一切产生系统误差的因素。

在仪器使用时，如果应该对中的未能对中，应该调整到水平、垂直或平行理想状态的未能调好，都会带来测量的系统误差，操作者应仔细调整，以便减小误差。在对模拟式仪表读数时，由于测量人员每个人的习惯不同会导致读数误差，采用了数字显示仪器后就消除了人为读数误差。

（3）选择适当的测量方法，使系统误差抵消而不致带入测量结果中。

常用的方法有以下几种：

1）恒定系统误差消除法。

① 异号法。改变测量中的某些条件，如测量方向、电压极性等，使两种条件下的测量结果中的误差符号相反，取其平均值以消除系统误差。

② 交换法。将测量中的某些条件适当交换，如被测物的位置相互交换，设法使两次测量中的误差源对测量结果的作用相反，从而抵消了系统误差。

③ 替代法。保持测量条件不变，用某一已知量值的标准器替代被测件再测量，使指示仪器的指示不变或指零，这时被测量等于已知的标准量，达到消除系统误差的目的。

2）可变系统误差消除法。合理地设计测量程序可以消除测量系统的线性漂移或周期性变化引入的系统误差。

① 用对称测量法消除线性系统误差。

② 半周期偶数测量法消除周期性系统误差。

周期性系统误差通常可以表示为：

$$\varepsilon = \alpha \sin \frac{2\pi L}{T} \tag{2-1}$$

式中　T——误差变化的周期；

L——决定周期性系统误差的自变量（如时间、角度等）。

因为相隔 $T/2$ 周期的两个测量结果中的误差是大小相等符号相反的，所以凡相隔半周期的一对测量值的均值中不再含有此项系统误差。这种方法广泛用于测角仪上。

3. 修正系统误差的方法

（1）在测量结果上加修正值。修正值的大小等于系统误差估计值的大小，但符号相反。当测量结果与相应的标准值比较时，测量结果与标准值的差值为测量结果系统误差估计值：

$$\Delta = \bar{x} - x_s \tag{2-2}$$

式中　Δ——测量结果的系统误差估计值；

$\bar{x}$——未修正的测量结果；

x_s——标准值。

要注意，当对测量仪器的示值进行修正时，Δ 为仪器的示值误差。

$$\Delta = x - x_s \tag{2-3}$$

式中　x——被评定的仪器的示值或标称值；

x_s——标准装置给出的标准值。

修正值 C 为：

$$C = -\Delta \tag{2-4}$$

已修正的测量结果 X_c 为：

$$x_c = x + c \tag{2-5}$$

（2）对测量结果乘修正因子 。修正因子 C_r 等于标准值与未修正测量结果之比：

$$C_r = \frac{x_s}{\bar{x}} \tag{2-6}$$

已修正的测量结果 X_C 为：

$$X_C = C_r\bar{x} \tag{2-7}$$

（3）画修正曲线。

当测量结果的修正值随某个影响量的变化而变化，这种影响量如温度、频率、时间、长度等。那么应该将在影响量取不同值时的修正值画出修正曲线，以便在使用时可以查曲线得到所需的修正值。实际画图时，通常要采用最小二乘法将各数据点拟合成最佳曲线或直线。

（4）制定修正值表。当测量结果同时随几个影响量的变化而变化时，或者当修正数据非常多且函数关系不清楚等情况下，最方便的方法是将修正值制成表格，以便在使用时可以查表得到所需的修正值。

（三）实验标准偏差的估计方法

随机误差是在重复测量中按不可预见的方式变化的测量误差的分量。按定义，它是测量结果与数学期望（在重复性条件下对同一被测量进行无穷多次测量所得结果的平均值）之差。

由于实际工作中不可能测量无穷多次，因此不能得到随机误差的值。随机误差的大小程度反映测量值的分散性，即测量的重复性。

测量重复性是用实验标准偏差表征的。用有限次测量的数据得到的标准偏差的估计值称为实验标准偏差，用符号 s 表示。实验标准偏差是表征测量值分散性的量。

当用多次测量的算术平均值作为测量结果时，测量结果的实验标准偏差是测量值实验标准偏差的 $1/\sqrt{n}$（n 为测量次数）。因此，当重复性较差时增加测量次数取算术平均值作为测量结果，可以减小测量的随机误差。

1. 常用实验标准偏差的估计方法

在相同条件下，对同一被测量 X 作 n 次重复测量，每次测得值为 x_i，测量次数为 n，则实验标准偏差可按以下几种方法估计：

（1）贝塞尔公式法。从有限次独立重复测量的一系列测量值代入式（2-8）得到估计的样本标准偏差。

$$s(\mathrm{x})=\sqrt{\frac{\sum_{i=1}^{n}(x_i-\overline{x}^2)}{n-1}} \tag{2-8}$$

式中 $\overline{x}$——n 次测量的算术平均值，$\overline{x}=\frac{1}{n}\sum_{i=1}^{n}x_i$；

x_i——第 i 次测量的测得值；

$v_i=x_i-\overline{x}$——残差；

$v=n-1$——自由度；

$s(\mathrm{x})$——（测量值 x 的）实验标准偏差。

总体的标准差：

$$s(\mathrm{x})=\sqrt{\frac{\sum_{i=1}^{n}(x_i-\overline{x})^2}{n}} \tag{2-9}$$

（2）极差法。从有限次独立重复测量的一系列测量值中找出最大值 x_{max} 和最小值 x_{min}，得到极差 $R=x_{max}-x_{min}$；根据测量次数 n 查表 2-1 得到 C 值，代入式（2-9）得到估计的标准偏差。

$$s(\mathrm{x})=\frac{(x_{max}-x_{min})}{C} \tag{2-10}$$

式中 C——极差系数。

表 2-1 极差法的 C 值表

n	2	3	4	5	6	7	8	9	10	15	20
C	1.13	1.69	2.06	2.33	2.53	2.70	2.85	2.97	3.08	3.47	3.74

（3）较差法。从有限次独立重复测量的一系列测量值中，将每次测量值与后一次测量值比较得到差值，代入式（2-10）得到估计的标准偏差。

$$s(\mathrm{x})=\sqrt{\frac{(x_2-x_1)^2+(x_3-x_2)^2+\cdots+(x_n-x_{n-1})^2}{2(n-1)}} \tag{2-11}$$

2. 各种估计方法的比较

贝塞尔公式法是一种基本的方法，但 n 很小时其估计的不确定度较大，如 $n=9$ 时，由这种方法获得的标准偏差估计值的标准不确定度为 25%；而 $n=3$ 时标准偏差估计值的标准不确定度达 50%，因此它适合测量次数较多的情况。

极差法使用起来比较简便，但当数据的概率分布偏离正态分布较大时，应当以贝塞尔公式法的结果为准。在测量次数较少时常采用极差法。

较差法更适用于频率稳定度测量或天文观测等领域。

（四）算术平均值及其实验标准差的计算

1. 算术平均值的计算

在相同条件下对被测量 X 进行有限次重复测量，得到一系列测量值 x_1，x_2，…，x_n，其算术平均值为：

$$\bar{x} = \frac{1}{n}\sum_{i=1}^{n} x_i \tag{2-12}$$

2. 算术平均值实验标准差的计算

若测量值的实验标准偏差为 $s(x)$，则算术平均值的实验标准偏差 $s(\bar{x})$ 为

$$s(\bar{x}) = \frac{s(x)}{\sqrt{n}} \tag{2-13}$$

有限次测量的算术平均值的实验标准偏差与$\sqrt{n}$呈反比。测量次数增加，$s(\bar{x})$ 减小，即算术平均值的分散性减小。增加测量次数，用多次测量的算术平均值作为测量结果，可以减小随机误差，或者说，减小由于各种随机影响引入的不确定度。但随测量次数的进一步增加，算术平均值的实验标准偏差减小的程度减弱，相反会增加人力、时间和仪器磨损等问题，所以一般取 $n=3\sim20$。

3. 算术平均值的应用

由于算术平均值是数学期望的最佳估计值，所以通常用算术平均值作为测量结果。当用算术平均值作为被测量的估计值时，算术平均值的实验标准偏差就是测量结果的不确定度。

（五）异常值的判别和剔除

1. 异常值

异常值（Abnormal Value）又称离群值（Outlier），指在对一个被测量的重复观测中所获的若干观测结果中，出现了与其他值偏离较远且不符合统计规律的个别值，它们可能属于来自不同的总体，或属于意外的、偶然的测量错误；也称为存在着“粗大误差”。

如果一系列测量值中混有异常值，必然会歪曲测量的结果。这时若能将该值剔除，就使结果更符合客观情况。在有些情况下，一组正确测得值的分散性，本来是客观地反映了实际测量的随机波动特性，但若人为地丢掉了一些偏离较远但不属于异常值的数据，由此得到的所谓分散性很小，实际上是虚假的。因为以后在相同条件下再次测量时原有正常的分散性还会显现出来，所以必须正确地判别和剔除异常值。

在测量过程中，记错、读错、仪器突然跳动和振动等异常情况引起的已知原因的异常值，应该随时发现，随时剔除，这就是物理判别法。有时，仅仅是怀疑某个值，对于不能确定哪个是异常值时，可采用统计判别法进行判别。

2. 判别异常值常用的统计方法——格拉布斯准则

设在一组重复观测结果 x_i中，其残差 v_i的绝对值 $|v_i|$ 最大者为可疑值 x_d，在给定的置信概率为 $p=0.99$ 或 $p=0.95$，也就是显著性水平为 $\alpha=1-p=0.01$ 或 0.05 时，

如果满足式（2-14），可以判定均为异常值

$$\frac{|x_d - \bar{x}|}{s} \geqslant G(a,n) \tag{2-14}$$

式中　$G(a, n)$——与显著性水平 α 和重复观测次数 n 有关的格拉布斯临界值，见表2-2。

表 2-2　格拉布斯准则的临界值 $G(a, n)$ 表

n	α		n	α	
	0.05	0.01		0.05	0.01
3	1.153	1.155	17	2.475	2.785
4	1.463	1.492	18	2.504	2.821
5	1.672	1.749	19	2.532	2.854
6	1.822	1.944	20	2.557	2.884
7	1.938	2.097	21	2.580	2.912
8	2.032	2.221	22	2.603	2.939
9	2.110	2.323	23	2.624	2.963
10	2.176	2.410	24	2.644	2.987
11	2.234	2.485	25	2.663	3.009
12	2.285	2.550	30	2.745	3.103
13	2.331	2.607	35	2.811	3.178
14	2.371	2.695	40	2.866	3.240
15	2.409	2.705	45	2.914	3.292
16	2.443	2.747	50	2.956	3.336

（六）计量器具误差的表示与评定

1. 最大允许误差的表示形式

计量器具又称测量仪器。测量仪器的最大允许误差（Maximum Permissible Errors）是由给定测量仪器的规程或规范所允许的示值误差的极限值。它是生产厂规定的测量仪器的技术指标，又称允许误差极限或允许误差限。最大允许误差有上限和下限，通常为对称限，表示时要加“±”号。

最大允许误差可以用绝对误差、相对误差、引用误差或它们的组合形式表示。

（1）用绝对误差表示的最大允许误差。例如，标称值为1Ω的标准电阻，说明书指出其最大允许误差为±0.01Ω，即示值误差的上限为+0.01Ω，示值误差的下限为−0.01Ω，表明该电阻器的阻值允许在0.99Ω～1.01Ω范围内。

（2）用相对误差表示的最大允许误差。用相对误差表示的最大允许误差是其绝对误差与相应示值之比的百分数。

（3）用引用误差表示的最大允许误差。用引用误差表示的最大允许误差是绝对误差与特定值之比的百分数。

特定值又称引用值，通常用仪器测量范围的上限值（俗称满刻度值）或量程作为特定值。

（4）组合形式表示的最大允许误差。组合形式表示的最大允许误差是用绝对误差、相对误差、引用误差几种形式组合起来表示的仪器技术指标。

2. 计量器具示值误差的评定

计量器具的示值误差（Error of Indication）是指计量器具（即测量仪器）的示值与相应测量标准提供的量值之差。在计量检定时，用高一级计量标准所提供的量值作为约定值，也称为标准值，被检仪器的指示值或标称值也称为示值。则示值误差可以用下式表示：

示值误差＝示值－标准值

根据被检仪器的情况不同，示值误差的评定方法有比较法、分部法和组合法几种。

三、质量数据的特点

1. 质量数据的特性

质量数据具有个体数值的波动性和总体（样本）分布的规律性。

在实际质量检验检测中，即使在生产过程稳定正常的情况下，同一总体（样本）的个体产品的质量特性值也是互不相同的。这种个体间表现形式上的差异性反映在质量数据上，即为个体数值的波动性、随机性。然而当运用统计方法对这些大量丰富的个体质量数据进行加工、整理和分析后，又会发现这些产品质量特性值（以计量值数据为例）大多分布在数值变动范围的中部区域，即有向分布中心靠拢的倾向，表现为数值的集中趋势，还有一部分质量特性值在中心的两侧分布，随着逐渐远离中心，数值的个数变少，表现为数值的离中趋势。质量数据的集中趋势和离中趋势反映了总体（样本）质量变化的内在规律性。

2. 质量数据波动的原因

众所周知，影响产品质量主要有五个方面的因素（简称 4MlE：人，包括质量意识、技术水平、精神状态等；材料，包括材质均匀度、理化性能等；机械设备，包括其先进性、精度、维护保养状况等；方法，包括生产工艺、操作方法等；环境，包括时间、季节、现场温湿度、噪声干扰等。）。同时，这些因素自身也在不断变化中。个体产品质量的表现形式千差万别就是这些因素综合作用的结果，质量数据也因此具有了波动性。

质量特性值的变化在质量标准允许范围内波动称为正常波动，是由偶然性因素引起的；若是超越了质量标准允许范围的波动则称为异常波动，是由系统性因素引起的。

（1）偶然性原因。在实际生产中，影响因素的微小变化具有随机发生的特点，是不可避免、难以测量和控制的，或者是在经济上不值得消除的，它们大量存在，但对质量的影响很小，属于允许偏差、允许位移范畴，引起的是正常波动，一般不会因此造成废品，生产过程正常稳定。通常把 4M1E 因素的这类微小变化归为影响质量的偶然性原因、不可避免原因或正常原因。

（2）系统性原因。当影响质量的 4M1E 因素发生了较大变化，如工人未遵守操作规程、机械设备发生故障或过度磨损、原材料质量规格有显著差异等情况发生时，没有及时排除，生产过程则不正常，产品质量数据就会离散过大或与质量标准有较大偏离，表现为异常波动，次品、废品产生。这就是产生质量问题的系统性原因或异常原因。由于异常波动特征明显，容易识别和避免，特别是对质量的负面影响不可忽视，生产中应该随时监控，及时识别和处理。

四、质量数据分布的规律性

对于每件产品来说，在产品质量形成的过程中，单个影响因素对其影响的程度和方向是不同的，也是在不断改变的。众多因素交织在一起，共同起作用的结果，使各因素引起的差异大多互相抵消，最终表现出来的误差具有随机性。以质量标准为中心的质量数据分布，它可用一个“中间高、两端低、左右对称”的几何图形表示一般服从正态分布。

从正态分布曲线（图 2-4）可以看出：分布曲线关于均值 μ 是对称的；正态分布总体样本落在（$\mu-\sigma$，$\mu+\sigma$）（σ 为样本的标准差）区间的概率为 68.26%；落在（$\mu-2\sigma$，$\mu+2\sigma$）区间的概率为 95.44%；落在（$\mu-3\sigma$，$\mu+3\sigma$）区间的概率为 99.73%。也就是说，在测试产品质量特性值中；落在（$\mu-3\sigma$，$\mu+3\sigma$）区间外的概率只有 3‰。这就是质量控制中的“千分之三”原则或者“3σ 原则”。该原则是在统计管理中作任何控制时的理论根据，也是国际上公认的统计原则。

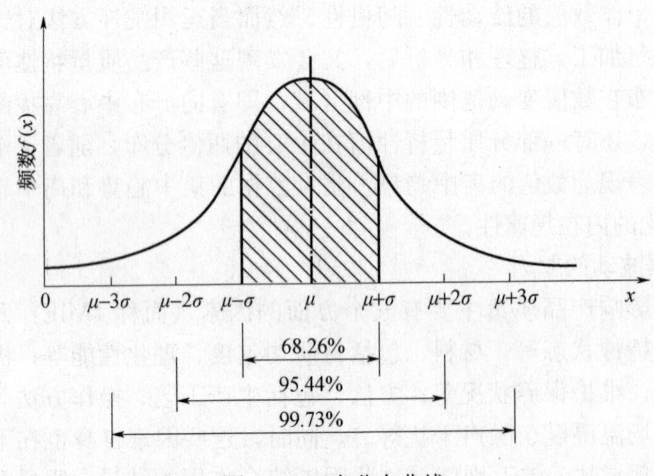

图 2-4　正态分布曲线

概率数理统计在对大量统计数据研究中，归纳总结出许多分布类型，如一般计量值数据服从正态分布，计件值数据服从二项分布，计点值数据服从泊松分布等。实践中只要是受许多起微小作用的因素影响的质量数据，都可认为是近似服从正态分布的，如构件的几何尺寸、混凝土强度等；如果是随机抽取的样本，无论其来自的总体是何种分布，在样本容量较大时，其样本均值也将服从或近似服从正态分布。因此，正态分布最重要、最常见，应用最广泛。

五、数据处理

1. 有效数字及其运算规则

（1）有效数字。为了取得准确的分析结果，不仅要准确测量，而且要正确记录与计算。所谓正确记录是指记录数字的位数。因为数字的位数不仅表示数字的大小，也反映测量的准确程度。所谓有效数字，就是实际能测得的数字。

有效数字保留的位数，应根据分析方法与仪器的准确度来确定，一般使测得的数值中只有最后一位是可疑的。

例如，在分析天平上称取试样 0.5000g，这不仅表明试样的质量为 0.5000g，还表明称量的误差在±0.0002g 以内。如将其质量记录成 0.50g，则表明该试样是在台秤上称量的，其称量误差为 0.02g，故记录数据的位数不能任意增加或减少。

如在分析天平上，测得称量瓶的质量为 10.4320g，这个记录说明有 6 位有效数字，最后一位是可疑的。因为分析天平只能称准到 0.0002g，即称量瓶的实际质量应为（10.4320±0.0002）g。无论计量仪器如何精密，其最后一位数总是估计出来的。

因此，所谓有效数字就是保留末一位不准确数字，其余数字均为准确数字。同时，从上面的例子也可以看出，有效数字与仪器的准确度有关，即有效数字不仅表明数量的大小，而且反映测量的准确度。

（2）有效数字中“0”的意义。“0”在有效数字中有两种意义：一种是作为数字定值，另一种是有效数字。

例如，在分析天平上称量物质，得到质量见表 2-3。

表 2-3　天平上称量物质的质量

物质	称量瓶	$CaSO_4$	NaCl	称量纸
质量（g）	10.1430	2.1085	0.6104	0.0140
有效数字位数	6	5	4	3

以上数据中“0”所起的作用是不同的。在 10.1430 中两个“0”都是有效数字，所以它有 6 位有效数字。在 2.1085 中的“0”也是有效数字，所以它有 5 位有效数字。在 0.6104 中，小数点前面的“0”是定值用的，不是有效数字，而小数点后面的“0”是有效数字，所以它有 4 位有效数字。在 0.0140 中，“1”前面的两个“0”都是定值用的，而在末尾的“0”是有效数字，所以它有 3 位有效数字。

综上所述，数字中间的“0”和末尾的“0”都是有效数字，而数字前面所有的“0”只起定值作用。以“0”结尾的正整数，有效数字的位数不确定。例如，4500 这个数，就不能确定是几位有效数字，可能为 2 位或 3 位，也可能是 4 位。遇到这种情况，应根据实际有效数字书写成：

4.5×10^3　　　　2 位有效数字

4.50×10^3　　　　3 位有效数字

4.500×10^3　　　4 位有效数字

因此，很大或很小的数，常用 10 的乘方表示。当有效数字确定后，在书写时一般只保留一位可疑数字，多余数字按数字修约规则处理。

（3）有效数字的运算规则。在数字运算中，为提高计算速度，并注意到凑整误差的特点，有效数字的运算规则如下：

① 加、减运算规则。当几个数做加、减运算时，在各数中以小数位数最少的为准，其余各数均凑成比该数多一位，小数所保留的多一位数字常称为安全数字。例如，$41.45-8.2\approx33.2$；$3.14+5.5243\approx8.66$；$8.8\times10^{-3}-1.56\times10^{-3}=7.2\times10^{-3}$。

② 乘、除运算规则。当几个数做乘法、除法运算时，在各数中以有效数字位数最少的为准，其余各数均凑成比该数多一位数字，而与小数点位置无关。

③ 开方、乘方运算规则。将数开方或乘方后结果可比有效数字多保留一位或相同。

④ 复合运算规则。对于复合运算中间运算所得数字的位数应先进行修约，但要多保留一位有效数字。

例如，(603.21×0.32)+4.01=(603.2×0.32)+4.01≈48.1。

⑤ 计算平均值。计算平均值时，如有4个以上的数值进行平均，则平均值的有效位数可增加一位。

⑥ 对数计算。对数计算中，所取对数的有效数字应与真数的有效数字位数相同。所以，在查表时，真数有几位有效数字，查出的对数也应具有相同位数的有效数字。

⑦ 其他规则。若有效数字的第一位数为8或9，则有效数字可增计一位；在所有的计算中，数π、e等的有效数字位数可以认为是无限的，需要几位就写几位。

2. 数值修约

(1) 基本概念。

对某一拟修约数，根据保留数位的要求，将其多余位数的数字进行取舍，按照一定的规则，选取一个其值为修约间隔整数倍的数（称为修约数）来代替拟修约数，这一过程为数值修约，也称为数的化整或数的凑整。为了简化计算，准确表达测量结果，必须对有关数值进行修约。

修约间隔又称为修约区间或化整间隔，它是确定修约保留位数的一种方式。修约间隔一般以$K\times10^n$（n为正整数）的形式表示。人们经常将同一K值的修约间隔，简称为K间隔。

修约间隔一经确定，修约数只能是修约间隔的整数倍。例如，指定修约间隔为0.1，修约数应在0.1的整数倍的数中选取；若修约间隔为2×10^n，修约数的末位数字只能是0、2、4、6、8等数字；若修约间隔为5×10^n，则修约数的末位数字不是“0”，就是“5”。

当对某一拟修约数进行修约时，需确定修约数位，其表达形式有以下几种：

① 指明具体的修约间隔。

② 将拟修约数修约至某数位的0.1个或0.2个或0.5个单位。

③ 指明按“K”间隔将拟修约数修约为几位有效数字，或者修约至某数位，有时“1”间隔不必指明，但“2”间隔或“5”间隔必须指明。

(2) 数值修约规则。

① 拟舍弃数字的最左一位数字小于5时，则舍去，即保留的各位数字不变。例如，将13.42390修约到一位小数，得13.4；修约成两位有效数字，得13.42。

② 拟舍弃数字的最左一位数字大于5，或者是5，而其后跟有并非全部为0的数字时，则进一，即保留的末位数字加1。例如，将1268修约到百数位，得13×10^2（特定时可写为1300）；将1268修约成3位有效数字，得127×10（特定时可写为1270）；将10.502修约到个位数，得11。

“特定时”的含义是指修约间隔或有效位数明确时。

③ 拟舍弃数字的最左一位数字为5，而右面无数字或皆为0时，若所保留的末位

数字为奇数（1，3，5，7，9）则进一，为偶数（2，4，6，8，0）则舍弃。

例1：修约间隔为0.1（或10^{-1}）。

拟修约数值	修约值
1.050	1.0
0.350	0.4

例2：修约间隔为1000（或10^3）。

拟修约数值	修约值
2500	2×10^3（特定时可写为2000）
3500	4×10^3（特定时可写为4000）

例3：将下列数字修约成两位有效数字。

拟修约数值	修约值
0.0325	0.032
32500	32×10^3（特定时可写为32000）。

④ 负数修约时，先将其绝对值按上述①～③的规定进行修约，然后在修约值前面加上负号。

例4：将下列数字修约到“十”位数。

拟修约数值	修约值
−355	-36×10（特定时可写为−360）
−325	-32×10（特定时可写为−320）

例5：将下列数字修约成两位有效数字。

拟修约数值	修约值
−365	-36×10（特定时可写为−360）
−0.0365	−0.036。

六、质量检验数据统计分析方法

利用质量数据统计分析方法控制工程（产品）质量，主要通过数据整理和分析，研究其质量误差的现状和内在的发展规律，据此推断质量现状和将要发生的问题，为质量控制提供依据和信息。工程中常用的质量检验数据统计分析方法有直方图法、控制图法、排列图法、分层法、因果分析图法、相关图法和调查表法。

（一）直方图法

直方图法即频数分布直方图法，它是将收集到的质量数据进行分组整理，绘制成频数分布直方图，通过频数分布分析研究数据的集中程度和波动范围的统计方法。通过对直方图的观察与分析，可了解产品质量的波动情况，掌握质量特性的分布规律，以便对质量状况进行分析判断。同时，可通过质量数据特征值的计算，估算施工生产过程总体的不合格品率，判断工序能力是否满足，评价施工管理水平等。

直方图法的优点：计算和绘图方便、易掌握，且能直观、确切地反映出质量分布规律。

直方图法的缺点：不能反映质量数据随时间的变化；要求收集的数据较多，一般要 50 个以上，否则难以体现其规律。

直方图法又称质量分布图法或柱状图法，是表示资料变化情况的一种主要工具，由一系列高度不等的纵向条纹或线段表示数据分布的情况，一般用横轴表示数据类型，纵轴表示分布情况。通过对直方图的观察与分析，可了解生产过程是否正常，估计工序不合格品率的高低，判断工序能力是否满足，评价施工管理水平等。

1. 直方图的绘制方法

（1）整理数据，求出其最大值和最小值。每一组的两个端点的差称为组距。

确定组数的原则是分组的结果能正确地反映数据的分布规律。组数应根据数据多少来确定。组数过少，会掩盖数据的分布规律；组数过多，使数据过于零乱分散，也不能显示出质量分布状况。一般可由经验数值确定，数据为 50～100 个时，可分为 6～10 组；数据为 100～250 个时，可分为 7～12 组；数据在 250 个以上时，可分为 10～20 组。

（2）将数据分成若干组，并做好记号。

（3）计算组距的宽度。用组数去除最大值和最小值之差，求出组距的宽度。

（4）计算各组的界限位。各组的界限位可以从第一组开始依次计算，第一组的下界为最小值减去最小测定单位的 1/2，第一组的上界为其下界值加上组距。第二组的下界限位为第一组的上界限值，第二组的下界限值加上组距，就是第二组的上界限位，依此类推。

（5）统计各组数据出现的频数，作频数分布表。

（6）作直方图。以组距为底长，以频数为高，作各组的矩形图。

2. 直方图的判断和分析

通过用直方图分布和公差比较判断工序质量，如发现异常，应及时采取措施，以防产生不合格品。

（1）正常型直方图：如果直方图图形中部最高，左右两侧逐渐下降，并且基本对称，呈正态分布，则此直方图属正常型，表明生产过程仅受偶然性因素影响，因此生产过程处于正常状态，质量是稳定的，如图 2-5（a）所示。

（2）折齿型直方图：图形呈凹凸相间的锯齿状。此时可能是绘图时数据分组不当，或者是检测方法不当，或者是数据太少以及数据有误所致，如图 2-5（b）所示。

（3）孤岛型直方图：在图形的基本区域之外出现孤立的小区域。这种情况通常是由于技术不熟练的操作者，或者一段时间内原材料发生变化所致，如图 2-5（c）所示。

（4）双峰型直方图：在直方图中出现两个高峰。这种情况常常是将两种不同生产条件下取得的数据在一起作图的结果，如两种不同材料的数据或两种不同配合比生产的混凝土等，如图 2-5（d）所示。

（5）缓坡型直方图：图形向左或向右呈缓坡状，即平均值过于偏左或偏右。这是由于工序施工过程中的上控制界限或下控制界限控制太严所造成的，如图 2-5（e）所示。

（6）绝壁型直方图：在图形的一侧出现陡壁。这种情况往往是数据收集不正常（剔除了不合格产品的数据或剔除远远高于平均值的数据），或者是在质量检测中出现人为干扰等因素造成的，如图 2-5（f）所示。

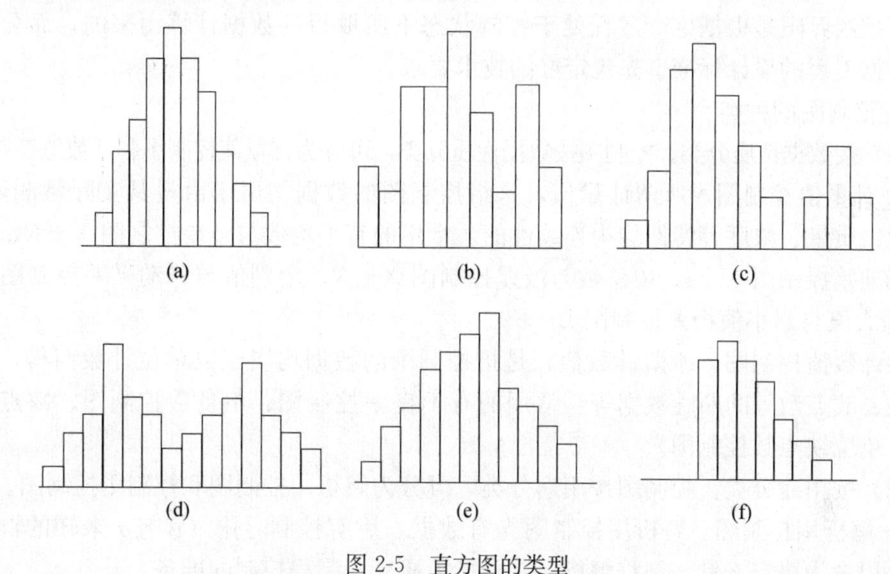

图 2-5　直方图的类型

（a）正常型；（b）折齿型；（c）孤岛型；（d）双峰型；（e）缓坡型；（f）绝壁型

（二）控制图法

直方图表示的是质量在某一段时间里的静止状态。但在生产工艺过程中，产品质量的形成是个动态过程。因此，控制生产工艺过程的质量状态，就成了控制工程质量的重要手段。这就必须在产品制造过程中及时了解质量随时间变化的状况，使之处于稳定状态，而不发生异常变化，这就需要利用控制图法。

控制图又称管理图，是指以某质量特性和时间为轴，在直角坐标系所描的点，依时间为序所连成的折线，加上判定线以后，所画成的图形。控制图法是研究产品质量随着时间变化，如何对其进行动态控制的方法。它的使用可使质量控制从事后检查转变为事前控制。借助于控制图提供的质量动态数据，人们可随时了解工序质量状态，发现问题，分析原因，采取对策，使工程产品的质量处于稳定的控制状态。

控制图一般有三条线：上面的一条线称控制上限，用符号 UCL 表示；中间的一条线称中心线，用符号 CL 表示；下面的一条线称控制下限，用符号 LCL 表示。如图 2-6 所示。

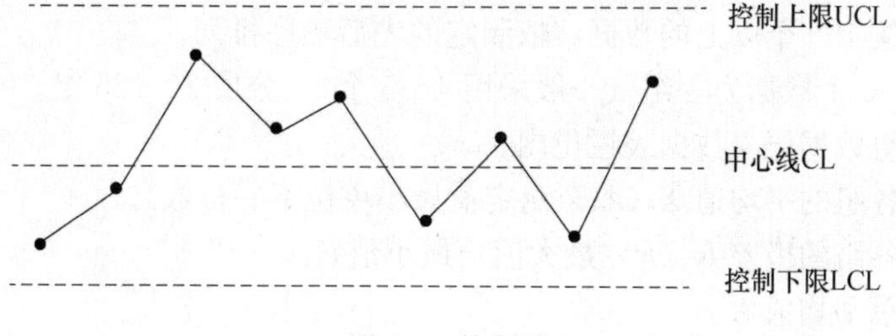

图 2-6　控制图

在生产过程中，按规定取样，测定其特性值，将其统计量作为一个点画在控制图上，然后连接各点成一条折线即表示质量波动情况。

应该指出，这里的控制上下限和前述的标准公差上下限是两个不同的概念，不应混淆。控制界限是概率界限而公差界限是一个技术界限。控制界限用于判断工序是否正常。控制界限是根据生产过程处于控制状态下所取得的数据计算出来的，而公差界限是根据工程的设计标准事先规定好的技术要求。

1. 控制图的种类

（1）按数据性质分类。控制图按数据性质分类，可分为计量值控制图和计数值控制图。

① 计量值控制图。所谓计量值，是指控制图的数据均属于由量具实际量测而得，如长度、质量、浓度等特性均为连续性的。常用的有平均数与极差控制图 $\overline{X}-R$、平均数与标准差控制图 $\overline{X}-\sigma$、中位数与极差控制图 $\widetilde{X}-R$、个别值与移动极差控制图 $X-R_m$、最大值与最小值极差控制图 $L-S$。

②计数值控制图。所谓计数值，是指控制图的数据均属于以单位计数而得，如不合格数、缺点数等间断性数据等。常用的有不良率控制图、不良数控制图、缺点数控制图、单位缺点数控制图。

（2）按用途分类。控制图按用途分类，可分为解析用控制图和控制用控制图。

① 解析用控制图。解析用控制图先有数据，后有控制界限（μ 与 σ 未知的群体）。其主要用途为决定方针、制程解析、制程能力研究、制程控制的准备。

② 控制用控制图。控制用控制图先有控制界限，后有数据（μ 与 σ 已知的群体）。其主要用途为控制过程的质量，如有点子超出控制界限，则立即采取措施。

2. 控制图的用途

控制图是用样本数据来分析判断生产过程是否处于稳定状态的有效工具。它的用途主要有以下几个方面：

（1）过程分析，即分析生产过程是否稳定。为此，应随机连续收集数据，绘制控制图，观察数据点分布情况并判定生产过程状态。

（2）过程控制，即控制生产过程质量状态。为此，要定时抽样取得数据，将其点绘在图上，发现并及时消除生产过程中的失调现象，预防不合格品的产生。

（3）控制图是典型的动态分析法。直方图法是质量控制的静态分析法，反映的是质量在某一段时间里的静止状态。用动态分析法随时了解生产过程中质量的变化情况，及时采取措施，使生产处于稳定状态，起到预防出现废品的作用。

3. 控制图的绘制

$\overline{X}-R$ 控制图的绘制步骤：

（1）先收集 100 个以上的数据，依测定的先后顺序排列。

（2）以 2～5 个数据为一组（一般采用 4～5 个），分成 20～25 组。

（3）将各组数据记入数据表栏位内。

（4）计算各组的平均值 $\overline{X}$（取至测定值最小单位下一位数）。

（5）计算各组的极差 R（R=最大值－最小值）。

（6）计算总平均值 $\overline{\overline{X}}$。

（7）计算极差的平均 $\overline{R}$。

(8) 计算控制界限：

① $\overline{X}$ 控制图：

中心线　$CL=\overline{\overline{X}}$　(2-15)

控制上限　$UCL=\overline{\overline{X}}+A_2\overline{R}$　(2-16)

控制下限　$LCL=\overline{\overline{X}}-A_2\overline{R}$　(2-17)

② R 控制图：

中心线　$CL=\overline{R}$　(2-18)

控制上限　$UCL=D_4\overline{R}$　(2-19)

控制下限　$LCL=D_3\overline{R}$　(2-20)

式中，A_2、D_3、D_4是随 n 不同设的系数，见表 2-4。

表 2-4　控制图中随 n 变化的系数取值

n	2	3	4	5	6	7	8	9	10
A_2	1.88	1.023	0.729	0.577	0.483	0.419	0.373	0.337	0.308
D_3	—	—	—	—	—	0.076	0.136	0.184	0.223
D_4	3.267	2.575	2.282	2.115	2.004	1.924	1.864	1.816	1.777

(9) 绘制中心线及控制界限，并将各点点入图中。

(10) 将各数据履历及特殊原因记录，以备查考、分析、判断。

4. 控制图的分析与判断

控制图的判定原则是：对某一具体工程而言，小概率事件在正常情况下不应该发生。也就是说，如果小概率时间在一个具体工程中发生了，则可判定出现了某种异常现象，否则就是正常的。这里所指的小概率事件是指概率小于 1%的随机事件。

(1) 控制状态的判断。

① 多数点子集中在中心线附近。

② 少数点子落在控制界限附近。

③ 点子的分布与跳动呈随机状态，无规则可循。

④ 无点子超出控制界限以外。

(2) 三种特殊稳定状态。

① 连续 25 点以上出现在控制界限线内时。

② 连续 35 点中，出现在控制界限外点子不超出 1 点时。

③ 连续 100 点中，出现在控制界限外点子不超出 2 点时。

以上三种情况也属于稳定状态。

(3) 异常状态。在中心线与边界线间作三等分线，分为 A、B、C 三区，靠近外侧的 1/3 带状区间为 A 区，靠近中心线的 1/3 带状区间为 C 区，A 区和 C 区中间的 1/3 带状区间为 B 区。测点靠近控制界线是指测点落在 A 区内。

如存在下列情况，则判定为异常：

① 连续 3 点有 2 点接近控制界线。

② 连续 7 点有 3 点接近控制界线。

③ 连续 10 点有 4 点接近控制界线。

④ 有一点落在A区之外。

⑤ 连续5点中4点落在中心线同一侧的C区之外。

⑥ 连续7点及其以上呈上升或下降趋势。

⑦ 连续15点及其以上在中心线两侧（C区）呈交替性排列。

⑧ 连续8点在中心线两侧，但无一点在C区。

⑨ 点的排列呈周期性。

⑩ 点在中心线两侧的概率不能过分悬殊：连续11点中有10点在同侧，连续14点中有12点在同侧，连续17点中有14点在同侧，连续20点中有16点在同侧。

（三）排列图法

排列图法是利用排列图分析影响工程（产品）质量主要因素的一种有效方法。排列图又称巴雷特图或主次因素分析图，它由两个纵坐标、一个横坐标、几个连起来的直方形和一条曲线组成。实际应用中，通常按累计频率划分为0～80％、80％～90％、90％～100％三部分，与其对应的影响因素分别为A、B、C三类。A类为主要因素，B类为次要因素，C类为一般因素。

如图2-7所示，图中左边纵坐标表示频数，即影响调查对象质量的因素至复发生或出现次数（个数、点数）；横坐标表示影响质量的各种因素，按出现的次数从多至少、从左到右排列；右边的纵坐标表示频率，即各因素的频数占总频数的百分比；矩形表示影响质量因素的项目或特性，其高度表示该因素频数的高低；曲线表示各因素依次的累计频率，也称巴雷特曲线。

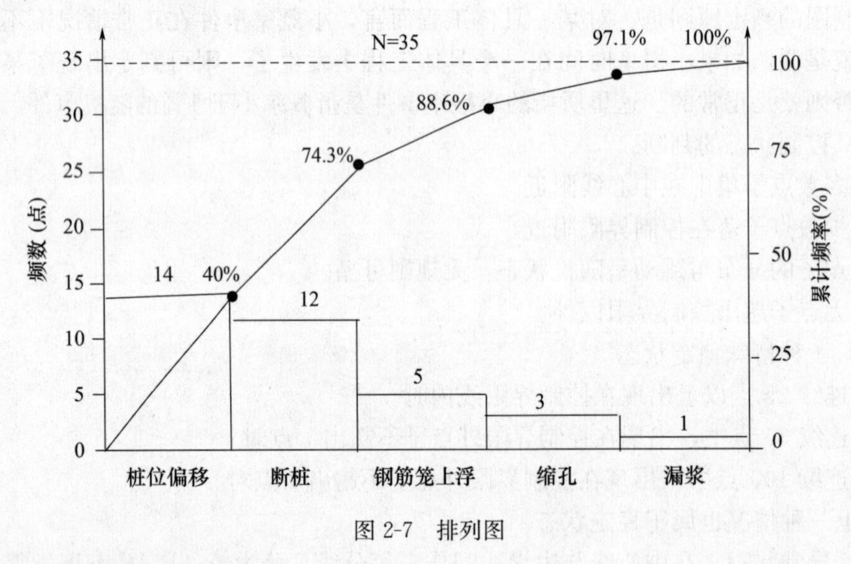

图2-7　排列图

排列图的绘制步骤如下：

（1）收集数据。

（2）把分类好的数据进行汇总，由多到少进行排序，并计算累计百分比。

（3）绘制横轴与纵轴刻度。

（4）绘制柱状图。

（5）绘制累计曲线。

（6）记入必要事项。

（7）分析排列图。

（四）分层法

分层法又称分类法，是将调查收集的原始数据，根据不同的目的和要求，按某一性质进行分组、整理的分析方法。分层的结果使数据各层间的差异突出地显示出来，层内的数据差异减少了，在此基础上再进行层间、层内的比较分析。分层法可以更深入地发现和认识质量问题的原因，由于产品质量是多方面因素共同作用的结果，因而对同一批数据，可以按不同性质分层，使人们能从不同角度来考虑、分析产品存在的质量影响因素。

常见的分层标志如下：

（1）按操作班组或操作者分层。

（2）按使用机械设备型号分层。

（3）按操作方法分层。

（4）按原材料供应单位、供应时间或等级分层。

（5）按施工时间分层。

（6）按检查手段、工作环境等分层。

（五）因果分析图法

因果分析图法是利用因果分析图来系统整理分析某个质量问题（结果）与其产生原因之间关系的有效工具，因果分析图也称特性要因图，又因其形状常被称为树枝图或鱼刺图。

因果分析图由质量特性、要因、枝干和主干组成。质量特性即指某个质量问题，要因即产生质量问题的主要原因，枝干指一系列箭线表示不同层次的原因，主干指较粗的直接指向质量问题的水平箭线等组成。混凝土强度不足的因果分析图如图 2-8 所示，具体分析步骤如下：

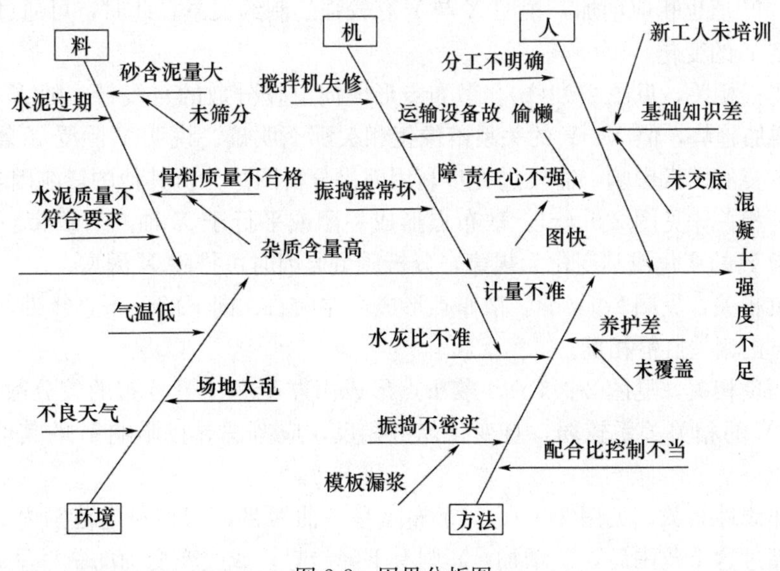

图 2-8　因果分析图

（1）明确质量问题。作图时首先由左至右画出一条水平主干线，箭头指向一个矩形框，框内注明研究的问题，即结果。

（2）分析确定影响质量特性的大枝。一般来说，影响质量因素有五大方面，即人、机械、材料、方法、环境等。

（3）进一步画出中、小细枝，将每种大原因进一步分解为中原因、小原因，直至分解的原因可以采取具体措施加以解决为止。

（4）检查图中的所列原因是否齐全，可以对初步分析结果广泛征求意见补充及修改。

（5）选择出影响大的关键因素，以便重点采取措施。

（六）相关图法

相关图又称散布图。在质量控制中，它是用来显示两种质量数据之间关系的一种图形。质量数据之间的关系多属相关关系。一般有三种类型：一是质量特性和影响因素之间的关系；二是质量特性和质量特性之间的关系；三是影响因素和影响因素之间的关系。

可以用 Y 和 X 分别表示质量特性值和影响因素，通过绘制散布图、计算相关系数等，分析研究两个变量之间是否存在相关关系，以及这种关系密切程度如何，进而对相关程度密切的两个变量，通过对其中一个变量的观察控制，来估计控制另一个变量的数值，以达到保证产品质量的目的。这种统计分析方法称为相关图法。

相关图的绘制。在直角坐标系中，一般 X 轴用来代表原因的量或较易控制的量，Y 轴来代表结果的量或不易控制的量；然后将数据中相应的坐标位置上描点，便得到相关图。

相关图中点的集合反映了两种数据之间的散布状况，根据散布状况，可以分析两个变量之间的关系。归纳起来，有以下六种类型，如图 2-9 所示。

（1）正相关，见图 2-9（a）。散布点基本形成由左至右向上变化的一条直线带，即随 X 增加，Y 值也相应增加，说明 X 与 Y 有较强的制约关系。此时，可通过对 X 控制而有效控制 Y 的变化。

（2）弱正相关，见图 2-9（b）。散布点形成向上较分散的直线带。随 X 值的增加，Y 值也有增加趋势，但 X、Y 的关系不像正相关那么明确。说明 Y 除受 X 影响外，还受其他更重要的因素影响，需要进一步利用因果分析图法分析其他的影响因素。

（3）不相关，见图 2-9（c）。散布点形成一团或平行于 X 轴的直线带。说明 X 变化不会引起 Y 的变化或其变化无规律，分析质量原因时可排除 X 因素。

（4）负相关，见图 2-9（d）。散布点形成由左向右、向下的一条直线带，说明 X 对 Y 的影响与正相关恰恰相反。

（5）弱负相关，见图 2-9（e）。散布点形成由左至右向下分布的较分散的直线带。说明 X 与 Y 的相关关系较弱，且变化趋势相反，应考虑寻找影响 Y 的其他更重要的因素。

（6）非线性相关，见图 2-9（f）。散布点呈一曲线带，即在一定范围内 X 增加，Y 也增加；超过这个范围后，X 增加，Y 则有下降趋势。或改变变动的斜率呈曲线形态。

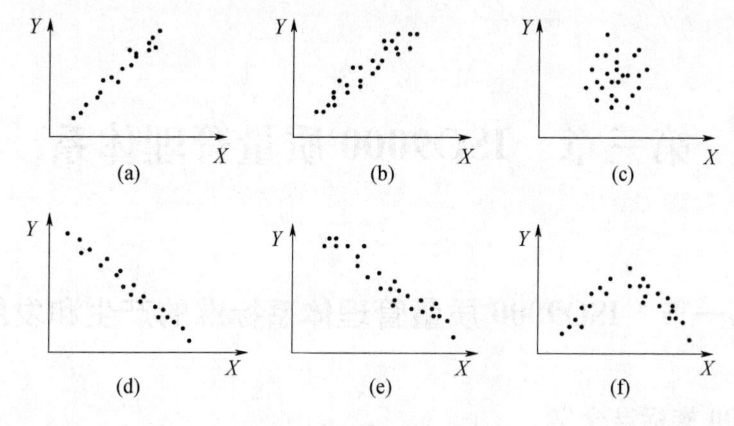

图 2-9　相关图的常见类型

（七）调查表法

调查表法也称调查分析表法或检查表法，是利用图表或表格进行数据收集和统计的一种方法；也可以对数据稍加整理，达到粗略统计，进而发现质量问题的效果。所以，调查表除了收集数据外，很少单独使用。调查表没有固定的格式，可根据实际情况和需要拟订合适的格式。根据调查的目的不同，调查表有以下几种形式：分项工程质量调查表；不合格内容调查表；不良原因调查表；工序分布调查表；不良项目调查表等。

第三章　ISO9000 质量管理体系

第一节　ISO9000 质量管理体系标准的产生和发展

一、ISO9000 族标准含义

ISO9000 族标准是国际标准化组织（ISO）在 1994 年提出的概念，是指“由 ISO/TC176（国际标准化组织质量管理和质量保证技术委员会）制定的所有国际标准”。该标准族可帮助组织实施并有效运行质量管理体系，是质量管理体系通用的要求或指南。它不受具体的行业或经济部门的限制，可广泛适用于各种类型和规模的组织，在国内和国际贸易中促进相互理解和信任。

ISO9000 族标准包括以下一组密切相关的质量管理体系核心标准：

（1）ISO9000《质量管理体系基础和术语》，表述质量管理体系基础知识，并规定质量管理体系术语。

（2）ISO9001《质量管理体系要求》，规定质量管理体系要求，用于证实组织具有提供满足顾客要求和适用法规要求的产品的能力，目的在于增进顾客满意。

（3）ISO9004《追求组织的持续成功质量管理方法》，提供考虑质量管理体系的有效性和效率两方面的指南。该标准的目的是促进组织业绩改进和使顾客及其他相关方满意。

（4）ISO19011《质量和（或）环境管理体系审核指南》，提供审核质量和环境管理体系的指南。

ISO9000 族标准是世界上许多经济发达国家质量管理实践经验的科学总结，具有通用性和指导性。实施 ISO9000 族标准，可以促进组织质量管理体系的改进和完善，对促进国际经济贸易活动、消除贸易技术壁垒、提高组织的管理水平都能起到良好的作用。

二、ISO9000 质量管理体系标准的产生和发展

1. ISO9000 质量管理体系标准的产生

第二次世界大战期间，世界军事工业得到了迅猛发展。一些国家的政府在采购军需品时，不但提出了对产品特性的要求，还对供应厂商提出了质量保证的要求。20 世纪 50 年代末，美国发布了 MIL-Q-9858A《质量大纲要求》，成为世界上最早的有关质量保证方面的标准。此后，美国国防部制定和发布了一系列的对承包商评定的质量保证标准。

20 世纪 70 年代初，借鉴军用质量保证标准的成功经验，美国标准化协会（ANSI）和美国机械工程师协会（ASME）分别发布了一系列有关原子能发电和压力容器生产

方面的质量保证标准。

美国军需品生产方面的质量保证活动的成功经验，在世界范围内产生了很大的影响。一些工业发达国家，如英国、美国、法国和加拿大等国在20世纪70年代末先后制定和发布了用于民品生产的质量管理和质量保证标准。随着世界各国经济的相互合作和交流，对供方质量体系的审核已逐渐成为国际贸易和国际合作的需求。世界各国先后发布了一些关于质量管理体系及审核的标准。但由于各国实施的标准不一致，给国际贸易带来了障碍，质量管理和质量保证的国际化成为当时世界各国的迫切需要。

随着地区化、集团化、全球化经济的发展，市场竞争日趋激烈，顾客对质量的期望越来越高。每个组织为了竞争和保持良好的经济效益，努力设法提高自身的竞争能力以适应市场竞争的需要。为了成功地领导和运作一个组织，需要采用一种系统的和透明的方式进行管理，针对所有顾客和相关方的需求，建立、实施并保持持续改进其业绩的管理体系，从而使组织获得成功。

顾客要求产品具有满足其需求和期望的特性。这些需求和期望在产品规范中表述。如果提供产品的组织的质量管理体系不完善，那么，规范本身不能保证产品始终满足顾客的需要。因此，这方面的关注导致了质量管理体系标准的产生，并以其作为对技术规范中有关产品要求的补充。

国际标准化组织（ISO）于1979年成立了质量管理和质量保证技术委员会(TC176)，负责制定质量管理和质量保证标准。1986年，ISO发布了ISO8402《质量——术语》标准，1987年发布了ISO9000《质量管理和质量保证标准——选择和使用指南》、ISO9001《质量体系——设计开发、生产、安装和服务的质量保证模式》、ISO9002《质量体系——生产和安装的质量保证模式》、ISO9003《质量体系——最终检验和试验的质量保证模式》、ISO9004《质量管理和质量体系要素——指南》6项标准，通称为ISO9000系列标准。

ISO9000系列标准的颁布，使各国的质量管理和质量保证活动统一在ISO9000族标准的基础之上。标准总结了工业发达国家先进企业的质量管理的实践经验，统一了质量管理和质量保证的术语和概念，并对推动组织的质量管理，实现组织的质量目标，消除贸易壁垒，提高产品质量和顾客的满意程度等产生了积极的影响，得到了世界各国的普遍关注和采用。迄今为止，它已被全世界150多个国家和地区等同采用为国家标准，并广泛用于工业、经济和政府的管理领域，有70多个国家建立了质量管理体系认证制度，世界各国质量管理体系审核员注册的互认和质量管理体系认证的互认制度也在广泛范围内得以建立和实施。

2. ISO9000质量管理体系标准的修订和发展

为了使1987版的ISO9000系列标准更加协调和完善，ISO/TC176于1990年决定对标准进行修订，提出了《90年代国际质量标准的实施策略》（国际通称为《2000年展望》)，其目标是："要让全世界都接受ISO9000族标准；为了提高组织的运作能力，提供有效的方法；增进国际贸易、促进全球的繁荣和发展；使任何机构和个人可以有信心从世界各地得到任何期望的产品以及将自己的产品顺利销售到世界各地。"

按照《2000年展望》提出的目标，标准分两阶段修改。第一阶段修改称为"有限修改"，即1994版的ISO9000族标准。第二阶段修改是在总体结构和技术内容上做较大的全新修改，即2000版ISO9000族标准。其主要任务是“识别并理解质量保证及质量管理领域中顾客的需求，制订有效反映顾客期望的标准；支持这些标准的实施，并促进对实施效果的评价。”

第一阶段的修改主要是对质量保证要求（ISO9001、ISO9002、ISO9003）和质量管理指南（ISO9004）的技术内容做局部修改，总体结构和思路不变。通过ISO9000-1与ISO8402两项标准，引入了一些新的概念和定义，如过程和过程网、受益者、质量改进、产品（硬件、软件、流程性材料和服务）等，为第二阶段修改提供过渡的基础。1994年，ISO/TC176完成了对标准第一阶段的修订工作，发布了1994版的ISO8402、ISO9000-1、ISO9001、ISO9002、ISO9003和ISO9004-1 6项国际标准，到1999年年底，已陆续发布了22项标准和2项技术报告。

为了提高标准适用者的竞争力，促进组织内部工作的持续改进，并使标准适合于各种规模（尤其是中小企业）和类型（包括服务业和软件）组织的需要，以适应科学技术和社会经济的发展，ISO/TC176对ISO9000族标准的修订工作进行了策划，成立了战略规划咨询组（SPAG），负责收集和分析对标准修订的战略性观点，并对《2000年展望》进行补充和完善，从而提出了《关于ISO9000族标准的设想和战略规划》供ISO/TC176决策。1996年，在广泛征求世界各国标准适用者意见、了解顾客对标准修订的要求并比较修订方案后，ISO/TC176相继提出了《2000版ISO9001标准结构和内容的设计规范》和《ISO9001修订草案》，作为对1994版标准修订的依据。1997年，ISO/TC176在总结质量管理实践经验的基础上，吸纳了国际上最受尊敬的一批质量管理专家的意见，整理并编撰了八项质量管理原则，为2000版ISO9000族标准的修订奠定了理论基础。

2000年12月15日，ISO/TC176正式发布了新版本的ISO9000族标准，统称为2000版ISO9000族标准。该标准的修订充分考虑了1987版和1994版标准以及现有其他管理体系标准的使用经验，因此，它将使质量管理体系更加适合组织的需要，可以更适应组织开展其商业活动的需要。

2000版及以后的2008版标准更加强调了顾客满意及监视和测量的重要性，促进了质量管理原则在各类组织中的应用，满足了使用者对标准应更通俗易懂的要求，强调了质量管理体系要求标准和指南标准的一致性。2008版标准反映了当今世界科学技术和经济贸易的发展状况，以及21世纪企业经营“变革”和“创新”的主题。

2008年ISO9001标准仅做了一些较小的更新，ISO/TC176/8C2在做了广泛的研究和准备的基础上对标准进行了重大的修订。参与ISO/TMB下属的联合技术协调工作组的工作，以便统一质量管理体系中的通用结构、通用定义和一些通用格式；研究最新的质量管理趋势，分析新兴概念融入ISO9001和ISO9004标准的可能性；广泛征集了120多个国家的用户和潜在用户的意见，并对这些信息加以分析。

为了协调ISO管理体系标准，ISO联合技术协调工作组（JTGC））建立“单一管理体系”确定今后在ISO管理体系标准制订时要体现管理体系标准合并设计，所有ISO管理体系标准高度结构化（一般结构和格式统一），高度结构化下的条款一致性（每个管理体系标准有30%以上等同正文），管理体系标准通用核心词汇。

ISO9001—2015标准于2015年9月发布，从2008版到2015版的修改，是

ISO9001 标准从 1987 年第一版发布以来的四次技术修订中影响最大的一次修订，此次修订为质管理体系标准的长期发展规划了蓝图，为未来 25 年的质量管理标准做好了准备；新版标准更加适用所有类型的组织，更加适合于企业建立整合管理体系，更加关注质量管理体系的有效性和效率。ISO9000 标准的沿革见图 3-1 所示。

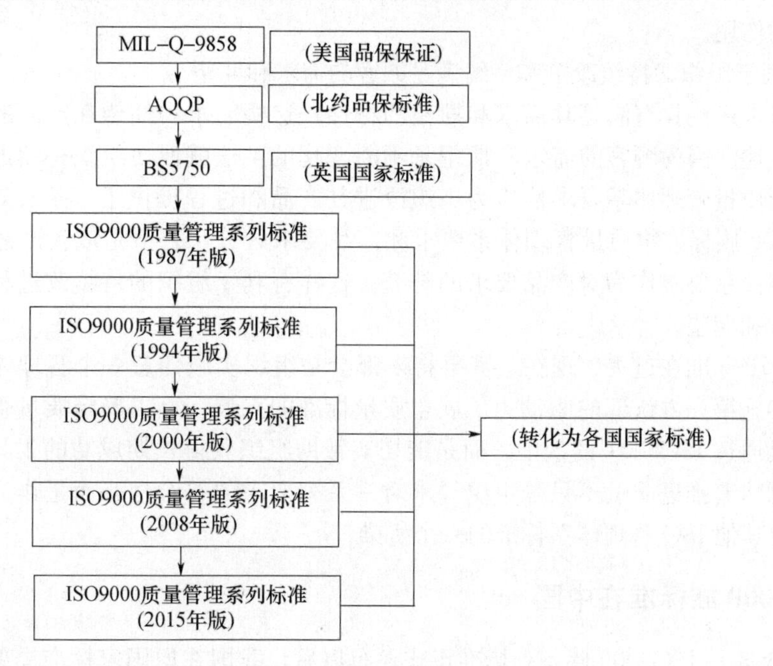

图 3-1　ISO9000 标准的沿革

三、实施 ISO9000 族标准的意义

1. 实施 ISO9000 族标准有利于提高产品质量，保护消费者利益

现代科学技术的飞速发展，使产品向高科技、多功能、精细化和复杂化发展。但是，消费者在采购或使用这些产品时，一般都很难在技术上对产品加以鉴别。即使产品是按照技术规范生产的，但当技术规范本身不完善或组织质量管理体系不健全时，就无法保证持续提供满足要求的产品。按 ISO9000 族标准建立质量管理体系，通过体系的有效应用，促进组织持续地改进产品和过程，实现产品质量的稳定和提高，无疑是对消费者利益的一种最有效的保护，也增加了消费者（采购商）选购合格供应商的产品的可信程度。

2. 为提高组织的运作能力提供了有效的方法

ISO9000 族标准鼓励组织在制定、实施质量管理体系时采用过程方法，通过识别和管理众多相互关联的活动，以及对这些活动进行系统的管理和连续的监视与控制，以实现顾客能接受的产品。此外，质量管理体系提供了持续改进的框架，增加顾客和其他相关方满意的机会。因此，ISO9000 族标准为有效提高组织的运作能力和增强市场竞争能力提供了有效的方法。

3. 有利于增进国际贸易，消除技术壁垒

在国际经济技术合作中，ISO9000 族标准被作为相互认可的技术基础，ISO9000 的质量管理体系认证制度也在国际范围中得到互认，并纳入合格评定的程序中。世界贸易组织/技术壁垒协定（WTO/TBT）是 WTO 达成的一系列协定之一，它涉及技术法规、标准和合格评定程序。贯彻 ISO9000 族标准为国际经济技术合作提供了国际通用的共同语言和准则；取得质量管理体系认证，已成为参与国内和国际贸易，增强竞争能力的有力武器。因此，贯彻 ISO9000 族标准对消除技术壁垒，排除贸易障碍起到了十分积极的作用。

4. 有利于组织的持续改进和持续满足顾客的需求和期望

顾客要求产品具有满足其需求和期望的特性，这些需求和期望在产品的技术要求或规范中表述。因为顾客的需求和期望是不断变化的，这就促使组织持续地改进产品和过程。而质量管理体系要求恰恰为组织改进其产品和过程提供了一条有效途径。因而，ISO9000 族标准将质量管理体系要求和产品要求区分，它不是取代产品要求而是把质量管理体系要求作为对产品要求的补充。这样有利于组织的持续改进和持续满足顾客的需求和期望。

ISO9001 标准在过去、现在、甚至将来都会是组织实施任意一个管理体系的切入点，也是实施第三方认证的驱动力。展望质量标准的发展，可以确定质量管理活动已经不仅仅是通过 ISO9001 的认证，而是能切实帮助组织获得长期成功的工具。从广义上讲，这意味着推进质量不只是组织寻求对一系列要求的符合性，而是作为组织使用 ISO9004 或其他 ISO 管理体系标准的一个桥梁。

四、ISO9000 族标准在中国

1987 年 3 月 ISO9000 族系列标准正式发布以后，我国在原国家标准局部署下组成了“全国质量保证标准化特别工作组”。1988 年 12 月，我国正式发布了等效采用 ISO9000 标准的《质量管理和质量保证》（GB/T 10300）系列国家标准，并于 1989 年 8 月 1 日起在全国实施。

1992 年 5 月，我国决定等同采用 ISO9000 系列标准，制定并发布了 GB/T 19000—1992idt ISO9000：1987 系列标准，1994 年又发布了 1994 版的 GB/T 19000idtISO9000 族标准。

我国对口 ISO/TC176 技术委员会的全国质量管理和质量保证标准化技术委员会（以下简称 CSBTS/TC151），是国际标准化组织（ISO）的正式成员，参与了有关国际标准和国际指南的制定工作，在国际标准化组织中发挥了十分积极的作用。CSBTS/TC151 承担着将 ISO9000 族标准转化为我国国家标准的任务，对 2008 版和 2015 版 ISO9000 族标准在我国的顺利转换起到了十分重要的作用。

国家质量技术监督局已将 2015 版 ISO9000 族标准等同采用为中国的国家标准，其标准编号及与 ISO 标准的对应关系分别为：GB/T 19000—2015《质量管理体系　基础和术语》（ISO9000：2008），GB/T 19001—2008《质量管理体系要求》（ISO9001：2008），GB/T 19004—2015《质量管理体系业绩改进指南》（ISO9004：2015）

五、2015 版 ISO9000 族标准修订的背景及原则

1. 背景

第一版 ISO9000 系列标准于 1987 年发布以后，迅速成为 ISO 标准中应用最广泛的

标准。ISO9001《质量管理体系要求》和ISO9004《组织持续成功的管理一种质量管理方法》已经被广泛使用到各个领域。

ISO/TC176/SC2的愿景是希望以ISO9001和ISO9004为主的各项标准能在“世界范围内被认识和关注，希望这些标准能成为组织主动实现持续发展的组成部分”。但是，环境保护和社会公平方面的相关要素得到了越来越多的关注，而作为长期经济发展的基础之一、发挥着关键作用的质量管理体系却渐渐被轻视。

展望质量标准的发展，可以确定质量管理活动已经不仅仅是通过ISO9001的认证，而是能切实帮助组织获得长期成功的工具。这就意味着推进质量不只是组织寻求对一系列要求的符合性，而是作为组织使用ISO9004或其他ISO管理体系标准的一个桥梁。

ISO/TC176/SC2分技术委员会在做了广泛的研究和准备的基础上，对标准进行重大修订工作，主要包括：起草一份SC2分技术委员会及其产品的长期规划；在SC2全体会议期间召开几个公开的工作座谈，其中包括使用ISO9001和ISO14001的心得交流会；参与ISO/TMB下属的联合技术协调工作组的工作，便统一质量管理体系中的通用结构、通用定义和一些通用格式；研究最新的质量管理趋势，分析新兴概念融入ISO9001和ISO9004标准的可能性；前期用10种语言开展一项网络调查，从122个国家回收了11722条有关ISO9001和ISO9004用户和潜在用户的意见信息，将对这些信息加以分析。这些活动的结果以及2012年3月完成的对ISO9001的系统性评审都表明ISO9001：2008标准相当令人满意，大部分的内容都是适宜的。

为保持ISO9001对环境变化做出及时的反应，并确保其持续传递“组织能始终提供符合顾客要求和适用的法律法规要求的产品的信心”，2012年6月在西班牙的毕尔巴鄂，召开了ISO/TC176/SC2/WG 24的第一次会议。会上拟定了ISO9001的修订目标并草拟了相关的草案设计规范和项目计划。工作组同时起草了一份关于新版标准如何与现有ISO9001标准相结合的草案。

2. 原则

（1）为未来10年或更长时间，提供一套稳定的核心要求；

（2）保留大类，并能在任何类型、规模及行业的组织中运行；

（3）依然将关注有效的过程管理，以便实现预期的输出；

（4）考虑自ISO9000：2000版以来质量管理体系重大修订后，在实践和技术方面的变化；

（5）反映组织在运行过程中日益加剧的复杂性、动态的环境变化和增长的需求；

（6）通过应用ISO导则中的附件SL，增强其同其他ISO管理体系标准的兼容性和符合性；

（7）推进其在组织内实施第一方、第二方和第三方的合格评定活动；利用简单化的语言和描述形式，以便加深理解并统一各项要求的阐述。

六、2015版ISO9000族标准的构成

（1）ISO9000基本原理和术语。

（2）ISO9001质量管理体系—要求。

（3）ISO9004追求组织的持续成功质量管理方法。

（4）ISO19011 质量和环境审核指南。

七、2015 版 ISO9001 标准的变更

1. ISO 国际标准框架结构

国际标准化组织对管理体系标准在结构、格式、通用短语和定义方面进行了统一，这将确保今后编制或修订管理体系标准的持续性、整合性和简单化，这也将使标准更易读、易懂。所有管理体系标准将遵循 ISO Supplement Annex SL 的要求，以便整合其他标准文件中的不同主题要求，统一定义组织、相关方、方针、目标、能力、符合性等，统一的表述最高管理者应确保组织内的职责权限得到规定和沟通。ISO 国际标准框架结构如图 3-2 所示。

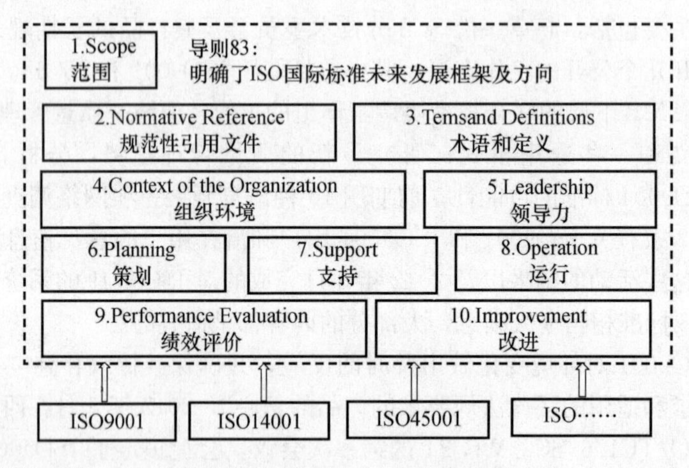

图 3-2　ISO9000：2015 框架结构

新版标准在结构和条款顺序上有显著变化；体现“过程方法＋PDCA＋基于风险的思维”的管理思想；增加了一些新的要求。

（1）标准更一般化和更容易被服务业采用，用“Goods Andservices”替代“Product”。减少原来硬件领域的实践规范性要求，尤其是条款 7.1.4 监视和测量资源与 8.3 产品和服务的设计开发。

（2）组织环境新增 2 条条款（4.1 理解组织及其环境和 4.2 理解利益相关方的需求和期望），要求组织确定能影响质量管理体系策划的议题和要求，并作为开发质量管理体系的输入。

（3）过程方法称为标准的单独要求（条款 4.4.2）。

（4）风险和预防措施，不包含“预防措施”特定要求条款，其原因是管理体系的主要目的之一就是作为预防工具。且条款 4.1 理解组织及其环境与 6.1 处理风险和机遇的措施覆盖了“预防措施”的理念。

“风险”第一次进入通用术语。由于这些通用术语是在所有的管理体系标准中都使用的，所以“风险”进入通用术语标志着对风险的重视，标志着在所有管理体系标准中对风险的强调。

（5）“文件化的信息”替代了“文件”和“记录”。

（6）产品和服务的外部提供控制（条款 8.4），涉及所有形式的外部提供，从供应

采购，与关联公司的安排，到外包组织的过程和职能，及任何其他方式。要求组织采取基于风险的管理办法确定适宜的控制类型和程度。

2. ISO9001：2015与ISO9001：2008的变更

ISO9001—2015与ISO9001—2008标准的变化参照表3-1。

表3-1　ISO9001—2015与ISO9001—2008标准对照表

ISO9001—2015		ISO9001—2008	
范围	1	1.1、1.2	范围
规范性引用文件	2	2	规范性引用文件
术语和定义	3	3	术语和定义
组织的背景	4		
理解组织及其背景	4.1		
理解相关方的需求和期望	4.2		
质量管理体系范围的确定	4.3		
质量管理体系	4.4	4	质量管理体系
总则	4.4.1	4.1	总要求
过程方法	4.4.2	4.1	总要求
领导作用	5		
领导作用和承诺	5.1		
针对质量管理体系的领导作用与承诺	5.1.1	5.1	管理承诺
针对顾客需求和期望的领导作用与承诺	5.1.2	5.2	以顾客为关注焦点
质量方针	5.2	5.3	质量方针
组织的作用、职责和权限	5.3	5.5.1	职责和权限
策划	6	5.4	策划
风险和机遇的应对措施	6.1	5.4.2	质量管理体系策划
质量目标及其实施的策划	6.2	5.4.1	质量目标
变更的策划	6.3		
支持	7		
资源	7.1		
总则	7.1.1		
基础设施	7.1.2	6.3	基础设施
过程环境	7.1.3	6.4	工作环境
监视和测量设备	7.1.4	7.6	监视和测量设备的控制
知识	7.1.5	6.2.2	能力、意识和培训
能力	7.2	6.2.2	能力、意识和培训
意识	7.3	6.2.2	能力、意识和培训
沟通	7.4	5.5.3	内部沟通
形成文件的信息	7.5		
总则	7.5.1	4.2.1	总则

续表

ISO9001—2015		ISO9001—2008	
编制和更新	7.5.2	4.2.4	记录控制
文件控制	7.5.3	4.2.3	文件控制
运行	8		
运行的策划和控制	8.1		
市场需求的确定和顾客沟通	8.2	7.2	与顾客有关的过程
总则	8.2.1		
与产品和服务有关要求的确定	8.2.2	7.2.1	与产品有关要求的确定
与产品和服务有关要求的评审	8.2.3	7.2.2	与产品有关要求的评审
顾客沟通	8.2.4	7.2.3	顾客沟通
运行策划过程	8.3	7.1	产品实现的策划
外部供应产品和服务的控制	8.4	7.4	采购
总则	8.4.1		
外部供方的控制类型和程度	8.4.2		
提供外部供方的文件信息	8.4.3		
产品和服务开发	8.5	7.3	设计和开发
开发过程	8.5.1		
开发控制	8.5.2		
开发的转化	8.5.3		
产品生产和服务提供	8.6		
产品生产和服务提供的控制	8.6.1	7.5.1、7.5.2	生产和服务提供的控制、生产和服务提供工程的确认
标识和可追溯性	8.6.2	7.5.3	标识和可追溯性
顾客或外部供方的财产	8.6.3	7.5.4	顾客财产
产品防护	8.6.4	7.5.5	产品防护
交付后的活动	8.6.5	7.5.5	产品防护
变更控制	8.6.6		
产品和服务放行	8.7	8.2.4	产品的监视和测量
不合格产品和服务	8.8	8.3	不合格品控制
绩效评价	9		
监视、测量、分析和改进	9.1	7.6	监视和测量设备的控制
总则	9.1.1		
顾客满意	9.1.2	8.2.1	顾客满意
数据分析与评价	9.1.3	8.2.2	数据分析
内部审核	9.2	5.6	内部审核
管理评审	9.3	8.5.1	管理评审
持续改进	10	8.5.1	持续改进
不符合和纠正措施	10.1	8.5.2	纠正措施、预防措施
改进	10.2	8.5.3	改进

八、ISO9001 质量标准的发展趋势

ISO9001 质量标准未来发展趋势主要包括：结合“以风险为本的思考”；更加强调质量管理原则；输出物资，产品的符合性和过程的有效性；管理知识，新的管理成就；生命周期管理（LCM）；改进和创新；时间、速度、灵活性；IT 方面的技术和创新；结合使用质量管理工具：6σ、QFD、标杆管理等。

第二节　质量管理原则

一、质量管理原则产生的背景及意义

一个组织的管理者，若要成功地领导和运作其组织，需要采用一种系统的、透明的方式，对其组织进行管理。针对所有相关方的需求，建立、实施并保持持续改进组织业绩的管理体系，可以使组织获得成功。一个组织的管理活动涉及多个方面，如质量管理、营销管理、人力资源管理、环境管理、职业安全与卫生管理、财务管理等。质量管理是组织各项管理的内容之一，而且是组织管理活动的重要组成部分，也是组织管理活动的核心内容。

多年来，基于质量管理的实践经验和理论研究，在质量管理领域形成了一些有影响的质量管理的基本原则和思想。但不同的学者和专家对这些原则和思想有不同的表述，如戴明提出的质量信条十四点，朱兰关于质量策划、质量改进和质量控制的质量三部曲等观点，这些学者和专家的理念和思想已在质量界传播并用于指导实践。

为奠定 ISO9000 族标准的理论基础，使之更有效地指导组织实施质量管理，使全世界普遍接收 ISO9000 族标准，ISO/TC176 从 1995 年开始成立了一个工作组，根据 ISO9000 族标准实践经验及理论分析，吸纳了国际上最受尊敬的一批质量管理专家的意见，用了约两年的时间，整理并编撰了八项质量管理原则。其主要目的是帮助管理者，尤其是最高管理者系统地建立质量管理理念，真正理解 ISO9000 族标准的内涵，提高其管理水平。同时 ISO/TC176 将八项质量管理原则系统地应用于 2000 版 ISO9000 族标准中，使得 ISO9000 族标准的内涵更加丰富，从而可以更有力地支持质量管理活动。这一成果得到了众多国家的赞同。ISO9000 标准的理论基础，形成为一本 WG15 提出的八项质量管理原则和 12 条 QMS 的基础理论说明，成为 ISO/TC176/SC2 编写 2000 版至 2008 版的供组织领导者使用的小册子。

八项质量管理原则是质量管理实践经验和理论的总结，尤其是 ISO9000 族标准实施的经验和理论研究的总结。ISO/TC176 用高度概括同时又易于理解的语言，对八项质量管理原则做了清晰的表述。它是质量管理的最基本、最通用的一般性规律，适用于所有类型的产品和组织，是质量管理的理论基础。

八项质量管理原则实质上也是组织管理的普遍原则，是现代社会发展、管理经验日渐丰富，管理科学理论不断演变发展的结果。八项质量管理原则充分体现了管理科学的原则和思想，因此使用这八项原则还可以对组织的其他管理活动，如环境管理、职业安全与卫生管理、成本管理等提供帮助和借鉴，真正促进组织建立一个改进其全面业绩的管理体系。

八项质量管理原则是组织的领导者有效实施质量管理工作必须遵循的原则，同时它也为从事质量工作的审核员、指导组织建立管理体系的咨询人员和组织内所有从事质量管理工作的人员学习、理解、掌握ISO9000族标准提供了帮助。八项质量管理原则是根据现代科学的管理理论和实践总结的指导思想和方法，是ISO9000标准的理论基础，体现并渗透在标准的每一部分或每一条款里。

八项质量管理原则在ISO9000质量管理实施过程中发挥了巨大作用，概括起来八项质量管理原则至少有以下三方面作用：

（1）指导ISO/TC176编制2008版ISO9000族标准和相关文件；

（2）指导组织的管理者建立、实施、改进本组织的QMS；

（3）指导广大的审核员、咨询师和企业一线的质量工作者学习、理解和掌握2008版ISO9000标准。

TC176在进行ISO9000：2015修订过程中对质量管理原则进行了修订，“质量管理原则”的主要变化是由八项原则合并为七项原则，“管理的系统方法”不再作为单独的原则，而是并入“过程方法”中，同时在标题上将“互利的供方关系”改为“关系管理”，将“基于事实的决策方法”改为“循证决策”，还有两项原则在用词上也有改变。七项管理原则见图3-3所示。

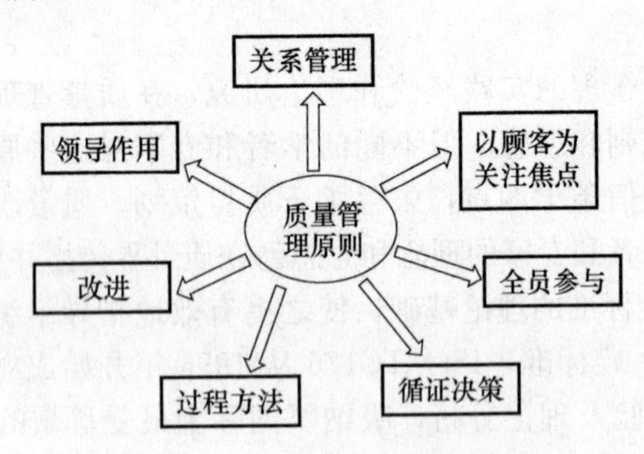

图3-3　七项质量管理原则

质量管理原则是在总结质量管理实践经验的基础上用高度概括的语言所表述的最基本/最通用的一般规律，可以指导一个组织在长期内通过关注顾客及其他相关方的需求和期望而改进其总体业绩的目的。它是质量文化的一个重要组成部分。

二、以顾客为关注焦点

质量管理的主要关注点是满足顾客要求并且努力超越顾客的期望。组织只有赢得和保持顾客与其他相关方的信任才能获得持续成功。

创造顾客、吸引顾客、满足顾客，建立以顾客为导向的企业。

不同的顾客：下单的顾客、以前的老顾客、新顾客、意向顾客、潜在顾客、目标顾客、流失的顾客、投诉的顾客；付钱的顾客、产品和服务的消费者、销售商。

组织依存于顾客。因此，组织应当理解顾客当前和未来的需求，满足顾客要求并争取超越顾客期望。

任何组织（工业、商业、服务业或行政组织）均提供满足顾客要求和期望的产品（包括软件、硬件、流程性材料、服务或它们的组合）。如果没有顾客，组织将无法生存。因此，任何一个组织均应始终关注顾客，将理解和满足顾客的要求作为首要工作考虑，并以此安排所有的活动。顾客的要求是不断变化的，为了使顾客满意，以及创造竞争的优势，组织还应了解顾客未来的需求，并争取超越顾客的期望。如某水利工程公司，按业主招标要求，施工建筑一座优质工程标准的泄洪闸。该工程公司为超越业主的期望，经过努力，使该工程获得了大禹奖，赢得了业主的高度赞扬，进而导致该工程公司不断投标获中。

以顾客为关注焦点可建立起对市场的快速反应机制，增强顾客的满意和改进顾客的忠诚度，并为组织带来更大的效益。以顾客为关注焦点如图 3-4 所示。

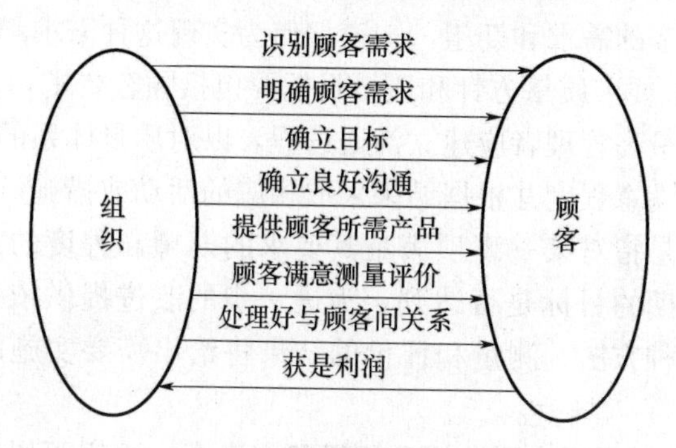

图 3-4　以顾客为关注焦点

应用“以顾客为关注焦点”的原则，组织将会采取如下活动：

（1）调查、识别并理解顾客的需求和期望

顾客的需求和期望主要表现在对产品的特性方面。例如，产品的符合性、可信性、可用性、交付能力、产品实现后的服务、价格和寿命周期内的费用等。有些要求也表现在过程方面，如产品的工艺要求。组织应该辨别谁是组织的顾客，并判断顾客的要求是什么。用组织的语言表达顾客的要求，了解并掌握这些要求。例如，某公司拟在住宅区开设餐饮服务，就应先了解顾客群，进行餐饮服务定位，确定饭店的规模。

GB/T 19001 标准对顾客与产品有关的要求如何识别、对产品的有关要求的确定、评审以及沟通安排做了明确的要求。与顾客的沟通见图 3-5。

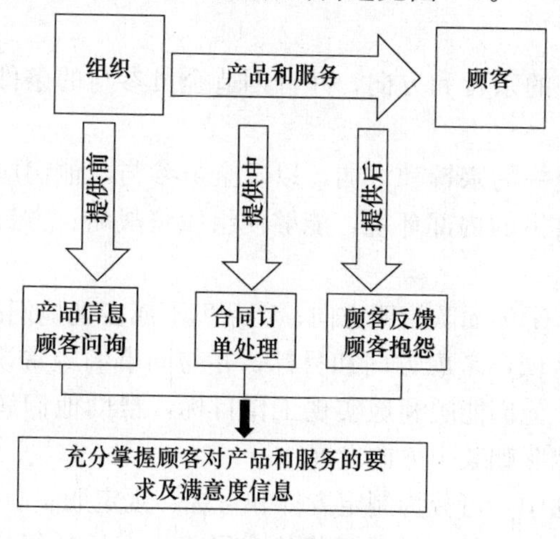

图 3-5　与顾客沟通

（2）确保组织的目标与顾客的需求和期望相结合

最高管理者应针对顾客现在和未来的需求和期望，以实现顾客满意为目标，确保顾客的需求和期望得到确定、转化为要求并得到满足。

GB/T 19001标准要求最高管理者建立质量目标时应考虑包括产品要求所需的内容，而产品要求主要是顾客的要求，这些要求恰好反映了组织如何将其目标与顾客的期望和需求相结合。

（3）确保在整个组织内沟通顾客的需求和期望

组织的全部活动均应以满足顾客的要求为目标，因此加强内部沟通，确保组织内全体成员能够理解顾客的需求和期望，知道如何为实现这种需求和期望而运作。

GB/T 19001标准要求质量方针和质量目标要包括顾客要求，在组织内得到沟通和理解，并进一步要求最高管理者应建立沟通过程，以对质量体系的有效性进行沟通。

（4）测量顾客的满意程度并根据结果采取相应的活动或措施

顾客的满意程度是指对某一事项满足其要求的期望和程度的意见。顾客满意测量的目的是为了评价预期的目标是否达到，为进一步的改进提供依据。顾客满意程度的测量或评价可以有多种方法。测量和评价的结果将给出需要实施的活动或进一步的改进措施。

GB/T 19001标准明确要求要监视和测量顾客满意。组织可以借助于数据分析提供所需的顾客满意的信息，进一步通过纠正措施和预防措施，达到持续改进的目的。

（5）系统地管理好与顾客的关系

组织与顾客的关系是通过组织为顾客提供产品为纽带而产生的。良好的顾客关系有助于保持顾客的忠诚，改进顾客满意的程度。系统地管理好与顾客的关系涉及许多方面。

GB/T 19001标准从多个方面系统地提出了要求。如顾客沟通提出了与顾客如何进行联络与沟通；爱护顾客财产，可在顾客中建立良好的信任；提供合格产品并实施防护可使顾客满意；顾客满意的信息与数据的分析可为持续改进与顾客的关系提供重要的信息。可以说这形成一个系统的活动。

三、领导作用

各层领导建立统一的宗旨和方向，并且创造全员参与的条件，以实现组织的质量目标。

领导者确立组织统一的宗旨和方向，以及全员参与，他们应当创造并保持使员工能充分参与实现组织目标的内部环境，能够使组织将战略、方针、过程和资源保持一致，以实现其目标。

领导的两个责任：①为团队指明方向；②帮助下属实现他们的目标。

领导需要经常这么做：考虑方向和目标，并与同事们经常谈论前进中的困难；培养人才，关心下属，让他们能顺利地实现工作目标，帮助他们解决面临的困难；以身作则，有意识地引导团队朝某个方向发展。

在组织的管理活动中，可分为制定方针和目标、规定职责、建立体系、实现策划、控制和改进等活动。质量方针、质量目标构成了组织宗旨的组成部分，即组织预期实现的目标。而组织与产品实现及有关的活动形成了组织的运作方向。当运作方向与组织的宗旨相一致时，组织才能实现其宗旨。组织的领导者的作用体现在能否将组织的运作方向与组织宗旨统一，使其一致，并创造一个全体员工能充分参与实现组织目标的内部氛围和环境。

运用“领导作用”原则，组织通常采取下列有意义的措施，以确保员工主动理解和自觉实现组织目标，以统一的方式来评估、协调和实施质量活动，促进各层次之间协调，从而将问题减至最少。

（1）考虑所有相关方的需求和期望

组织的成功取决于能否理解并满足现有及潜在的顾客和最终使用者的当前和未来的需求与期望，以及能否理解和考虑其他相关方的当前与未来的需求和期望。组织的最高领导者应将其作为首要考虑的事项加以管理。顾客和其他相关方的需求与期望在组织内得到沟通，为满足所有相关方的需求和期望奠定基础。领导的作用见图3-6。

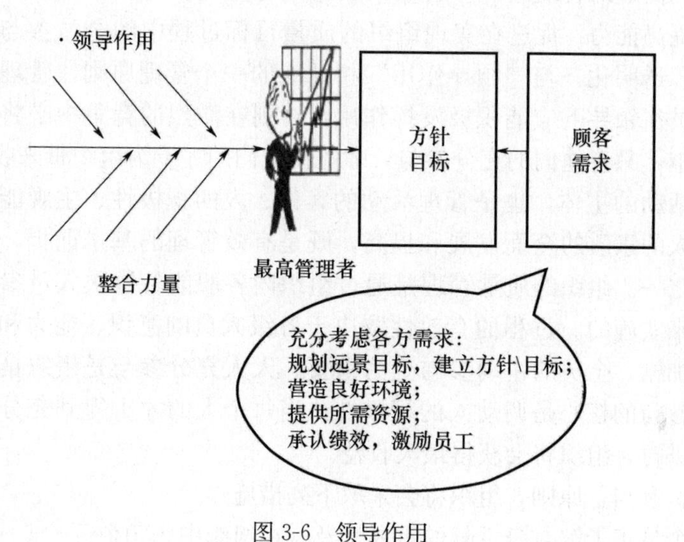

图3-6 领导作用

（2）为本组织的未来描绘清晰的远景，确定富有挑战性的目标

组织需要建立未来发展的蓝图，确定远景规划。质量方针给出了这一蓝图。目标具有可测性、挑战性、可实现性是其重要特点。组织的领导者应设定符合这种特点的目标，为组织实现远景规划、实现组织的方针提供基本保证。在组织建立质量管理体系的活动要求中，最高管理者应制定质量方针和质量目标（5.1），并在相关职能和层次上分解质量目标。同时应结合产品考虑，目标应在方针的框架下形成。方针和目标应通过管理评审予以评价。

（3）在组织的所有层次上建立价值共享、公平公正和道德伦理观念

在组织中，人与人之间所建立的关系，在很大程度上取决于组织的管理文化。管理文化是将一个组织的全体成员结合在一起的行为方式和标准，它代表了该组织的目标、信念、道德伦理和价值观，也反映了组织处理内部和外部事务的基本态度，因而管理文化直接影响管理活动的成效。组织的领导者可以通过管理文化在组织各层次上建立价值共享观、公平公正和道德伦理观念，重视人才，尊重每个人，树立职业道德

观念，创造良好的人际关系，将员工活动的方向统一到组织的方针、目标的方向上。在组织的质量管理体系活动要求中，管理者做出承诺是必要的，管理文化的建立可由培训来实现。

（4）为员工提供所需的资源和培训，并赋予其职责范围内的自主权

领导者应充分调动员工的积极性，发挥员工的主观能动性。应规定组织的职责、权限，赋予员工职责范围内的自主权。通过培训提高员工的技能，为其工作提供合适的资源，创造适宜的工作条件和环境。评估员工的能力和业绩，采取激励机制，鼓励创新。

四、全员参与

整个组织内各级人员的胜任、授权和参与，是提高组织创造和提供价值能力的必要条件。

为了有效和高效的管理组织，各级人员得到尊重并参与其中是极其重要的。通过表彰、授权和提高能力，促进在实现组织的质量目标过程中的全员参与。有机会，有动力，民主化，透明化。与“领导作用”相呼应的一个管理原则，管理以人为本，团队的每一个成员在领导下应能积极发挥作用，否则在激烈的竞争中必将落败。各级人员都是组织之本，只有他们的充分参与，才能使他们的才干为组织带来收益。

人是管理活动的主体，也是管理活动的客体。人的积极性、主观能动性、创造性的充分发挥，人的素质的全面发展和提高，既是有效管理的基本前提，也是有效管理应达到的效果之一。组织的质量管理是通过组织内各职能各层次人员参与产品实现过程及支持过程来实施的。过程的有效性取决于各级人员的意识、能力和主动精神。随着市场竞争的加剧，全员的主动参与更为重要。人人充分参与是组织良好运作的必需要求。而全员参与的核心是调动人的积极性，当每个人的才干得到充分发挥并能实现创新和持续改进时，组织将会获得最大收益。

运用“全员参与”原则，组织将会采取下列措施：

（1）让每个员工了解自身贡献的重要性及其在组织中的角色

每个人都应清楚其本身的职责、权限和相互关系，了解其工作的目标、内容以及达到目标的要求、方法，理解其活动的结果对下一步以及整个目标的贡献和影响，以利于协调开展各项质量活动。

在质量管理体系活动的要求中，管理者对各级职责和权限的规定并为这一活动提供条件。

（2）以主人翁的责任感来解决各种问题

许多场合下，员工的思想和情绪是波动的，一旦做错了事，往往倾向于发牢骚、逃避责任，也往往试图把责任推卸给别人，因此管理者应当找出一种方法，把无论何时都有可能发生的此类借口消灭在萌芽中。更进一步地，应在员工中提倡主人翁意识。让每个人在各自岗位上树立责任感，不是逃避，而是发挥个人的潜能。这种方法可以是对员工确定职能、规定职责、权限和相互关系，通过培训和教育，也可以是在指示工作时把目标和要求讲清，还可用数据分析给出正确的工作方法，使员工能以主人翁的责任感正确处理和解决问题。

（3）使每个员工根据各自的目标评估其业绩状况

员工可以从自己的工作业绩中得到成就感，并意识到自己对整个组织的贡献，也可以从工作的不足中找到差距以求改进。因此，正确地评估员工的业绩，可以激励员工的积极性。员工的业绩评价可以用自我评价或其他方法如内审和管理评审进行等。

（4）使员工积极地寻找机会增强他们自身的能力、知识和经验

在以过程为导向的组织活动中，应授予员工更多的自主权去思考、判断及行动，因而员工也必须有较强的思维判断能力。员工不仅应加强自身的技能，还应学会在不断变化的环境中判断、处理问题的能力，即还应增强其知识和经验。

五、过程方法

当活动被作为相互关联的功能连贯过程系统进行管理时，可更加有效和高效的始终得到预期的结果。质量管理体系是由相互关联的过程所组成。理解体系是如何产生结果的，能够使组织尽可能地完善其体系和绩效，有目标、有控制、有考核、有奖罚。

过程方法是现代管理的重要管理原则，ISO9000：2015 对以过程管理为基础的管理体系进行了改进，ISO9000：2015 以过程管理为基础的管理体系模式如图 3-7 所示（图 3-8 为 ISO9000：2008 以过程管理为基础的管理体系模式），新版标准特别强调以 PDCA 循环过程控制为基础的标准结构，如图 3-9 所示。

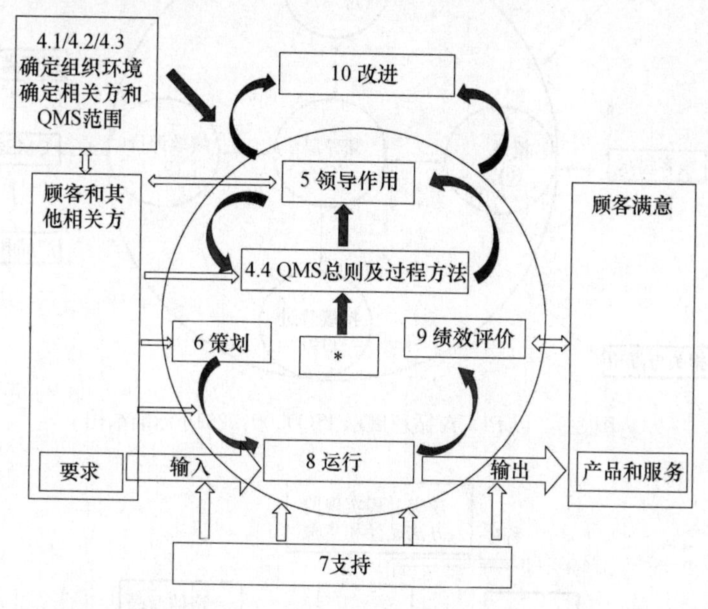

图 3-7　ISO9000：2015 以过程为基础的质量管理体系模式

通过利用资源和实施管理，将输入转化为输出的一组活动，可以视为一个过程。一个过程的输出可直接形成下一个或几个过程的输入。过程控制方法如图 3-10 和图 3-11 所示。新版标准在结构和条款顺序上有显著变化，其中体现在“过程方法＋PDCA＋基于风险的考虑”的管理思想，更加关注风险和机会，明确提出“确定风险和机会应对措施”的要求，风险和机遇的应对措施管理见图 3-12 所示。

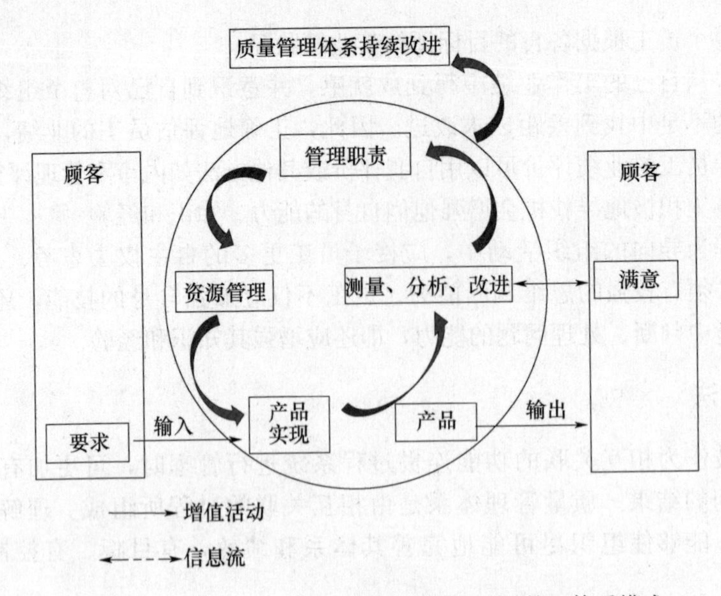

图 3-8 ISO9000：2008 以过程为基础的质量管理体系模式

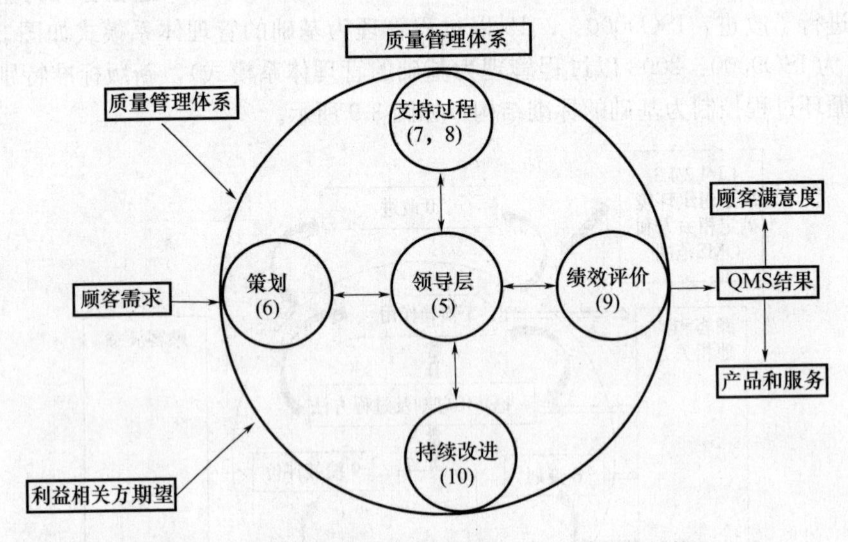

图 3-9 以 PDCA 循环展示 ISO9000：2015 标准结构

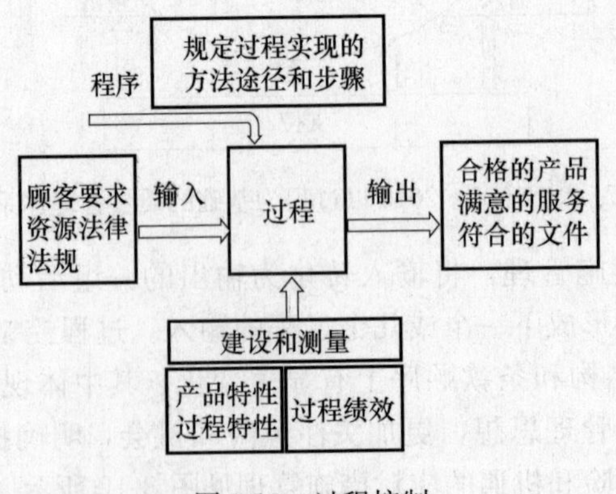

图 3-10 过程控制

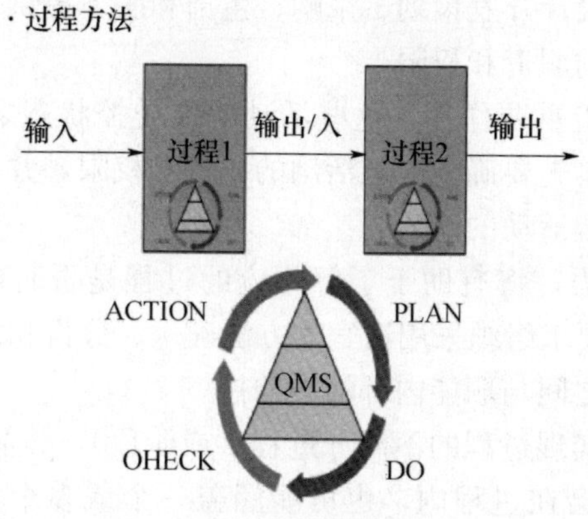

·过程方法

输入
过程1
输出/入
过程2
输出
ACTION
PLAN
QMS
OHECK
DO

图 3-11 PDCA 过程控制方法

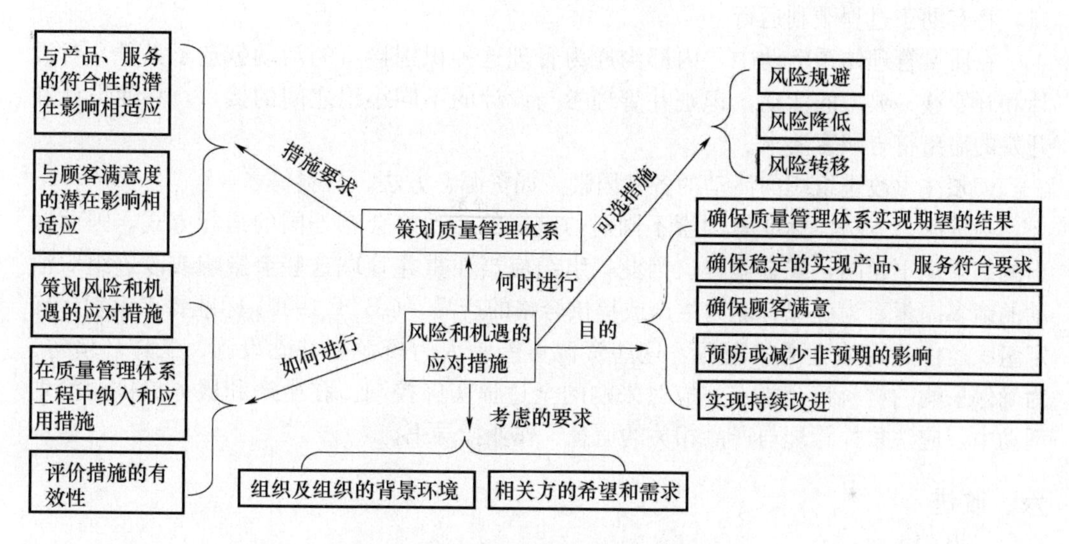

图 3-12 风险和机遇的应对措施管理

为使组织有效运行，必须识别和管理众多相互关联的过程。系统地识别和管理组织所应用的过程，特别是这些过程之间的相互作用，可称为“过程方法”。

采用过程方法的好处是由于基于每个过程考虑其具体的要求，所以资源的投入、管理的方式和要求、测量方式和改进活动都能互相有机地结合并做出恰当的考虑与安排，从而可以有效地使用资源，降低成本，缩短周期。而系统地识别和管理组织所应用的过程，特别是识别过程之间的相互作用，可以掌握组织内与产品实现有关的全部过程，清楚过程之间的内在关系及相互联结。通过控制活动能获得可预测、具有一致性的改进结果，特别是可使组织关注并掌握按优先次序改进的机会。

应用“过程方法”原则，组织将会采取下列活动：

（1）为了取得预期的结果，系统地识别所有的活动

活动决定输出结果。为了确保结果能满足预期的要求，必须有效地控制活动。因而识别活动，特别是系统性地识别所有相关的活动，也就是全面地考虑组织的产品实现的所有活动及其相互关联，可以使组织采取有效的方法对这些活动予以控制。

系统地识别所有的活动，是 GB/T 19001 标准强调的核心。如产品实现策划的活动

要求、产品要求评审、设计开发策划、采购、生产和服务提供等。

（2）明确管理活动的职责和权限

活动对输出结果起着重要作用，这些活动应在受控状态之下进行，因此，必须确定如何管理这些活动。首先要确定实施活动的职责和权限，并予以管理。

（3）分析和测量关键活动的能力

掌握关键活动的能力，将有助于了解相应的过程是否有能力完成所策划的结果。因此 GB/T 19001 标准要求组织采用适宜的方法确认、分析和测量关键活动的能力。

（4）识别组织职能之间与职能内部活动的接口

通常，组织会针对实现过程的不同分过程（或阶段），设置多个职能部门承担相应的工作。这些职能可能会在过程内，也可能涵盖一个或多个过程。在某种意义上讲，职能之间或职能内部活动的接口，可能就是过程间的接口。因此，识别这些活动的接口，将有助于过程顺利运行。

在质量管理体系活动中，内部沟通为管理这种识别接口的活动创造了条件。对设计和开发这一典型的活动，识别并管理参与设计的不同小组之间的接口，将使设计和开发的输出符合顾客要求。

（5）注重改进组织的活动的各种因素，如资源、方法、材料等

当资源、方法、标准等因素不同时，组织的活动将会有不同的运行方式，因而输出的结果也不相同，或有差异。因此，组织应当注重并管理这些会影响或改进组织活动的诸多因素。为确保有能力生产或提供合格的产品，GB/T 19001 标准要求识别、确定组织运作所需的合适的资源，这些资源可能是人力资源、基础设施、工作环境等。为确保采购的材料符合要求，应对采购的全过程实施控制。在生产和服务提供的策划活动中，应注重并管理与产品相关的信息、作业指导书。

六、改进

持续改进总体业绩应当是组织的一个永恒目标。

事物是在不断发展的，都会经历一个由不完善到完善，直至更新的过程。人们对过程的结果的要求也在不断地变化和提高，如对产品（包括服务）的质量水平的要求。这种发展和要求都会促使组织变革或改进。因此，组织应建立一种适应机制，使组织能适应外界环境的这种变化要求，使组织增强适应能力并提高竞争力，改进组织的整体业绩，让所有的相关方都满意。这种机制就是持续改进。组织的存在就决定了这种需求和持续改进的存在，因此持续改进是一个永恒的目标。持续改进活动如图 3-13 所示。

持续改进是增强满足要求的能力的循环活动。持续改进的对象可以是质量管理体系、过程、产品等。持续改进可作为过程进行管理。在对该过程的管理活动中应重点关注改进的目标及改进的有效性和效率。

持续改进作为一种管理理念、组织的价值观，在质量管理体系活动中是必不可少的重要要求。

综上所述，当组织坚持持续改进，从组织发展的战略角度，在所有层次实现改进，就能增强组织对改进机会的快速反应，提高组织的业绩，增强竞争能力。

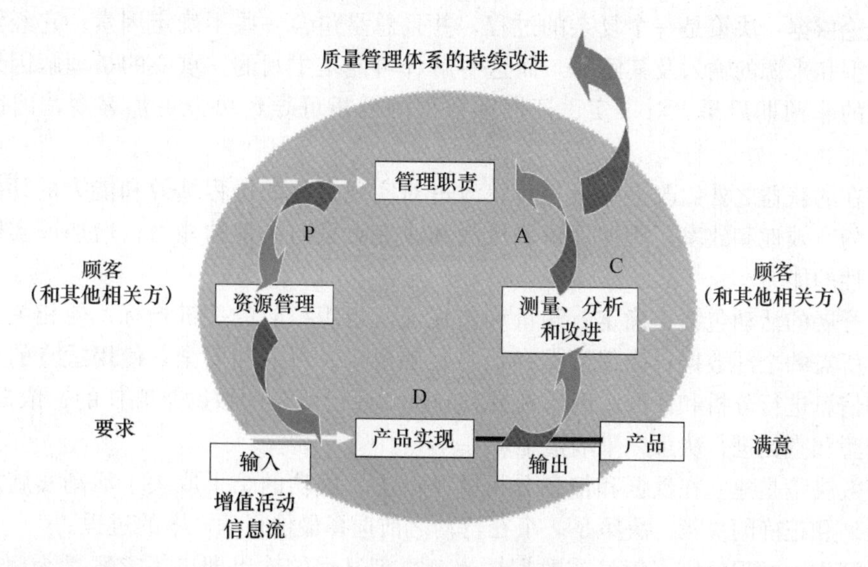

图 3-13 系统的持续改进

应用“持续改进”的原则，组织将会采取如下措施：

(1) 在整个组织范围内使用一致的方法持续改进组织的业绩

在组织的质量管理体系活动中，通常采用的一致改进的方法是：基于组织的质量方针、质量目标，通过内部审核和管理评审评价组织的质量管理体系存在的不合格，当然也可以通过数据分析方法，提供质量管理体系、过程、产品的各种有价值的信息，最终导致采取纠正措施、预防措施而达到持续改进的目的（8.5.1）。在组织范围内理解并掌握这种一致的改进方法，可以快捷有效地实施持续改进活动，取得预期的效果。

(2) 为员工提供有关持续改进的方法和手段的培训

持续改进是一个制定改进目标，寻求改进机会，最终实现改进目标的循环过程。过程活动的实现必须采用合适的方法和手段，如质量管理体系审核，通过监视测量分析等。对于组织的员工来说，这些方法的真正掌握，应通过相应的培训才能实现。

(3) 将产品、过程和体系的持续改进作为组织内每位成员的目标

持续改进的最终目的是改进组织质量管理体系的有效性，改进过程的能力，最终提高产品质量。涉及产品、过程、体系的持续改进是基本的要求，在组织内也是非常广泛的，是每位员工的日常工作都能涉及的。将这几方面的持续改进作为每位员工的目标是恰当的，也能达到真正实现持续改进的目的。所以在 GB/T 19001 标准的要求中，每项活动均有对结果评审的要求，而评审发现的问题应采取措施，并予以实施，以消除原因，这是一种持续改进的要求，它应当是每位员工都必须做到的。

(4) 建立目标以指导、测量和追踪持续改进

持续改进是一种循环的活动，每一轮改进活动都应首先建立相应的目标，以指导和评估改进的结果。管理评审活动恰好符合这一活动的基本情形。

七、循证决策

基于数据和信息的分析与评价的决策更有可能产生期望的结果。

理论依据：决策是一个复杂的过程，并且总是包含一些不确定因素。它经常涉及多种类型和来源的输入及其解释，而这些解释可能是主观的。重要的是理解因果关系和潜在的非预期后果。对事实、证据和数据的分析可导致决策更加客观，因而更有信心。

潜在的获益之处：改进决策过程；改进对实现目标的过程绩效和能力的评估；改进运行的有效性和效率；增加评审、挑战和改变意见与决策的能力；增加证实以往决策有效性的能力。

可开展的活动包括：确定、测量和监视证实组织绩效的关键指标；使相关人员能够获得所需的全部数据；确保数据和信息足够准确、可靠和安全；使用适宜的方法对数据和信息进行分析和评价；确保人员对分析和评价所需的数据是胜任的；依据证据，权衡经验和直觉进行决策并采取措施。

有效决策是建立在数据和信息分析的基础上。成功的结果取决于活动实施之前的精心策划和正确的决策。决策是一个在行动之前选择最佳行动方案的过程。

决策作为过程就应有信息或数据输入。决策过程的输出即决策方案是否理想，取决于输入的信息和数据以及决策活动本身的水平。决策方案的水平也决定了某一结果的成功与否。

由上得知，当输入的信息和数据足够且可靠，也就是能准确地反映事实，则为决策方案奠定了重要的基础。而决策过程中的活动应包括一些必不可少的逻辑活动。例如，为决策的活动制定目标，确定需解决的问题，实现目标应进行的活动，决策形成的方案的可行性的评估等。这里包括了决策逻辑思维方法，也即依据数据和信息进行逻辑分析的方法。可能统计技术是一种有效的数学工具。依照这一过程形成的决策方案应是可行或最佳的，是一种有效的决策，这也被认为是基于事实的有效的决策方法。基于事实的决策方法的优点在于，决策是理智的，增强了依据事实证实过去决策的有效性的能力，也增强了评估、挑战和改变判断与决策的能力。应用“基于事实的决策方法”，组织将会采取下述活动：

（1）确保数据和信息足够精确与可靠是决策正确的保证条件。

（2）让数据/信息需要者能得到数据/信息是有效决策能够进行的保证。

（3）使用正确的方法分析数据，统计技术可帮助人们正确地分析数据以得到恰当的信息用于决策。

在GB/T 19001标准中，许多活动都有这种要求，如过程的监视和测量、分析和改进的总则要求，顾客满意的测量和监控等。

（4）基于事实分析，权衡经验与直觉，做出决策并采取措施。

将依据数据和信息分析所得的结果与经验和直觉平衡，可能会进一步判断、确认结果的可靠性，依据可靠的结果所做的决策是可行的。在此方案基础上采取措施，将获得满意的结果。

在GB/T 19001标准中，所有的策划活动都要求基于事实分析，并在权衡经验与直觉之后完成策划方案。当然，数据分析也包含了这种要求。基于事实分析，所采取的措施将是理性的，结果将会是有效的。

八、关系管理

为了持续成功，组织需要管理与相关方（如供方）的关系。

相关方影响组织的绩效。当组织管理与所有相关方的关系，尽可能的发挥其在组织绩效方面的作用时，持续成功更有可能实现。对供方及合作伙伴的关系网的管理是非常重要的。

组织要选择供方、培养供方、相互协作、共同发展。

组织的五大相关方：企业所有者、顾客、供方、员工、社会。

关系管理的潜在获益之处是：通过对每一个与相关方有关的机会和限制的响应，提高组织及其相关方的绩效；对目标和价值观，与相关方有共同的理解；通过共享资源和能力，以及管理与质量有关的风险，增加为相关方创造价值的能力；使产品和服务稳定流动的、管理良好的供应链。

相关方的管理可开展的活动包括：确定组织的相关方（如供方、合作伙伴、投资者、雇员、顾客、社会）的关系；确定需要优先管理的相关方的关系；建立权衡短期与长期考虑的关系；收集并与相关方共享信息、专业知识和资源；适当时，测量绩效并向相关方报告，以增加改进的主动性；与供方、合作伙伴及其他相关方共同开展开发和改进活动；鼓励好表彰供方与合作伙伴的改进和绩效。

组织与相关方是相互依存的、互利的关系，可增强创造价值的能力。

随着生产社会化的不断发展，组织的生产活动分工越来越细，专业化程度越来越高。通常某一产品不可能由一个组织从最初的原材料开始加工直至形成顾客使用的产品并销售给最终顾客。这往往是通过多个组织分工协作，即通过供应链来完成的。因此，任何一个组织都有其供方或合作伙伴。供方或合作伙伴所提供的材料、零部件或服务对组织的最终产品有着重要的影响。供方或合作伙伴提供的高质量的产品将是组织为顾客提供高质量产品的保证，最终确保顾客满意。组织的市场扩大，则为供方或合作伙伴增加了提供更多产品的机会。所以，组织与供方或合作伙伴是互相依存的。组织与供方的良好合作交流将最终促使组织与供方或合作伙伴均增强创造价值的能力，优化成本和资源，对市场或顾客的要求联合起来做出灵活快速地反应并最终使双方都获得效益。

应用“与相关方互利的关系”原则，组织将会采取如下措施：

（1）在对短期收益和长期利益综合平衡的基础上，确立与相关方的关系

任何一个组织都存在着众多的供方或合作伙伴。组织与供方或合作伙伴存在着相互的利益关系。为了双方的利益，组织应考虑与供方或合作伙伴建立伙伴关系或联盟关系。在这种情形下，组织既要考虑短期的利益也要考虑长期合作所带来的效益。

（2）与供方或合作伙伴共享专门技术和资源

充分意识到组织与供方或合作伙伴的利益是的一致性，是实现这一活动的关键。由于竞争的加剧和顾客要求越来越高，组织之间的竞争不仅取决于组织的能力，同时也取决于供方过程的能力，组织应考虑让关键的供方分享自己的技术和资源。

组织吸收供方专家的知识，有助于确保高效地使用采购的产品。

（3）识别和选择关键供方

组织应运用过程方法，识别构成产品实现过程的各分过程及其相互作用，应用管

理的系统方法管理产品实现过程。其中识别并选择起着关键作用的供方或合作伙伴也构成了实现过程的组成部分，合适的供方对顾客的满意和组织的业绩可起到相当重要的作用。供方或合作伙伴的范围可能有材料或零部件供应方、提供某种加工活动的合作伙伴、某项服务（如技术指导、培训、检验、运输等）的提供者等。组织可通过数据分析提供有关供方的信息，以供评价和选择使用。

（4）清晰与开放的沟通

组织与相关方的相互沟通，对于产品或服务最终能满足顾客的要求是必不可少的环节。沟通将使双方减少损失，在最大程度上获得收益。通常采购信息应当予以沟通，这一沟通的方式和渠道应当有利于沟通实施。

（5）对供方所做出的改进和取得的成果进行评价并予以鼓励

实施这一活动将会进一步促进组织与供方或合作伙伴的密切关系，增进相关方改进产品的积极性，增强双方创造价值的能力，共同取得顾客的满意。

第三节　建筑业企业质量管理体系

一、建筑业企业质量管理体系概述

体系是在管理科学中对“系统”的习惯称呼。体系是一个有机整体，它是由多个按照一定规律运动的事物组成的统一体，如企业是由人、财、物、产、供、销、信息等经营要素按一定的活动要求（各种工作标准、管理标准、技术标准等）组成的统一体。施工企业从事的从投标、签订合同、材料和设备供应、现场施工到交工验收等一系列生产经营活动，就是企业这个体系的运行。所以说体系就是由若干个可以互相区别的要素，以一定的结构和层次互相联系、互相作用而构成的具有特定功能的整体。要素是构成事物的必要因素，要素本身有其固有的功能。当若干个要素有机地结合在一起时，就成为一个体系，就会产生一种与要素功能不同的新的综合功能，以完成既定的使命，达到预期的目标。

质量管理体系是建立质量方针和质量目标并实现这些目标的体系。

建筑业企业的质量管理体系，也就是实现建筑业企业质量目标的体系，包含管理职责、资源管理、工程项目实施过程的测量、分析以及改进等过程。建筑业企业质量管理体系包含一套专门的组织机构，具有保证质量、工期、服务的人力与物力，明确有关部门的职责和权力，以及完成任务的程序和活动。质量体系是一个组织落实、职责明确、有物资保障、有具体工作内容的有机整体。

在一般情况下，一个企业只有一个质量管理体系。但对于大型建筑业企业来说，由于建设工程施工的需要，下属多个独立的专业施工单位（形成了多个小的专业承包企业），那么除了大型企业实施总的质量控制和管理，建立和形成质量管理体系外，其下属的多个专业承包企业也可建立各自的质量管理体系，实施有效的质量管理，实现各自的质量目标。

二、建筑业企业建立质量管理体系的重要意义

建筑业企业实施 2015 版 GB/T19000-ISO9000 族标准建立质量管理体系，这对建

筑业企业的发展具有极其重要的意义。

在国际工程招投标工作中，要求建筑业企业质量管理体系经过ISO9000标准的认证，已成为国际惯例。由此可见，按标准建立的质量管理体系，是企业获取国际资质认证、开拓国际建筑市场、发展外向型经济、加入国际经济大循环中的必由之路。

按标准建立的质量管理体系，是以控制论、系统论、信息论为基础理论，以过程方法、系统方法、PDCA循环程序为手段，以持续改进为永恒的目标，因而能对影响工程质量的技术、管理和环境因素进行控制，能对工程质量形成的全过程进行控制，能有效地开展质量控制活动，能不断地改进和提高工程质量，能预防工程质量事故的发生，能长期、稳定地确保工程质量。

按标准建立的质量管理体系，是以七项质量管理原则质量管理体系基本原理作指导，充分反映了当前科学技术和管理科学的发展，因而能有效地提高企业的综合素质和经营管理水平，能使企业获得更大的社会效益、经济效益、环境效益和占有市场的能力。

由于工程项目产品具有复杂性和多功能用途，使人们（顾客、用户）难以判定项目产品的质量水平；同时人们又不满足企业的一般性担保，因为建筑业企业承担的质量责任往往主要为事后返修或赔偿，人们需要的是能满足使用功能的满意的优质产品。这就要求建筑业企业提供能充分说明质量符合要求的客观证据，尤其是对具有特殊使用功能的建筑产品更要确保质量的可靠性。按标准建立的质量管理体系，强调以顾客为中心，就是以实现顾客满意为目标，确保顾客的需求和期望得到确认和满足。质量管理体系经认证后，就能充分证明可为顾客提供满意的产品和服务，是建筑业企业具有保证工程质量能力的有力证据。这不仅能确保消费者的利益，也是企业赢得信誉、市场和效益的重大举措。

建筑业企业建立、健全质量管理体系，可充分调动职工的积极性和创造性，增强质量观和责任感，能自觉地以工作质量确保工程质量；能促使质量管理工作规范化、科学化、制度化，促使全面质量管理工作向纵深方向发展。建筑业是国民经济的骨干行业之一，建筑业企业建立质量管理体系是强化建筑施工管理的必然趋势，是科学技术与生产力发展的必然产物，它既适应国际商品经济发展的需要，又能提高企业质量管理的有效性和效率。我们要充分认识到建筑业企业实施质量管理体系标准的必要性和重要意义。

三、建筑业企业质量管理体系环境

（一）合同环境与非合同环境

质量管理体系存在于一定的环境中，起着物质、信息和资金等方面的交换作用，受到法律法规、合同、资源等方面的约束。所谓质量管理体系环境，是指存在于质量管理体系之外的、对体系发生影响的事物的总和。

在经营环境方面，有供需双方之间是否存在合同关系以及在合同中需方是否对供方提出质量保证要求的区别。这种区别体现了质量体系环境的特点，形成了两种不同的质量体系环境，即合同环境和非合同环境。质量体系必须与它所处的环境相适应，在不同的质量体系环境下，建立不同的质量体系。

合同环境是指供需双方之间建立合同关系，并在合同中对供方提出外部质量保证要求的质量体系环境。需方关心供方的质量体系中那些影响质量的要素及其控制情况和伴随的风险。因而在合同中除了规定工程和产品的技术要求之外，还要规定供方质量体系和必须包含的要素。这时供方应建立和保持一个质量体系，合同中规定的质量体系要素应成为供方质量体系的组成部分。在合同期内，供方应向需方提供各种证据，以证明其质量体系符合合同规定的要求并保持有效运行，工程和产品质量处于受控状态并达到了技术规范的要求。

当第三方发布的法规中对企业的质量体系要求是强制性的且在企业的质量管理中处于主导地位时，企业一般都处于合同环境。所谓第三方，包括国际的、政府的或民间的权威机构或组织，在合同环境下，企业的质量建设工程质量与安全生产管理体系必须符合合同和第三方的要求。

非合同环境是指由于供需双方没有建立合同关系，或在合同关系中需方对供方没有外部质量保证的要求。这时，供方的质量体系不受需方的约束。第三方的法规虽然是强制性的，但在企业的质量管理中不处于主导地位，企业可通过市场调查预测用户的需要，自行制定质量等级和水平，根据企业的具体情况建立质量体系。

一个企业往往同时涉及上述两种环境，目前建筑业企业就是这样。建筑业企业通过投标取得任务，签订合同，由政府派出的监督站、社会监理公司作为第三方，对企业提出外部质量保证的要求，企业处于合同环境。特别是国际工程项目，投资者（需方）和社会监理单位（第三方）对外部质量保证都有要求。因此，建筑业企业除按规定的技术要求施工外，还应当按规定的质量体系要素建立和保持一个质量体系。

（二）质量体系与环境

企业应遵循GB/T 19000族标准建立企业质量管理体系。该族标准对质量管理原则、基本原理、过程方法及形成产品所有过程的技术、管理、资源等要素控制均有明确规定，并确定了各项职能工作责任，提出了以顾客为中心、全员参与、持续改进等要求，这些都是企业建立质量管理体系的指南；此外，企业质量管理体系还与环境密切有关。

在合同环境下，企业质量工作是在完善企业质量体系基础上，根据合同要求，开展一系列有系统、有组织的活动，实施产品外部质量保证活动。外部质量保证活动是企业质量管理活动的组成部分，只是在特定范围内质量体系要素及要素控制程度有所变化。企业可同时开展内部与外部质量保证活动，向需方提供实证，接受需方或委托的第三方对这些活动进行评价。

在合同环境中，供需双方应对照环境条件及生产条件，选择确定一个模式标准作为该项产品质量保证的依据。若有必要，可以由供需双方商定后，对采用的质量体系保证模式标准列出的体系要素进行增删或调整。确定的合同条款要明确质量保证模式标准和具体质量体系要素要求，对已确定的质量体系要素增删情况，要在合同中做出明确规定。

四、建筑业企业建立质量管理体系的目的

建筑业企业的基本任务是向社会提供符合需求的工程产品和服务，满足人们日常

生活和生产活动中对建筑安装工程的各种需求，增加社会效益和提高企业的经济效益。建立质量管理体系就是为了实现企业的基本任务，为了企业的生存和发展，从而提高企业的信誉，增强企业的活力，提高企业的竞争力。

为了实现这个目的，企业生产出来的项目产品应达到下述 6 个方面的目标：

（1）满足规定的需要和用途。按需方的要求设计并按设计施工，同时要满足规定的使用要求。

（2）满足用户对项目产品的质量要求和期望。对建筑工程而言，应达到以下要求：

① 适用性：任何建筑物首先应满足使用要求。

② 可靠性：结构牢固，安全可靠。

③ 耐久性：保证使用年限、耐腐蚀。

④ 美观性：提供与环境协调、赏心悦目、丰富多彩的造型、景观及优良的观感质量。

⑤ 经济性：在满足上述要求的前提下，投资合理，体现最佳的经济效益。

（3）符合有关标准的规定和技术规范的要求。

（4）符合社会有关安全、环境保护方面的法令或条例的规定。

（5）工程产品取费低、质量优、具有竞争力。

（6）能使企业获得良好的经济效益。

五、建筑业企业建立质量管理体系的基本原则

建筑业企业建立质量管理体系一般应遵循以下原则：

1. 适应环境的原则

企业面对各种不同的合同环境，需要有不同范围、不同程度的外部质量保证，这些环境的区别在于对质量体系保证程度及质量体系要素的确定与实施存在一定程度的变化。也就是说，企业建立质量体系，选择质量体系要素，首先要了解外部合同环境所需要的质量保证范围和质量保证程度，以确定质量体系要素的数量和应开展的质量保证活动的程度，这就是人们所说的建立质量管理体系适应环境的原则。

2. 实现企业目标的原则

企业质量管理工作是制定和实施企业质量方针、目标的全部管理职能，这些管理职能的分解与落实，则要反映在质量体系的组织机构、责任与权限的落实上。因此，企业质量体系的建立，必须保证企业目标的实现，从这个目的出发，选择合适的质量体系要素，建立完善的质量体系，并进行合理的质量职能分解，落实质量责任制；按照有关质量体系文件规定，使质量体系正常运转；通过质量审核和评定，提高该质量体系运转（实施）的有效性，提高满足用户需要的能力，使供需双方在风险、成本、利益三方面达到最佳组合。

3. 适应建筑工程特点的原则

不同的工程项目其主体结构形式、外部装饰水平和建筑最后要达到的使用功能要求不可能完全一致，常常存在或多或少甚至差别很大的要求，加之工程施工的特殊性和返修返工的艰巨性，就要求在建立质量体系时，要充分考虑其工程的特点，明确了解施工工序应满足的质量要求，根据影响质量因素控制的范围和程度，确定质量要素

的项目、数量和采用程度，以保证稳定地实现工程质量的特性与特征。

4. 最低风险、最佳成本、最大利益原则

质量目标是以市场需求、社会制约、建筑设计及结构情况等条件来确定的，以满足社会与用户需求的高度统一。即在保证实现企业目标的前提下，质量体系要使企业经营机制处于质量与成本的最佳统一，实现社会效益与企业效益的统一。质量管理体系标准要求企业建立有效的质量体系，以满足顾客的需要和期望，并保护企业的利益。完善的质量体系是在考虑风险、成本和利益的基础上，使质量最佳化及对质量加以控制的重要管理手段。

要达此目的，只有切实按照适应环境的原则、实现企业目标的原则、适应建筑工程特点的原则，选择和确定质量体系要素，建立和完善质量体系，才能适应各种不同的环境、不同的工程类型和施工特点，才能全面实现企业目标，才能在市场竞争中立于不败之地，获得最大的经济效益和社会效益。

六、建筑业企业质量管理体系的特性

建筑业企业建立质量管理体系应符合以下4个特性：

1. 具有系统性

建筑业企业建立质量管理体系，应根据工程产品质量的形成和实现的运行规律，包括质量形成过程的所有环节，把影响这些环节的技术、管理和人员等因素进行系统分析和全面控制，以实现企业的质量方针和质量目标。

2. 突出预防性

建立质量管理体系要突出以预防为主的方针。开展每项质量活动之前，都要做好计划，安排好程序，采取有效的技术措施，使质量活动处于受控状态，力求把质量缺陷消灭于萌芽状态。

3. 符合经济性

质量管理体系的建立与运行，既要满足用户的需要，又要考虑企业的效益，要全面分析企业与用户双方可能发生的风险，节约资源，降低成本，力求质量最佳化和质量经济性的高度统一。

4. 保持适用性

建立质量体系必须结合建筑业企业、工程对象、施工工艺特点等情况，选择适当的体系要素，合理确定工程质量保证的程度和范围，使质量管理体系具有可操作性、保持适用性、确保有效性。

开展内部与外部质量保证活动，向需方提供实证，接受需方或委托的第三方对这些活动进行评价。

在合同环境中，供需双方应对照环境条件及生产条件，选择确定一个模式标准作为该项产品质量保证的依据。若有必要，可以由供需双方商定后，对采用的质量体系保证模式标准列出的体系要素进行增删或调整。确定的合同条款要明确质量保证模式标准和具体质量体系要素要求，对已确定的质量体系要素增删情况，要在合同中做出明确规定。

七、建立质量管理体系的基本工作

建立质量管理体系的基本工作主要有：确定质量管理体系过程、完善质量管理体系结构并使之有效运行、质量管理体系要文件化、定期进行质量管理体系审核与质量管理体系评审和评价。

1. 确定质量管理体系过程

建筑业企业的产品是工程项目，无论其工程复杂程度、结构形式怎样变化；无论是高楼大厦还是一般建筑物，其建造和使用的过程、环节和程序基本上都是一致的。施工项目质量管理体系过程一般可分为以下8个阶段：

（1）工程调研和任务承接；

（2）施工准备；

（3）材料采购；

（4）施工生产；

（5）试验与检验；

（6）建筑物功能试验；

（7）交工验收；

（8）回访与维修。

2. 完善质量管理体系结构并使之有效运行

企业决策层领导及有关管理人员要负责质量管理体系的建立、完善、实施和保持各项工作的开展，使企业质量管理体系达到预期目标。

质量管理体系的有效运行要依靠相应的组织机构网络。这个组织机构要严密完整，充分体现各项质量职能的有效控制。对建筑业企业来讲，一般有集团（总公司）、公司、分公司、工程项目经理部等各级管理组织，由于其管理职责不同，所建质量管理体系的侧重点可能有所不同，但其组织机构应上下贯通，形成一体。特别是直接承担生产与经营任务的实体公司的质量管理体系更要形成覆盖全公司的组织网络，该网络系统要形成一个纵向统一指挥、分组管理，横向分工合作、协调一致、职责分明的统一整体。一般来讲，一个企业只有一个质量管理体系，其下属基层单位的质量管理和质量保证活动以及质量机构和质量职能只是企业质量管理体系的组成部分，是企业质量管理体系在该特定范围的体现。对不同产品的基层单位，如混凝土构件厂、实验室、搅拌站等，则应根据其生产对象和生产环境特点补充或调整质量管理体系要素，使其在该范围更适合产品质量保证的最佳效果。

3. 质量管理体系要文件化

文件是质量管理体系中必需的要素。质量管理文件能够起到沟通意图和统一行动的作用。文件化的质量管理体系包括建立和实施两个方面，建立文件化的质量管理体系只是开始，只有通过实施文件化的质量管理体系，才能把质量管理变成增值活动。质量管理体系的文件共有以下四种：

（1）质量手册。质量手册是规定组织质量管理体系的文件，也是向组织内部和外部提供关于质量管理体系信息的文件。

（2）质量计划。其是规定用于某一具体情况的质量管理体系要素和资源的文件，也是表述质量管理体系用于特定产品、项目或合同的文件。

（3）程序文件。程序文件是如何完成活动的信息文件。

（4）质量记录。质量记录是对完成的活动或达到的结果提供客观证据的文件。根据各组织的类型、规模、产品、过程、顾客、法律法规以及人员素质的不同，质量管理体系文件的数量、详尽程度和媒体种类也会有所不同。

4. 定期进行质量管理体系审核

质量管理体系能够发挥作用，并不断改进提高工作质量，主要是在建立体系后坚持质量管理体系审核和评审活动。

为了查明质量管理体系的实施效果是否达到了规定的目标要求，企业管理者应制订内部审核计划，定期进行质量管理体系审核。

质量管理体系审核由企业胜任的管理人员对体系各项活动进行客观评价，这些人员独立于被审核的部门和活动范围。质量管理体系审核范围如下：

（1）组织机构；

（2）管理与工作程序；

（3）人员、装备和器材；

（4）工作区域、作业和过程；

（5）在制品（确定其符合规范和标准的程度）；

（6）文件、报告和记录。

质量管理体系审核一般以质量管理体系运行中各项工作文件的实施程度及产品质量水平作为主要工作对象，一般为符合性评价。

5. 质量管理体系的评审和评价

质量管理体系的评审和评价，一般称为管理者评审，它是由上层领导亲自组织的，对质量管理体系、质量方针、质量目标等工作所开展的适合性评价。也就是说，质量管理体系审核时主要精力放在是否将计划工作落实，效用如何；而质量管理体系评审和评价的重点是该体系的计划、结构是否合理有效，尤其是结合市场及社会环境，对企业情况进行全面的分析与评价，一旦发现这些方面的不足，就应对其体系结构、质量目标、质量政策提出改进意见，以使企业管理者采取必要的措施。

质量管理体系的评审和评价也包括各项质量管理体系审核范围的工作。与质量管理体系审核不同的是，质量管理体系评审更侧重于质量管理体系的适合性（质量管理体系审核侧重符合性），而且一般情况下评审和评价活动要由企业领导直接组织。

八、质量管理体系的建立和运行

（一）建立和完善质量管理体系的程序

按照GB/T 19000系列标准建立一个新的质量管理体系或更新的、完善现行的质量管理体系，一般有以下几个步骤：

1. 企业领导决策

企业主要领导要下决心走质量效益型的发展道路，有建立质量管理体系的迫切需要。建立质量管理体系是一项涉及企业内部很多部门参加的全面性的工作，如果没有企业主要领导亲自领导、亲自实践和统筹安排，是很难搞好这项工作的。因此，领导真心实意地要求建立质量管理体系，是建立、健全质量管理体系的首要条件。

2. 编制工作计划

工作计划包括培训教育、体系分析、职能分配、文件编制、配备仪器仪表设备等内容。

3. 分层次教育培训

分层次对企业职工进行教育培训，组织学习 GB/T 19000 系列标准，并结合本企业的特点，了解建立质量管理体系的目的和作用，详细研究与本职工作有直接联系的要素，提出控制要素的办法。

4. 分析企业特点

结合建筑施工企业的特点和具体情况，确定采用哪些要素及其采用程度。要素要对控制工程实体质量起主要作用，能保证工程的适用性、符合性。

5. 落实各项要素

企业在选好合适的质量体系要素后，要进行二级要素展开，制订实施二级要素所必须的质量活动计划，并把各项质量活动落实到具体部门或个人。通常，企业在领导的亲自主持下，合理地分配各级要素与活动，使企业各职能部门都明确各自在质量管理体系中应担负的责任、应开展的活动和各项活动的衔接办法。分配各级要素与活动的一个重要原则就是责任部门只能是一个，但允许有若干个配合部门。在各级要素和活动分配落实后，为了便于实施、检查和考核，还要把工作程序文件化，也就是把企业的各项管理标准、工作标准、质量责任制、岗位责任制形成与各级要素和活动相对应的有效运行的文件。

6. 编制质量管理体系文件

质量管理体系文件按其作用可分为法规性文件和见证性文件两类。质量管理体系法规性文件是用以规定质量管理工作的原则，阐述质量管理体系的构成，明确有关部门和人员的质量职能，规定各项活动的目的、要求、内容和程序的文件。在合同环境下，这些文件是供方向需方证实质量管理体系适用性的证据。质量管理体系见证性文件是用以表明质量管理体系的运行情况和证实其有效性的文件（质量、记录、报告等）。这些文件记载了各质量管理体系要素的初稿情况和工程实体质量的状态，是质量管理体系运行的见证。

（二）质量管理体系的运行

保持质量管理体系的正常运行和持续实用有效，是企业质量管理的一项重要任务，是质量管理体系发挥实际效能、实现质量目标的主要阶段。

质量管理体系运行是执行质量体系文件、实现质量目标、保持质量管理体系持续有效和不断优化的过程。

质量管理体系的有效运行是依靠体系的组织机构进行组织协调、实施质量监督、开展信息反馈、进行质量管理体系审核和复审实现的。

1. 组织协调

质量管理体系的运行是借助质量管理体系组织结构的组织和协调来进行的。组织和协调工作是维护质量管理体系运行的动力。质量管理体系的运行涉及企业众多部门的活动。就建筑业企业而言，计划部门、施工部门、技术部门、试验部门、测量部门、检查部门等都必须在目标、分工、时间和联系方面协调一致，责任范围不能出现空当，保持体系的有序性。

这些都需要通过组织和协调工作来实现。实现这种协调工作的人，应是企业的主要领导。只有主要领导主持，质量管理部门负责，通过组织协调才能保持体系的正常运行。

2. 质量监督

质量管理体系在运行过程中，各项活动及其结果不可避免地会有发生偏离标准的可能。为此，必须实施质量监督。

水利工程质量监督有企业内部监督和外部监督，外部监督又分为社会监督和政府监督两种。需方或第三方对企业进行的监督是外部质量监督，需方的监督权是在合同环境下进行的，按合同规定，从地基验槽开始，甲方对隐蔽工程进行检查签证。第三方的监督，对单位工程和重要分部工程进行质量等级核定，并在工程开工前检查企业的质量管理体系。施工过程中，监督企业质量管理体系的运行是否正常。

质量监督是符合性监督，其任务是对工程实体进行连续性的监视和验证，发现偏离管理标准和技术标准的情况应及时反馈，要求企业采取纠正措施，严重者责令停工整顿，从而促使企业的质量活动和工程实体质量均符合标准所规定的要求。

实施质量监督是保证质量管理体系正常运行的手段。外部质量监督应与企业本身的质量监督考核工作相结合，杜绝重大质量事故的发生，促进企业各部门认真贯彻执行各项规定。

3. 质量信息管理

企业的组织机构是企业质量管理体系的骨架，而企业的质量信息系统则是质量管理体系的神经系统，是保证质量管理体系正常运行的重要的系统。在质量管理体系的运行中，通过质量信息反馈系统对异常信息的反馈和处理进行动态控制，从而使各项质量活动和工程实体质量保持受控状态。

质量信息管理和质量监督、组织协调工作是密切联系在一起的。异常信息一般来自质量监督，异常信息的处理要依靠组织协调工作，三者的有机结合，是使质量管理体系有效运行的保证。

4. 质量管理体系审核与评审

企业对质量管理体系进行定期的审核与评审，一是对体系要素进行审核、评价，确定其有效性；二是对运行中出现的问题采取纠正措施，对体系的运行进行管理，保持体系的有效性；三是评价质量体系对环境的适应性，对体系结构中不适用的采取改进措施。开展质量管理体系审核与评审是保持质量管理体系持续有效运行的主要手段。

九、建筑工程项目质量管理体系要素

质量管理体系要素是构成质量管理体系的基本单元，是产生和形成工程产品的主要因素。质量管理体系是由若干相互关联、相互作用的基本要素组成的。在建筑施工中，工序内容多，施工环节多，工序交叉作业多，有外部条件和环境的因素，也有内部管理和技术水平的因素，企业要根据自身的特点，参照质量管理体系国际标准和国家标准中所列的质量管理体系要素的内容，选用和增删要素，建立和完善施工企业的质量体系。

施工项目是建筑企业的施工对象。企业要实施GB/T 19000族标准，就要把质量管理和质量保证落实到施工项目上。一方面，要按企业质量体系要素的要求形成本施工项目的质量管理体系，并使之有效运行，达到提高优质工程质量和服务质量的目的；另一方面，施工项目要实现质量保证，特别是实现建设单位或第三方提出的外部质量保证要求，以赢得社会信誉，并且是企业进行质量体系认证的重要内容。这里着重讨论施工项目质量体系要素。

首先，应明确施工项目施工应达到的质量目标如下：

（1）施工项目领导班子应坚持全员、全过程、各职能部门的质量管理，保持并实现施工项目的质量，以不断满足规定要求。

（2）应使企业领导和上级主管部门相信工程施工正在实现并能保持所期望的质量，开展内部质量审核和质量保证活动。

（3）开展一系列有系统、有组织的活动，提供证实文件，使建设单位、建设监理单位确信该施工项目能达到预期的目标。若有必要，应将这种证实的内容和证实的程度明确地写入合同中。

根据以上施工项目施工应达到的质量目标，从工程施工实际出发，对施工项目质量管理和质量管理体系要素进行的讨论，仅限于从承接施工任务、施工准备开始，直至竣工交验和工程回访与保修服务，整个管理过程由以下17个要素构成（供参考）。

（一）施工项目领导职责

施工项目经理是施工质量的第一责任者，应对施工质量方针和目标的制定和实施负责。

（1）施工项目的质量管理是施工项目管理的中心环节。施工项目领导班子的质量管理职能，是负责施工项目质量方针和目标的确定，对质量做出承诺并写成文件，并保证施工项目施工的全体人员和各工作部门都能理解并坚持贯彻执行。

（2）负责施工项目目标分解，对主要分项分部工程、功能性施工项目、关键与特殊工序、现场主要管理工作等明确其基本要求和质量目标、工作控制要点，并要求责任部门和单位制定保证目标实现的具体措施。

（3）负责定期组织对施工项目方针目标管理进行诊断和综合性考评。

（4）将施工项目方针目标考核结果与经济承包责任制挂钩。

（5）为确保实现用户和国家、行业的强制性要求，施工项目领导班子应致力于实施质量体系所必需的组织机构、责任、程序、过程和资源的健全与完善，以促进质量管理体系的有效运转。

（6）施工项目领导班子应对施工全现场质量职能进行合理分配，尤其应注重加强质量成本、材料质量、质量检验、安全生产、施工进度等各职能的协调与管理。应始终重视和核算、分析、评价各项质量要素和目标项目的有关费用，使质量损失费用降到最少。

（二）施工项目质量管理体系原理和原则

1. 质量管理体系过程

根据施工项目质量形成的全过程，其质量管理体系过程有以下8个阶段：

（1）任务承接；

（2）施工准备；

（3）材料采购；

（4）施工生产；

（5）试验与检验；

（6）功能试验；

（7）竣工交验；

（8）回访与保修。

2. 施工项目质量管理体系结构

工程项目经理是工程项目的第一负责人，应对工程质量方针目标的制定与质量管理体系的建立和有效运转全面负责。

（1）质量责任与权限。根据工程质量方针目标，进行如下职能分配：

① 明确规定施工项目领导和各级管理人员的质量责任。

② 明确规定从事各项质量管理活动人员的责任和权限，使之能按要求的效率达到预期的质量目标。

③ 规定各项工作之间的衔接、控制内容和控制措施。

（2）组织机构。

① 施工项目施工管理中应建立与工程质量管理体系相适应的组织机构，并规定各机构的隶属关系和联系接口与方法。

② 施工项目施工中应组建质量管理小组。成立施工项目全面质量管理领导小组，承担并协调全工程的方针目标管理，其实质是施工项目管理中综合性的质量管理权威机构。

（3）资源和人员。

为了实施质量方针目标，施工项目领导应保证必需的各类资源和人员：

① 人才和专业技能：项目经理、主要领导及专业管理人员应具备必需的专业技能和管理资质。

② 生产设备和施工生产工具：施工操作人员所用生产工具应符合施工生产需要。施工设备与机具的配备应满足工程施工需要，有足够的工序能力，并应符合有关规定要求。人员培训的规划应以保证工程进度为准，提前做好准备。

（4）工作程序。质量管理体系应通过工程施工的有关工作程序，对所有影响施工质量的因素进行恰当而连续的控制。为保证工程项目质量方针目标的实现，工程项目领导班子应制定、颁发质量管理体系各项活动的程序并贯彻实施，以协调和控制各项影响工程施工质量的因素，并对质量活动的各项目标和工作质量做出规定。

3. 质量管理体系文件

施工项目领导班子应将施工项目质量体系中采用的全部要素、要求和规定系统地编制成方针目标和领导施工与管理的各项文件，并在施工范围内宣传、讲解，保证全体施工人员理解一致。同时，应对质量文件与记录的标记、分发、收集和保存做出规定，并对执行情况做好记载。

施工项目质量管理体系文件包括以下内容：

（1）政策纲领性文件。

① 以质量求速度、以质量求效益、贯彻质量否决权的质量管理政策性措施；

② 质量方针目标及其管理规定；

③ 注重内部与建设、监理等外部单位协调配合的有关规定；

④ 施工项目施工管理质量手册；

⑤ 质量保证文本。

（2）管理性文件。

① 施工项目质量方针目标展开分解图及说明；

② 组织机构图及质量职责（包括责任和权限的分配）；

③ 质量计划，包括：新工艺质量计划，原材料、构配件质量控制计划，施工质量控制计划，工序质量控制计划，质量检验计划，分部分项工程一次交验合格计划等；

④ 施工组织设计；

⑤ 施工项目施工质量管理点明细表、流程图及管理点管理制度；

⑥ 新材料、新工艺的施工方法，作业指导和管理规定；

⑦ 试验、检验规程和管理规定；

⑧ 质量审核大纲；

⑨ 工程项目质量文件管理规定及修改、补充管理办法。

（3）执行性文件。

① 工程变更洽商记录；

② 检验、试验记录；

③ 质量事故调查、鉴别、处理记录；

④ 质量审核、复审、评定记录；

⑤ 统计、分析图表。

4. 质量管理体系审核

（1）审核的活动范围。

① 确定质量管理体系要素；

② 确定审核的部门、范围，其中包括被审核的工序、工作现场、装备器材、人员、文件和记录等。

（2）审核人员的资格。参加审核的人员应由与被审核范围无直接责任关系、能胜任此项工作、具有确认的审核资质的人员组成，以确保审核工作的客观、公正和准确。

内部质量审核应由项目经理或领导班子成员具体负责组织进行。审核人员应由具备初级以上技术职称、高中以上文化水平、三年以上施工管理经验的有关专业人员组成。

（3）审核依据。施工项目领导班子可根据管理需要组织定期的质量审核；也可根据项目管理机构的改变、质量事故或缺陷的发生，组织不定期的体系审核、工序审核和分项分部工程审核以及单位工程审核。

（4）审核报告。审核后应向委托审核的施工项目领导班子提交审核报告，包括审核结果、结论和建议等书面意见。

审核报告内容如下：

① 上次审核纠正措施的完成情况和效果的评价；

② 本次审核的结论性意见；

③ 不符合要求的实例，并列出产生问题的原因；

④ 纠正的措施（包括负责人、完成时间、要达到的质量标准等）。

5. 质量管理体系的评审和评价

施工企业或项目领导班子应对施工项目质量管理体系的评审和评价做出规定，并由企业或项目负责人亲自主持或委托能胜任的、与施工项目管理无直接关系的人员来进行。

评审和评价应对下列问题做出综合性评价：

(1) 质量管理体系各要素的审核结果；

(2) 质量管理体系达到质量目标的有效性；

(3) 质量管理体系适应新技术、新工艺、质量概念、市场社会环境条件变化而进行修改的建议。

质量管理体系评审和评价后，应向企业或项目领导班子提交有关结果、结论和建议的书面报告，以便采取有效的、必要的改进措施。

（三）施工项目质量成本管理

施工质量对项目管理经济效益的影响至关重要，对企业长远利益的影响更是如此。因此，应从经营的角度来衡量施工项目质量管理体系的有效性。工程质量成本管理是提高质量管理体系有效性的重要手段。质量成本报告主要是为评定质量管理体系的有效性提供手段，并为制订内部改进计划提供依据。

1. 施工项目质量成本

(1) 运行质量成本。

① 预防成本，是预防发生故障支出的费用；

② 鉴定成本，是用于试验和检验，以评定产品是否符合所规定的质量水平所支付的费用；

③ 内部损失成本，是竣工前质量不能满足要求所造成的损失，如返工、复验等；

④ 外部损失成本，是竣工后质量不能满足要求所造成的损失。

(2) 外部质量保证成本。外部质量保证成本是向用户提供所要求的客观证据所支付的费用，包括特殊的和附加的质量保证措施、证实试验、程序、数据、资料及评定的费用。

2. 质量成本分析报告

项目施工中要定期组织质量成本分析工作，提出基础工程、主体工程、装修工程等各分部工程质量成本分析报告。分析的重点应放在保证工程质量、降低工程造价的关键项目上，在施工阶段应放在内部故障损失的分析上。

针对职能部门提出的质量分析报告，项目领导应及时做出相应的纠正措施，以预防和控制质量成本的增加。工程项目领导班子应定期向企业递交工程项目质量成本分析报告。

（四）工程招标、投标

工程招标、投标是在国家法律的保护和监督下，法人之间的正常经济活动。工程招标是建设单位（用户）择优选择施工单位的发包方式；投标是建筑业企业以投标报价的形式获得工程项目的承接方式。投标是一门科学，建筑业企业领导应直接参与这项工作，在这方面企业应具有熟悉经济、管理、技术和法律的专家。工程投标的质量直接反映了企业的经济效益，即投标报价过低，企业就没有效益；投标报价过高，企业又不可能中标。因此，合理确定投标的报价是建筑业企业在投标过程中的一项重要工作。确定合理的标价应考虑以下几个方面：

（1）投标信息质量。建筑业企业应注重收集和分析各方面的工程招标、投标信息，了解和掌握建筑市场动向（如国家政策、定额、建筑材料、设备等），熟悉企业自身人力、物力、财力的分布情况。

（2）确定企业投标的标底。建筑业企业在决定是否投标前，还应考虑企业的质量方针目标，包括企业（长、中、短期）的经营方向和规划，以便做出判断。

（3）投标工作的管理。建筑业企业参加工程招标、投标工作是企业经营管理的一项重要工作，必须由专门机构负责。一般情况是：在企业经理直接负责和参与下，总经济师、总会计师和总工程师分工协作，企业经营部门负责经常性工作，必要时组织一个专门班子，分析主、客观情况，进行投标报价。

工程招标、投标是施工企业的工程产品质量环中的一个重要环节，也是最重要的一环。合理的报价不仅使企业获得直接的经济利益，也会使社会、用户都满意。因此，工程招标、投标的质量会影响下一环节的质量，如果标底偏低，效益不高，会减少企业和职工收入，同时也会影响施工工期、工程质量（如购买廉价的甚至是不合格的建筑材料、偷工减料等）。

加强企业投标工作的管理，有助于企业建立一个连续的信息监控和反馈系统，便于及时掌握企业和工程的质量信息，包括建设单位在内的期望和要求，了解企业在社会的形象。对这类质量信息的收集、分析、归类和传递，也有助于了解以往工程产品质量问题的性质和范围。同时，反馈回来的信息可为今后的质量管理工作的改进提供帮助。

（五）施工准备质量

施工准备是根据建设单位需要及工程设计、施工规范的规定，安排、规定施工生产方法程序，合理地将材料、设备、能源的专业技术组织起来，为工程获得符合性质量创造条件。施工准备质量关系工程施工的经济合理性和工程质量的稳定性，直接影响工程的最终整体质量。在施工准备质量方面应注意以下几点：

（1）了解工程项目质量保证协议；

（2）工程项目质量管理领导小组组织有关职能部门进行设计图纸会审；

（3）编制施工指导性文件；

（4）确定应采用的工艺技术和施工方法；

（5）进行必要的工艺试验，新材料、新工艺的试验验证；

（6）按工程质量特性要求，选择相应的设备，配备必要的测试仪器，并进行验证；

（7）制订工序质量控制文件，对关键工序进行能力验证；

（8）制订检验计划、检验指导；

（9）制订合理的原材料、构配件计划及材料消耗定额、工时定额（可说明采用规定）；

（10）对特殊工种的工人进行培训和上岗认证；

（11）制订能源、公用设施、环境因素控制措施与计划。

（六）采购质量

对外购物资的采购必须做好计划，主要有以下几项工作应加以控制：

（1）采购质量大纲应包括的内容；

（2）对规范、图纸和订货单的要求；

（3）选择合格的供方；

（4）关于质量保证的协议；

（5）关于检验方法的协议；

（6）处理质量争端的规定；

（7）进货检验计划和进货控制；

（8）进货质量记录。

（七）施工过程控制

1. 概述

施工过程是工程符合性质量形成的过程。工程使用功能能否满足需要和潜在需要，施工过程起着很重要的作用。

施工过程的质量职能是根据设计和工艺技术文件规定、施工质量控制计划要求，对各项影响施工质量的因素具体实施控制的活动，保证生产出符合设计和规范质量要求的工程。

2. 落实现场质量责任制

（1）对全现场进行明确的责任区域划分，建立与经济挂钩的奖罚制度并落实贯彻。

（2）对原材料、构配件进行合理管理，以确保其可追溯性；实施材料消耗的定额管理。

（3）实施设备能源的控制，按规定进行维修和保养。

（4）加强施工中使用文件的管理。

（5）制订内控质量标准，贯彻以样板指导施工的原则。

3. 贯彻并加强工艺纪律的管理

（1）明确衡量贯彻工艺纪律的标准；

（2）制订工艺纪律检查与评定办法；

（3）制订对工艺更改的控制与管理办法，明确规定工艺更改的责任和权限，在更改文件中注明由此引起的工具、设备、材料变更的实施程序以及引起的工序与工程特性之间的变化和有关职能的工作与责任。

4. 文明施工与均衡生产

高质量的工程质量产生于文明生产的环境中，文明生产包括文明操作、文明管理、环境卫生和定置管理。

（1）在施工现场，应推行定置管理，优化人流、物流，以提高工效、保证质量。

（2）做好生产组织管理工作，进行均衡生产。

（3）正常开展QC小组活动。

工程项目领导班子应在施工过程中坚持开展QC小组活动，把施工项目全面质量管理工作与日常管理工作结合在一起。

各管理职能QC小组和施工现场QC小组，应在施工项目经理部统一管理下有计划、有目标地开展活动，运用科学管理方法，提高工作质量，保证工序质量，实现施工项目总目标。

（八）工序管理点控制

工程施工要力争一次成优、一次合格，必须以预防为主，加强因素控制，确定特定特殊工序、关键环节的管理点，实施工程施工的动态管理。

1. 管理点的设置

应根据不同管理层次和管理职能，按以下原则分级设置：

（1）质量目标的重要项目、薄弱环节、关键部位，施工部位需要控制的重要质量特性；

（2）影响工期、质量、成本、安全、材料消耗等重要因素环节；

（3）新材料、新技术、新工艺的施工环节；

（4）质量信息反馈中，缺陷频数较多的项目。

随施工进度和影响因素的变化，管理点的设置要不断推移和调整。

2. 实施管理点的控制

（1）制订管理点的管理办法（包括一次合格率和“三工序”活动的管理办法）；

（2）落实管理点的质量责任；

（3）开展管理点QC小组活动；

（4）在管理点上开展抽检一次合格率管理和检查上道工序、保证本道工序、服务下道工序的“三工序”活动；

（5）进行管理点的质量记录；

（6）落实与经济责任制相结合的检查考核制度。

3. 工序管理点的文件

（1）管理点流程图；

（2）管理点明细表；

（3）管理点（岗位）质量因素分析表；

（4）操作指导卡（作业指导书）；

（5）自检、交接检、专业检查记录以及控制图表；

（6）工序质量分析与计算；

（7）质量保持与质量改进的措施与实施记录；

（8）工序质量信息。

4. 工序管理点实际效果的考查

管理点的实际效果主要表现在施工质量管理水平和各项质量指标的实现情况上。要运用数理统计方法绘制施工项目总体质量情况分析图表，该图表要反映动态控制过程与施工项目实际质量情况，各阶段质量分析要纳入施工项目方针目标管理，并实行经济奖惩。

（九）不合格质量的控制与纠正

一旦发现工程质量和半成品、成品的质量不能满足规定要求时，应立即采取措施。

1. 鉴别

对不合格质量或可能形成不合格质量应立即组织有关人员进行检验与分析，以便鉴别、确定问题的等级，是否返修、返工、降级或报废。

2. 纠正措施

为了将质量问题再发生的可能性减少到最低限度，必须采取及时、正确的纠正措施。

（1）落实纠正措施的责任部门，并规定其职责和职权。责任部门应负责纠正措施的协调、记录和监视。

（2）由责任部门负责做出质量问题和不合格质量的评定，参与上级组织的质量事故分析与评定。

（3）将由纠正措施产生的永久性更改纳入作业指导书、施工工艺操作规程、检验作业指导书和有关文件中；有涉及质量体系要素的，则应健全或修改体系要素。

3. 处理

（1）对不合格质量所在部位做出明显标志，并制订处理与纠正的书面程序，明确纠正措施工作中的责任和权限，并指定专职人员负责纠正措施的协调、记录和监控。

（2）若已形成结构、功能的不可更改的事故，应及时上报上级主管部门并与设计单位和建设单位洽商，做好洽商记录，并形成文件，以便备查、追溯。根据安全性、可靠性、性能及用户满意等方面影响程度，做出特殊的用户服务、回访、保修等决定。

4. 预防再发生

（1）在问题克服后，应查明质量问题发生的原因（包括潜在的原因），仔细分析技术规范以及所有相关的过程、操作、质量记录（可使用统计方法），找出根本原因，确定对生产成本、质量成本的影响程度。

（2）根据需要修改有关规范及操作，必要时可作适当的质量职能的分配调整，及时阻止问题继续发生。

（十）半成品与成品保护

半成品与成品保护工作贯穿施工全过程。搞好施工中半成品与成品的保护与管理，可以使施工质量故障损失减少到较低限度，保证工程质量，使生产顺利地进行。

（1）对于进入施工现场的材料、构配件、设备要合理存放，做好保护措施，避免质量损失。

（2）科学合理安排施工作业程序，要注意做好有利成品保护工作的交叉作业安排。

（3）进行全员的文明生产与成品保护的职业道德教育。

（4）统一全施工现场的成品保护标志。

（5）采取及时可靠的成品保护措施，严格有关成品保护的奖罚。

（6）工程竣工交验时，同时向建设单位和用户发送建筑物成品正确使用和保护说明，避免不必要的质量争端和返修。

（十一）工程质量的检验与验证

工程质量检验是保证工程质量满足规定要求的重要职能，加强检验应贯彻施工者自检与专业检相结合的原则，做到及时、准确、真实、可靠，主要包括以下工作：

（1）预检；

（2）隐检；

（3）施工班组应以QC小组为核心做好班组质量检验；

（4）工程使用功能的测试。

（十二）工程回访与保修

施工项目具有一次性特点，工程竣工交验后，该施工项目组织机构即行撤销，根据下个施工项目情况进行重新组合。因此，工程回访与保修工作由企业有关职能部门进行。

（十三）施工项目质量文件与记录

质量文件和记录是质量体系的一个重要组成部分。施工项目质量管理体系中应制订有关质量文件和记录的管理办法，该办法应包括标记、收集、编目、归档、储存、保管、使用、收回和处理、更改修订等内容，还应制订用户或供方查阅、索取所需记录的规定，以证明工程质量达到预定的要求，并验证质量体系的有效运行。

1. 施工项目质量文件

施工项目质量文件一般包括以下内容：

（1）质量体系文件；

（2）施工图纸与变更洽商；

（3）施工组织设计与施工进度计划；

（4）工程质量设计与质量责任制；

（5）技术规范与工艺操作规程；

（6）工序质量控制与管理点规定；

（7）试验、检验规定与作业程序；

（8）技术交底与作业指导书；

（9）有关质量保证的文件和资料。

2. 施工项目质量记录

施工项目质量记录包括以下内容：

（1）工程隐检、预检资料与分部、分项工程验收资料；

（2）各种试验数据、鉴定报告、材料试验单；

（3）各种验证报告，包括工序质量审核报告（资料）、工程质量审核报告、质量体系审核报告等；

（4）有关施工中质量信息刻录；

（5）QC小组活动刻录；

（6）质量成本报告；

（7）各种质量管理活动记录。

（十四）人员

人是管理的主体，人员素质对质量体系的有效运行起着极其重要的作用。加强全员培训，提高全体职工质量意识和劳动技能，调动广大职工的积极性，这是搞好质量工作的根本保证。本要素要求做好人员的培训、资格认证等方面的工作。

1. 培训

企业应明确培训工作的重要性，制订各类人员的培训计划，特别重视各岗位新人员的挑选和培训，这是保证施工项目施工质量的根本措施。

（1）项目领导班子应着重以下几方面的培训：

①质量意识教育；

②质量体系及质量保证有关方面内容；

③质量保持和改进意识；

④掌握体系运行的有关组织技术、方法及评价体系有效性的准则。

（2）技术人员和管理人员包括工长、技术员、质量检查员、劳资员、预算员、采购员、材料员等；对他们应着重进行专业知识和管理知识的培训。

专业知识和管理知识包括全面质量管理、统计方法、工序能力、统计抽样、数据收集与分析等。

2. 资格认证

应对施工项目经理和从事特殊作业、工序、检验和试验人员进行资格认证，坚持持证上岗。

3. 调动人员积极性

要调动人员的积极性，就要使他们知道他们完成的工作以及这些工作在整个活动中所起的作用。

（十五）测量和试验设备的控制

为了保证符合性质量，必须对施工全过程所涉及的测量系统进行控制，以保证根据试验测量所做出的决策或活动的正确性。对计量器具、仪器、探测设备、专门的试验设备以及有关计算机软件都要进行控制，并要制定和贯彻监督的程序，使测量过程（其中包括设备、程序和操作者的技能）处于统计控制状态。应将测量误差与要求进行比较，当达不到精密度和偏移要求时应采取必要的措施。

（十六）工程（产品）安全与责任

工程（产品）的安全直接关系用户的生命和健康，以及国家财产的损失。对建筑业企业来说，如果因工程（产品）存在质量缺陷而造成人身伤亡、财产损失或损害周围环境，企业不仅损害自己的信誉，还要承担法律责任。

1. 安全和责任事故的缺陷类型

（1）开发设计缺陷（设计考虑不周或结构设计上有误造成的）；

（2）制造缺陷或施工缺陷（因施工质量问题引起的）；

（3）使用缺陷（用户对注意事项、维修手册中的要求不清楚而造成使用中的问题）。

2. 确保工程（产品）安全应做的工作

为了避免上述缺陷，提高工程安全性，减少质量责任，项目经理应识别和重视工程施工质量安全性问题，特别要注意制订获得安全、可靠的有关工作程序，力求将质量责任风险降到最低限度，减少责任事故的发生。

有关建筑施工安全和责任的法令、条例、规定是保护社会安全和人民利益的有效措施，是建筑施工企业必须遵守的。为此，应做好以下工作：

（1）严格贯彻、遵守有关安全的法令、条例、规定等；

（2）加强操作者的安全生产的意识教育，树立预防为主的思想；

（3）制止和纠正违章指挥、违章操作；

（4）监督和落实方案的实施；

（5）安全设计与试验。

（十七）统计技术的应用

统计技术可以帮助组织了解变化，有助于组织更好地利用所获得数据进行基于事实决策。有关数理统计的方法。

十、质量手册概述

（一）质量手册的定义

质量手册是质量体系建立和实施中所用的主要文件的典型形式。

质量手册是阐明企业的质量政策、质量体系和质量实践的文件，它对质量体系做概括的表达，是质量体系文件中的主要文件。它是确定和达到工程产品质量要求所必需的全部职能和活动的管理文件，是企业的质量法规，也是实施和保持质量体系过程中应长期遵循的纲领性文件。

（二）质量手册的性质

1. 指令性

质量手册所列文件是经企业领导批准的规章，具有指令性，是企业质量工作必须遵循的准则。

2. 系统性

质量手册包括工程产品质量形成全过程应控制的所有质量职能活动的内容；同时将应控制内容展开落实到与工程产品形成直接有关的职能部门和部门人员的质量责任制中，构成完整的质量体系。

3. 协调性

质量手册中各种文件之间应协调一致。

4. 先进性

质量手册采用国内外先进标准和科学的控制方法，体现以预防为主的原则。

5. 可操作性

质量手册的条款不是原则性的理论，应当是条文明确、规定具体、切实可以贯彻执行的。

6. 可检查性

质量手册中的文件规定，要有定性、定量要求，便于检查和监督。

（三）质量手册的作用

（1）质量手册是企业质量工作的指南，使企业的质量工作有明确的方向。

（2）质量手册是企业的质量法规，使企业的质量工作能从“人治”走向“法治”。

（3）有了质量手册，企业质量体系审核和评价就有了依据。

（4）有了质量手册，使投资者（需方）在招标和选择施工单位时，对施工企业的质量保证能力、质量控制水平有充分的把握，并提供了见证。

（四）质量手册的编制

编制质量手册必须对质量体系作充分的阐述，它是实施和保持质量体系的长期性资料。质量手册可分为三种形式：总质量手册、各部门的质量手册和专业性质量手册。

在较大的建筑业企业中，结合企业的组织结构管理层次、专业分工的特点，为避免重复和烦琐，在质量手册的编写中，应分为总公司的总质量手册、各二级公司的质量手册和项目经理部的专业性质量手册三种。

质量手册一般由封面、目录、概述、正文和补充说明五部分组成。

1. 封面部分

封面部分有以下几项内容：

（1）手册标题。手册标题由适用范围、体系属性、文件特征三部分组成，用于表明其使用领域。例如：适用范围：公司；

体系属性：质量管理；

文件特性：手册。

（2）版本号。版本号一般用于发布年度表示。例如，2019年发布的手册，可按2019年版，在手册的名称下面居中标以“2019”。如果是首次发布的手册，还要标明版次。

（3）企业名称。企业名称应用全称，排在封面的下部。

（4）文件编号。按企业关于文件标记、编目的规定，决定文件编号，排在封面的右上角。

（5）手册编号。按手册发放的数量编顺序号，排在封面的左上角。

2. 目录部分

目录是手册的组成部分，一般由章号、章名和页次组成。

3. 概述部分

（1）批准页。批准页中写明企业最高领导人批准实施的指令、签署及日期，以及手册发布和生效实施的日期。

（2）前言。叙述手册的主题内容、性质、宗旨、编制依据和适用范围。

（3）企业概况。

（4）质量方针政策。

（5）引用文件。

（6）术语及缩写。

（7）手册管理说明。就质量手册的发放范围、颁发手续、保管要求、修改控制和换版程序做简要的规定。

4. 正文部分

正文部分按要素及其层次分章节阐述，按质量体系所列要素的顺序编排。

（1）组织结构。

（2）质量职能。质量职能主要是对从事质量工作的生产技术业务部门的质量职能做出原则性的规定。

(3) 其他要素。其他要素应阐述下列各项内容：

① 认证目标和原则；

② 认证活动程序：手册要原则规定要素的活动程序、承担的部门和人员、活动的记录项目；

③ 认证要素间关系：在阐明本要素和其他要素的联系与接口时，明确规定本要素所含各项活动内容的范围，以示与其他要素之间的区别。

5. 补充说明部分

补充部分可以有下列一些项目：

(1) 工作标准、管理标准、技术标准的目录。

(2) 质量记录目录。

(3) 质量实践的陈述。其主要叙述企业历史上在质量方面的主要成就。

十一、质量认证

质量认证是第三方依据程序对产品、过程或服务符合规定的要求给予书面保证（合格证书)。质量认证分为产品质量认证和质量管理体系认证两种。

（一）产品质量认证

产品质量认证又分为合格认证和安全认证。经国家质量监督检验检疫总局（2018年机构改革）产品认证机构、国家认证认可监督管理委员会认可的产品认证机构可对建筑用水泥、玻璃等产品进行认证，产品合格认证自愿进行。

人身安全有关的产品，国家规定必须经过安全认证，如电线电缆、电动工具、低压电器等。

通过认证的产品具有较高的信誉和可靠的质量保证，自然成为顾客争相采购的产品。通过认证的产品发给认证证书并可使用认证的标志，产品认证的标志可印在包装上或产品上。

（二）质量管理体系认证

由于工程行业产品具有单项性，不能以某个项目作为质量认证的依据，因此，只能对企业的质量管理体系进行认证。质量管理体系是指根据有关的质量保证模式标准由第三方机构对供方（承包方）的质量管理体系进行评定和注册的活动。这里的第三方机构指的是经国家质量检验检疫总局质量体系认可委员会认可的质量管理体系认证机构。质量管理体系认证机构是个专职机构，各认证机构有自己的认证章程、程序、注册证书和认证合格标志。国家质量监督检验检疫总局对质量认证工作实行统一管理。

1. 质量管理体系认证的特征

(1) 认证的是质量体系而不是工程实体；

(2) 认证的依据是质量保证模式标准，而不是工程的质量标准；

(3) 认证的结论不是证明工程实体是否符合有关的技术标准，而是质量体系是否符合标准，是否具有按规范要求保证工程质量的能力；

(4) 认证合格标志只能用于宣传，不得用于工程实体；

（5）认证由第三方进行，与第一方（供方或承包单位）和第二方（需方或业主）既无行政隶属关系，也无经济上的利益关系，以确保认证工作的公正性。

2. 企业质量体系认证的意义

1992年，我国按国际准则正式组建了第一个具有法人地位的第三方质量体系认证机构，开始了我国质量体系的认证工作。我国质量体系认证工作起步虽晚，但发展迅速，为了使质量管理尽快与国际接轨，各类企业纷纷“宣贯”标准，争相通过认证。

（1）促使企业认真按GB/T 19000族标准来建立、健全质量管理体系，提高企业的质量管理水平，保证施工项目质量。由于认证是第三方的权威性的公证机构对质量管理体系的评审，企业达不到认证的基本条件不可能通过认证，这就可以避免形式主义地去“贯标”或用其他不正当手段获取认证的可能性。

（2）提高企业的信誉和竞争能力。企业通过了质量管理体系认证机构的认证，就获得了权威性机构的认可，证明其具有保证工程实体质量的能力。因此，获得认证的企业信誉提高，大大增强了市场竞争力。

（3）加快双方的经济技术合作。在工程的招标、投标中，不同业主对同一个承包单位的质量管理体系的评审，80%以上的评审内容和质量管理体系要素是重复的，若投标单位的质量管理体系通过了认证，对其评审的工作量大大减小，省时、省钱，避免了不同业主对同一承包单位进行的重复评定，加快了合作的进展，有利于选择合格的承包方。

（4）有利于保护业主和承包单位双方的利益。企业通过了认证，证明它具有保证工程实体质量的能力，保护了业主的利益。同时，一旦发生了质量争议，也是承包单位自我保护的措施。

（5）有利于国际交往。在国际工程的招投标工作中，要求经过GB/T 19000族标准认证已是惯用的做法。由此可见，只有取得质量管理体系的认证，才能进入国际市场。

第四章　水利工程施工质量控制要点

第一节　土石方工程开挖施工质量控制

一、岩石基础开挖质量控制

（一）施工测量

1. 水工建筑物岩石基础开挖的基本内容

（1）建立平面控制和高程控制网。

（2）开挖区原始地形图和原始断面图测量。

（3）按开挖施工的阶段及时在开挖面标示特征桩号、高程及开挖轮廓控制点。

（4）开挖轮廓面和开挖断面放样测量。

（5）边坡面或建基面开挖断面测量。

（6）进行检查验收，并绘制竣工图，提出中间验收和竣工验收资料。

开挖轮廓放样点的点位限差应符合表 4-1 中的要求，设计另有要求时按设计要求执行。

表 4-1　开挖轮廓放样点的点位限差

轮廓放样点位	点位限差	
	平面	高程
主体工程部位的基础轮廓点、预裂爆破孔定位点	±50	±50
主体工程部位的坡顶点、非主体工程部位的基础轮廓点	±100	±100
土、砂、石覆盖面开挖轮廓点	±150	±150

2. 施工测量资料

施工单位应整理齐全施工测量资料，主要包括如下内容：

（1）根据施工图纸和施工控制网点，测量定线并按实际地形测量放样开口轮廓位置的资料；在施工过程中，测放、检查开挖断面及高程的资料。

（2）测绘的开挖前的原始地面线，覆盖层资料，开挖后的竣工建基面等纵、横断面及地形图。

（3）测绘的基础开挖施工场地布置图及各阶段开挖面貌图。

（4）单项工程各阶段和竣工后的土石方量资料。

（5）有关基础处理的测量资料。

3. 断面测量要求

断面测量应符合下列规定：

(1) 断面测量应平行主体建筑物轴线设置断面基线，基线两端点应埋桩。正交于基线各断面的桩间距，应根据地形和基础轮廓确定，一般为10～15m。混凝土建筑物基础的断面应布设在各坝段的中线、分缝线上；弧线段应设立在以圆弧中心为准的正交弧线断面上，其断面间距的确定，除服从基础设计轮廓外，一般应均分圆心角。

(2) 断面间距用钢卷尺测量，各间距总和与断面基线总长（l）的差值应控制在1/500以内。

(3) 断面测量需设转点时，其距离可用钢卷尺或皮卷尺测量。若用视距观测，必须进行往测、返测，其校差应不大于1/200。

(4) 开挖中间过程的断面测量，可用经纬仪测量断面桩高程，但在岩基竣工断面测量时，必须以五等水准测定断面桩高程。

4. 竣工地形图

基础开挖完成后，应及时测绘最终开挖竣工地形图以及与设计施工详图同位置、同比例的纵横剖面图。竣工地形图及纵横剖面图的规格应符合下列要求：

(1) 原始地面地形图比例一般为1：200～1：1000。

(2) 用于计算工程量的横断面图，纵向比例一般为1：100～1：200，横向比例一般为1：200～1：500。

(3) 竣工基础横断面图纵、横比例一般为1：100～1：200。

(4) 竣工建基面地形图比例一般为1：200，等高距可根据坡度和岩基起伏状况选用0.2m、5m或1.0m。

(二) 岩石基础开挖

一般情况下，基础开挖应自上而下进行。当岸坡和河床底部同时施工时，应确保安全；否则，必须先进行岸坡开挖。未经安全技术论证和批准，不得采用自下而上或造成岩体倒悬的开挖方式。

为保证基础岩体不受开挖区爆破的破坏，应按留足保护层的方式进行开挖。在有条件的情况下，则应先采取预裂防振，再进行开挖区的松动爆破。当开挖深度较大时，可分层开挖。分层厚度可根据爆破方式、挖掘机械的性能等因素确定。

基础开挖中，对设计开口线外坡面、岸坡和坑槽开挖壁面等，若有不安全的因素，均必须进行处理，并采取相应的防护措施。随着开挖高程下降，对坡（壁）面应及时测量检查，防止欠挖。避免在形成高边坡后再进行坡面处理。

遇有不良的地质条件时，为了防止因爆破造成过大震裂或滑坡等，对爆破孔的深度和最大一段起爆药量，应根据具体条件由施工、地质和设计单位共同研究，实施之前必须报监理审批。

实际开挖轮廓应符合设计要求。对软弱岩石，其最大误差应由设计和施工单位共同议定；对坚硬或中等坚硬的岩石，其最大误差应符合下列规定：

(1) 平面高程一般应不大于0.2m。

(2) 边坡规格依开挖高度而异：

① 8m以内时，一般应不大于0.2m；

② 8～15m时，一般应不大于0.3m；

③ 16～30m时，一般应不大于0.5m。

爆破施工前，应根据爆破对周围岩体的破坏范围及水工建筑物对基础的要求，确定垂直向和水平向保护层的厚度。

爆破破坏范围应根据地质条件、爆破方式和规模以及药卷直径诸因素，至少用两种方法通过现场对比试验综合分析确定。若不具备对比试验条件时，爆破破坏范围可参照表4-2和类似工程实例确定。

表4-2　保护层厚度与药卷直径的倍数关系

保护层名称	软弱岩石 $\sigma<30$Mpa	中等坚硬岩石 $\sigma=30\sim60$Mpa	坚硬岩石 $\sigma>60$Mpa
垂直保护层	40	30	25
地表水平保护层	200～100		
底部水平保护层	150～75		

保护层的开挖是控制基础质量的关键，其垂直向保护层的开挖爆破，应符合下列要求：

（1）用大孔径、大直径药卷爆破留下的较厚保护层，距建基面1.5m以上部分仍可采用中（小）孔径及相应直径的药卷进行梯段毫秒爆破。

（2）对于中（小）直径药卷爆破剩下的保护层厚度，仍应采用不小于规定的相应药卷直径的倍数，并不得小于1.5m进行爆破。

（3）紧靠建基面1.5m以上的一层，采用手风钻钻孔，仍可用毫秒分段起爆，其最大一段起爆药量应不大于300kg。

建基面上1.5m以内的垂直向保护层，其钻孔爆破应遵守下列规定：

（1）采用手风钻逐层钻孔（打斜孔）装药，火花起爆；其药卷直径不得大于32mm（散装炸药加工的药卷直径，不得大于36mm）。

（2）最后一层炮孔孔底高程的确定如下：

① 对于坚硬、完整岩基，可以钻至建基面终孔，但孔深不得超过50cm；

② 对于软弱、破碎岩基，则应留足20～30cm的撬挖层。

预裂缝可一次爆到设计高程。预裂爆破可以采用连续装药或间隔装药结构。爆破后，地表缝宽一般不宜小于1cm；预裂面不平整度不宜大于15cm；孔壁表层不应产生严重的爆破裂隙。

廊道、截水墙的基础和齿槽等开挖，应做专题爆破设计。尤其对基础防渗、抗滑稳定起控制作用的沟槽，更应慎重地确定其爆破参数。

一般情况下，应先在两侧设计坡面进行预裂，后按留足垂直保护层进行中部爆破。若无条件采用预裂爆破时，则应按留足两侧水平保护层和底部垂直保护层的方式，先进行中部爆破，然后进行光面爆破。

（三）基础质量检查处理

开挖后的建基轮廓不应有反坡（结构本身许可的除外），若出现反坡时，均应处理成顺坡。对于陡坎，应将其顶部削成钝角或圆滑状。若石质坚硬，撬挖确有困难时，经监理同意，可用密集浅孔装微量炸药爆除，或采取结构处理措施。

建基面应整修平整。在坝基斜坡或陡崖部分的混凝土坝体伸缩缝下的岩基，应严格按设计规定进行整修。

建基面如有风化、破碎，或含有有害矿物的岩脉、软弱夹层和断层破碎带以及裂隙发育和具有水平裂隙等，均应用人工或风镐挖到设计要求的深度。如情况有变化时，经监理同意，可使用单孔小炮爆破，撬挖后应根据设计要求进行处理。

建基面附有的方解石薄脉、黄锈（氧化铁）、氧化锰、碳酸钙和黏土等，经设计和地质人员鉴定，认为影响基岩与混凝土的结合时，都应清除。

建基面经锤击检查受爆破影响震松的岩石，必须清除干净。如块体过大时，经监理同意，可用单孔小炮炸除。

在外界介质作用下破坏很快（风化及冻裂）的软弱基础建基面，当上部建筑物施工覆盖来不及时，应根据室外试验结果和当地条件所制订的专门技术措施进行处理。

在建基面上发现地下水时，应及时采取措施进行处理，避免新浇混凝土受到损害。

二、水工建筑物地下开挖工程的质量控制

（一）施工测量

水工建筑物地下工程贯通测量，其容许的误差应满足表4-3中的要求。

表4-3　贯通测量容许极限误差

相向开挖长度（km）		＜4	＞4
贯通极限误差	横向（cm）	±10	±15
	纵向（cm）	±20	±30
	竖向（cm）	±5	±7.5

（二）开挖

洞口削坡应自上而下进行，严禁上下垂直作业。同时应做好危石清理、坡面加固、马道开挖及排水等工作。

进洞前，须对洞脸岩体进行鉴定，确认稳定或采取措施后，方可开挖洞口。

在Ⅳ类围岩中开挖大、中断面隧洞时，宜采用分部开挖方法，及时做好支护工作。在Ⅴ类围岩中开挖隧洞时，宜采用先支护后开挖或边开挖边支护的方法。

地下建筑物开挖，一般不应欠挖，尽量减少超挖，其开挖半径的平均径向超挖值不得大于20cm。不良地质条件下的容许超挖值，由设计、施工单位商定并经监理核准。

在Ⅳ、Ⅴ类围岩中开挖隧洞或洞室或需要衬砌的长隧洞，开挖与衬砌应交叉或平行作业。

竖井采用自上而下全断面开挖方法时，应遵守下列规定：

（1）必须锁好井口，确保井口稳定，防止井台上杂物坠入井内。

（2）提升设施应有专门设计。

（3）井深超过15m时，人员上下宜采用提升设备。

（4）涌水和淋水地段，应有防水、排水措施。

（5）Ⅳ、Ⅴ类围岩地段，应及时支护，挖一段衬砌一段或采用预灌浆方法加固岩体。

（6）井壁有不利的节理裂隙组合时，应及时进行锚固。

竖井采用贯通导井后，自上而下进行扩大开挖方法时，除遵守规范规定外，还应使井周边至导井口应有适当的坡度，便于扒碴，采取有效措施，防止石碴打坏井底棚架、堵塞导井和发生人员坠落事故。

在Ⅰ、Ⅱ类围岩中开挖小断面的竖井，挖通导井后也可采用留碴法蹬碴作业，自下而上扩大开挖。最后随出渣随锚固井壁。

特大断面洞室一般可采用下列方法施工：对于Ⅰ～Ⅲ类围岩，可采用先拱后墙法；对于Ⅲ、Ⅳ围岩，可采用先墙后拱法。如采用先拱后墙法施工时，应注意保护和加固拱座岩体。对于Ⅳ、Ⅴ类围岩，宜采用肋墙法与肋拱法，必要时应预先加固围岩。

与特大洞室交叉的洞口，应在特大洞室开挖前挖完并做好支护。如必须在开挖后的高边墙上开挖洞口时，应采取专门措施。

相邻两洞室间的岩墙或岩柱，应根据地质情况确定支护措施，确保岩体稳定。

（三）钻孔爆破

光面爆破和预裂爆破的主要参数，应通过试验确定。光面爆破及预裂爆破的效果，应达到下列要求：

（1）残留炮孔痕迹，应在开挖轮廓面上均匀分布。炮孔痕迹保存率，一般硬岩不少于80%，中硬岩不少于70%，软岩不少于50% 。

（2）相邻两孔间的岩面平整，孔壁不应有明显的爆破裂隙。

（3）相邻两茬炮之间的台阶或预裂爆破孔的最大外斜值，不应大于20cm。

（4）预裂爆破的预裂缝宽度，一般不宜小于0.5cm 。

特大断面洞室中下部开挖，采用深孔梯段爆破法时应满足下列要求：

（1）周边轮廓先行预裂。

（2）采用毫秒雷管分段启爆。

（3）按围岩和建筑物的抗震要求，控制最大一段的启爆药量。

钻孔爆破作业，应按照爆破图进行。钻孔质量应符合下列要求：

（1）钻孔孔位应依据测量定出的中线、腰线及开挖轮廓线确定。

（2）周边孔应在断面轮廓线上开孔，沿轮廓线调整的范围和掏槽孔的孔位偏差应不大于5cm ，其他炮孔的孔位偏差不得大于10cm。

（3）炮孔的孔底，应落在爆破图所规定的平面上。

（4）炮孔经检查合格后，方可装药爆破。

炮孔的装药、堵塞和引爆线路的连接，应由经过训练的炮工，按爆破图的规定进行。

（四）锚喷支护

1. 锚杆参数及布置

锚杆参数应根据施工条件，通过工程类比或试验确定，一般可参照下列规定选取：

（1）系统锚杆，锚入深度1.5～3.5m，其间距为锚入深度的1/2，但不得大于1.5m；单根锚杆锚固力不低于5t；局部布置的锚杆，须锚入稳定岩体，其深度和间距，根据实际情况而定。

（2）大于5m的深孔锚杆和预应力锚索，应结合永久支护做出专门设计。

（3）锚杆直径一般为16～25mm。

2. 锚杆布置

锚杆布置应与岩体主要结构面成较大的角度。当结构面不明显时，可与周边轮廓线垂直。为防止掉块，锚杆间可用钢筋、型钢或金属网联结，其网格尺寸宜为5cm×5cm～8cm×8cm。

敷设金属网（或钢筋网）时，应按下列规定控制质量：

（1）金属网应随岩面敷设，其间隙不小于3cm。

（2）喷混凝土的金属网格尺寸宜为20cm×20cm～30cm×30cm，钢筋直径宜为4～10mm。

（3）金属网与锚杆联结应牢固。

3. 锚杆的质量检查

楔缝式锚杆安装后24h应再次紧固，并定期检查其工作状态。锚杆锚固力可采用抽样检查，抽样率不得少于1%，其平均值不得低于设计值，任意一组试件的平均值不得低于设计值的90%。施工中，应对其孔位、孔向、孔径、孔深、洗孔质量、浆液性能及灌入密度等分项进行检查。

砂浆锚杆的安设应符合下列质量要求：①砂子宜用中细砂，最大粒径不大于3mm；②水泥宜选用强度等级不低于42.5普通硅酸盐水泥；③水泥和砂的质量比宜为1∶1～1∶2，水灰比宜为0.38～0.45。

锚杆的安设要求：①钻孔布置应符合设计要求，孔位误差不大于20mm，孔深误差不大于5mm；②注浆前，应用高压风、水冲洗干净；③砂浆应拌和均匀，随拌随用；④应用注浆器注浆，浆液应填塞饱满；⑤安设后应避免碰撞。

喷混凝土的材料及性能应符合下列质量要求：强度等级不低于C20，宜选用强度等级不低于42.5的普通硅酸盐水泥。选用中、粗砂，小石粒径为5～15mm。集料的其他要求，应按《水工混凝土施工规范》的有关规定执行。速凝剂初凝时间不大于5min，终凝时间不大于10min。

喷射混凝土的工艺要求：喷射前，应将岩面冲洗干净，软弱破碎岩石应将表面清扫干净。喷射作业，应分区段进行，长度一般不超过6m，喷射顺序应自下而上。后一次喷射，应在前一次混凝土终凝后进行，若终凝后1h以上再次喷射，应用风、水清洗混凝土表面。一次喷射厚度：边墙4～6cm，拱部2～4cm。喷射2～4h后，应洒水养护，一般养护7～14d。混凝土喷射后至下一循环放炮时间，应通过试验确定，一般不小于4h，放炮后应对混凝土进行检查，如出现裂纹，应调整放炮间隔时间或爆破参数。正常情况下的回弹量，拱部为20%～30%，边墙为10%～20%。

喷混凝土的质量标准，应按下列要求控制：喷混凝土表面应平整，应不出现夹层、砂包、脱空、蜂窝、露筋等缺陷。如出现上述情况，应采取补救措施。结构接缝、墙角、洞形或洞轴急变等部位，喷层应有良好的搭接，不存在贯穿性裂缝。出现过的渗水点已作妥善处理。每喷50m^{3}混凝土，应取一组试件，当材料或配合比改变时，应增取一组，每组3个试块，取样要均匀；平均抗压强度不低于设计强度等级，任意一组试件的平均值不得低于设计强度等级的85%；宜采用切割法取样；喷射厚度应满足设计要求。

第二节　土石坝施工质量控制

一、碾压式土石坝

（一）一般规定

施工质量控制应按工程设计、施工图、合同技术条款、国家和行业颁发的有关标准要求进行。应建立满足施工需要的坝区控制网。施工放样控制应以预加沉降量的土石坝断面为标准。在施工前应施测坝基原始纵、横断面，放定坝脚清基及填筑起坡的边线。填筑前应测绘清基地形图和横断面图，按清基完成后的地形设填筑起坡桩。应定期进行纵、横断面进度测量，各类填料界限应放线加以区分，并将施测成果绘制成图表。

应及时汇总、编录、分析并妥善保存质量检查记录，严禁造假、涂改和自行销毁；对隐蔽工程和关键部位的摄影、录像等档案资料应妥善保存，供质量追溯和备查，质量问题、质量事故处理原始资料、记录必须齐全。

应按照相关规范规定进行施工测量、试验检测工作及仪器、设备管理与使用。

应按照《土工合成材料应用技术规范》（GB/T 50290—2014）、《土工合成材料聚乙烯土工膜》（GB/T 17643—2011）、《土工合成材料　塑料土工格栅》（GB/T 17689—2008）的相关规定进行土工合成材料施工与质量控制。施工现场宜用充气法或真空法对复合土工膜全部焊接缝进行检测，土工格栅用拉伸法对其力学指标进行检测。

应按照《水工混凝土施工规范》SL 677—2014 的有关规定进行构筑物混凝土施工质量控制。

（二）坝基与岸坡处理质量控制

土石坝坝基及岸坡处理进行质量检验应符合《水利水电单元工程施工质量验收评定标准　地基处理与基础工程》（SL 633—2012）的规定，采用观察检查与查看地质报告、施工记录的检验方法。

应按照《水电水利工程施工地质规程》DL/T 5109 和《水电水利工程施工测量规范》（DL/T 5173—2012）的规定，进行施工现场测量、地质工作，通过现场测绘、缺陷地质描绘和查看摄影、录像、取样、试验资料以及抽检坝基开挖与处理数据等形式进行验收，对坝基及岸坡与设计、规范要求符合程度做出评价。

岸坡清理边线偏差按人工 0～0.5m、机械 0～1.0m 控制，边坡不陡于设计边坡，采用经纬仪与拉线检查，所有边线均需量测，每边测点不少于 5 点，边坡每 10 延米用坡度尺量测 1 个点，高边坡应测定断面，每 20 延米测一个断面。

应按设计要求进行防渗体岩基及岸坡开挖，基础面应无松动岩块、悬挂体、陡坎、尖角等，且无爆破影响裂隙。

坝基岩面边坡、开挖实际轮廓与设计允许偏差值应符合表 4-4 的要求。

表 4-4　坝基岩面边坡、开挖实际轮廓与设计允许偏差

项次	项目	允许偏差（mm）	检验方法
1	标高	−100～+300	水准仪检查
2	坡面局部超欠挖，坡面斜长 15m 以内	−200～+300	拉线与水准仪检查
	坡面局部超欠挖，坡面斜长 15m 以上	−300～+500	
3	长、宽边线范围	0～+500	用经纬仪与拉线检查

注：数值负值为欠挖，正值为超挖

应采用观察检查，用水准仪、经纬义、坡度尺、拉线测量对防渗体岩基及岸坡开挖与设计要求符合性进行评价。检测点数量，采用横断面控制，防渗体坝基部位间距不大于 20m，岸坡部位不大于 10m，各横断面点数不小于 6 点，局部突出或凹陷部位（面积在 0.5m^2以上）应增设检测点。

裂隙与节理充填物应冲洗干净，回填水泥浆、水泥砂浆、混凝土应饱满密实。断层或构造破碎带应按设计要求处理，应按《水工建筑物水泥灌浆施工技术规范》DL/T 5148—2012 有关规定和设计要求进行坝基及岸坡地质构造处理。

非岩石坝基应布置方格网（边长 50～100m）在每个角点取样，检验深度一般应深入清基表面 1m。若方格网中土层不同，也应取样。对于地质情况复杂的坝基，应加密布点取样检验。

坝基及岸坡渗水处理均应以保证坝基回填土和基础混凝土在干燥状态施工。

（三）坝料质量控制

应以料场控制为主进行筑坝材料质量控制，不合格材料应在料场处理合格以后再上坝。

应设置坝料质量控制站，按设计要求及有关规定进行质量控制。其主要控制应符合以下规定：

（1）料区开采符合规定，草皮、覆盖层等应清除干净。

（2）坝料开采、加工按照规定进行。

（3）坝料性质、级配、含水率符合设计要求。

（4）排水系统、防雨措施、负温下施工措施完善。

采用目测方法现场鉴别筑坝材料质量，检测项目参照表 4-5，但也应取一定量的代表样进行试验验证，检测指标应满足设计要求，合格后方可开采上坝。

表 4-5　筑坝材料现场鉴别控制项目

坝料类别		鉴别项目
防渗体	黏性土	含水率、黏粒含量
	碎（砾）石土	允许最大粒径、砾石含量、含水率
反滤料、垫层料、排水料		级配、含泥量、风化软弱颗粒含量
过滤料		级配、允许最大粒径、含泥量

续表

坝料类别		鉴别项目
坝壳砾质土		粒径小于5mm颗粒含量、含水率
坝壳砂砾土		级配、砾石含量、含泥量
堆石料	硬岩	允许最大块径、粒径小于5mm颗粒含量、含泥量、软岩含量
	软岩	单轴抗压强度、粒径小于5mm颗粒含量、含泥量

（四）坝体填筑质量控制

1. 填筑过程中质量控制

检查坝体填筑过程中以下质量控制项目是否符合要求：

（1）填筑边界控制及坝料质量。

（2）与防渗体接触的岩面上石粉、泥土以及混凝土上面的乳皮等杂物清除，涂刷浓泥浆等。

（3）结合部位的压实方法及施工质量。

（4）防渗体层面有光面、剪切破坏、弹簧土、漏压或欠压土层、裂缝等，铺土前压实土体表面处理。

（5）防渗体与反滤料、部分坝壳料的平起关系。

（6）铺料厚度和碾压参数。

（7）碾压机具规格、质量，振动碾振动频率、激振力，气态碾气态压力等。

（8）过渡料、堆石料有无超径石、大块石集中和夹泥等。

（9）坝坡控制。

2. 控制指标

防渗体压实控制指标采用干密度、含水率或压实度。反滤料、过渡料、垫层料及砂砾料的控制指标采用干密度或相对密度。堆石料的压实控制指标采用孔隙率。

坝体压实质量应以压实参数和指标检测相结合进行控制。过程压实参数应有检测记录，当再用实时质量控制监控系统进行质量控制时，抽样检测频次可减少，且宜布置在工程参数指标不满足要求的部位。

3. 坝体施工质量控制要点

开挖根据不同坝料采用表4-6的检测方法检测密度、含水率，现场试验、室内试验应按照有关规定进行。

表4-6　坝料密（密实）度、含水率检测方法

坝料类型		现场密（密实）度检测方法	现场含水率检测方法
防渗土料	黏性土	挖坑灌水（砂）法、环刀法、点击实法、核子水分-密度仪法	烘干法、烤干法、核子水分-密度仪法、酒精燃烧法、红外线烘干法、微波烘干法
	碎（砾）石土	挖坑灌水（砂）法、点击实法、碎（砾）石土最大干密度拟合法、核子水分-密度仪法	烘干法、烤干法、核子水分-密度仪法、红外线烘干法

续表

坝料类型	现场密（密实）度检测方法	现场含水率检测方法
反滤料、过渡料、垫层料、排水层料、砂砾石料	挖坑灌水（砂）法、附加质量法、瑞雷波法、压沉值法	烘干法、烤干法
堆石料	挖坑灌水（砂）法、附加质量法、瑞雷波法、压沉值法	烘干法、风干法

核子水分-密度仪、附加质量法、瑞雷波法、压沉值法等快速检测方法宜与环刀法、灌（水）砂法等结合使用，应满足稳定性、准确性和精度要求。

堆石料、过渡料采用挖坑灌水（砂）法测密度，试坑直径不小于坝料最大粒径的2～3倍，最大不超过2.00m，试坑深度为碾压层厚。试坑尺寸与试样最大粒径的关系见表4-7。

表4-7　试坑尺寸与试样最大粒径的关系

试样最大粒径（m）	试坑尺寸		套环直径（m）
	直径（m）	深度	
≤0.8	不小于1.6	碾压层厚	2.00
≤0.3	0.90～1.20		1.20

经取样检查压实合格后方可继续防渗体铺土填筑，否则应补压。补压无效时应处理。除按规定压实质量外，反滤料和过渡料还应控制颗粒级配，不符合要求的应返工处理。以施工参数为主对堆石坝填料填筑质量进行控制，并按规定检查压实质量。

可疑部位、设计指定的重要部位按要求取样检测数据作为记录，不作为数据统计和质量管理图的资料。

坝体压实检测项目及取样检测频次按表4-8的要求执行。采用实时质量监控系统时，防渗体、反滤料、过渡料抽样指标检测频次可减少为表4-8要求的20%～30%或每层1次；堆石料可根据情况抽检或者按1次/（20～40万m^3）频次抽检。应按坝体填筑要求回填取样试坑后，方可继续填筑。

表4-8　坝体压实检查次数

坝料类别及部位			检查项目	取样（检查）频次
防渗体	黏性土	边角夯实部位	密度、含水率	2～3次/层
		碾压面		1次/（100～200m^3）
		均质坝		1次/（200～500m^3）
	砂质土	边角夯实部位	干密度、含水率、粒径大于5mm砾石含量	2～3次/层
		碾压面		1次/（200～500m^3）
反滤料			干密度、颗粒级配、含泥量	1次/（200～500m^3），每层至少1次
过渡料			干密度、颗粒级配	1次/（500～1000m^3），每层至少1次
坝壳砂砾（卵）料			干密度、颗粒级配	1次/（5000～10000m^3）

续表

坝料类别及部位	检查项目	取样（检查）频次
坝壳砾质土	干密度、含水率、粒径大于5mm砾石含量	1次/（3000～6000m³）
堆石料	干密度、颗粒级配	1次/（50000～150000m³）

注：堆石料颗粒级配实验组数可为干密度试验的30%～50%。

应检查进入防渗体填筑面上的路口段处土层，如有剪切破坏，应进行处理。

环刀法测密度时，应取压实层的下部，挖坑灌水（砂）法的试坑尺寸应符合表4-7的规定，并下挖至层间结合面。

堆石料、砂砾料干密度平均值应不小于设计值，标准差应不大于0.10t/m³。当样本数少于20组时，检测合格率应不小于90%，不合格数值不得小于设计值的95%。

防渗体干密度或压实度合格率应不小于90%，不合格数值不得小于设计值的98%。

应检查雨前防渗体表面松土是否已平整和压实、压光，雨后复工前填筑面土料是否合格。

4. 负温控制

负温下施工应增加以下检查项目：

（1）填筑前防冻措施。

（2）坝基已压实土层冻结现象。

（3）填筑面上的冰雪清除情况。

（4）气温、土温、风速等观测记录资料。

（5）春季应复查冻结深度以内的填土质量。

5. 砌石护坡质量控制

砌石护坡应检查以下项目：

（1）石料的质量和块体的尺寸、形状是否符合设计要求。

（2）砌筑方法和砌筑质量，抛石护坡块石是否稳定。

（3）垫层的级配、厚度、压实质量及护坡块石的厚度。

（4）应按设计要求控制混凝土板护坡垫层的级配、厚度、压实质量、接缝以及排水孔质量。

二、浆砌石坝

（一）石料、砂、碎石的规格和质量控制要点

1. 砌石体采用的石料

砌坝石料必须质地坚硬、新鲜，不得有剥落层或裂纹。其基本物理力学指标应符合设计规定。砌坝石料，按外形可分为粗料石、块石、毛石（包括大的河卵石）三种，其规格要求如下：

（1）粗料石：包括条石（一般为长方体形状）、异形石（按特殊要求，经专门加工成特定形状与尺寸的石料），要求棱角分明，六面基本平整，同一面最大高差不宜大于石料长度的3%，其长度宜大于50cm，宽度、高度不宜小于25cm。坝体粗料石的外露

面，宜修琢加工，其高差宜小于0.5cm。

(2) 块石：一般由成层岩石爆破而成或大块石料锲裂而得，要求上下两面平行且大致平整，无尖角、薄边，块厚宜大于20cm。

(3) 毛石：无一定规则形状。单块质量应大于25kg，中部和局部厚度不宜小于20cm。规格小于上述要求的毛石，又称片石，可用于塞缝，但其用量不得超过该处砌体质量的10%。

2. 砌石体采用的骨料

(1) 细集料分天然砂和人工砂两类。人工砂应不包括软质岩、风化岩石的颗粒。天然砂和人工砂最大粒径均宜小于5mm。

(2) 粗集料（砾石、碎石）宜按粒径分级：当最大粒径为20mm时，分成5～20mm一级；当最大粒径为40mm时，分成5～20mm和20～40mm两级。

3. 质量控制要点

应合理选定砂、砾（碎石）料筛分设备的规格，严格控制筛网的倾角，以保证砂砾料成品的超径含量小于5%，逊径含量小于10%。

各种成品的砂、砾、石料，应根据其品种、规格分别堆放，严防混杂污染。堆放场地应平整、干燥、排水良好，位于洪水位影响带之上，并宜靠近交通干线，以减少转运次数。

砂、砾（碎石）料的含泥量超过规定时，必须用水清洗。

用爆破法开采石料时，应根据料场的地形地质条件，合理布孔，适当控制装药量，石料开采的利用率宜在60%以上；采用松动爆破时，宜采用硝铵、铵油等弱性炸药。

石料使用前应进行岩块的物理力学性能试验。

（二）胶结材料质量控制要点

浆砌石坝的胶结材料，主要有水泥砂浆和一、二级配混凝土。此外，还有混合水泥砂浆。水泥砂浆是由水泥、砂、水按一定比例配合而成。用作砌石坝胶结材料的混凝土是由水泥、水、砂和最大粒径不超过40mm的集料按一定比例配合而成。

混合水泥砂浆是在水泥砂浆中掺一定数量的混合材料配制而成。

1. 水泥品种选择

水泥品质应符合现行的国家标准及有关部颁标准的规定。坝体各部位采用的水泥品种，应符合下列要求：

(1) 水位变化区的外部砌体、建筑物溢流面和受水流冲刷的砌体，其胶凝材料，宜选用普通硅酸盐水泥。

(2) 环境水对砌体的胶凝材料有硫酸盐侵蚀时，优先选用抗硫酸盐水泥。

(3) 有抗冻要求的砌体，其胶凝材料应选用普通硅酸盐水泥，并应掺加气剂，以提高其抗冻性。

(4) 坝体内部及水下表面砌体的胶凝材料，宜选用矿渣硅酸盐水泥、粉煤灰质硅酸盐水泥或火山灰质硅酸盐水泥。

2. 水泥强度等级

选用水泥强度等级的原则如下：

(1) 胶结材料所用的水泥强度等级，应不低于32.5级。

（2）水位变化区、溢流面和受水流冲刷的部位以及有抗冻要求的砌体，其胶结材料所用的水泥强度等级应不低于42.5级。

3. 拌和用水

对胶结材料拌和用水的要求如下：

（1）凡适于饮用的水，均可作为拌和用水。

（2）未经处理的工业污水和沼泽水，不得用作拌和养护水。

（3）天然矿化水中的硫酸根离子含量不超过2700mg/L，pH值不小于4时，可以用作拌和养护水。当采用抗硫酸盐水泥时，水中SO_4^{-2}离子含量允许放宽到10000mg/L。

对拌和、养护的水质有怀疑时，应进行砂浆强度验证，如用该水制成的砂浆的抗压强度，低于饮用水制成的砂浆28d龄期的抗压强度的90%，则这种水不宜使用。

4. 外加剂

应根据施工需要，对胶结材料性能的要求和建筑物所处的环境条件，选择适当的外加剂。工业用的氯化钙，作为早强剂，只宜用于素混凝土中，以无水氯化钙占水泥质量的百分数计，其掺量一般不得超过3%，在砂浆中的掺量不得超过5%。

5. 胶结材料拌制

胶结材料的配合比，必须满足设计强度及施工和易性的要求。

考虑施工质量的不均匀性，胶结材料的配制强度应等于设计强度等级乘以系数K，K值可按表4-9查得。

表4-9　胶结材料强度等级系数K

C_V	P（%）			
	90	85	80	75
0.1	1.15	1.12	1.09	1.08
0.13	1.20	1.15	1.12	1.10
0.15	1.24	1.19	1.15	1.12
0.18	1.30	1.22	1.18	1.14
0.20	1.35	1.35	1.20	1.16
0.25	1.47	1.35	1.27	1.21

注：表中C_V为离差系数，P为保证率。

胶结材料的和易性，用坍落度、泌水性、离析及可砌性综合评定。水泥砂浆的坍落度宜为4～6cm，混凝土的坍落度宜为5～8cm。

胶结材料配合比、水灰比确定后，施工中不得随意变动。

胶结材料所用的水泥、砂、集料、水及外加剂溶液均以质量计，称量的偏差应不大于表4-10的允许偏差值。

表4-10　胶结材料各组分的允许偏差（%）

材料名称	允许偏差	材料名称	允许偏差
水泥	±2	水、外加剂溶液	±1
砂、砾（碎石）	±3		

胶结材料的拌和时间，机械不小于2min，人工拌和至少干拌3遍。胶结材料应随拌随用，其允许间歇时间（自出料时算起到砌筑完为止），可参照表4-11选定。

表4-11　胶结材料的允许间歇时间（min）

砌筑时温度（℃）	普通硅酸盐水泥	矿山硅酸盐水泥及火山灰质硅酸盐水泥
20～30	90	120
10～20	135	180
5～10	195	—

注：本表未考虑外加剂及特殊施工措施影响。

胶结材料在运输中应保持其均匀性，避免发生离析、漏浆、日晒、雨淋、冰冻等现象而影响胶结材料的质量。应尽量减少胶结材料的转运次数和缩短运输时间，如因故停歇过久而初凝应作废料处理。无论采用何种运输设备，胶结材料自由下落的高度都应不大于2.0m，若超过2.0m，宜采取缓降措施。

（三）砌筑施工的质量控制要点

1. 工程测量及砌筑前准备工作的质量控制

坝体放样测量的精度应根据工程等级、枢纽复杂程度、坝型等条件，参照施工测量规范确定。也可参照以下测量精度要求：

控制网：基本平面控制，不低于四等三角网或四级导线的精度。基本高程控制，不低于四等水准的精度；测站点高程，不低于五等水准的精度。

放样点的允许误差：坝轴线的允许误差，不大于±10mm；坝体轮廓、平面的允许误差，不大于±20mm；高程的允许误差，不大于±10mm。

不同坝型坝轴线的施工测量桩距及每层放样控制高度可参照表4-12。

表4-12　测量桩距及放样控制高度（m）

类别	坝轴线测量桩距	每层放样控制高度
重力坝	10～20	2～10
轻型坝	2～10	2～5

2. 砌体与基岩连接的质量控制

坝基按设计要求开挖后，应进行清理；敲除尖角，清除松动石块和杂物，并将基岩表面的泥垢、油污等清洗干净，排除积水。浇筑坝基垫层混凝土前，应先湿润基岩表面，铺设一层厚3～5cm的水泥砂浆（强度等级≥M10），铺设的面积应与混凝土浇筑强度相适应，再按设计规定浇筑垫层混凝土。若设计无规定，垫层混凝土面层应大致平整，厚度宜大于0.3m，强度等级不宜低于M15。

已浇筑好的垫层、混凝土，在抗压强度未达2.5MPa前不得进行上层砌石（或混凝土浇筑）的准备工作。坝体与岸坡连接部位的垫层混凝土的施工宜先砌石3～4层，高0.8～1.2m，预留垫层位置，预埋好灌浆管件等，后浇混凝土。

坝体砌筑前，应在坝外将石料逐个检查，要求将表面的泥垢、青苔、油质等冲刷清洗干净，并敲除软弱边角。砌筑时，石料必须保持湿润状态。坝体砌筑前，应对砌筑基面进行检查，砌筑基面符合设计及施工要求后，才允许在其上砌筑。

3. 砌筑质量控制

砌体的砌缝宽应符合表 4-13 中的要求。

表 4-13　砌体的砌缝宽度要求（cm）

类别			砌缝宽度		
			粗料石	块石	毛石
浆砌石体	平缝		1.5～2	2～2.5	—
	竖缝		2～3	2～4	—
混凝土砌体	平缝	一级配	4～6	4～6	4～6
		二级配	8～10	8～10	8～10
	竖缝	一级配	6～8	6～9	6～10
		二级配	8～10	8～10	8～10
备注			当砌体平缝采用砂浆，竖缝采用混凝土砌筑时，缝宽分别见“砂浆砌体”和“混凝土砌体”的平缝、竖缝		

浆砌石坝结构尺寸和位置的砌筑允许偏差，应符合表 4-14 中的要求。

表 4-14　砌体允许偏差（cm）

类别	部位		允许偏差
平面控制	坝面分层	中心线	±（0.5～1）
		轮廓线	±（2～4）
	坝内管道	中心线	±（0.5～1）
		轮廓线	±（1～2）
竖向控制	重力坝		±（2～3）
	拱坝、支墩坝		±（1～2）
	坝内管道		±（0.5～1）

（1）砂浆砌石体砌筑的质量控制。

砂浆砌石体砌筑，应先铺砂浆后砌筑，砌筑要求平整、稳定、密实、错缝。粗料石砌筑，同一层砌体应内外搭接，错缝砌筑，石料宜采用一丁一顺，或一丁多顺。后者丁石应不小于砌筑总量的 1/5，拱坝丁石应不小于砌筑总量的 1/3。块石砌筑，应看样选料，修整边角，保证竖缝宽度符合表 4-15 中的要求。毛石砌筑、竖缝宽度在 5cm 以上时可填塞片石，应先填浆后塞片石。砌石体内埋置钢筋处，应采用高强度等级水泥砂浆砌筑，缝宽不宜小于钢筋直径的 3～4 倍。处于坝体表面的石料称为面石，其余坝体石料称为腹石。坝体面石与腹石砌筑，一般应同步上升。如不能同步砌筑，其相对高差不宜大于 1m，结合面应做竖向工作缝处理，不得在面石底面垫塞片石。坝、体腹石与混凝土的结合面，宜用毛面结合。坝、体外表面为竖直平面，其面石宜用粗料石，按丁顺交错排列。顺坡斜面宜用异形石砌筑。如倾斜面允许呈台阶状，可以采用粗料石水平砌筑。溢流坝面的头部曲线及反弧段，宜用异形石及高强度等级砂浆砌筑。廊道顶拱宜用拱石砌筑。如用粗料石，可调整砌缝宽度砌成拱形。拱坝、连拱坝内外弧面石，可以采用粗料石，调整竖缝宽度砌成弧形。但同一砌缝两端宽度差：拱坝不宜超过 1cm，连拱坝不宜超过 2cm。坝体横缝（沉陷缝）表面应保持平整竖直。

连拱坝砌筑，应遵守以下规定：

① 拱筒与支墩用混凝土连接时，接触面按工作缝处理。

② 拱筒砌筑应均衡上升。当不能均衡上升时，相邻两拱的允许高差必须按支墩稳定要求核算。

③ 倾斜拱筒采用斜向砌筑时，宜先在基岩上浇筑具有倾斜面（与拱筒倾斜面垂直）的混凝土拱座，再于其上砌石，石块的砌筑面应保持与斜拱的倾斜面垂直。

坝面倒悬施工，应遵守以下规定：

① 采用异形石水平砌筑时，应按不同倒悬度逐块加工、编号，对号砌筑。

② 采用倒阶梯砌筑时，每层挑出方向的宽度不得超过该石块宽度的 1/5。

③ 粗料石垂直倒悬砌筑时，应及时砌筑腹石或浇筑混凝土。

（2）混凝土砌石体砌筑的质量控制。混凝土砌石体的平缝应铺料均匀，防止缝间被大集料架空。竖缝中充填的混凝土，开始应与周围石块表面齐平，振实后略有下沉，待上层平缝铺料时，一并填满。

竖缝振捣，以达到不冒气泡且开始泛浆为适度。相邻两振点间的距离不宜大于振捣器作用半径的 1.5 倍（约为 25cm），应采取措施防止漏振。

当石料长 1m 或厚 0.5m 以上时，应采取适当措施，保证砌缝振捣密实。

有关混凝土的施工工艺，除符合《浆砌石坝施工技术规定》SD 120—1984 的规定外，还应符合《水工混凝土施工规范》SL 677—2014 中的有关规定。

（四）防渗体施工的质量控制

1. 混凝土防渗体施工的质量控制

浆砌石坝的防渗，可采用混凝土防渗面板，混凝土防渗心墙和浆砌料石水泥砂浆勾缝等形式。

混凝土防渗体，必须按设计要求伸入基岩。齿槽开挖，应采用小爆破结合撬挖的方法，距设计基础面 50cm 内的岩石，应采用撬挖，以避免振裂基岩。

基坑浇筑混凝土前，应用压力水冲洗，清除残碴、积水，并保持基岩表面湿润，经验收合格后，方可浇筑混凝土。

混凝土防渗体与砌石的施工顺序，应先砌石，后浇防渗体。防渗体的浇筑，宜略低于砌石面。防渗体与坝体的连接，应按设计要求施工。浇筑混凝土前，应清除砌体表面的松散水泥砂浆或混凝土，并冲洗干净，排除积水。防渗体混凝土，必须满足抗裂、抗渗、抗冻、抗侵蚀和强度等方面的设计要求。为防止防渗体混凝土裂缝，应根据不同结构类型，从温度控制、原材料选择和施工工艺等方面采取综合措施。

浇筑混凝土时的最高气温不得超过 28℃，最低气温不得低于 0℃。当最高气温高于 25℃ 时，应采取措施降低集料温度，如搭凉棚、洒水喷雾、堆高及地垄取料等。为降低混凝土的水化热温升，可采用水化热低的水泥、使用外加剂、加大集料粒径、改善集料级配等措施。

为增强混凝土的抗渗性和抗冻性，可掺用加气剂。混凝土的最佳含气量宜采用下列数值：

① 当集料最大粒径为 20mm 时，最佳含气量取 6%。

② 当集料最大粒径为 40mm 时，最佳含气量取 5%。

③ 当集料最大粒径为 80mm 时，最佳含气量取 4%。

混凝土防渗体的工作缝处理应遵守下列规定：下一层已浇筑好的混凝土，在强度尚未到达 2.5MPa 前，不允许进行上一层混凝土浇筑的准备工作。在满足强度要求的混凝土面上继续浇筑混凝土前，应用压力水、风砂枪、刷毛机或人工方法将混凝土面加工成毛面，清除乳皮，使其砾石出露，并应结合仓面清理，排除残碴和积水。压力水冲毛的时间由试验确定。浇筑第一层混凝土前（包括在基岩面或混凝土面上），必须先铺一层厚度不小于 3cm 的水泥砂浆，砂浆的水灰比应较混凝土的水灰比小 0.05。一次铺设的砂浆面积应与混凝土的浇筑强度相适应。竖直工作缝应埋设止水片。

混凝土防渗体如采用预留横向宽缝，分块或跳仓浇筑混凝土的块长，宜为 10～20m，缝宽宜为 0.8～1.0m。回填宽缝混凝土必须在日平均气温低于年平均气温的季节进行。

各块的浇筑应大致分层平衡上升，心墙每层浇筑高度不宜大于 1.5m，面板宜为 2～4m。严禁在防渗体混凝土中埋石。应加强防渗体混凝土的养护工作，一般宜在混凝土浇筑完毕后 12～18h 内开始养护，养护时间，根据所用水泥品种而定，硅酸盐水泥和普通硅酸盐水泥养护时间 14d；火山灰质硅酸盐水泥、矿渣硅酸盐水泥、粉煤灰硅酸盐水泥等养护时间为 21d，但在炎热、干燥气候条件下，应提前养护和延长养护时间。

2. 止水设施施工的质量控制

止水设施的型式、位置、尺寸及材料的品种规格等，均应符合设计规定。

金属止水片应平整，表面的浮皮、锈污、油漆、油渍均应清除干净。如有砂眼钉孔，应予焊补。金属止水片的衔接，按其厚度可分别采用折叠、咬接或搭接。搭接长度不得小于 20mm。咬接或搭接必须双面焊缝。采用金属止水片时，应采取可靠措施防止水泥浆漏入伸缩段的缝槽内，以保证止水片的自由伸缩。

塑料止水片或橡胶止水片的安装，应采取措施防止变形和破裂。止水伸入基岩的部分应符合设计要求。金属止水片在伸缩缝隙中的部分应涂（填）沥青，埋入混凝的两翼部分应与混凝土紧密结合。

架立止水片时，不得在其上穿孔，应用焊接或其他方法加以固定，安装好的止水片应加强保护。

宜优先采用预制的止水沥青柱。如采用浇沥青柱时，沥青孔应保持干燥洁净。采用预留沥青井时，应注意如下事项：

① 混凝土预制件外壁必须是毛糙面，以便与浇筑的混凝土结合紧密，各节接头处应封堵严密。

② 电热元件的位置应安放准确，必须保证电路畅通，避免发生短路。埋设的金属管路也应保持通畅。

③ 随着防渗体的升高，应逐段检查、逐段灌注沥青，须待沥青加热沉实后，方可浇筑周边的混凝土，不得全井一次性灌注沥青。

④ 沥青灌注完毕后，应立即将井口封盖，妥加保护。

结构缝的混凝土表面，应保持竖直、平整、洁净，如有外露铁件，应予割除，有蜂窝麻面则应填补平整。

（五）冬、夏季和雨天施工的质量控制

1. 冬期施工的质量控制

寒冷地区日平均气温稳定在5℃以下或最低气温稳定在－3℃以下，温和地区日平均气温稳定在3℃以下时，坝体除防渗体外，其他部位混凝土的施工，应按《水工混凝土施工规范》（SL 677—2014）有关规定执行。

当最低气温在0～5℃时，砌筑作业应注意表面保护；最低气温在0℃以下时，应停止砌筑。在养护期内的混凝土和砌石体的外露表面，应采取保温措施。

2. 夏季施工的质量控制

最高气温超过28℃时，应停止砌筑作业。

夏季施工应加强混凝土和砌体的养护，外露面在养护期必须保持湿润，为避免日晒，宜加草袋等物遮盖。当有严格防裂要求时，应加强养护并适当延长养护期。

3. 雨天施工的质量控制

无防雨棚的仓面，小雨中浇筑混凝土或砌石时，应适当减小水灰比，及时排除仓内积水，做好表面保护；在施工中遇大雨、暴雨时，应立即停止施工，妥善保护表面。雨后应先排除积水，并及时处理受雨水冲刷的部位，如表层混凝土或砂浆尚未初凝，应加铺水泥砂浆继续浇筑或砌筑，否则应按工作缝处理。

抗冲、耐磨或需要抹面等部位的混凝土和砌体，不得在雨天施工。

三、混凝土防渗墙质量控制

（一）槽（桩）孔质量控制

混凝土防渗墙的中心线及高程，应依照设计文件要求，根据测量基准点进行控制。

划分槽孔时，应综合考虑地基的工程地质和水文地质条件、混凝土供应强度、施工部位、造孔方法及延续时间等因素。合拢段的槽孔长度以短槽孔为宜，应尽量安排在深度较浅、条件较好的地方。

1. 造孔机具

建造槽（桩）孔的主要机具，其性能应满足下列基本要求：

（1）能达到设计要求的有关指标。

（2）具有足够的松动或破碎地层的能力，以及较好的排渣性能。

（3）操作简便、安全，能灵活地移动位置。

2. 成孔方法

建造槽（桩）孔，建议根据地层情况采用以下钻进和出碴方法：

（1）钢丝绳冲击钻机，配以各种形式的钻头钻进，抽砂筒及接砂斗出渣，适用于砂卵石地层或其他地层。

（2）采用不同方法钻主孔，两主孔间的部分使用抓斗成槽，适用于粒径较小的松散地层。

（3）泵吸反循环钻机造孔，适用于绝大部分颗粒能从排渣管内通过的地层。

3. 孔口高程确定

确定孔口高程时，应考虑下列因素：

（1）施工期的最高水位。

（2）能顺畅排除废浆、废水、废碴。

（3）尽量减少施工平台的挖填方量。

（4）孔口高出地下水位 2.0m。

4. 造孔

建造槽（桩）孔前，应埋设孔口导向槽板，以防止孔口拥塌，并起导向作用。槽板可用木材、混凝土或其他材料制成，高度 1.5～2.0m 为宜。槽板埋设必须直立、稳固、位置准确，两侧应按各工程规定的质量标准分层回填夯实。

建造槽（桩）孔的钻机应设置在平行于防渗墙中心线的轨道上。轨道地基必须平坦、坚实，不得产生过大或不均匀的沉陷，以保证钻机工作时的稳定和造孔的垂直精度。（造孔过程中为保证孔壁的稳定，孔内泥浆液面必须保持在导向槽板顶面以下 30～50cm。

采用冲击钻机造槽孔时，可以选用钻劈法（主孔钻进，副孔劈打）或钻抓法（主孔钻进，副孔抓取）等方法。选用钻劈法时，应注意下列几点：

（1）开孔钻头直径必须大于终孔钻头直径，造孔过程中应经常检查钻头直径，磨损后

应及时补焊。

（2）因地制宜地选择合理的副孔长度。

（3）一、二期槽孔同时造孔时，其间应留有足够的长度，以免被挤穿。

采用回转钻机造槽孔时，可以选用平打或主副孔钻进等方法，槽孔两端孔应领先钻进。孔内升降钻具受阻时，或孔内发生掉钻、卡钻、埋钻等故障时，必须摸清情况，分析原因，及时处理。

当地层中有密集的大孤石时，在立设槽板前，可采用小钻孔预爆的方法进行处理。造孔中遇到漂石、大孤石时，在保证孔壁安全的前提下，可采用小钻孔爆破或定向聚能爆破的方法进行处理。

对漏失地层，应采取预防措施，当发现泥浆漏失时，应查明原因，及时采取措施制止漏浆，并加强泥浆供应工作。

在较厚细砂、淤泥、人工松散堆积物及黏土心墙中造孔时，必须根据具体情况提出钻进中应注意的事项。

在造孔过程中，应及时排除废水、废浆、废渣，以免影响工效或造成孔壁坍塌，操作人员应随时检查造孔质量，发现问题，及时纠正，应切实掌握地层变化情况，摸清变层深度。发现地层有变化时，应采取有效措施，以防孔斜。

槽孔孔壁应保持平整垂直，孔位允许偏差±3cm；除端孔外的孔斜率不得大于 0.4%；一、二期槽孔套接孔的两次孔位中心在任一深度的偏差值，不得大于设计墙厚的 1/3，并应采取措施保证设计墙厚。槽孔水平断面上，不应有梅花孔等。一期柱孔的孔斜率，不得大于 0.2%；一、二期桩孔连接处的墙厚应满足设计要求。

槽（桩）孔底部钻入基岩的深度必须满足设计要求。造孔工作结束后，应对造孔

质量进行全面检查（包括孔位、孔深、孔宽或孔径、孔斜）。检查合格后方准进行清孔换浆工作。

5. 清孔换浆

清孔换浆工作结束后，应达到下列清孔标准：

（1）孔底淤积厚度小于或等于10cm。

（2）孔内泥浆的比重小于或等于1.3，黏度小于或等于30s，含沙量小于或等于10%。

清孔换浆工作合格后，方准进行下道工序。悬挂式混凝土防渗墙槽（桩）孔的清孔标准，可根据情况另行规定。

二期槽（桩）孔清孔换浆结束前，应清除混凝土孔壁上的泥皮。可用钢丝刷子钻头进行分段刷洗，刷子钻头直径应略小于造孔钻头直径。刷洗的合格标准：刷子钻头上基本不带泥屑，孔底淤积不再增加。

清孔合格后，应于4h内浇筑混凝土。如因下设墙内埋设件，不能按时浇筑，则应由设计与监理单位协商后，另行提出清孔标准和补充规定。

一、二期槽孔间混凝土套接接头的造孔，建议优先选用接头管法。条件不具备时，可采用钻凿法。采用钻凿法时，一期槽孔混凝土浇筑完毕后24～36h方可开钻。

（二）泥浆的质量控制

在松散透水地基中建造槽（桩）孔时，泥浆的主要功用是固着孔壁、悬浮岩屑和冷却钻头。成墙后，还可增加防渗墙体的抗渗能力。泥浆应符合下列主要要求：较小的失水量，适当的静切力，良好的稳定性，较低的含沙量。

配制泥浆的黏土，应进行物理、化学分析和矿物鉴定，其黏粒含量大于50%，塑性指数大于20，含沙量小于5%，二氧化硅与三氧化二铝含量的比值取3～4为宜。有条件时，建议选用膨润土。

泥浆的性能指标，必须根据地层特性、施工部位、造孔方法、不同用途等，通过试验加以选定。在一般砂卵石地层中造孔时，可参照表4-15中标准选择。

表4-15　砂卵石地层造孔参数

黏度（s）	密度	含沙量（%）	胶体率（%）	稳定性	失水量	静切力（0/1Pa）		泥饼厚（mm）	pH值
						1min	10min		
18～25	1.4～1.2	＜5	＞96	＜0.03	20～30	20～50	50～100	2～4	7～9

不同阶段应分别测定下列泥浆性能指标：

（1）在鉴定黏土的造浆性能时，测定其胶体率、密度、稳定性、黏度、含沙量。

（2）在确定泥浆配合比时，测定黏度、密度、含沙量、稳定性、胶体率、静切力、失水量、泥饼厚及pH值。

（3）新生产的泥浆、回收重复使用的泥浆，以及浇筑混凝土前在内的泥浆，主要测定其黏度、密度及含沙量。

配制泥浆所用处理剂的品种及数量，必须通过试验及技术经济比较确定。配制泥浆用水，应进行水质分析，避免对泥浆产生不利影响。搅拌泥浆的方法及时间均应通过试验确定，并应按规定配合比配制泥浆，其差值不得大于5%。储池内的泥浆应经常搅动，保持指标均一。不得向孔内泥浆中倾注清水。在因故停钻期间，应经常搅动孔内泥浆。

（三）混凝土浇筑的质量控制要点

1. 混凝土质量要求

混凝土的配合比通过试验确定，其性能应满足下列要求：

（1）保证设计要求的抗压强度、抗渗性能及抗压弹性模量等指标。

（2）采用一、二期槽（桩）孔套接成墙，需在一期混凝土内钻凿接头孔时，其早期强度不宜过高。

（3）用直升导管法浇筑泥浆下混凝土时，应有良好的和易性，入孔时的坍落度为18～22cm，扩散度为34～38cm，最大集料粒径不大于4cm。

为满足以上对混凝土的要求，建议加入适量的掺合料和外加剂，其品种和加入量应通过试验确定。水泥、集料、水、掺合料及外加剂等，应符合《水工混凝土施工规范》中的有关规定。

2. 施工过程控制

泥浆下浇筑混凝土采用直升导管法，导管内径以20～25cm为宜。导管应定期进行密闭承压试验。槽孔浇筑混凝土前，必须拟订浇筑方案。为保证浇筑顺利进行，浇筑系统的主要机具应有备用，开浇前应进行试运转检查。浇筑前，应仔细检查导管的形状、接口及焊缝等，在地面进行分段组装并编号。

开浇时（下入导注塞后），应准备好足够数量的混凝土，以便导注塞被挤出后能一举将导管底端埋住。在浇筑过程中应遵守下列规定：

（1）导管埋入混凝土的深度不得小于1m，且不宜超过6m。

（2）连续浇筑，混凝土的最低面上升速度应不小于2m/h（土石坝坝体内槽孔混凝土面的最高上升速度，由设计单位另行规定）。

（3）槽孔内混凝土面应均匀上升，其高差控制在0.5m范围内。

（4）每30min测量一次孔内混凝土面，每2h测量一次管内混凝土面，在开浇和结尾阶段适当增加测量次数。

（5）绘制混凝土浇筑指示图，核对浇筑方量，指导导管拆卸，做出详细记录。

（6）孔口设置盖板，避免混凝土散落孔内。

（7）不符合质量要求的混凝土，不得浇入孔内。

3. 质量检查

在施工过程中，质检人员对混凝土质量进行检验的主要内容如下：

（1）混凝土的原材料、配合比，以及流态混凝土的各项性能指标。

（2）按设计、施工、质检商定的位置和数量在孔口留取试样。

鉴于表层混凝土质量较差，混凝土终浇顶面高程应高于设计要求50cm左右。混凝土在冬季、夏季及雨季施工应遵守《水工混凝土施工规范》中的有关规定。

在浇筑时若发现导管漏浆或混凝土混入泥浆，应立即停浇，并进行处理。对浇筑过程中的质量事故，施工单位除了按规定进行处理和补救外，并应提交事故发生的时间、位置和原因分析、补救措施、处理经过等资料。

第三节　混凝土施工质量控制

一、原材料的质量控制

（一）水泥

水工混凝土中宜掺入适量的掺和料和外加剂，以改善性能、提高质量、节约成本。水泥、掺和料、外加剂等原材料应通过优选试验选定，生产厂家应相对固定。水泥、掺合料、外加剂等任一种材料更换时，应进行混凝土相容性试验。

1. 水泥选择

水泥的选用应遵守下列规定：

（1）工程所用同种类水泥宜选择1～2个厂商供应。

（2）水位变化区外部、溢流面及经常受水流冲刷、有抗冻要求的部位，宜选用中热硅酸盐水泥或低热硅酸盐水泥，也可选用硅酸盐水泥和普通硅酸盐水泥。

（3）内部混凝土、水下混凝土和基础混凝土，宜选用中热硅酸盐水泥、低热硅酸盐水泥和普通硅酸盐水泥，也可选用低热微膨胀水泥、低热矿渣硅酸盐水泥、矿渣硅酸盐水泥、火山灰质硅酸盐水泥、粉煤灰硅酸盐水泥。

（4）环境水对混凝土有硫酸盐侵蚀性时，宜选用抗硫酸盐硅酸盐水泥。

（5）受海水、盐雾作用的混凝土，宜选用矿渣硅酸盐水泥。

选用的水泥强度等级应与混凝土设计强度等级相适应。水位变化区外部、溢流面及经常受水流冲刷、抗冻要求较高的部位，宜选用较高强度等级的水泥。根据工程的特殊需要，可对水泥的化学成分、矿物组成、细度等指标提出专门要求。

2. 水泥的运输、保管与使用

水泥的运输、保管与使用应遵守下列规定：

（1）优先使用散装水泥。

（2）进场的水泥，应按生产厂家、品种和强度等级，分别储存到有明显标志的储罐或仓库中，不应混装。水泥在运输和储存过程中应防水防潮。

（3）罐储水泥宜1个月倒罐1次。

（4）袋装水泥仓库应有排水、通风措施，保持干燥。堆放袋装水泥时，应有防潮层，距地面、边墙不小于30cm，堆放高度应不超过15袋，并留有运输通道。

（5）散装水泥运至工地的入罐温度不宜高于65℃。

（6）先出厂的水泥应先用。袋装水泥储运时间超过3个月，散装水泥超过6个月，使用前应重新检验。不应使用结块水泥，已受潮结块的水泥应经处理并检验合格方可使用。

（7）防止水泥的散失浪费、污染环境。

（二）集料

1. 总体要求

集料的选用应遵循优质、经济、就地取材的原则。可选用天然集料、人工集料，或两者互为补充。选用人工集料时，宜优先选用石灰岩质的料源。

集料的勘察应按《水利水电工程天然建筑材料勘察规程》SL 251—2015 的规定执行。集料料源品质、数量发生变化时，应进行补充勘察。未经专门论证，应不使用碱活性、含有黄锈或钙质结核的集料。

应根据集料需求总量、分期需求量进行技术经济比较，制定合理的开采规划和使用平衡计划，尽量减少弃料。覆盖层剥离应有专门弃渣场地，并采取必要的防护和恢复措施，防止水土流失。

集料加工的工艺流程、设备选型应合理可靠，生产能力和料仓储量应保证混凝土施工需要。集料生产的废水应按国家有关规定进行处理。

2. 细集料

细集料的品质要求应符合下列规定：

（1）细集料应质地坚硬、清洁、级配良好；人工砂的细度模数宜在 2.4～2.8 内，天然砂的细度模数宜在 2.2～3.0 内。使用山砂、海砂及粗砂、特细砂应经试验论证。

（2）细集料的表面含水率不宜超过 6%，并保持稳定，必要时应采取加速脱水措施。

（3）细集料的其他品质要求应符合表 4-16 的规定。

表 4-16　细集料的品质要求

项目		指标	
		天然砂	人工砂
表观密度（kg/m^3）		≥2500	
细度模数		2.2～3.0	2.4～2.8
石粉含量（%）		—	6～8
表面含水率（%）		≤6	
含泥量（%）	设计龄期强度等级≥30MPa 和有抗冻要求的混凝土	≤3	—
	设计龄期强度等级<30MPa	≤5	
坚固性（%）	有抗冻和侵蚀性要求的混凝土	≤8	
	无抗冻要求的混凝土	≤10	
泥块含量		不允许	
硫化物及硫酸盐含量（%）		≤1	
云母含量（%）		≤2	
轻物质含量（%）		≤1	—
有机质含量		浅于标准色	不允许

3. 粗集料

粗集料的品质要求应符合下列规定：

（1）粗集料应质地坚硬、清洁、级配良好，如有裹粉、裹泥或污染等应清除。

（2）粗集料的分级。粗集料宜分为小石、中石、大石和特大石四级，粒径分别为 5～20mm、20～40mm、40～80mm 和 80～150（120）mm，用符号分别表示为 D_{20}、D_{40}、D_{80}、D_{150}（D_{120}）。

（3）应控制各级集料的超径、逊径含量。以圆孔筛检验时，其控制标准：超径不大于5%，逊径不大于10%。当以超、逊径筛（方孔）检验时，其控制标准：超径为0，逊径不大于2%。

（4）各级集料应避免分离。D_{20}、D_{40}、D_{80}、D_{150}（D_{120}）分别采用孔径为10mm、30mm、60mm和115（100）mm的中径筛（方孔）检验，中径筛余率宜在40%～70%范围内。

（5）粗集料的压碎指标值应符合表4-17的规定。粗集料的其他品质要求应符合表4-18的规定。

表4-17　粗集料的压碎指标值

集料类别		设计龄期混凝土抗压强度等级	
		≥30MPa	<30MPa
碎石	沉积岩	≤10	≤16
	变质岩	≤12	≤20
	岩浆岩	≤13	≤30
卵石	≤12	≤16	

表4-18　粗集料的其他品质要求

项目		指标
表观密度（kg/m³）		≥2550
吸水率（%）	有抗冻要求和侵蚀作用的混凝土	≤1.5
	无抗冻要求的混凝土	≤2.5
含泥量（%）	D_{20}、D_{40}粒径级	≤1
	D_{80}、D_{150}（D_{120}）粒径级	≤0.5
坚固性（%）	有抗冻要求和侵蚀作用的混凝土	≤5
	无抗冻要求的混凝土	≤12
软弱颗粒含量（%）	设计龄期≥30MPa和有抗冻要求的混凝土	≤5
	设计龄期<30MPa的混凝土	≤10
针片状颗粒含量（%）	设计龄期≥30MPa和有抗冻要求的混凝土	≤15
	设计龄期<30MPa的混凝土	≤25
泥块含量		不允许
硫化物及硫酸盐含量（%）		≤0.5
有机质含量		浅于标准色

集料的运输和堆存应遵守下列规定：

（1）堆存场地应有良好的排水设施，宜设遮阳防雨棚。

（2）各级集料仓之间应采取设置隔墙等措施，不应混料和混入泥土等杂物。

（3）储料仓应有足够的容积，堆料厚度不宜小于6m，细集料仓的数量和容积应满足脱水要求。

（4）减少转运次数。粒径大于40mm集料的卸料自由落差大于3m时，应设置缓降设施。

(5) 在粗集料成品堆场取料时，同一级料应在料堆不同部位同时取料。

(三) 掺合料

掺合料可选用粉煤灰、矿渣粉、磷渣粉、硅粉、石灰石粉、火山灰等。掺合料可单掺也可复掺，其品种和掺量应根据工程的技术要求、掺合料品质和资源条件，经试验确定。

粉煤灰宜选用Ⅰ级或Ⅱ级粉煤灰。

掺合料应储存到有明显标志的储罐或仓库中，在运输和储存过程中应防水防潮，并不应混入杂物。

(四) 外加剂

外加剂可单掺也可复掺，其品种和掺量应根据工程的技术要求、环境条件，经试验确定。工程所用同种类外加剂以1～2种为宜。

有抗冻要求的混凝土，应掺用引气剂，其掺量应根据混凝土的含气量要求通过试验确定。大中型水利水电工程，混凝土的最小含气量应通过试验确定；没有试验资料时，混凝土的含气量可参照表4-19选用。混凝土的含气量不宜超过7％。

表4-19 抗冻混凝土的适宜含气量

集料最大粒径（mm）		20	40	80	150（120）
抗冻等级	≥F200	(6.0±1.0)％	(5.5±1.0)％	(4.5±1.0)％	(4.0±1.0)％
	≤F150	(5.0±1.0)％	(4.5±1.0)％	(3.5±1.0)％	(3.0±1.0)％

注：如含气量实验需要湿筛，按湿筛后集料最大粒径选用相应的含气量。

外加剂宜配成水溶液使用，并搅拌均匀。当外加剂复合使用时，应通过试验论证，并应分别配制使用。

不同厂家和不同品种的外加剂应储存到有明显标志的储罐或仓库中，不应混装。粉状外加剂在运输和储存过程中应防水防潮。外加剂储存时间过长，对其品质有怀疑时，使用前应重新检验。

(五) 水

符合《生活饮用水卫生标准》GB 5749—2006的饮用水，均可用于拌和混凝土。未经处理的工业污水和生活污水不应用于拌和混凝土。

地表水、地下水和其他类型水在首次用于拌和混凝土时，应经检验合格方可使用。检验项目和标准应同时符合下列要求：

(1) 混凝土拌和用水与饮用水样进行水泥凝结时间对比试验。对比试验的水泥初凝时间差及终凝时间差均应不大于30min，且初凝和终凝时间应符合《通用硅酸盐水泥》GB 175—2007的规定。

(2) 混凝土拌和用水与饮用水样进行水泥胶砂强度对比试验。被检验水样配制的水泥胶砂3d和28d龄期强度应不低于饮用水配制的水泥胶砂3d和28d龄期强度的90％。

混凝土拌和用水应符合表4-20的规定。

表 4-20 混凝土拌和用水要求

项目	钢筋混凝土	素混凝土
pH 值	≥4.5	≥4.5
不溶物（mg/L）	≤2000	≤5000
可溶物（mg/L）	≤5000	≤10000
氯化物，以 Cl^- 计（mg/L）	≤1200	≤3500
硫酸盐，以 SO_4^{2-} 计（mg/L）	≤2700	≤2700
碱含量（mg/L）	≤1500	≤1500

注：碱含量按 $Na_2O+0.658K_2O$ 计算值来表示。采用非碱性集料时，可不检验碱含量。

二、混凝土配合比

混凝土配合比设计，应根据工程要求、结构形式、设计指标、施工条件和原材料状况，通过试验确定各组成材料的用量。混凝土施工配合比选择应经综合分析比较，合理降低水泥用量。室内试验确定的配合比还应根据现场情况进行必要的调整。混凝土配合比应经批准后使用。混凝土强度等级和保证率应符合设计规定。

集料最大粒径应不超过钢筋最小净间距的 2/3、构件断面最小尺寸的 1/4、素混凝土板厚的 1/2，对少筋或无筋混凝土，应选用较大的集料最大粒径。受海水、盐雾或侵蚀性介质影响的钢筋混凝土面层，集料最大粒径不宜大于钢筋保护层厚度。

粗集料级配及砂率选择，应根据混凝土施工性能要求通过试验确定。粗集料宜采用连续级配。当采用胶带机输送混凝土拌和物时，可适当增加砂率。

混凝土的坍落度，应根据建筑物的结构断面、钢筋间距、运输距离和方式、浇筑方法、振捣能力以及气候环境等条件确定，并宜采用较小的坍落度，混凝土在浇筑时的坍落度，可参照表 4-21 选用。

表 4-21 混凝土在浇筑时的坍落度（mm）

混凝土类别	坍落度
素混凝土	10～40
配筋率不超过 1%的钢筋混凝土	30～60
配筋率超过 1%的钢筋混凝土	50～90
泵送混凝土	140～220

注：在有温度控制要求或高、低温季节浇筑混凝土时，其坍落度可根据实际情况酌量增减。

大体积内部常态混凝土的胶凝材料用量不宜低于 $140kg/m^3$，水泥熟料含量不宜低于 $70kg/m^3$。

混凝土的水胶比应根据设计对混凝土性能的要求，经试验确定，且应不超过表 4-22 的规定。

表 4-22　水胶比最大允许值

部位	严寒地区	寒冷地区	温和地区
上、下游水位以上（坝体外部）	0.50	0.55	0.60
上、下游水位变化区（坝体外部）	0.45	0.50	0.55
上、下游最低水位以下（坝体外部）	0.50	0.55	0.60
基础	0.50	0.55	0.60
内部	0.60	0.65	0.65
受水流冲刷部位	0.45	0.50	0.50

注：1. 在有环境水侵蚀情况下，水位变化区外部及水下混凝土最大允许水胶比减小 0.05。
2. 表中规定的水胶比最大允许值，已考虑了掺用减水剂和引气剂的情况，否则酌情减小 0.05。

使用碱活性集料时，应采取抑制措施并专门论证，混凝土总碱含量最大允许值应不超过 3.0kg/m^3。混凝土总碱含量的计算方法参见《水工混凝土施工规范》附录 C。

混凝土配合比设计应按《水工混凝土试验规程（附条文说明）》SL 352—2006 附录 A 的规定进行。

混凝土配制强度应按式 4-1 计算：

$$f_{cu,0} = f_{cu,k} + t\sigma \tag{4-1}$$

式中　$f_{cu,0}$——混凝土的配置强度，MPa；

$f_{cu,k}$——混凝土设计龄期的立方体抗压强度标准值，MPa；

t——概率系数，依据保证率 $P=80\%$时，$t=0.840$；$P=95\%$时，$t=1.645$；

σ——混凝土抗压强度标准差，MPa。

混凝土抗压强度标准差 σ，宜按同品种混凝土抗压强度统计资料确定。统计时，混凝土抗压强度试件总数应不少于 30 组。根据近期相同抗压强度、生产工艺和配合比基本相同的混凝土抗压强度资料，混凝土抗压强度标准差 σ 应按式 4-2 计算：

$$\sigma = \sqrt{\frac{\sum_{i=1}^{n} f_{cu,i}^2 - nm_{f_{cu}}^2}{n-1}} \tag{4-2}$$

式中　$f_{cu,i}$——第 i 组试件抗压强度，MPa；

$m_{f_{cu}}$——n 组试件的抗压强度平均值，MPa；

n——试件组数，n 值大于 30。

当混凝土设计龄期立方体抗压强度标准值不大于 25MPa，其抗压强度标准差（σ）计算值小于 2.5MPa 时，计算配制强度用的标准差应取不小于 2.5MPa；当混凝土设计龄期立方体抗压强度标准值不小于 30MPa，其抗压强度标准差计算值小于 3.0MPa 时，计算配制强度用的标准差应取不小于 3.0MPa。

当无近期同品种混凝土抗压强度统计资料时，σ 值可按表 4-23 选用。施工中应根据现场施工时段混凝土强度的统计结果调整 σ 值。

表 4-23　标准差 σ 选用值

设计龄期抗压强度标准值 $f_{cu,k}$	≤15	20、25	30、35	40、45	≥50
混凝土抗压强度标准差 σ	3.5	4.0	4.5	5.0	5.5

三、混凝土施工

混凝土施工前应对混凝土拌和设备、运输设备和浇筑设备等进行检查，确保设备完好。混凝土拌和设备正式投入混凝土生产前，应按经批准的混凝土施工配合比进行生产性试验，以确定最佳投料顺序和拌和时间。

混凝土运输设备和浇筑设备，应与运输条件、混凝土级配、拌和能力、运输能力、浇筑强度、混凝土温度控制要求、仓面具体情况等相适应。

（一）拌和

混凝土拌和应严格遵守签发的混凝土配料单，不应擅自更改。混凝土组成材料的配料量均应以质量计，计量单位为“kg”，称量的允许偏差见表4-24。

表4-24 混凝土组成材料称量的允许偏差

材料名称	允许偏差（%）
水泥、掺和料、水、冰、外加剂溶液	±1
砂、石	±2

每台班混凝土拌和前应检查拌和设备的性能，拌和过程中也应加强观测。拌和设备应经常进行衡器设备的准确性、拌和机及叶片磨损情况的检测。拌和楼宜安装与运输车辆识别系统配套的控制系统。

为保证混凝土的拌和用水量不变，混凝土拌和过程中，应根据气候条件定时检测集料含水率，必要时应加密检测次数。

混凝土掺合料宜采用现场干掺法，并应掺和均匀。外加剂溶液应均匀配入混凝土拌和物中，外加剂溶液中的水量应包含在拌和用水量之内。

混凝土应拌和均匀，颜色一致。混凝土拌和时间应通过试验确定，且不宜小于表4-25中所列最少拌和时间。

表4-25 混凝土最少拌和时间

拌和物容量 Q（m^3）	最大集料粒径（mm）	最少拌合时间（s）	
		自落式拌和机	强制式拌和机
$0.75 \leqslant Q \leqslant 1$	80	90	60
$1 < Q \leqslant 3$	150	120	75
$Q > 3$	150	150	90

注：1. 入机拌和量在拌和机额定容量的110%以内。

2. 掺加掺和料、外加剂和加冰时建议延长拌和时间，出机口的混凝土拌和物中不要有冰块。

3. 掺纤维、硅粉的混凝土拌和时间根据试验确定。

混凝土粗集料需风冷降温时，每台班开始拌和前宜对制冷风机进行冲霜。拌合楼二次筛分后的粗集料，其超逊径含量应控制在要求范围内。

混凝土拌合物出现下列情况之一的，应按不合格料处理：

（1）错用配料单配料。

（2）混凝土任意一种组成材料计盘失控或漏配。

(3) 出机口混凝土拌和物拌和不均匀或夹带生料，或温度、含气量和坍落度不符合要求。

(二) 运输

选用的运输设备，应使混凝土在运输过程中不发生泄漏、分离、漏浆、严重泌水，并减少温度回升和坍落度损失等。

不同级配、不同强度等级或其他特性不同的混凝土同时运输时，应在运输设备上设置明显的区分标志或识别系统。

混凝土运输过程中，应缩短运输时间，减少转运次数，不应在运输途中和卸料过程中加水。混凝土运输设备，必要时应设置遮盖或保温设施。

因故停歇过久，混凝土拌和物出现下列情况之一的，应按不合格料处理：

(1) 混凝土产生初凝。

(2) 混凝土塑性降低较多，已无法振捣。

(3) 混凝土被雨水淋湿严重或混凝土失水过多。

(4) 混凝土中含有冻块或遭受冰冻，严重影响混凝土质量。

无论采用何种运输设备，混凝土自由下落高度都不宜大于2m，超过时，应采取缓降或其他措施，防止集料分离。

自卸汽车、料罐车、搅拌车等车辆运送混凝土，应遵守下列规定：

(1) 运输道路保持平整。

(2) 装载混凝土的厚度不小于40cm，车厢严密平滑不漏浆。

(3) 搅拌车装料前，应将拌筒内积水清理干净。运送途中，拌筒保持3～6r/min的慢速转动，并不应往拌筒内加水。

(4) 不宜采用汽车运输混凝土直接入仓。

门式、塔式、缆式起重机以及其他起吊设备配吊罐运送混凝土应遵守下列规定：

(1) 定期对起吊设备进行检查维修，保证设备完好。

(2) 起吊设备的起吊能力、吊罐容量与混凝土入仓强度相适应。

(3) 起吊设备运转时，与周围施工设备及建筑物保持安全距离，并安装防撞装置。

(4) 吊罐入仓时，采取措施防止撞击模板、钢筋和预埋件等。

胶带机（包括塔带机、胎带机、布料机等）运送混凝土应遵守下列规定：

(1) 避免砂浆损失和集料分离，必要时可适当增大砂率。

(2) 混凝土最大集料粒径大于80mm时，应进行适应性试验。

(3) 卸料处设置挡板、卸料导管和刮板。

(4) 布料均匀。

(5) 卸料后及时清洗胶带机上黏附的水泥砂浆，并防止冲洗水流入仓内和污染其他物体。

(6) 露天胶带机上搭设盖棚。高温季节和低温季节有适当的保温措施。

(7) 塔带机、胎带机卸料胶筒不应对接，胶筒长度宜控制在6～12m。

溜筒、溜管、溜槽、负压（真空）溜槽运送混凝土应遵守下列规定：

(1) 溜筒（管、槽）内壁平顺、光滑、不漏浆，混凝土运输前用砂浆或干净水润滑油筒（管、槽）内壁，用水润滑时，应将水排出仓外。

（2）溜筒（管、槽）形式、高度及适宜的混凝土坍落度试验确定，试验场地不应选取主体建筑物。

（3）溜筒（管、槽）每节之间应连接牢固，并有防脱落措施。

（4）运输和卸料过程中避免砂浆损失和集料分离，必要时可设置缓冲装置，不应向溜筒（管、槽）内混凝土加水。

（5）运输结束或溜筒（管、槽）堵塞处理后，应及时冲洗。

混凝土泵输送混凝土应遵守下列规定：

（1）混凝土泵和输送管安装前，应彻底清除管内污物及水泥砂浆，并用压力水冲洗干净。安装后及时检查，防止脱落漏浆。

（2）泵送混凝土最大集料粒径应不大于导管直径的1/3，并不应有超径集料进入混凝土泵内。

（3）泵送混凝土前应先泵送砂浆润滑。

（4）应保持泵送混凝土的连续性。因故中断，混凝土泵应经常转动，间歇时间超过45min，应及时清除混凝土泵和输送管内的混凝土并清洗。

（5）泵送混凝土输送完毕后，应及时用压力水清洗混凝土泵和输送管。

（三）浇筑

结构物基础应经验收合格批准后，方可进行混凝土浇筑仓面的准备工作。岩基上的杂物、泥土及松动岩石均应清除。岩基仓面应冲洗干净并排净积水；如有承压水应采用可靠的处理措施。混凝土浇筑前岩基应保持洁净和湿润。

软基或容易风化的岩基应做好软基上的仓面准备，避免破坏或扰动原状基础。如有扰动应处理；非黏性土壤地基，如湿度不够，至少浸润15cm深，使其湿度与最优强度时的湿度相符；地基为湿陷性黄土时，应采取专门的处理措施；混凝土覆盖前应做好基础保护。

混凝土浇筑前应做好仓面设计并检查相关准备工作，包括地基处理或缝面处理，模板、钢筋、预埋件及止水设施等是否符合设计要求，并详细记录。仓面检查合格并经批准后，应及时开仓浇筑混凝土，延后时间宜控制在24h之内。若开仓时间延后超过24h且仓面污染时，应重新检查批准。

基岩面和混凝土施工缝面浇筑第一坯混凝土前，宜先铺一层2～3cm厚的水泥砂浆，或同等强度的小级配混凝土或富砂浆混凝土。

混凝土浇筑可采用平铺法或台阶法。浇筑时应按一定厚度、次序、方向，分层进行，且浇筑层面应保持平整。台阶法施工的台阶宽度和高度应根据入仓强度、振捣能力等综合确定，台阶宽度应不小于2m。浇筑压力管道、竖井、孔道、廊道等周边及顶板混凝土时，应对称均匀上升。

混凝土浇筑坯层厚度，应根据拌和能力、运输能力、浇筑速度、气温及振捣能力等确定。浇筑坯层允许最大厚度应符合表4-26的规定。如采用低塑性混凝土及大型强力振捣设备时，其浇筑坯层厚度应根据试验确定。

表 4-26　混凝土浇筑坯层的允许最大厚度

振捣设备类型		浇筑坯层的允许最大厚度
插入式	振捣机	振捣棒（头）工作长度的 1.0 倍
	电动或风动振捣机	振捣棒（头）工作长度的 0.8 倍
	软轴式振捣器	振捣棒（头）工作长度的 1.25 倍
平板式振捣器		200mm

入仓混凝土应及时平仓振捣，不应堆积，仓内若有粗集料堆叠时，应均匀地分散至砂浆较多处，但不应用水泥砂浆覆盖。倾斜面上浇筑混凝土，应从低处开始浇筑，浇筑面宜保持水平，收仓面与倾斜面接触处宜与倾斜面垂直。浇筑混凝土坝时不应产生斜向下游的斜坡。

混凝土浇筑过程中，不应在仓内加水。如发现混凝土和易性较差时，应采取加强振捣等措施；仓内泌水应及时排除；避免外来水进入仓内；不应在模板上开孔赶水，带走灰浆；粘附在模板、钢筋和预埋件表面的灰浆应及时清除。

不合格的混凝土不应入仓，已入仓的不合格混凝土应彻底清除。清除混凝土时，应对基础、钢筋、模板等进行保护，如扰动应重新处理合格。

混凝土浇筑应保持连续性，混凝土浇筑允许间歇时间应通过试验确定，无试验资料时可按表 4-27 控制。因故中断且超过允许间歇时间，但混凝土尚能重塑的，可继续浇筑；否则应按施工缝处理。

表 4-27　混凝土浇筑允许间歇时间

混凝土浇筑时的气温（℃）	允许间歇时间（min）	
	普通硅酸盐水泥、中热硅酸盐水泥、硅酸盐水泥	低热矿渣硅酸盐水泥、矿渣硅酸盐水泥、火山灰质硅酸盐水泥
20～30	90	120
10～20	135	180
5～10	195	

混凝土振捣应遵守下列规定：①振捣设备的振捣能力与入仓强度、仓面大小等相适应，合理选择振捣设备。混凝土入仓后先平仓后振捣，不应以振捣代替平仓。②每一位置的振捣时间以混凝土粗集料不再显著下沉，并开始泛浆为准，防止欠振、漏振或过振。③浇筑块第一层、卸料接触带和台阶边坡混凝土应加强振捣。④振捣作业时，振捣器棒头距模板的距离应不小于振捣器有效半径的 1/2，振捣器不应直接碰撞模板、钢筋及预埋件等。

手持式振捣器振捣应遵守下列规定：①振捣器插入混凝土的间距，不超过振捣器有效半径的 1.5 倍。振捣器有效半径根据试验确定。②振捣器垂直插入混凝土中，按顺序依次振捣，每次振捣时间 30s。如略有倾斜，倾斜方向保持一致，防止漏振、过振。③振捣上层混凝土时，振捣器插入下层混凝土 5cm 左右，加强上、下层混凝土的结合。④在止水片、止浆片、钢筋密集等处细心振捣，必要时辅以人工捣固密实。

振捣机振捣应遵守下列规定：①振捣棒组垂直插入混凝土中，振捣密实后缓慢拔出。②移动振捣棒组的间距根据试验确定。振捣上层混凝土时，振捣棒头插入下层混凝土 5～10cm。

平板式振捣器振捣应遵守下列规定：①平板式振捣器缓慢、均匀、连续不断地作业，不随意停机等待。②坡面上从坡底向坡顶振捣，并采取有效措施防止混凝土下滑和集料集中。③根据混凝土坍落度的大小，调整振捣频率或移动速度。

混凝土浇筑仓出现混凝土初凝并超过允许面积，或混凝土平均浇筑温度超过允许值，并在 1h 内无法调整至允许温度范围内应停止浇筑。

浇筑仓混凝土出现下列情况之一时，应予挖除：①错用配料单配料。②混凝土任意一种组成材料计盘失控或漏配。③出机口混凝土拌和物拌和不均匀或夹带生料，或温度、含气量和坍落度不符合要求。④低等级混凝土料混入高等级混凝土浇筑部位。⑤混凝土无法振捣密实或对结构物带来不利影响的级配错误混凝土料。⑥未及时平仓振捣且已初凝的混凝土料。⑦长时间不凝固的混凝土料。

混凝土施工缝的处理：混凝土收仓面浇筑平整，抗压强度未达到 2.5MPa 前，不应进行下个仓面的准备工作。混凝土表面毛面处理时间试验确定。毛面处理采用 25～50MPa 高压水冲毛机，或低压水、风砂枪、刷毛机及人工凿毛等方法。混凝土施工缝面无乳皮，微露粗砂，有特殊要求的部位微露小石。

（四）养护

混凝土表面养护应遵守下列规定：混凝土浇筑完毕初凝前，应避免仓面积水、阳光曝晒。混凝土初凝后可采用洒水或流水等方式养护。混凝土养护应连续进行，养护期间混凝土表面及所有侧面始终保持湿润。特种混凝土的养护，按有关规定执行。

混凝土养护用水应符合拌和混凝土用水的有关规定。

混凝土养护时间按设计要求执行，不宜少于 28d，对重要部位和利用后期强度的混凝土以及其他有特殊要求的部位应延长养护时间。

混凝土如果采用养护剂养护，养护剂性能应符合《水泥混凝土养护剂》JC 901—2002 的有关要求，养护剂在混凝土表面湿润且无水迹时开始喷涂，夏季使用应避免阳光直射。

四、混凝土雨季施工

雨期施工应及时了解天气预报，合理安排施工，砂石料场的排水设施保证通畅，运输设备有防雨及防滑设施，浇筑仓面有防雨设施，增加集料含水率的检测频次。

有抗冲耐磨和有抹面要求的混凝土不应在雨天施工。

小雨中浇筑混凝土应适当减少混凝土拌合用水量和出机口混凝土的坍落度，必要时适当减小混凝土的水胶比，加强仓内排水和防止周围雨水流入仓内，新浇混凝土面尤其是接头部位应采取有效的防雨措施。

中雨以上的雨天不应新开室外混凝土浇筑仓面。浇筑过程中如遇中雨、大雨和暴雨，应及时停止进料，已入仓的混凝土在防雨设施的保护下振捣密实并遮盖。雨后及时排除仓内积水，受雨水冲刷的部位应及时处理。停止浇筑的混凝土尚未超过允许间歇时间或能重塑时，可加铺砂浆后继续浇筑，否则应按施工缝处理。

五、混凝土温度控制

（一）一般要求

混凝土浇筑的分缝分块、分层厚度及层间间歇时间等，应符合设计规定。施工过程中，各坝块应均衡上升，相邻坝块的高差不宜超过8～12m，上下块从严要求。如个别坝块因施工特殊需要，经论证批准后可适当放宽。

混凝土质量除应满足强度保证率的要求外，混凝土生产质量水平宜达到优良。设计龄期大于28d的混凝土，选择混凝土施工配合比时，应考虑早期抗裂能力要求。

应从结构设计、原材料选择、配合比设计、施工安排、施工质量、混凝土温度控制、养护和表面保温等方面采取综合措施，防止混凝土裂缝。混凝土应避免薄层长间歇和块体早期过水，基础部位应从严控制。

应采取综合温控措施，使混凝土最高温度控制在设计允许范围内。混凝土浇筑温度应符合设计规定。未明确温控要求的部位，混凝土浇筑温度应不高于28℃。

基础部位混凝土，宜在有利季节浇筑，如需在高温季节浇筑，应经过论证采取有效的温度控制措施，使混凝土最高温度控制在设计允许范围内，经批准后进行。

（二）浇筑温度控制

料场集料温度控制宜采取下列措施：成品料场集料的堆高不宜低于6m，并应有足够的储备量；通过地下廊道取料；搭盖凉棚，喷洒水雾降温（细集料除外）等。

粗集料预冷可采用风冷、浸水、喷洒冷水等措施。采用风冷法时，应采取措施防止集料（尤其是小石）冻仓。采用水冷法时，应有脱水措施，使集料含水量保持稳定。

集料从预冷仓到拌合楼，应采取隔热保温措施。

混凝土拌和时，可采用冷水、加冰等降温措施。加冰时，宜用片冰或冰屑，并适当延长拌和时间。

高温季节施工时，应缩短混凝土运输及等待卸料时间，入仓后及时进行平仓振捣，加快覆盖速度，缩短混凝土的暴露时间；混凝土运输工具有隔热遮阳措施；采用喷雾等方法降低仓面气温；混凝土浇筑宜安排在早晚、夜间及阴天进行；当浇筑块尺寸较大时，可采用台阶法，台阶宽应大于2m，浇筑块分层厚度宜小于2m。

混凝土平仓振捣后，及时采用隔热材料覆盖。

（三）内部温度控制

在满足混凝土各项设计指标的前提下，应采用水化热低的水泥，优化配合比设计，采取加大集料粒径，改善集料级配，掺用掺合料、外加剂和降低混凝土坍落度等综合措施，合理减少混凝土的单位水泥用量。

基础混凝土和老混凝土约束部位浇筑层厚宜为1.5～2m，并应做到短间歇均匀上升。

采用冷却水管进行初期冷却，通水时间应计算确定，可取10～20d。混凝土温度与水温之差，应不超过25℃，管中水的流速宜为0.6～0.7m/s。水流方向应每24h调换1次，日降温应不超过1℃。应控制坝体内外温差，在低温季节前将坝体温度降至设计要求的温度。应进行中期通水冷却，通水时间应计算确定，宜为1～2个月。通水水温与混凝土内部温度之差，应不超过20℃，日降温不超过0.5℃。

（四）表面保温

龄期内的混凝土，应在气温骤降前进行表面保温，必要时应进行施工期长期保温。浇筑面顶面保温至气温骤降结束或上层混凝土开始浇筑前。

在气温变幅较大的季节，长期暴露的基础混凝土及其他重要部位混凝土，应妥善采取保温措施。寒冷地区的旧混凝土，在冬季停工前，宜使各坝块浇筑齐平，其表面保温措施和时间可根据具体情况确定。

模板拆除时间应根据混凝土强度及混凝土的内外温差确定，并应避免在夜间或气温骤降时拆模。在气温较低季节，当预计拆模后有气温骤降，应推迟拆模时间；如确需拆模，应在拆模后及时采取保温措施。

混凝土表面保温材料及其厚度，应根据不同部位、结构要求结合混凝土内外温差和气候条件，经计算、试验确定。保温时间和保温后的等效放热系数应符合设计要求。

已浇筑好的底板、护坦、面板、闸墩等薄板（壁）建筑物，其顶（侧）面宜保温到过水前。对于宽缝重力坝、支墩坝、空腹坝的空腔，在进入低温或气温骤降频繁的季节前，宜将空腔封闭并进行表面保温。隧洞、竖井、调压井、廊道、尾水管、泄水孔及其他孔洞的进出口在进入低温季节前应封闭。浇筑块的棱角和突出部分应加强保温。

（五）低温季节施工

日平均气温连续5d稳定在5℃以下或最低气温连续5d稳定在－3℃以下时，应按低温季节施工。低温季节施工，应编制专项施工措施计划和可靠的技术措施。混凝土早期允许受冻临界强度应满足受冻期无外来水分时，抗冻等级小于（含）F150的大体积混凝土抗压强度应大于5.0MPa（或成熟度不低于1800C·h）；抗冻等级大于（含）F200的大体积混凝土抗压强度应大于7.0MPa（或成熟度不低于1800C·h）；结构混凝土不应低于设计强度的85%。受冻期可能有外来水分时，大体积混凝土和结构混凝土均应不低于设计强度的85%。

低温季节施工，尤其在严寒和寒冷地区，施工部位不宜分散。当年浇筑的有保温要求的混凝土，在进入低温季节之前，应采取保温措施，防止混凝土产生裂缝。

施工期采用的加热、保温、防冻材料（包括早强剂、防冻剂），应事先准备好，并应有防火措施。混凝土当采用蒸汽加热或电热法施工时，应按专项技术要求进行。

混凝土质量检查除按规定成型试件检测外，还可采取无损检测手段或用成熟度法随时检查混凝土早期强度。

原材料的加热、输送、储存和混凝土的拌和、运输、浇筑设备设施及浇筑仓面，均应根据气候条件通过热工计算，采取适宜的保温措施。加热过的集料及混凝土，应缩短运距，减少倒运次数。

砂石集料在进入低温季节前宜筛洗完毕。成品料堆应有足够的储备和堆高，并应有防止冰雪和冻结的措施。

当日平均气温稳定在－5℃以下时，宜将集料加热，集料加热宜采用蒸汽排管法，粗集料也可直接用蒸汽加热，但不应影响混凝土的水胶比。外加剂溶液不应直接用蒸汽加热，水泥不应直接加热。

拌和混凝土前，应用热水或蒸汽冲洗拌合机，并将积水或冰水排除。拌合水宜采用热水，混凝土的拌和时间应比常温季节适当延长。延长的时间应通过试验确定。

在岩石基础或旧混凝土上浇筑混凝土前，应检测表面温度，如为负温，整个仓面应加热至3℃，经检验合格后方可浇筑混凝土。

仓面清理宜采用喷洒温水配合热风枪或机械方法，也可采用蒸汽枪，不宜采用水枪或风水枪。受冻面处理应符合设计要求。

在温和地区混凝土的施工宜采用蓄热法，风沙大的地区应采取防风设施。在严寒和寒冷地区日平均气温在－10℃以上时，宜采用蓄热法；日平均气温在－20℃～－10℃时可采用综合蓄热法。日平均气温在－20℃以下不应施工。

混凝土的浇筑温度应符合设计要求，大体积混凝土的浇筑温度，在温和地区不宜低于3℃；在严寒和寒冷地区不宜低于5℃。寒冷地区低温季节施工的混凝土掺引气剂时，其含气量可适当增加；有早强要求的，可掺早强剂等，其掺量应经试验确定。

提高混凝土拌合物温度的方法，首先应考虑加热拌和用水；加热拌和用水不能满足浇筑温度要求时，再加热砂石集料。砂石集料不加热时，不应掺混冰雪，表面不应结冰。

拌和用水的温度，不宜超过60℃。当超过60℃时，应改变拌和加料顺序，将集料与水先拌和，然后加入水泥。

浇筑混凝土前和浇筑过程中，应清除钢筋、模板和浇筑设施上附着的冰雪和冻块，不应将冰雪、冻块带入仓内。在浇筑过程中，应控制并及时调节混凝土的出机口温度，减少波动，保持浇筑温度均匀。控制方法以调节水温为宜。

混凝土浇筑完毕后，外露表面应及时保温。新旧混凝土的接合处和易受冻的边角部分应加强保温。

在低温季节施工的模板，在整个低温期间不宜拆除，若拆除模板应遵守下列规定：混凝土强度应大于允许受冻的临界强度；不宜在夜间和气温骤降期间拆模；具体拆模时间应满足温控防裂要求，内外温差不大于20℃或2～3d内混凝土表面温降不超过6℃，如确需拆模板，应及时采取保护措施。

六、混凝土施工质量控制

为保证混凝土质量达到设计要求，应对混凝土原材料、配合比、施工过程中各主要工序及硬化后的混凝土质量进行控制与检查。

应建立和健全质量管理和保证体系，并根据工程规模、质量控制及管理的需要，配备相应的技术人员和必要的检验、试验设备。

对混凝土原材料和生产过程中的检查、检验资料，以及混凝土抗压强度和其他试验结果应及时进行统计分析。对于主要的控制检测指标，如水泥强度和凝结时间、粉煤灰细度和需水量比、细集料的细度模数和表面含水率、粗集料的超径和逊径、减水剂的减水率、外加剂溶液的浓度、混凝土坍落度、含气量和强度等，应采用管理图反映质量波动状态，并及时反馈。

（一）原材料的质量检验

混凝土原材料应经检验合格后方可使用，使用碱活性集料时，每批原材料进场均应进行碱含量检测。进场的每一批水泥，应有生产厂的出厂合格证和品质试验报告，每200～400t同厂家、同品种、同强度等级的水泥为取样单位，不足200t也作为一个取样单位，进行验收检验。水泥品质的检验，应按现行的国家标准进行。

集料生产和验收检验，应符合集料生产的质量，每8h应检测1次。检测细集料的细度模数和石粉含量（人工砂）、含泥量和泥块含量，粗集料的超径、逊径、含泥量和泥块含量。成品集料出厂品质检测，细集料应按同料源每600～1200t为一批，检测细度模数、石粉含量（人工砂）、含泥量、泥块含量和表面含水率；粗集料应按同料源、同规格碎石每2000t为一批，卵石每1000t为一批，检测超径、逊径、针片状、含泥量、泥块含量。

每批产品的检验报告应包括产地、类别、规格、数量、检验日期、检测项目及结果、结论等内容。

同品种掺合料以连续供应不超过200t为一个取样单位，不足一个取样单位的按一个取样单位计。粉煤灰应检验其细度、需水量比、烧失盘、含水量等，其他掺合料应遵照相应标准进行检验。

外加剂验收检验的取样单位按掺量划分。掺量不小于1%的外加剂以不超过100t为一个取样单位；掺量小于1%的外加剂以不超过50t为一个取样单位；掺量小于0.05%的外加剂以不超过2t为一个取样单位。不足一个取样单位的应按一个取样单位计。

外加剂验收检验项目：减水率、泌水率比、含气量、凝结时间差、坍落度损失、抗压强度比。必要时进行收缩率比、相对耐久性和匀质性检验。

符合《生活饮用水卫生标准（GB 5749—2006）要求的饮用水，可不经检验作为水工混凝土用水。地表水、地下水、再生水等，在使用前应进行检验；在使用期间，检验频率宜符合下列规定：地表水每6个月检验1次；地下水每年检验1次；再生水每3个月检验1次；在质量稳定1年后，可每6个月检验1次；当发现水受到污染和对混凝土性能有影响时，应及时检验。

混凝土生产过程中的原材料检验应遵守下列规定：

（1）必要时在拌合楼抽样检验水泥的强度、凝结时间和掺合料的主要指标。

（2）砂、小石的表面含水率，应每4h检测1次，雨雪天气等特殊情况应加密检测。

（3）砂的细度模数和人工砂的石粉含量，天然砂的含泥量应每天检测1次。

（4）粗集料的超径和逊径、含泥量每8h应检测1次。

（5）外加剂溶液的浓度，应每天检测1～2次。必要时检测减水剂溶液的减水率和引气剂溶液的表面张力。

（二）拌和物质量控制与检验

混凝土拌和楼（站）的计量器具，应定期（每月不少于1次）检验校正，必要时随时抽验。每班称量前，应对称盘设备进行零点校验。

在混凝土拌和生产中，应对各种原材料的配料称量、混凝土拌和物的均匀性和拌和时间进行检查并记录，每 8h 应不少于两次。

混凝土坍落度每 4h 在机口应检测 1～2 次，每 8h 在仓面应检测 1～2 次，高温、雨雪天气应加密检测。其允许偏差见表 4-28。

表 4-28　坍落度允许偏差（mm）

坍落度	允许偏差
＜40	10
40～100	20
＞100	30

掺引气剂混凝土的含气量，每 4h 应检测 1 次。混凝土含气量的允许偏差为 1．0%。

（三）浇筑质量控制与检验

混凝土浇筑前，应按照《水利水电工程单元工程施工质量验收评定标准混凝土》（SL 632—2012）的要求对基础面或施工缝面处理、模板、钢筋、预埋件等进行验收评定，验收合格并取得开仓证后方可进行混凝土浇筑。有金属结构、机电安装和仪器埋设时，签发开仓证前，应按相关要求验收。

混凝土拌合物入仓后，应观察其均匀性与和易性，发现异常应及时处理。浇筑混凝土时，应有专人在仓内检查并对施工过程中出现的问题及其处理方案进行详细记录。

混凝土拆模后，应检查其外观质量。有混凝土裂缝、蜂窝、麻面、错台和模板走样等质量问题或缺陷时应及时检查和处理。

（四）混凝土质量检验与评定

现场混凝土质量检验应以抗压强度为主，并以 150mm 立方体试件、标准养护条件下的抗压强度为标准。

混凝土试件以机口随机取样为主，每组混凝土试件应在同一储料斗或运输车厢内取样制作。浇筑地点取一定数量的试件进行比较。

同强度等级混凝土试件取样数量应遵守下列规定：

（1）抗压强度：大体积混凝土 28d 龄期每 500m^3 成型 1 组，设计龄期每 1000m^3 成型 1 组；结构混凝土 28d 龄期每 100m^3 成型 1 组，设计龄期每 200m^3 成型 1 组。每一浇筑块混凝土方量不足以上规定数字时，也应取样成型 1 组试件。

（2）抗拉强度 28d 龄期每 2000m^3 成型 1 组，设计龄期每 3000m^3 成型 1 组。

（3）抗冻、抗渗或其他特殊指标应适当取样，其数量可按每季度施工的主要部位取样成型 1～2 组。

混凝土强度的检验评定应以设计龄期抗压强度为准，宜根据不同强度等级按月评定，当组数不足 30 组时可适当延长统计时段。混凝土抗压强度质量评定标准见表 4-29。

表 4-29　设计龄期混凝土抗压强度质量评定标准

项目		质量标准	
		优良	合格
任何一组试块抗压强度最低应不低于设计值的	$f_{cu,k}\leqslant 20MPa$	85%	
	$f_{cu,k}>20MPa$	90%	
无筋或少筋（配筋率不超过1%）混凝土抗压强度保证率不低于		85%	80%
钢筋（配筋率超过1%）混凝土抗压强度保证率不低于		95%	90%

混凝土强度保证率 P 根据概率系数 t 由表 4-30 查得。

表 4-30　保证率与概率系数的关系

保证率 p（%）	65.5	69.2	72.5	75.8	78.8	80.0	82.9	85.0	90.0	93.3	95.0	97.7	99.9
概率系数 t	0.40	0.50	0.60	0.70	0.80	0.84	0.95	1.04	1.28	1.50	1.65	2.00	3.00

概率系数 t 按式 4-3 计算

$$t=\frac{m_{f_{cu}}-f_{cu,k}}{\sigma} \tag{4-3}$$

式中　t——概率系数；

$m_{f_{cu}}$——混凝土试件抗压强度的平均值，MPa；

$f_{cu,k}$——混凝土设计抗压强度的平均值，MPa；

σ——混凝土强度标准差，MPa。

混凝土质量验收取用混凝土抗压强度的龄期应与设计龄期一致，混凝土生产质量的过程控制以标准养护 28d 试件抗压强度为准，混凝土不同龄期抗压强度比值由试验确定。

混凝土设计龄期抗冻检验的合格率应达到：素混凝土应不低于 80%，钢筋混凝土应不低于 90%；混凝土设计龄期的抗渗检验应满足设计要求。

混凝土生产质量水平应采用现场试件 28d 龄期抗压强度标准差表示，其评定标准见表 4-31。

表 4-31　混凝土生产质量水平

评定指标		生产质量水平	
		优良	合格
抗压强度标准差（MPa）	$f_{cu,k}\leqslant 20MPa$	⩽3.5	⩽4.5
	$20MPa<f_{cu,k}\leqslant 35MPa$	⩽4.0	⩽5.0
	$f_{cu,k}>35MPa$	⩽4.5	⩽5.5

在混凝土施工期间，各项试验结果应及时整理按月报送。出现重要质量问题应及时上报。混凝土抗压强度试件的检测结果未满足表 4-31 的合格标准要求或对混凝土试件强度的代表性有怀疑时，可从结构物中钻取混凝土芯样试件或采用无损检验方法，按有关标准规定对结构物的强度进行检测；如仍不符合要求，应对已建成的结构物，按实际条件验算结构的安全度，采取必要的补救措施或其他处理措施。

已建成的结构物，应进行钻孔取芯和压水试验。大体积混凝土取芯和压水试验可按每1万m^3混凝土钻孔2～10m，具体钻孔取样部位、检测项目与压水试验的部位、吸水率的评定标准，应根据工程施工的具体情况确定。钢筋混凝土结构物应以无损检测为主，必要时采取钻孔法检测混凝土。

第四节 水泥灌浆工程质量控制

一、基本概念

1. 水泥灌浆

利用灌浆泵或浆液自重，通过钻孔、埋管或其他方法把水泥浆液或以水泥浆液为主要成分的浆液灌入岩体的裂隙、土体的孔隙、混凝土裂缝、接缝或空洞的工程措施。

2. 回填灌浆

回填灌浆也称充填灌浆，用浆液填充混凝土结构物施工留下的空穴、孔洞或地下空腔，以增强结构物或地基的密实性的灌浆工程。

3. 固结灌浆

用浆液灌入岩体裂隙或破碎带，以提高岩体的整体性和抗变形能力为主要目的的灌浆工程。

4. 帷幕灌浆

用浆液灌入岩体或土层的裂隙、孔隙，形成连续的阻水帷幕，以减小渗流量和降低渗透压力的灌浆工程。

5. 接缝灌浆

通过埋设管路或其他方式将浆液灌入混凝土坝块之间预设的接缝封面，以增强坝体的整体性改善传力条件的灌浆工程。

6. 接触灌浆

用浆液灌入混凝土与基岩、钢板，或其他材料之间的缝隙。

7. 循环式灌浆

浆液通过射浆管注入孔段底部，部分浆液深入岩体裂隙中，部分浆液通过浆管返回，保持孔段内的浆液呈循环流动状态的灌浆方式。

8. 纯压式灌浆

浆液通过射浆管注入孔段和岩体裂隙中，不再由孔段内返回的灌浆方式。

9. GIN灌浆

一种灌浆工程的设计和控制方法，这种方式提出一个灌浆强度指数（GIN），以此作为各个孔段灌浆控制和约束条件。

10. 孔口封闭灌浆法

在钻孔孔口安装孔口管，自上而下分段进行钻孔和灌浆，各段灌浆时都在孔口封闭器下射入浆管进行循环式灌浆的方法。

11. 套阀灌浆法

在覆盖层钻孔中，在孔内置入套阀管并在管外环状空隙充填低强度浆体，在套阀管内使用灌浆塞进行灌浆的方法。

12. 压水试验

利用水泵或水柱自重，将清水压入钻孔试验段，根据一定时间内压入的水量和施加压力的大小关系，计算岩体相对透水性和了解裂隙发育程度的试验。

13. 屏浆

灌浆段的灌浆工作达到结束条件后，为使已灌入的浆液加速凝固、提高强度，继续使用灌浆泵对灌浆孔段内浆液施加压力的措施。

14. 闭浆

灌浆段的灌浆工作结束后，为防止灌入孔段和裂隙内的浆液在地下水压力、地层压力或浆液自重作用下由孔口溢出，使用灌浆塞或孔口封闭器继续保持孔段封闭状态的措施。

15. 高压水泥灌浆

灌浆压力不小于3MPa的水泥灌浆。

二、灌浆材料

灌浆工程所采用的水泥品种，应根据灌浆目的、地质条件和环境水的侵蚀作用等因素确定。可采用硅酸盐水泥、普通硅酸盐或复合硅酸盐水泥，当有抗侵蚀或其他要求时，应使用特种水泥。使用矿渣硅酸盐水泥或火山灰质硅酸盐水泥灌浆时浆液水灰比不宜大于1。

灌浆用水泥的品质应符合《通用硅酸盐水泥》（GB 175—2007）或所采用的其他标准及《水工建筑物水泥灌浆施工技术规范》（SL 62—2014）的规定。回填灌浆、固结灌浆和帷幕灌浆所用水泥的强度等级为32.5或以上，坝体接缝灌浆、各类接触灌浆所用水泥强度等级为42.5或以上。

帷幕灌浆、坝体接缝灌浆和各类接触灌浆所用水泥的细度宜为通过80μm方孔筛的筛余量不大于5%。

灌浆用水泥应妥善保存，严格防潮并缩短存放时间。不应使用受潮结块的水泥。

灌浆用水应符合拌制水工混凝土用水的要求。

基岩帷幕灌浆、基岩固结灌浆、隧洞灌浆、混凝土坝接缝灌浆和岸坡接触灌浆宜使用普通水泥浆液。在特殊地质条件下或有特殊要求时，根据需要通过现场灌浆试验验证，可使用：①细水泥浆液，是指干磨细水泥浆液、超细水泥浆液、湿磨细水泥浆液；②水泥基混合浆液，系指掺有掺合料的水泥浆液，包括黏土水泥、粉煤灰水泥、水泥砂浆等；③稳定浆液，系指掺有稳定剂，2h析水率不大于5%的水泥浆液；④膏状浆液，系指以水泥、黏土为主要材料的初始塑性屈服强度大于50Pa的混合浆液。

覆盖层灌浆材料应根据覆盖层的地层组成、透水性、地下水流速、灌浆材料来源和灌浆目的等要求，通过室内灌浆试验和现场灌浆试验确定，可使用以下浆液：①水泥基液，包括普通水泥浆液、细水泥浆液、黏土（膨润土）水泥浆液、粉煤灰水泥浆液、矿渣水泥浆、水玻璃水泥浆等。②黏土浆、膨润土浆，或掺入了胶凝材料的黏土浆、膨润土浆。③化学浆液，如水玻璃类、丙烯酸盐类、沥青等。

根据灌浆需要，灌浆浆液和灌浆材料需满足下列要求：

（1）灌浆用黏土的塑性指数不宜小于14，黏粒（粒径小于0.005mm）占量不宜少于25%，含砂量不宜大于5%，有机物含量不宜大于3%。黏土宜采用浆液的形式加入，并筛除大颗粒杂物。

（2）灌浆用膨润土，其品质指标应符合《钻井液材料规范》（GB/T 5005—2010）的规定。

（3）灌浆用粉煤灰，根据需要可使用Ⅰ级或Ⅱ级粉煤灰，其品质指标应符合《水工混凝土掺用粉煤灰技术规范》（DL/T 5055—2007）的规定。

（4）灌浆采用的砂应为质地坚硬的天然或人工砂，粒径不宜大于1.5mm。

（5）根据灌浆需要，在浆液中加入其他掺合料，应通过室内试验或现场试验确定。

根据需要可在水泥浆液中加入速凝剂、减水剂和稳定剂等外加剂。所掺入的品质通过试验确定并符合有关规定。

灌浆材料在施工过程中应定期进行温度、密度、析水率和漏斗黏度等性能的检测，发现主要浆液性能偏离规定指标较大时，应查明原因及时处理。

三、灌浆设备和机具

制浆机的技术性能应与所搅拌灌浆的类型、特性相适应，保证能均匀、连续地拌制浆液，高速制浆机的搅拌转速应不小于1200r/min。

灌浆泵的技术性能应与所灌注的浆液的类型、特性相适应。其额定工作压力应大于最大灌浆压力的1.5倍，压力波动范围宜小于灌浆压力的20%，排浆量能满足灌浆最大注入率的要求，为减小灌浆泵输出压力的波动，宜配置空气蓄能器。

灌浆管路应保证浆液畅通，并应能承受1.5倍的最大灌浆压力。灌浆泵到灌浆孔口的输浆管长度不宜大于30m。

灌注膏状浆液和沥青浆液等高凝聚力浆液时，宜根据浆液特性选择制浆与灌浆设备，灌浆管路直径宜大，长度宜短。

灌浆塞应与所采用的灌浆方法、灌浆压力、灌浆孔孔径及地质条件相适应，可选用挤压膨胀式橡胶灌浆塞或液（气）压式胶囊灌浆塞。灌浆塞应有良好的膨胀和耐压性能，在最大灌浆压力下能可靠的封闭灌浆孔段，并应易于安装和拆卸。

灌浆管路阀门应采用可承受高压水泥浆液冲蚀的耐磨灌浆阀门。

灌浆泵出浆口和灌浆孔孔口处均应安设压力表。灌浆压力表的量程最大标值宜为最大灌浆压力的2～2.5倍。压力表与管路之间的隔浆装置传递压力应灵敏无碍。

灌浆记录仪应能自动测量记录灌浆压力和注入率。灌浆记录仪的技术性能和安装使用的基本要求应符合工程的需要以及《灌浆记录仪技术导则》（DL/T 5237—2010）的规定，灌浆记录仪的校验应遵循《灌浆记录仪校验方法》（SL 509—2010）的规定。

集中制浆的制浆能力应满足灌浆高峰期所有机组用浆需要，并应配备防尘、除尘设施。当浆液中需加入掺合料或外加剂时，应增设相应的设备。

所有灌浆设备应注意维护保养，保证其正常工作状态，并应有备用量。

灌浆用的计量器具，如钻孔测斜仪、压力表、灌浆记录仪（包括流量计、压力计等），以及其他监测试验仪表，应定期进行校验或检定，保持量值准确。

四、制浆

制浆材料应按规定的浆液配比计量，计量误差应小于5%，水泥等固相材料宜采用质量（重量）称量法计量。

膨润土、黏土加入制浆前宜进行浸泡、润胀，或强力高速搅拌，充分分散黏土颗粒。

水泥浆液宜采用高速搅拌机进行拌制，水泥浆液的搅拌时间不宜少于30s。

拌制水泥黏土（膨润土）浆液时宜先加水，再加水泥拌成水泥浆，后加黏土浆液搅拌。加黏土浆液后的拌制时间不宜少于2min。如使用黏土（膨润土）直接搅拌成浆时，应先制成黏土（膨润土）浆液，再加入水泥充分搅拌。

细水泥浆液和稳定浆液应使用高速搅拌机拌制并加入减水剂，搅拌时间不宜少于60s。

膏状浆液应使用大扭矩的搅拌机，搅拌时间应结合浆液配比通过试验确定。

沥青等其他浆液的搅拌设备和搅拌时间应通过试验确定。

各类浆液应搅拌均匀，使用前应过筛，浆液自制备至用完的时间，细水泥浆液不宜多于2h，水泥浆不宜多于4h，水泥黏土浆不宜多于6h，其他浆液的使用时间应根据浆液的性能试验确定。

浆液宜采用集中制浆站拌制，可集中拌制最浓一级的浆液，输送到各灌浆地点调配使用。输送浆液的管道流速宜为1.4～2.0m/s。各灌浆地点应测定从制浆站输送来的浆液密度，然后调制使用。应对浆液密度等性能指标进行定期检查或抽查，保持浆液性能符合工程要求。

寒冷季节施工应做好机房和灌浆管路的防寒保暖工作，炎热季节施工应采取防晒和降温措施，浆液温度宜保持在5～40℃。

五、现场灌浆试验

对于1级、2级水工建筑物基岩帷幕灌浆、覆盖层灌浆，地质条件复杂地区或有特殊要求的1级、2级水工建筑物基岩固结灌浆和地下洞室围岩固结灌浆以及其他认为有必要进行现场试验的灌浆工程应进行现场灌浆试验。

1. 现场灌浆试验的主要任务

现场灌浆试验应在工程初步设计阶段或招标设计阶段进行，试验主要包括下列任务：

（1）试验论证本工程拟采用灌浆方法在技术上的可行性、施工效果的可靠性、经济上的合理性。

（2）试验评价帷幕灌浆后地基的渗透性和抗渗透破坏能力，固结灌浆后地基的物理力学特性与渗透性，探索受灌地层的灌浆特点、单位注入量大小、抬动变形特性等。

（3）推荐合理的灌浆布置，如灌浆孔排数、排距、孔距、孔深等。

（4）推荐适宜的施工方法、施工程序、灌浆能力、灌浆材料、灌浆配比与浆材性能，适宜的水灰比。

（5）试验确定工程重大地质缺陷的灌浆处理措施。

(6) 研究适合本工程特点与要求的灌浆质量标准和检查方法，为编制灌浆工程施工技术要求、制定验收评价标准提供技术依据。

(7) 为施工工效、进度、工程造价分析及灌浆工程优化等提供依据。

2. 试验场地选择与试验方案的确定

试验场地选择与试验方案确定时，应综合考虑下列因素：

(1) 试验场地应具有代表性。选取的试验场地应能充分反映实际施工的地质条件，当存在多个性状不同的地质单元或复杂地层时，应视情况布置多个试区和进行多组试验。

(2) 研究试验工程与后期建设工程的结合问题。当在工程建设部位进行试验时，应对试验工程的利用且与永久工程灌浆的衔接做好安排，且不宜进行破坏性检查；当可能对建筑物或地基产生不利影响时，应另选试验地点。

(3) 试验方案应符合工程特点和地质条件，试验项目、组（孔）数、辅助检查与测试、室内试验等应与试验研究的目标要求相适应，满足获取所需的数据支持与依据。试验程序安排应合理，满足工程总体进度要求。

(4) 试验场地施工干扰少。水电、交通方便，辅助工程量小。

试验施工完成后应留有必要的时间进行灌浆效果的测试，并提出专项测试报告。

对灌浆试验的全过程，包括实施的每个步骤或每道工序，应做详细、准确的记录。

试验完成后，应按照试验的目的和要求对全部试验成果进行分析研究，提出完整的灌浆试验报告。

在施工前或施工初期，宜进行生产性灌浆试验，其目的是验证灌浆工程施工详图设计和施工组织设计，调试运行钻孔灌浆施工系统，验证合理的机械设备与人员配置。

六、基岩帷幕灌浆

1. 一般规定

水库蓄水前应完成蓄水初期最低库水位以下的帷幕灌浆并检查合格，水库蓄水或阶段蓄水过程中，应完成相应蓄水位以下的帷幕灌浆并抽查合格。

防渗帷幕的钻孔灌浆应具备下列条件方可进行：

(1) 上部结构混凝土浇筑厚度达到设计规定的盖重厚度要求。上部结构混凝土厚度较小的部位（趾板、压浆板、心墙底板、岸坡坝段、尾坎等），须待混凝土浇筑达到其完整高程和设计强度，压浆板、趾板等加固锚杆砂浆达到设计强度；防渗墙与覆盖层下帷幕灌浆时，达到相应设计规定。

(2) 相应部位的固结灌浆、混凝土坝底层灌区接缝灌浆、岸坡接触灌浆完成并检查合格。

(3) 相应部位灌浆平洞的开挖、混凝土衬砌（喷锚支护）、回填灌浆、围岩固结灌浆完成并检查合格。

(4) 灌浆区邻近 30m 范围内的勘探平洞、大口径钻孔、断（夹）层等地质缺陷的开挖、清理、混凝土回填、灌浆等作业完成，影响灌浆作业的临空边坡锚固、支护完成并检查合格。

进行工程总体进度安排时，应对帷幕灌浆（含搭接帷幕灌浆）及与其相关的混凝土浇筑、岸坡接触灌浆、灌浆平洞与引水洞衬砌、导流洞封堵等的施工时间做好统筹安排。

灌浆前，应查明灌浆区内已布设的各种监测仪器、电缆管线、止水片、锚杆、钢筋等设施的具体位置，当灌浆孔位放样出现与上述设施相矛盾或潜在矛盾时，应适当调整灌浆孔位或孔向。

灌浆过程中，应对上述设施进行妥善保护。

帷幕灌浆应按分序加密的原则进行。由三排孔组成的帷幕，应先灌注下游排孔，再灌注上游排孔，后灌注中间排孔，每排孔可分为二序。由两排孔组成的帷幕应先灌注下游排孔，后灌注上游排孔，每排孔可分为二序或三序。单排孔帷幕应分为三序灌浆。

在帷幕的先灌排或主帷幕孔中宜布置先导孔，先导孔应在一序孔中选取，其间距宜为16～24m，或按该排孔数的10%布置。岩溶发育区、岸坡卸荷区等地层性状突变部位先导孔宜适当加密。

采用自上而下分段灌浆法或孔口封闭灌浆法进行帷幕灌浆时，同一排相邻的两个次序孔之间，以及后序排的第一次序孔与其相邻部位前序排的最后次序孔之间，在岩石中钻孔灌浆的高差应不小于15m。

采用自下而上分段灌浆法进行帷幕灌浆时，相邻的前序孔灌浆封孔结束后，后序孔方可进行钻进，但24h内不应进行裂隙冲洗与压水试验。

混凝土防渗墙下基岩帷幕灌浆宜采用自上而下分段灌浆法或自下而上分段灌浆法，不宜直接利用墙体内预埋灌浆管作为孔口管进行孔口封闭法灌浆。

帷幕后的排水孔和扬压力观测孔应在相应部位的帷幕灌浆完成并检查合格后，方可钻进。

工程必要时，应安设抬动检测装置，在灌浆过程中连续进行观测并记录，抬动变形值应在设计允许范围内。

2.钻孔

帷幕灌浆孔的钻孔方法应根据地质条件、灌浆方法与钻孔要求确定。当采用自上而下灌浆法、孔口封闭灌浆法时，宜采用回转式钻机和金刚石或硬质合金钻头钻进，当采用自下而上灌浆法时，可采用回转式钻机或冲击回转式钻机钻进。

灌浆孔位与设计孔位的偏差应不大于10cm，孔深应不小于设计孔深，实际孔位、孔深应有记录。

帷幕灌浆中各类钻孔的孔径应根据地质条件、钻孔深度、钻孔方法、钻孔要求和灌浆方法确定。灌浆孔以较小直径为宜，但终孔孔径不宜小于56mm，先导孔、质量检查孔孔径应满足获取岩芯和进行测试的要求。

帷幕灌浆中的各类钻孔均应分段进行孔斜测量。垂直的或顶角不大于5°的钻孔，孔底的偏差应不大于表4-32的规定。如钻孔偏斜值超过规定，必要时应采取补救措施。

表4-32　钻孔孔底允许偏差（m）

孔深	20	30	40	50	60	80	100
允许偏差	0.25	0.50	0.80	1.15	1.50	2.00	2.50

对于顶角大于5°的斜孔，孔底允许偏差值可适当放宽，但方位角的偏差值应不大于5°，孔深大于100m时，孔底允许偏差值应根据工地实际情况确定。钻进过程中，应重点控制孔深20m以内的偏差。

钻孔遇有洞穴、塌孔或掉块，难以钻进时，可先进行灌浆处理，再行钻进。如发现集中漏水或涌水，应查明情况，分析原因，经处理后再行钻进。

灌浆孔或灌浆段及其他各类钻孔（段）钻进结束后，应及时进行钻孔冲洗。钻孔冲洗一般采用大流量水流冲洗。冲洗后，孔（段）底残留物厚度应不大于20cm。

遇页岩、黏土岩等遇水易软化的岩石时，可视情况采用压缩空气或泥浆进行钻孔冲洗。

当施工作业暂时中止时，孔口应妥善保护，防止流进污水和落入异物。

钻孔过程应进行记录，遇岩层、岩性变化，发生掉钻、卡钻、塌孔、掉块、钻速变化、回水变色、失水、涌水等异常情况时，应详细记录。

3. 裂隙冲洗和压水试验

采用自上而下分段灌浆法和孔口封闭法进行帷幕灌浆时，各灌浆段在灌浆前应进行裂隙冲洗，裂隙冲洗宜采用压力水冲洗，冲洗压力可为灌浆压力的80%，并不大于1MPa，冲洗时间至回水澄清时止或不大于20min。

当采用自下而上分段灌浆法时，可在灌浆前对全孔进行一次裂隙冲洗。

帷幕灌浆先导孔、质量检查孔应自上而下分段进行压水试验，压水试验宜采用单点法。

采用自上而下分段灌浆法、孔口封闭灌浆法进行帷幕灌浆时，各灌浆段在灌浆前宜进行简易压水试验，简易压水实验可与裂隙冲洗结合进行。

采用自下而上分段法灌浆时，灌浆前可进行全孔段简易压水试验和孔底段简易压水试验。

4. 灌浆方法和灌浆方式

根据不同的地质条件和工程要求，帷幕灌浆可选用自上而下分段灌浆法、自下而上分段灌浆法、综合灌浆法及孔口封闭灌浆法。

根据地质条件、灌注浆液和灌浆方法的不同，应相应选用循环式灌浆或纯压式灌浆。当采用循环式灌浆法时，射管应下至距孔底不大于50cm。

帷幕灌浆的段长宜为5～6m，具备一定条件时可适当加长，但最长应不大于10m，岩体破碎、孔壁不稳时灌浆段长应缩短。混凝土结构和岩基接触处的灌浆段（接触段）段长宜为1～3m。

采用自上而下分段灌浆法时，第1段（接触段）灌浆的灌浆塞宜跨越混凝土与基岩接触面安放；以下各段灌浆塞应阻塞在灌浆段顶以上50cm，防止漏灌。

采用自下而上分段灌浆法时，如灌浆段的长度因故超过10m时，对该段灌浆质量应进行分析，必要时宜采取补救措施。

混凝土与基岩接触段应先行单独灌浆并待凝，待凝时间不宜少于24h，其余灌浆段灌浆结束后可不待凝，但灌浆前孔口涌水、灌浆后返浆等地质条件复杂情况下应待凝，待凝时间应根据工程具体情况确定。

先导孔各孔段宜在进行压水试验后及时进行灌浆，也可在全孔压水试验完成后自下而上分段灌浆。

无论灌前透水率大小，各灌浆段都应按技术要求进行灌浆。

5. 灌浆压力和浆液变换

灌浆压力应根据工程等级、灌浆部位的地质条件、承受水头等情况进行分析计算并结合工程类比拟定。重要工程的灌浆压力应通过现场灌浆试验论证。施工过程中，灌浆压力可根据具体情况进行调整。灌浆压力的改变应征得设计同意。

采用循环式灌浆时，灌浆压力表或记录仪的压力变送器应安装在灌浆孔孔口处回浆管路上；采用纯压式灌浆时，压力表或压力变送器应安装在孔口处进浆管路上。压力表或压力变送器与灌浆孔孔口间的管路长度不宜大于5m。灌浆压力应保持平稳，宜测读压力波动的平均值，最大值也应予以记录。

根据工程情况和地质条件，灌浆压力的提升可采用分级升压法或一次升压法。升压过程中应保持灌浆压力与注入率相适应，防止发生抬动变形破坏。

普通水泥浆液水灰比可采用5、3、2、1、0.7、0.5六级，细水泥浆液水灰比可采用3、2、1、0.5四级，灌注时由稀至浓逐级变换。开灌水灰比根据各工程地质情况和灌浆要求确定。采用循环式灌浆时，普通水泥浆可采用水灰比5，细水泥浆可采用3，采用纯压式灌浆时，开灌水灰比可采用2或单一比级的稳定浆液。

特殊地质条件下（洞穴、宽大裂缝、松散软弱地层等）经试验验证后，可采用稳定浆液、膏状浆液进行灌注。其浆液的成分、配比以及灌注方法应通过室内浆材试验和现场灌浆试验确定。

当采用多级水灰比浆液注浆时，浆液变换应符合下列原则：

（1）当灌浆压力保持不变，注入率持续减少时，或注入率不变而压力持续升高时，不应改变水灰比。

（2）当某级浆液注入量已达300L以上时，或灌浆时间已达30min时，而灌浆压力和注入率均无改变或改变不显著时，应改浓一级水灰比。

（3）当注入率大于30L/min时，可根据具体情况越级变浓。

灌浆过程中，灌浆压力或注入率突然改变较大时，应立即查明原因，采取相应的措施处理。

灌浆过程的控制也可采用灌浆强度值（GIN）等方法进行，其最大灌浆压力、最大单位注入量、灌浆强度指数、浆液配比、灌浆过程控制和灌浆结束条件等，应经过试验确定。

6. 孔口封闭灌浆法

孔口封闭法适用于块状、厚层、高倾角岩层等地层的高压灌浆。灌浆孔孔径宜为56～76mm，自上而下分段钻进、分段灌浆。

各孔孔口管段即混凝土与基岩接触段，应先行单独钻孔与灌浆，镶铸孔口管，并待凝48～72h。

孔口管埋入基岩的深度应根据最大灌浆压力和岩体特性确定。采用5MPa以上高压灌浆时，孔口管埋入基岩的深度应不小于2m。

孔口管段以下2～3个灌浆段，段长宜短，灌浆压力递增宜快，再往下的各灌浆段段长宜为5m，按设计最大灌浆压力灌注。

孔口封闭器应具有良好的耐压和密封性能，灌浆管应能在灌浆过程中灵活转动和升降。

灌浆管的外径与钻孔孔径之差宜为10～20mm，若用钻杆作为灌浆管，应采用外平接头连接，各段灌浆时灌浆管应深入灌浆段底部，管口离孔底的距离不应大于50cm。

各孔段的裂隙冲洗和压水试验。灌浆浆液宜采用多级水灰比，其比级设置及变换原则参照本节前述内容。

灌浆过程中应保持灌浆压力和注入率相适应。宜采用中等以下注入率灌注，当灌浆压力大于4MPa时，注入率宜小于10L/min。同一部位不宜聚集多台灌浆泵同时灌浆。

灌浆过程中应经常转动和上下活动灌浆管，回浆管宜有15L/min以上的回浆量，防止灌浆管在孔内被水泥浆凝住。

7. 特殊情况处理

帷幕灌浆孔终孔段的透水率或单位注入量大于设计规定值时，其灌浆孔宜继续加深。

灌浆过程中发现冒浆、漏浆时，应根据具体情况采用嵌缝、表面封堵、低压、浓浆、限流、限量、间歇、待凝、复灌等方法进行处理。

灌浆过程中发生串浆时，应阻塞串浆孔，待灌浆孔灌浆结束后，再对串浆孔进行扫孔、冲洗、灌浆。如注入率不大，且串浆孔具备灌浆条件，也可一泵一孔同时灌浆。

灌浆必须连续进行，若因故中断，应按下列原则处理：

（1）应尽快恢复灌浆。如无条件在短时间内恢复灌浆时，应立即冲洗钻孔，再恢复灌浆。若无法冲洗或冲洗无效，则应进行扫孔，再恢复灌浆。

（2）恢复灌浆时，应使用开灌比级的水泥浆进行灌注，如注入率与中断前相近，即可采用中断前水泥浆的比级继续灌浆；如注入率较中断前减少较多，应逐级加浓浆液继续灌注；如注入率较中断前减少很多，且在短时间内停止吸浆，应采取补救措施。

孔口有涌水的灌浆孔段，灌浆前应测记涌水压力和涌水量，根据用水情况，可选用下列措施处理：①自上而下分段灌浆；②缩短灌浆段长；③提高灌浆压力；④改用纯压式灌浆；⑤灌注浓浆；⑥灌注速凝浆液；⑦屏浆；⑧闭浆；⑨待凝；⑩复灌。

灌浆段注入量大而难以结束时，应首先结合地勘或先导孔资料查明原因，根据具体情况，可选用下列措施处理：①低压，浓浆，限流，限量，间歇灌浆。②灌注速凝浆液。③灌注混合浆液或膏状浆液。

对溶洞灌浆，应查明溶洞规模、发育规律、充填类型、充填程度和渗流情况，采取以下相应处理措施：

（1）溶洞内无充填物时，根据溶洞大小和地下水活动程度，可泵入高流态混凝土或水泥砂浆，或投入级配集料再灌注水泥砂浆、混合浆液、膏状浆液，或进行膜袋灌浆等。

（2）溶洞内有充填物时，根据充填物类型、特征以及充填程度可采用高压灌浆、高压旋喷灌浆等措施。灌浆注入量大时，可按照无充填物注入量大的处理方式。

灌浆过程中，如回浆失水变浓，可选用下列措施处理：

（1）适当加大灌浆压力。

（2）用分段阻塞循环式灌注。

（3）换用相同水灰比的新浆灌注。

（4）加密灌浆孔。

（5）若回浆变浓现象普遍，上述处理措施效果不明显，应研究改用细水泥浆、水泥膨润土浆或化学浆液灌注。

灌浆过程中，为避免射浆管被水泥浆凝铸在钻孔中，可选用下列措施处理：

（1）灌浆过程中应经常转动和上下活动灌浆管，回浆管宜有 15L/min 以上的回浆量，防止灌浆管在孔内被水泥浆凝住。

（2）如灌浆已进入结束条件的持续阶段，并仍为浓浆灌注时，可改用水灰比为 2 或 1 的较稀浆液灌注。

（3）条件允许时，改为纯压式灌浆。

（4）如射浆管已出现被凝住的征兆，应立即放开回浆阀门，强力冲洗钻孔，并尽快提升钻杆。

灌浆孔段遇特殊情况，无论采用何种措施处理，都应进行扫孔后复灌，重灌后应达到规定的结束条件。

8. 灌浆结束和封孔

各灌浆段灌浆的结束条件应根据地层和地下水条件、浆液性能、灌浆压力、浆液注入量和灌浆段长度等综合确定，应符合下列原则：

（1）当灌浆段在最大设计压力下，注入率不大于 1L/min 后，继续灌浆 30min，可结束灌浆。

（2）当地质条件复杂、地下水流速大、注入量较大、灌浆压力较低时，持续灌注的时间应适当延长。

全孔灌浆结束后，应以水灰比为 0.5 的新鲜普通水泥浆液置换孔内稀浆液或积水，采用全孔灌浆封孔法封孔。封孔灌浆压力，采用自上而下分段灌浆法时，可采用全孔段平均灌浆压力或 2MPa；采用孔口封闭法时，可采用该孔最大灌浆压力。封孔灌浆时间可为 1h。

9. 质量检查

帷幕灌浆工程质量的评价应以检查孔压水试验成果为主要依据，结合施工成果资料和其他检验测试资料，进行综合分析确定。

帷幕灌浆检查孔应在分析施工资料的基础上在下列部位布置：

（1）帷幕中心线上。

（2）基岩破碎、断层与裂隙发育、强岩溶等地质条件复杂的部位。

（3）末序孔注入量大的孔段附近。

（4）钻孔偏斜过大灌浆过程不正常等经分析资料认为可能对帷幕质量有影响的部位。

（5）防渗要求高的重点部位。

帷幕灌浆检查孔数量可按灌浆孔数的一定比例确定。单排孔帷幕时，检查孔数量可为灌浆孔总数的 10%左右，多排孔帷幕时，检查孔的数量可按主排孔数的 10%左右。一个坝段或一个单元工程内，至少应布置一个检查孔。

帷幕灌浆检查孔应采取岩芯，绘制钻孔柱状图。岩芯应全部拍照，重要岩芯应长期保留。

帷幕灌浆的检查孔压水试验应在该部位灌浆结束14d后进行，检查孔应自上而下分段钻进，分段阻塞，分段压水试验。宜采用单点法。

帷幕灌浆工程质量的评定标准：经检查孔压水试验检查，坝体混凝土与基岩接触段的透水率的合格率为100%，其余各段的合格率不小于90%，不合格试验段的透水率不超过设计规定的150%，且不合格试验段的分布不集中；其他施工或测试资料基本合理，灌浆质量可评为合格。

帷幕灌浆孔封孔质量应进行孔口封填外观检查和钻孔取芯抽样检查，封孔质量应满足设计要求。

检查孔检查工作结束后，应按规定进行灌浆和封孔。检查不合格的孔段应根据工程要求和不合格程度确定是否需进行扩大补充灌浆和检查。

七、基岩固结灌浆

1. 一般要求

深度大于15m的水工建筑物基岩固结灌浆和高压固结灌浆的施工应按照基岩帷幕灌浆的有关规定执行。

固结灌浆的布孔范围应根据工程规模、工程重要性、基岩特性综合分析决定。基岩固结灌浆布孔的重点部位如下：

(1) 地基应力较大的坝踵、坝趾区，建筑物高低差异较大的区域（如导墙）。

(2) 基岩破碎、断（夹）层与裂隙发育、强岩溶等地质条件复杂的部位。

(3) 建基面陡坡段。

(4) 防渗帷幕的前沿。

安排工程总体进度时，应对固结灌浆和混凝土浇筑、岸坡接触灌浆、土方填筑等的施工时间做好统筹安排。

施工前，应查明灌浆区内预埋的监测仪器、电缆、管线、止水片、锚杆、钢筋等布设位置。固结灌浆孔位放样与其发生矛盾时，应调整固结灌浆孔位或孔向。灌浆区邻近10m范围内的勘探平洞、大口径钻孔、断（夹）层等地质缺陷处理的清理与开挖、回填混凝土、回填灌浆等作业应已完成并检查合格。

固结灌浆宜在有盖重混凝土的条件下进行。对于混凝土坝，盖重混凝土厚度可为1.5m以上，盖重混凝土应达到50%设计强度后方可进行钻灌。

对于土石坝防渗体基础混凝土盖板或喷混凝土护面、堆石坝混凝土趾板下的基岩进行固结灌浆时，应待其盖板或护面结构混凝土达到设计强度后进行。在有盖重条件下进行固结灌浆施工时，应采取有效措施防止对冷却水管、接触灌浆系统、坝内钢筋、监测仪器等设施的损坏，必要时可采用引管、预埋导向管法施工。

需在无盖重条件下进行固结灌浆时，应通过现场灌浆试验论证，采取有效措施确保建基面表部岩体的灌浆质量。

固结灌浆应按分序加密的原则进行。同一区段或同一坝块内，周边孔应先行施工。其余部位灌浆孔排与排之间和同一排孔孔与孔之间，可分为二序施工，也可只分排序不分孔序或只分孔序不分排序。

具备条件时，固结兼辅助帷幕孔宜布置在灌浆廊道内施工，且于主帷幕施工前完成。

进行有盖重灌浆时，应安设抬动监测装置，在灌浆过程中连续进行观测并记录，抬动变形值应在设计允许范围内。

2. 钻孔、裂隙冲洗和压水试验

固结灌浆孔应根据工程的地质条件选用适宜的钻机和钻头钻进。灌浆孔孔径不宜小于56mm。物探测试孔、质量检查孔、抬动监测孔孔径不宜小于76mm。

灌浆孔位与设计位置的偏差不宜大于10cm，孔向、孔深应满足设计要求。

灌浆孔或灌浆段钻进完成后，应使用大水流或压缩空气冲洗钻孔，清除孔内岩粉、碴屑，冲洗后孔底残留物厚度应不大于20cm。

灌浆孔或灌浆段在灌浆前应采用压力水进行裂隙冲洗，冲洗压力采用灌浆压力的80％并不大于1MPa，冲洗时间为20min或至回水清净时止。串通孔冲洗方法与时间应按设计要求执行。

地质条件复杂以及对裂隙冲洗有特殊要求时，冲洗方法应通过现场灌浆试验确定。

可在各序孔中选取不少于5％的灌浆孔（段）在灌浆前进行简易压水试验。简易压水试验可结合裂隙冲洗进行。

3. 灌浆和封孔

根据不同的地质条件和工程要求，固结灌浆可选用全孔一次灌浆法、自上而下分段灌浆法、自下而上分段灌浆法，也可采用孔口封闭灌浆法或综合灌浆法。

灌浆孔的基岩灌浆段长度不大于6m时，可采用全孔一次灌浆法；大于6m时，宜分段灌注。各灌浆段长度可采用5～6m，特殊情况下可适当缩短或加长，但应不大于10m。

固结灌浆可采用纯压式或循环式。当采用循环式灌浆时，射浆管出口与孔底距离应不大于50cm。

灌浆孔宜单孔灌注。对相互串通的灌浆孔可并联灌注，并联孔数应不多于3个，软弱地质结构面和结构敏感部位，不宜进行多孔并联灌浆。

固结灌浆的压力应根据地质条件、工程要求和施工条件确定。当采用分段灌浆时，宜先进行接触段灌浆，灌浆塞深入基岩30～50cm，灌浆压力不宜大于0.3MPa；以下各段灌浆时，灌浆塞宜安设在受灌段顶以上50cm处，灌浆压力可适当增大。灌浆压力宜分级升高。应严格按注入率大小控制灌浆压力，防止混凝土结构物或基岩抬动。

固结灌浆的水灰比可采用3、2、1、0.5四级，开灌浆液水灰比选用3，其浆液变换原则可按照前述帷幕灌浆浆液变换要求进行，经试验论证也可采用单一比级的稳定性浆液。

固结灌浆施工中特殊情况的处理可按照帷幕灌浆特殊情况处理执行。

各灌浆段灌浆的结束条件应根据地质条件和工程要求确定。当灌浆段在最大设计压力下，注入率不大于1L/min后，继续灌注30min，可结束灌浆。

固结灌浆孔各灌浆段灌浆结束后可不待凝，但在灌浆前涌水、灌后返浆或遇其他地质条件复杂情况，则应待凝，待凝时间可为12～24h。

灌浆孔灌浆结束后，可采用导管注浆法封孔，孔口涌水的灌浆孔应采用全孔灌浆法封孔。

4. 质量检查

固结灌浆工程的质量检查宜采用检测岩体弹性波波速的方法，检测可在灌浆结束14d后进行。检查孔的数量和布置、岩体波速提高的程度应按设计规定执行。检测的仪器和方法应符合《水利水电工程物探规程（附条文说明）》SL 326—2005 的要求。

固结灌浆工程的质量检查也可采用钻孔压水试验的方法，检测的时间可在灌浆结束7d或3d后进行。检查孔的数量不宜少于灌浆孔总数的5%。工程质量合格标准：单元工程内检查孔各段的合格率应达85%以上，不合格孔段的透水率值不超过设计规定值的150%，且不集中。

声波测试孔、压水试验检查孔完成检查工作后，应按要求进行灌浆和封孔。对检查不合格的孔段，应根据工程要求和不合格程度确定是否需对相邻部位进行补充灌浆和检查。

第五章　水利工程建设项目验收

第一节　工程质量检验

工程质量检验也称“技术检验”，是采用一定检验测试手段和检查方法测定产品的质量特性，并把测定结果同规定的质量标准作比较，从而对产品或一批产品做出合格或不合格判断的质量管理方法。其目的在于，保证不合格的原材料不投产，不合格的零件不转入下一工序，不合格的产品不出厂；并收集和积累反映质量状况的数据资料，为测定和分析工序能力，监督工艺过程，改进质量提供信息。

一、质量检验的含义

对实体的一个或多个特性进行的，如测量、检查、试验和度量，并将结果与规定的要求相比较，以及确定每项特性合格情况等所进行的活动。

在《质量管理体系基础和术语》GB/T 19000—2016 中对检验的定义是“对符合规定要求的确定”。

而要求是指“明示的、通常隐含的或必须履行的需求或期望”。“通常隐含”是指组织和相关方的惯例或一般做法，所考虑的需求或期望是不言而喻的；规定要求是经明示的要求，如在形成文件的信息中阐明；特定要求可使用限定词表示，如产品要求、质量管理要求、顾客要求、质量要求等；要求可由不同的相关方或组织提出；为实现较高的顾客满意，可能有必要满足那些顾客既没有明示也不是通常隐含或必须履行的期望。

若检验结果表明合格，则可被用于验证的目的。验证是通过提供客观证据对规定要求已得到满足的认定，验证所需的客观证据可以是检验结果或其他形式的确定结果，如变换方法进行计算或文件，为验证所进行的活动有时被称为鉴定过程。

施工过程中是否按照设计图纸、技术操作规程、质量标准的要求实施，将直接影响工程产品的质量。为此，必须进行各种必要的检验，避免出现工程缺陷和不合格产品。

质量检验活动主要包括以下几个方面：

（1）明确并掌握对检验对象的质量要求：明确并掌握产品的技术标准，明确检验的项目和指标要求；明确抽样方案、检验方法及检验程序；明确产品合格判定原则等。

（2）测试：用规定的手段按规定的方法在规定的环境条件下，测试产品的质量特性值。

（3）比较：将测试所得的结果与质量要求相比较，确定其是否符合质量要求。

（4）评价：根据比较的结果，对产品质量的合格与否做出评价。

(5) 处理：出具检验报告，反馈质量信息，对产品进行处理。其具体包括如下内容：

①对合格的产品或产品批做出合格标记，填写检验报告，签发合格证，放行产品。

②对不合格的产品或产品批填写检验报告与有关单据，说明质量问题，提出处理意见，并在产品上做出不合格标记，根据不合格品管理规定予以隔离和处理。

③将质量检验信息及时汇总分析，并反馈到有关部门，促使其改进质量。

二、质量检验的作用

要保证和提高建设项目的施工质量，除了检查施工技术和组织措施外，还要采用质量检验的方法，来检查施工者的工作质量。归纳起来，工程质量检验有以下作用：

(1) 质量检验的结论可作为产品验证及确认的依据。只有通过质量检验，才能得到工程产品的质量特征值，才有可能与质量标准相比较，进而得到合格与否的判断。

(2) 质量问题的预防及把关。例如，严禁不合格的原材料、构配件进入施工现场或投入生产；尽早发现存在质量问题的零部件，避免成批不合格事件的发生；禁止出现不合格产品。

(3) 质量信息的反馈。通过检验，把产品存在的质量问题反馈给相应部门，找到出现质量问题的原因，在设计、施工、管理等方面采取针对性的措施，改进产品质量。

三、质量检验的职能

(1) 质量把关。确保不合格的原材料、构配件不投入生产；不合格的半成品不转入下一工序，不合格的产品不出厂。

(2) 预防质量问题。通过质量检验获得的质量信息有助于提前发现产品的质量问题，及时采取措施，制止其不良后果蔓延，防止其再次发生。

(3) 对质量保证条件的监督。质量检验部门按照质量法规及检验制度、文件的规定，不仅对直接产品进行质量检验，还要对保证生产质量的条件进行监督。

(4) 不仅被动地记录产品质量信息，还应主动地从质量信息分析质量问题、质量动态、质量趋势，反馈给有关部门作为提高产品质量的决策依据。

四、质量检验的类型

(一) 按照施工过程的阶段分类

1. 进货检验

即对原材料、外购件、外协件的检验，又称进场检验。为了鉴定供货合同所确定的质量水平的最低限值，对首批样品进行较严格的进场检验，即所谓“首检”。对于通过首检的原材料、外购件、外协件，在供货方有合格的质量保证体系保证产品生产的一致性和稳定性的条件下，以后提供的批产品所进行的逐批检验，一般都采取抽样检验，一般比进场检验要求要松一些，在特殊情况则使用全数检验。

2. 工序检验

即在生产现场进行的对工序半成品的检验。其目的在于防止不合格半成品流入下一道工序；判断工序质量是否稳定，是否满足工序规格的要求。

3. 成品检验

即对已完工的产品在验收交付前的全面检验。

施工单位的质量检验是施工单位内部进行的质量检验，包括从原材料进货直至交工的全过程中的全部质量检验工作，它是建设单位、监理单位及政府第三方质量控制、监督检验的基础，是质量把关的关键。

施工单位在工程施工中必须健全质量保证体系，认真执行初检、复检和终检的施工质量“三检制”，在施工中对工程质量进行全过程的控制。初检是搞好施工质量的基础，每道工序完成后，应由班组质检员填写初检记录，班组长复核签字。一道工序由几个班组连续施工时，要做好班组交接记录，由完成该道工序的最后一个班填写初检记录；复检是考核、评定施工班组工作质量的依据，要努力工作提高一次检查合格率，由施工队的质检员与施工技术人员一起搞好复检工作，并填写复检意见；终检是保证工程质量的关键，必须由质检处和施工单位的专职质检员进行终检，对分工序施工的单元工程，如果上一道工序未经终检或终检不合格，不得进行下一道工序的施工。

施工单位应建立检验制度，制订检验计划。质量检验用的检测器具应定期鉴定、校核；工地使用的衡器、量具也应定期鉴定、校准。对于从事关键工序操作和重要设备安装的工人，要经过严格的技术考核，达不到规定技术等级的不得顶岗操作。

通过严格执行上述有关施工质量自检的规定，以加强施工单位内部的质量保证体系，推行全面质量管理。

（二）按检验内容和方式分类

按质量检验的内容及方式，质量检验可分为以下五种：

1. 施工预先检验

施工预先检验是指工程在正式施工前所进行的质量检验。这种检验是防止工程发生差错、造成缺陷和不合格品出现的有力措施。例如，对原始基准点、基准线和参考标高的复核，对预埋件留设位置的检验；对预制构件安装中构件位置、型号、支承长度和标高的检验等。

2. 工序交接质量检验

工序交接质量检验主要指工序施工中，上道工序完工即将转入下道工序时所进行的质量检验，它是对工程质量实行控制，进而确保工程质量的一种重要检验，只有做到一环扣一环，环环不放松，整个施工过程的质量才能得到有力的保障。其主要作用：评价施工单位的工序施工质量；防止质量问题积累或向下转移；检验施工技术措施、工艺方案及其实施的正确性；为工序能力研究和质量控制提供数据。因此，工序质量交接检验必须坚持上道工序不合格就不能转入下道工序的原则。

3. 原材料、中间产品和工程设备质量确认检验

原材料、中间产品和工程设备质量确认检验是指根据合同规定及质量保证文件的要求，对所有用于工程项目的器材的可信性及合格性做出有根据的判断，从而决定其是否可以投用。原材料、中间产品和工程设备质量确认检验的主要目的是判定用于工程项目的原材料、中间产品和工程设备是否符合合同中规定的状态；同时，通过原材料、中间产品和工程设备质量确认检验，能及时发现质量检验工作中存在的问题，反馈质量信息。如对进场的原材料（砂、石、集料、钢筋、水泥等）、中间产品（混凝土

预制件、混凝土拌和物等)、工程设备(闸门、水轮机等)的质量检验。

4. 隐蔽工程验收检验

隐蔽工程验收检验，是指将被其他工序施工所隐蔽的工序、分部工程，在隐蔽前所进行的验收检验。如基础施工前对地基质量的检验，混凝土浇筑前对钢筋、模板工程的质量检验，大型钢筋混凝土基础、结构浇筑前对钢筋、预埋件、预留孔、保护层、模板内清理情况的检验等。实践证明，坚持隐蔽工程验收检验，是防止质量隐患，确保工程质量的重要措施。隐蔽工程验收检验后，要办理隐蔽工程检验签证手续，存入工程档案。施工单位要认真处理监理单位在隐蔽工程检验中发现的问题。处理完毕后，还需经监理单位复核，并写明处理情况。未经检验或检验不合格的隐蔽工程，不能进行下道工序施工。

5. 完工验收检验

完工验收检验是指工程项目竣工验收前对工程质量水平所进行的质量检验。它是对工程产品的整体性能进行全方位的一种检验。完工验收检验是进行正式完工验收的前提条件。

(三) 按工程质量检验深度分类

按工程质量检验工作深度，可将质量检验分为全数检验、抽样检验和免检三类。

1. 全数检验

全数检验也称普遍检验，是对工程产品逐个、逐项或逐段的全面检验。在建设项目施工中，全数检验主要用于关键工序及隐蔽工程的验收。

关键工序及隐蔽工程施工质量的好坏，将直接关系工程的质量，有时会直接关系工程的使用功能及效益。因此，质量检验专职人员有必要对隐蔽工程的关键工序进行全数检验。如在水库混凝土大坝的施工中，在每仓混凝土开仓之前，应对每一仓位进行质量检验，即进行全数检验。

归纳起来，遇到下列情况应采取全数检验：

(1) 质量十分不稳定的工序。

(2) 质量性能指标对工程项目的安全性、可靠性起决定性作用的项目。

(3) 质量水平要求高，对下道工序有较大影响的项目(包括原材料、中间产品和工程设备)等。

2. 抽样检验

在施工过程中进行质量检验，由于工程产品(或原材料)的数量相当大，不得不进行抽样检验，即从工程产品(或原材料)中抽取少量样品(即样组)，进行仔细检验，借以判断工程产品或原材料批的质量情况。

抽样检验常用在下列几种情况下：

(1) 检验是破坏性的，如对钢筋的试验。

(2) 检验的对象是连续体，如对混凝土拌合物的检验等。

(3) 质量检验对象数量多，如对砂、石集料的检验。

(4) 对工序进行质量检验。

3. 免检

免检是指对符合规定条件的产品，在其免检有效期内，免于国家、省、市、县各级政府监管部门实施的常规性质量监督检查。企业要申请免检，除具备独立法人资格，能保证稳定生产以外，执行的产品质量自定标准还必须达到或严于国家标准、行业标准的要求，此外其产品必须在省以上质监部门监督抽查中连续3次合格等。

为保证质量，质监部门对免检企业和免检产品实行严格的后续监管。国家质检总局会不定期对免检产品进行国家监督抽查，出现不合格的督促企业整改；严重不合格的，撤销免检资格。在免检期，免检企业还必须每年提供产品检验报告。免检企业到期，需重新申请的，质监部门还要再次核查免检产品质量是否持续符合免检要求，对不符合的，不再给予免检资格。

五、水利水电工程质量检验程序

工程质量检验包括施工准备检查，中间产品与原材料质量检验，水工金属结构、启闭机及机电产品质量检查，单元工程质量检验，质量事故检查及工程外观质量检验等程序。

（1）施工准备检查。主体工程开工前，施工单位应组织人员对施工准备工作进行全面检查，并经建设（监理）单位确认合格后才能进行主体工程施工。

（2）中间产品与原材料质量检验。施工单位应按施工质量验收评定标准及有关技术标准，对中间产品与水泥、钢材等原材料质量进行全面检验，不合格产品，不得使用。

（3）水工金属结构、启闭机及机电产品质量检查。安装前，施工单位应检查是否有出厂合格证、设备安装说明书及有关技术文件；对在运输和存放过程中发生的变形、受潮、损坏等问题应做好记录，并进行妥善处理。无出厂合格证或不符合质量标准的产品不得用于工程中。

（4）单元工程质量检验。施工单位应严格按《水利水电工程单元工程施工质量验收评定标准》检验工序及单元工程质量，做好施工记录，并填写《水利水电工程施工质量评定表》。建设（监理）单位根据自己抽检的资料，核定单元工程质量等级。发现不合格单元工程，应按设计要求及时进行处理，合格后才能进行后续单元工程施工。对施工中的质量缺陷要记录备案，进行统计分析，并记入相应单元工程质量评定表“评定意见”栏内。

（5）施工单位应按月将中间产品质量及单元工程质量等级评定结果报建设（监理）单位，由建设（监理）单位汇总后报质量监督机构。

（6）工程外观质量检验。单位工程完工后，由质量监督机构组织建设（监理）、设计及施工等单位组成工程外观质量评定组，进行现场检验评定。参加外观质量评定的人员，必须具有工程师及其以上技术职称。评定组人数应不少于5人，大型工程不宜少于7人。

第二节　水利工程建设项目验收管理规定

水利水电工程无论是江河治理、城市防洪、除涝，还是蓄水灌溉、解决饮水、开发水电，其质量好坏都关系到国计民生和城乡人民生命财产的安全。由于水利工程具有投资多、规模大、建设周期长、生产环节多、多方参与等特点，根据工程的进展情况，及时组织验收工作来控制工程质量是非常必要的。

为加强水利工程建设项目验收管理，明确验收责任，规范验收行为，结合水利工程建设项目的特点，在总结水利工程建设经验的基础上，水利部于2006年12月18日水利部令第30号发布了《水利工程建设项目验收管理规定》，于2007年4月1日施行。2014年8月19日水利部令第46号第一次修正；2016年8月1日水利部令第48号第二次修正；2017年12月22日水利部令第49号第三次修正。

《水利工程建设项目验收管理规定》包括总则、法人验收、政府验收、罚则和附则共五十一条。

根据《水利工程建设项目验收管理规定》对水利工程建设项目验收的规定：水利工程建设项目具备验收条件时，应当及时组织验收。未经验收或者验收不合格的，不得交付使用或者进行后续工程施工。

一、验收的分类

1. 按验收主持单位性质不同分类

水利工程建设项目验收，按验收主持单位性质不同分为法人验收和政府验收两类。

法人验收是指在项目建设过程中由项目法人组织进行的验收。法人验收是政府验收的基础。

政府验收是指由有关人民政府、水行政主管部门或者其他有关部门组织进行的验收。政府验收包括专项验收、阶段验收和竣工验收。

2. 按工程建设的不同阶段分类

按工程建设的不同阶段对工程的验收分为阶段验收和交工验收。

阶段验收包括工程导（截）流、水库下闸蓄水、引（调）排水工程通水、首（末）台机组启动等关键阶段进行的验收。

另外还有专项验收，按照国家有关规定，环境保护、水土保持、移民安置以及工程档案等在工程竣工验收前要组织专项验收。经商有关部门同意，专项验收可以与竣工验收一并进行。

二、验收依据

水利工程建设项目验收的依据如下：

（1）国家有关法律、法规、规章和技术标准。

（2）有关主管部门的规定。

（3）经批准的工程立项文件、初步设计文件、调整概算文件。

（4）经批准的设计文件及相应的工程变更文件。

（5）施工图纸及主要设备技术说明书等。

（6）法人验收还应当以施工合同为验收依据。

三、验收组织

（1）验收主持单位应当成立验收委员会（验收工作组）进行验收，验收结论应当经2/3以上验收委员会（验收工作组）成员同意。

验收委员会（验收工作组）成员应当在验收鉴定书上签字。验收委员会（验收工作组）成员对验收结论持有异议的，应当将保留意见在验收鉴定书上明确记载并签字。

（2）验收中发现的问题，其处理原则由验收委员会（验收工作组）协商确定。主任委员（组长）对争议问题有裁决权。但是，半数以上验收委员会（验收工作组）成员不同意裁决意见的，法人验收应当报请验收监督管理机关决定，政府验收应当报请竣工验收主持单位决定。

（3）验收委员会（验收工作组）对工程验收不予通过的，应当明确不予通过的理由并提出整改意见。有关单位应当及时组织处理有关问题，完成整改，并按照程序重新申请验收。

（4）项目法人以及其他参建单位应当提交真实、完整的验收资料，并对提交的资料负责。

四、验收监督

水利部负责全国水利工程建设项目验收的监督管理工作。

水利部所属流域管理机构（以下简称流域管理机构）按照水利部授权，负责流域内水利工程建设项目验收的监督管理工作。

县级以上地方人民政府水行政主管部门按照规定权限负责本行政区域内水利工程建设项目验收的监督管理工作。

法人验收监督管理机关对项目的法人验收工作实施监督管理。

由水行政主管部门或者流域管理机构组建项目法人的，该水行政主管部门或者流域管理机构是本项目的法人验收监督管理机关。

由地方人民政府组建项目法人的，该地方人民政府水行政主管部门是本项目的法人验收监督管理机关。

五、法人验收

（1）工程建设完成分部工程、单位工程、单项合同工程，或者中间机组启动前，应当组织法人验收。项目法人可以根据工程建设的需要增设法人验收的环节。

（2）项目法人应当自工程开工之日起60个工作日内，制定法人验收工作计划，报法人验收监督管理机关和竣工验收主持单位备案。

（3）施工单位在完成相应工程后，应当向项目法人提出验收申请。项目法人经检查认为建设项目具备相应的验收条件的，应当及时组织验收。

（4）法人验收由项目法人主持。验收工作组由项目法人、设计、施工、监理等单位的代表组成；必要时可以邀请工程运行管理单位等参建单位以外的代表及专家参加。

项目法人可以委托监理单位主持分部工程验收，有关委托权限应当在监理合同或者委托书中明确。

（5）法人验收后，质量评定结论应当报该项目的质量监督机构核备。未经核备的，不得组织下一阶段验收。

（6）项目法人应当自法人验收通过之日起30个工作日内，制作法人验收鉴定书，发送参加验收单位并报送法人验收监督管理机关备案。

法人验收鉴定书是政府验收的备查资料。

⑺单位工程投入使用验收和单项合同工程完工验收通过后，项目法人应当与施工单位办理工程的有关交接手续。

工程保修期从通过单项合同工程完工验收之日算起，保修期限按合同约定执行。

六、政府验收

1．验收主持单位

（1）阶段验收、竣工验收由竣工验收主持单位主持。竣工验收主持单位可以根据工作需要委托其他单位主持阶段验收。

专项验收依照国家有关规定执行。

（2）国家重点水利工程建设项目，竣工验收主持单位依照国家有关规定确定。

除前款规定以外，在国家确定的重要江河、湖泊建设的流域控制性工程、流域重大骨干工程建设项目，竣工验收主持单位为水利部。

除前两款规定以外的其他水利工程建设项目，竣工验收主持单位按照以下原则确定：

① 水利部或者流域管理机构负责初步设计审批的中央项目，竣工验收主持单位为水利部或者流域管理机构；

② 水利部负责初步设计审批的地方项目，以中央投资为主的，竣工验收主持单位为水利部或者流域管理机构，以地方投资为主的，竣工验收主持单位为省级人民政府（或者其委托的单位）或者省级人民政府水行政主管部门（或者其委托的单位）；

③ 地方负责初步设计审批的项目，竣工验收主持单位为省级人民政府水行政主管部门（或者其委托的单位）。

竣工验收主持单位为水利部或者流域管理机构的，可以根据工程实际情况，会同省级人民政府或者有关部门共同主持。

竣工验收主持单位应当在工程初步设计的批准文件中明确。

2．专项验收

（1）枢纽工程导（截）流、水库下闸蓄水等阶段验收前，涉及移民安置的，应当完成相应的移民安置专项验收。

工程竣工验收前，应当按照国家有关规定，进行环境保护、水土保持、移民安置以及工程档案等专项验收。经商有关部门同意，专项验收可以与竣工验收一并进行。

（2）项目法人应当自收到专项验收成果文件之日起10个工作日内，将专项验收成果文件报送竣工验收主持单位备案。

专项验收成果文件是阶段验收或者竣工验收成果文件的组成部分。

3．阶段验收

（1）工程建设进入枢纽工程导（截）流、水库下闸蓄水、引（调）排水工程通水、首（末）台机组启动等关键阶段，应当组织进行阶段验收。

竣工验收主持单位根据工程建设的实际需要，可以增设阶段验收的环节。

（2）阶段验收的验收委员会由验收主持单位、该项目的质量监督机构和安全监督机构、运行管理单位的代表以及有关专家组成；必要时，应当邀请项目所在地的地方人民政府以及有关部门参加。

工程参建单位是被验收单位，应当派代表参加阶段验收工作。

(3) 大型水利工程在进行阶段验收前，可以根据需要进行技术预验收。技术预验收参照有关竣工技术预验收的规定进行。

(4) 水库下闸蓄水验收前，项目法人应当按照有关规定完成蓄水安全鉴定。

(5) 验收主持单位应当自阶段验收通过之日起30个工作日内，制作阶段验收鉴定书，发送参加验收的单位并报送竣工验收主持单位备案。

阶段验收鉴定书是竣工验收的备查资料。

4. 竣工验收

(1) 竣工验收应当在工程建设项目全部完成并满足一定运行条件后1年内进行。不能按期进行竣工验收的，经竣工验收主持单位同意，可以适当延长期限，但最长不得超过6个月。逾期仍不能进行竣工验收的，项目法人应当向竣工验收主持单位做出专题报告。

(2) 竣工财务决算应当由竣工验收主持单位组织审查和审计。竣工财务决算审计通过15日后，方可进行竣工验收。

(3) 工程具备竣工验收条件的，项目法人应当提出竣工验收申请，经法人验收监督管理机关审查后报竣工验收主持单位。竣工验收主持单位应当自收到竣工验收申请之日起20个工作日内决定是否同意进行竣工验收。

(4) 竣工验收原则上按照经批准的初步设计所确定的标准和内容进行。

项目既有总体初步设计又有单项工程初步设计的，原则上按照总体初步设计的标准和内容进行，也可以先进行单项工程竣工验收，最后按照总体初步设计进行总体竣工验收。

项目有总体可行性研究但没有总体初步设计而有单项工程初步设计的，原则上按照单项工程初步设计的标准和内容进行竣工验收。

建设周期长或者因故无法继续实施的项目，对已完成的部分工程可以按单项工程或者分期进行竣工验收。

(5) 竣工验收分为竣工技术预验收和竣工验收两个阶段。

(6) 大型水利工程在竣工技术预验收前，项目法人应当按照有关规定对工程建设情况进行竣工验收技术鉴定。中型水利工程在竣工技术预验收前，竣工验收主持单位可以根据需要决定是否进行竣工验收技术鉴定。

(7) 竣工技术预验收由竣工验收主持单位以及有关专家组成的技术预验收专家组负责。

工程参建单位的代表应当参加技术预验收，汇报并解答有关问题。

(8) 竣工验收的验收委员会由竣工验收主持单位、有关水行政主管部门和流域管理机构、有关地方人民政府和部门、该项目的质量监督机构和安全监督机构、工程运行管理单位的代表以及有关专家组成。工程投资方代表可以参加竣工验收委员会。

(9) 竣工验收主持单位可以根据竣工验收的需要，委托具有相应资质的工程质量检测机构对工程质量进行检测。

(10) 项目法人全面负责竣工验收前的各项准备工作，设计、施工、监理等工程参建单位应当做好有关验收准备和配合工作，派代表出席竣工验收会议，负责解答验收委员会提出的问题，并作为被验收单位在竣工验收鉴定书上签字。

(11) 竣工验收主持单位应当自竣工验收通过之日起30个工作日内，制作竣工验收鉴定书，并发送有关单位。

竣工验收鉴定书是项目法人完成工程建设任务的凭据。

5. 验收遗留问题处理与工程移交

(1) 项目法人和其他有关单位应当按照竣工验收鉴定书的要求妥善处理竣工验收遗留问题和完成尾工。

验收遗留问题处理完毕和尾工完成并通过验收后，项目法人应当将处理情况和验收成果报送竣工验收主持单位。

(2) 项目法人与工程运行管理单位不同的，工程通过竣工验收后，应当及时办理移交手续。

工程移交后，项目法人以及其他参建单位应当按照法律法规的规定和合同约定，承担后续的相关质量责任。项目法人已经撤消的，由撤消该项目法人的部门承接相关的责任。

七、罚则

(1) 违反本规定，项目法人不按时限要求组织法人验收或者不具备验收条件而组织法人验收的，由法人验收监督管理机关责令改正。

(2) 项目法人以及其他参建单位提交验收资料不真实导致验收结论有误的，由提交不真实验收资料的单位承担责任。竣工验收主持单位收回验收鉴定书，对责任单位予以通报批评；造成严重后果的，依照有关法律法规处罚。

(3) 参加验收的专家在验收工作中玩忽职守、徇私舞弊的，由验收监督管理机关予以通报批评；情节严重的，取消其参加验收的资格；构成犯罪的，依法追究刑事责任。

(4) 国家机关工作人员在验收工作中玩忽职守、滥用职权、徇私舞弊，尚不构成犯罪的，依法给予行政处分；构成犯罪的，依法追究刑事责任。

第三节　水利水电工程建设项目质量评定

一、基本术语

1. 单元工程

依据建筑物设计结构、施工部署和质量考核要求，将分部工程划分为若干个层、块、区、段，每一层、块、区、段为一个单元工程，通常是由若干个工序组成的综合体，是施工质量考核的基本单位。

2. 工序

按施工的先后顺序将单元工程划分成的若干个具体施工过程或施工步骤。对单元工程质量影响较大的工序称为主要工序。

3. 主控项目

对单元工程的功能起决定作用或对安全、卫生、环境保护有重大影响的检验项目。

4. 一般项目

除主控项目以外的检验项目。

二、施工质量检验与评定规程

（一）概述

按照《水利技术标准编写规定》（SL 1—2002）的要求，修订《水利水电工程施工质量评定规程（试行）》（SL 176—1996），并更名为《水利水电工程施工质量检验与评定规程（附条文说明）》（SL 176—2007），2007 年 7 月 14 日发布，2007 年 10 月 14 日实施。

本标准共 5 章，11 节，84 条和 7 个附录。与原规程相比，增补和调整的内容主要包括以下几个方面：

（1）扩大了本规程适用范围；

（2）修订了质量术语、增加了新的术语；

（3）修订了项目划分原则及项目划分程序，新增引水工程、除险加固工程项目划分原则。纳入了《堤防工程施工质量评定与验收规程（试行）》（SL 239—1999）的有关条款；

（4）增加了见证取样条款；

（5）增加了检验不合格的处理条款及水利水电工程中涉及其他行业的建筑物施工质量检验评定办法的条款；

（6）增加了委托水利行业质量检测单位抽样检测的条款；

（7）修订了质量事故检查的条款；

（8）增加了工程质量缺陷备案条款；

（9）增加了砂浆、砌筑用混凝土强度检验评定标准；

（10）修订了质量评定标准；

（11）修订了质量评定工作的组织与管理；

（12）增加了附录 A 水利水电工程外观质量评定办法、附录 B 水利水电工程施工质量缺陷备案表格式、附录 C 普通混凝土试块试验数据统计方法、附录 D 喷射混凝土抗压强度检验评定标准、附录 E 砂浆、砌筑用混凝土强度检验评定标准、附录 F 重要隐蔽单元工程（关键部位单元工程）质量等级签证表、附录 G 水利水电工程项目施工质量评定表；

（13）将原规程附录 A 水利水电枢纽工程项目划分表、附录 B 渠道及堤防工程项目划分表修订补充后列入条文 3.1.1 说明中，作为项目划分示例；

（14）删去原规程附录 C 水利水电工程质量评定报告格式。

（二）总则

1. 目的

为加强水利水电工程建设质量管理，保证工程施工质量，统一施工质量检验与评定方法，使施工质量检验与评定工作标准化、规范化，特制定本规程。

2. 使用范围

本规程适用于大、中型水利水电工程及符合下列条件的小型水利水电工程施工质量检验与评定。其他小型工程可参照执行。

坝高 30m 以上的水利枢纽工程；

4 级以上的堤防工程；

总装机 10MW 以上的水电站；

小（Ⅰ）型水闸工程。

4 级堤防工程指防洪标准［重现期］<30 年，且≥20 的堤防工程。

小（Ⅰ）型水闸工程按《灌溉与排水工程设计规范》（GB 50288—2018）、《堤防工程设计规范》（GB 50286—2013）及《水闸设计规范》（SL 265—2016）的规定：①灌溉、排水渠系中的小（Ⅰ）型水闸指过水流量 5～20m^3/s 的水闸；②4 级堤防（挡潮堤）工程上的水闸；③平原地区小（Ⅰ）型水闸工程指最大过闸流量为 20～100m^3/s 的水闸枢纽工程。

3. 评定分级

水利水电工程施工质量等级分为“合格”“优良”两级。

项目法人（含建设单位、代建机构，下同）、监理单位（含监理机构，下同）、勘测单位、设计单位、施工单位等工程参建单位及工程质量检测单位等，应按国家和行业有关规定，建立健全工程质量管理体系，做好工程建设质量管理工作。

工程建筑物属于契约型商品范畴，其质量的形成与参建各方关系密切。按国家及水利行业有关规定，主要参建方的质量管理体系应符合以下要求：

4. 项目法人质量检查体系：

项目法人应建立健全质量检查体系

项目法人应有专职抓工程质量的技术负责人；

有专职质量检查机构及人员；

有一般的质量检测手段。当条件不具备时，应委托有资质的工程质量检测单位为其进行抽检；

建立健全工程质量管理各项规章制度。如总工程师岗位责任制、质量管理分工负责制、技术文件编制，审核，上报制、工程质量管理例会制、工程质量月报制、工程质量事故报告制等。

5. 监理机构质量控制体系

监理机构应建立健全质量控制体系：

总监理工程师、监理工程师、监理员及其他工作人员的组成（人员素质及数量）应符合合同规定，并满足所承担监理任务的要求。总监、监理工程师及监理员应持证上岗；

建立健全质量管理制度。如岗位责任制、技术文件审核审批制度、原材料，中间产品及工程设备检验制度、工程质量检验制度、质量缺陷备案及检查处理制度、监理例会制、紧急情况报告制度、工作报告制度、工程验收制度等；

工程规模较大时，应按合同规定建立工地试验室。无条件时，可就近委托有资质检测机构或试验室进行复核检测；

编制工程建设监理规划及单位工程建设监理细则，并在第一次工地会议上向参建各方进行监理工作交底。

6. 施工单位质量保证体系

施工单位应建立健全质量保证体系：

项目经理部的组织机构应符合承建项目的要求。项目经理应持证上岗，技术负责人应具有相应专业技术资质；

现场应设置专职质检机构，其人员（素质及数量）配置符合承建工程需要，质检员应持证上岗；

现场应设置符合要求的试验室。无条件设立工地试验室的，经项目法人同意后，施工单位应就近委托有资质的检测机构或试验室进行自检项目的试验工作；

建立健全质量管理规章制度。如工程质量岗位责任制度，质量管理制度，原材料、中间产品、设备质量检验制度，施工质量自检制度，工序及单元工程验收制度，工程质量等级自评制度，质量缺陷检查及处理制度，质量事故及重大质量问题责任追究制度等。

7. 设计单位服务质量保证体系

建立设计单位设计质量及现场服务质量保证体系：

大、中型工程设计单位应按合同规定在施工现场设立设计代表机构或派驻设计代表。现场设计人员的资格和专业配备应满足工程需要；

建立健全相关质量保证制度。如设代机构责任制度、设计文件及图纸签发批准制度、单项设计技术交底制度、现场设计通知和设计变更的审核签发制度等。

8. 质量检测机构

凡接受委托进行质量检测的机构，需经省级以上质量技术监督部门计量认证合格，且在其业务范围内承担检测任务。检测人员必须持证上岗。

水行政主管部门及其委托的工程质量监督机构对水利水电工程施工质量检验与评定工作进行监督。

水利水电工程施工质量检验与评定，除应符合本规程要求外，尚应符合国家及行业现行有关标准的规定。

（三）项目划分

1. 项目名称

水利水电工程质量检验与评定应进行项目划分。项目按级划分为单位工程、分部工程、单元（工序）工程等三级。

工程中永久性房屋（管理设施用房）、专用公路、专用铁路等工程项目，可按相关行业标准划分和确定项目名称。

2. 项目划分原则

水利水电工程项目划分应结合工程结构特点、施工部署及施工合同要求进行，划分结果应有利于保证施工质量以及施工质量管理。

（1）单位工程项目的划分应按下列原则确定：

① 枢纽工程，一般以每座独立的建筑物为一个单位工程。当工程规模大时，可将

一个建筑物中具有独立施工条件的一部分划分为一个单位工程。

② 堤防工程，按招标标段或工程结构划分单位工程。规模较大的交叉联结建筑物及管理设施以每座独立的建筑物为一个单位工程。

③ 引水（渠道）工程，按招标标段或工程结构划分单位工程。大、中型引水（渠道）建筑物以每座独立的建筑物为一个单位工程。

④ 除险加固工程，按招标标段或加固内容，并结合工程量划分单位工程。

（2）分部工程项目的划分应按下列原则确定：

① 枢纽工程，土建部分按设计的主要组成部分划分。金属结构及启闭机安装工程和机电设备安装工程按组合功能划分。

② 堤防工程，按长度或功能划分。

③ 引水（渠道）工程中的河（渠）道按施工部署或长度划分。大、中型建筑物按工程结构主要组成部分划分。

④ 除险加固工程，按加固内容或部位划分。

同一单位工程中，各个分部工程的工程量（或投资）不宜相差太大，每个单位工程中的分部工程数目不宜少于5个。

（3）单元工程项目的划分应按下列原则确定：

① 按《水利水电工程单元工程施工质量验收评定标准》（SL 631～637—2012）的规定对工程进行项目划分。

② 河（渠）道开挖、填筑及衬砌单元工程划分界限宜设在变形缝或结构缝处，长度一般不大于100m。同一分部工程中各单元工程的工程量（或投资）不宜相差太大。

③《水利水电工程单元工程施工质量验收评定标准》中未涉及的单元工程可依据工程结构、施工部署或质量考核要求，按层、块、段进行划分。

3. 项目划分程序

（1）由项目法人组织监理、设计及施工等单位进行工程项目划分，并确定主要单位工程、主要分部工程、重要隐蔽单元工程和关键部位单元工程。项目法人在主体工程开工前应将项目划分表及说明书面报相应工程质量监督机构确认。

（2）工程质量监督机构收到项目划分书面报告后，应在14个工作日内对项目划分进行确认并将确认结果书面通知项目法人。

（3）工程实施过程中，需对单位工程、主要分部工程、重要隐蔽单元工程和关键部位单元工程的项目划分进行调整时，项目法人应重新报送工程质量监督机构确认。

（四）施工质量检验

（1）基本规定。

① 承担工程检测业务的检测机构应具有水行政主管部门颁发的资质证书。其设备和人员的配备应与所承担的任务相适应，有健全的管理制度。关于检测机构的资质和业务管理参见《水利工程质量检测管理规定》。

② 工程施工质量检验中使用的计量器具、试验仪器仪表及设备应定期进行检定，并具备有效的检定证书。国家规定需强制检定的计量器具应经县级以上计量行政部门认定的计量检定机构或其授权设置的计量检定机构进行检定。

计量器具是指能用以直接和间接测出被测对象量值的装置、仪器、仪表、量具和用于统一量值的标准物质。计量器具包括计量基准、计量标准和工作计量器具。

《中华人民共和国计量法》第九条规定，县级以上人民政府计量行政部门对社会公用计量标准器具，部门和企业、事业单位使用的最高计量标准器具，以及用于贸易结算、安全防护、医疗卫生、环境监测方面的列入强制检定目录的工作计量器具，实行强制检定。例如，直尺、钢卷尺、温度计、天平、砝码、台秤、压力表等（详见《中华人民共和国强制检定的工作计量器具明细目录》），未按照规定申请检定或者检定不合格的，不得使用。

对非强制性检定的计量器具，按《中华人民共和国计量法实施细则》的规定，使用单位应当制订具体的检定办法和规章制度，自行定期检定或者送其他计量检定机构检定，县级以上人民政府计量行政部门应当进行监督检查。为了保证试验仪器、仪表及设备的试验数据的准确性，同样应按照有关规定进行定期检定。

③ 检测人员应熟悉检测业务，了解被检测对象性质和所用仪器设备性能，经考核合格后，持证上岗。参与中间产品及混凝土（砂浆）试件质量资料复核的人员应具有工程师以上工程系列技术职称，并从事过相关试验工作。

检测人员主要指从事水利水电工程施工质量检验的项目法人、监理单位、设计单位、质量检测机构的检测人员及施工单位的专职质检人员。检测人员的素质（职业道德及业务水平）直接影响检测数据的真实性、可靠性，因此，须对检测人员素质提出要求。鉴于进行中间产品资料复核的人员应具有较高的技术水平和较丰富的实践经验，因此规定应具有工程师及以上工程系列技术职称，并从事过相关试验工作。

④ 工程质量检验项目和数量应符合《水利水电工程单元工程施工质量验收评定标准》的规定。

⑤ 工程质量检验方法，应符合《水利水电工程单元工程施工质量验收评定标准》和国家及行业现行技术标准的有关规定。

⑥ 工程质量检验数据应真实可靠，检验记录及签证应完整齐全。

⑦ 工程项目中如遇《水利水电工程单元工程施工质量验收评定标准》中尚未涉及的项目质量评定标准时，其质量标准及评定表格，由项目法人组织监理、设计及施工单位按水利部有关规定进行编制和报批。

本条为新增条款。对《水利水电工程单元工程施工质量验收评定标准》中未涉及的单元工程进行项目划分的同时，项目法人应组织监理、设计和施工单位，根据未涉及的单元工程的技术要求（如新技术、新工艺的技术规范、设计要求和设备生产厂商的技术说明书等）制定施工、安装的质量评定标准，并按照水利部颁发的《水利水电工程施工质量评定表》的统一格式（表头、表身、表尾）制定相应的质量评定表格。按水利部办建管〔2002〕182号文规定，上述单元工程的质量评定标准和表格，地方项目须经省级水行政主管部门或其委托的工程质量监督机构批准；流域机构主管的中央项目须经流域机构或其委托的水利部水利工程质量监督总站流域分站批准，并报水利部水利工程质量监督总站备案；部直管工程须经水利部水利工程质量监督总站批准。

⑧ 工程中永久性房屋、专用公路、专用铁路等项目的施工质量检验与评定可按相应行业标准执行。

本条为新增条款。水利水电工程种类繁多，内容丰富，工程项目所涉及的有房屋建筑、交通、铁路、通信等行业方面的建筑物。其设计、施工标准及质量检验标准也有别于水利工程。为保证工程施工质量，应依据这些行业有关的质量检验评定标准执行。

⑨ 项目法人、监理、设计、施工和工程质量监督等单位根据工程建设需要，可委托具有相应资质等级的水利工程质量检测单位进行工程质量检测。施工单位自检性质的委托检测项目及数量，应按《水利水电工程单元工程施工质量验收评定标准》及施工合同约定执行。对已建工程质量有重大分歧时，应由项目法人委托第三方具有相应资质等级的质量检测单位进行检测，检测数量视需要确定，检测费用由责任方承担。

本条为新增条款。推行第三方检测是确保质量检测工作的科学性、准确性和公正性，根据《水利工程质量检测管理规定》有关内容，做出本条规定。

⑩ 堤防工程竣工验收前，项目法人应委托具有相应资质等级的质量检测单位进行抽样检测，工程质量抽检项目和数量由工程质量监督机构确定。

凡抽检不合格的工程，必须按有关规定进行处理，不得进行验收。处理完毕后，由项目法人提交处理报告连同质量检测报告一并提交竣工验收委员会。

⑪ 对涉及工程结构安全的试块、试件及有关材料，应实行见证取样。见证取样资料由施工单位制备，记录应真实齐全，参与见证取样人员应在相关文件上签字。

本条为新增条款。本条是按照《建设工程质量管理条例》第三十一条的规定编写，见证取样送检的试样由项目法人确定有相应资质的质量检测单位进行检验。

⑫ 工程中出现检验不合格的项目时，应按以下规定进行处理。

原材料、中间产品一次抽样检验不合格时，应及时对同一取样批次另取两倍数量进行检验，如仍不合格，则该批次原材料或中间产品应定为不合格，不得使用。

单元（工序）工程质量不合格时，应按合同要求进行处理或返工重作，并经重新检验且合格后方可进行后续工程施工。

混凝土（砂浆）试件抽样检验不合格时，应委托具有相应资质等级的质量检测单位对相应工程部位进行检验。如仍不合格，应由项目法人组织有关单位进行研究，并提出处理意见。

工程完工后的质量抽检不合格，或其他检验不合格的工程，应按有关规定进行处理，合格后才能进行验收或后续工程施工。

（2）质量检验职责范围。

永久性工程（包括主体工程及附属工程）施工质量检验应符合下列规定：

① 施工单位应依据工程设计要求、施工技术标准和合同约定，结合《单元工程评定标准》的规定确定检验项目及数量并进行自检，自检过程应有书面记录，同时结合自检情况如实填写水利部颁发的《水利水电工程施工质量评定表》（办建管〔2002〕182号）。

监理单位应根据《水利水电工程单元工程施工质量验收评定标准》和抽样检测结果复核工程质量。其平行检测和跟踪检测的数量按《水利工程施工监理规范》（SL 288—2014）（以下简称《监理规范》）或合同约定执行。

项目法人应对施工单位自检和监理单位抽检过程进行督促检查，对报工程质量监督机构核备、核定的工程质量等级进行认定。

工程质量监督机构应对项目法人、监理、勘测、设计、施工单位以及工程其他参建单位的质量行为和工程实物质量进行监督检查。检查结果应按有关规定及时公布，并书面通知有关单位。

永久性工程施工质量检验是工程质量检验的主体与重点，施工单位必须按照《单元工程评定标准》的规定进行全面检验并将实测结果如实填写在“水利水电工程施工质量评定表”中。

施工单位应坚持“三检制”。一般情况下，由班组自检、施工队复检、项目经理部专职质检机构终检。

跟踪检测指在承包人进行试样检测前，监理机构对其检测人员、仪器设备以及拟订的检测程序和方法进行审核；在承包人对试样进行检测时，实施全过程的监督，确认其程序、方法的有效性以及检测结果的可信性，并对该结果确认。跟踪检测的检测数量，混凝土试样应不少于承包人检测数量的7%，土方试样应不少于承包人检测数量的10%。

平行检测指监理机构在承包人对试样自行检测的同时，独立抽样进行的检测，核验承包人的检测结果。平行检测的检测数量，混凝土试样应不少于承包人检测数量的3%，重要部位每种标号的混凝土最少取样1组；土方试样应不少于承包人检测数量的5%；重要部位至少取样3组。

监理机构对工程质量的抽检属于复核性质，其检验数量以能达到核验工程质量为准，以主要检查、检测项目作为复测重点，一般项目也应复测，同时，监理机构应有独立的抽检资料，主要指原材料、中间产品和混凝土（砂浆）试件的平行检测资料以及对各工序的现场抽检记录。

施工过程中，监理机构应监督施工单位规范填写施工质量评定表。

项目法人对工程施工质量有相应的检查职责，主要是按照合同对施工单位自检和监理机构抽检的过程进行督促检查。

质量监督机构对参建各方的质量体系的建立及其质量行为的监督检查和对工程实物质量的抽查主要在以下几方面：

对项目法人质量行为的监督检查，主要是对其开展的施工质量管理工作的抽查，监督检查贯穿整个工程建设期间；

对监理单位质量行为的监督检查，主要是对其开展的施工质量控制工作的抽查，重点是对施工现场监理工作的监督检查；

对施工单位质量行为的监督检查，主要是对其施工过程中质量行为的监督检查，重点是质量保证体系落实情况、主要工序、主要检查检测项目、重要隐蔽工程和工程关键部位等施工质量的抽查；

对设计单位质量行为的监督检查，主要是对其服务保证体系的落实情况及设计的现场服务工作进行监督检查；

对其他参建单位质量行为的监督检查，主要是对其参建资质和质量体系的建立健全情况、关键岗位人员的持证上岗情况和质量检验资料的真实完整性进行抽查。

对工程实物质量的监督检查包括原材料、中间产品及工程实体质量的监督检查，视具体情况，委托有资质的水利行业质量检测单位进行随机抽检和定向质量检查工作。

② 临时工程质量检验及评定标准，应由项目法人组织监理、设计及施工等单位根据工程特点，参照《水利水电工程单元工程施工质量验收评定标准》和其他相关标准确定，并报相应的工程质量监督机构核备。

临时工程（如围堰、导流隧洞、导流明渠等）质量直接影响主体工程质量、进度与投资，应予以重视，不同工程对临时工程质量要求也不同，故无法作统一规定，因此，条文规定由项目法人、监理、设计及施工单位根据工程特点，参照《水利水电单元工程施工质量验收评定标准》的要求研究决定，并报相应的工程质量监督机构核备，同时，也应按照本章有关规定对其进行质量检验和评定。

(3) 质量检验内容。

① 质量检验包括施工准备检查，原材料与中间产品质量检验，水工金属结构、启闭机及机电产品质量检查，单元（工序）工程质量检验，质量事故检查和质量缺陷备案，工程外观质量检验等。

水工金属结构产品指由有生产许可证的工厂（或工地加工厂）制造的压力钢管、拦污栅、闸门等；机电产品指由厂家生产的水轮发电机组及其辅助设备、电气设备、变电设备等。

② 主体工程开工前，施工单位应组织人员进行施工准备检查，并经项目法人或监理单位确认合格且履行相关手续后，才能进行主体工程施工。

施工准备检查的主要内容如下：

1）质量保证体系落实情况，主要管理和技术人员的数量及资格是否与施工合同文件一致，规章制度的制定及关键岗位施工人员到位情况；

2）进场施工设备的数量和规格、性能是否符合施工合同要求；

3）进场原材料、构配件的质量、规格、性能是否符合有关技术标准和合同技术条款的要求，原材料的储存量是否满足工程开工后的需求；

4）工地试验室的建立情况，是否满足工程开工后的需要；

5）测量基准点的复核和施工测量控制网的布设情况；

6）砂石料系统、混凝土拌和系统以及场内道路、供水、供电、供风、供油及其他施工辅助设施的准备情况；

7）附属工程及大型临时设施，防冻、降温措施，养护、保护措施，防自然灾害预案等准备情况；

8）是否制定了完善的施工安全、环境保护措施计划；

9）施工组织设计的编制和要求进行的施工工艺参数试验结果是否经过监理单位的确认；

10）施工图及技术交底工作进行情况；

11）其他施工准备工作。

与原规程相应条文比较，主要是增加履行相关手续的要求。实际操作中，一般施工准备的各项工作应经项目法人和监理机构现场确认，由监理机构根据确认情况签发开工许可证。

③ 施工单位应按《水利水电工程单元工程施工质量验收评定标准》及有关技术标准对水泥、钢材等原材料与中间产品质量进行检验，并报监理单位复核。不合格产品，

不得使用。

本条是强制性条文。与原规程比较，主要是增加监理复核的规定，这也是《监理规范》所要求的。

④ 水工金属结构、启闭机及机电产品进场后，有关单位应按有关合同进行交货检查和验收。安装前，施工单位应检查产品是否有出厂合格证、设备安装说明书及有关技术文件，对在运输和存放过程中发生的变形、受潮、损坏等问题应做好记录，并进行妥善处理。无出厂合格证或不符合质量标准的产品不得用于工程中。

本条是强制性条文。与原规程比较，主要是增加进场后交货验收的规定。

水工金属结构、启闭机及机电产品的质量状况直接影响安装后的工程质量是否合格，因此上述产品进场后应进行交货验收。条文中列出了交货验收的主要内容及质量要求。交货验收办法应按有关合同条款进行。

⑤ 施工单位应按《水利水电工程单元工程施工质量验收评定标准》检验工序及单元工程质量，做好书面记录，在自检合格后，填写《水利水电工程施工质量评定表》报监理单位复核。监理单位根据抽检资料核定单元（工序）工程质量等级。发现不合格单元（工序）工程，应要求施工单位及时进行处理，合格后才能进行后续工程施工。对施工中的质量缺陷应书面记录备案，进行必要的统计分析，并在相应单元（工序）工程质量评定表“评定意见”栏内注明。

本条是强制性条文。原规程中，发现不合格单元（工序）工程，规定按设计要求及时进行处理。本次修订删除“按设计要求”，是由于如果不合格的原因是施工单位未按照施工技术标准或合同要求施工的，应按相应施工技术标准或合同要求进行返工等处理。

⑥ 施工单位应及时将原材料、中间产品及单元（工序）工程质量检验结果报监理单位复核，并按月将施工质量情况报监理单位，由监理单位汇总分析后报项目法人和工程质量监督机构。

⑦ 单位工程完工后，项目法人应组织监理、设计、施工及工程运行管理等单位组成工程外观质量评定组，现场进行工程外观质量检验评定，并将评定结论报工程质量监督机构核定。参加工程外观质量评定的人员应具有工程师以上技术职称或相应执业资格。评定组人数应不少于5人，大型工程不宜少于7人。工程外观质量评定办法见附录A。

工程外观质量是水利水电工程质量的重要组成部分，在单位工程完工后，进行外观质量检验与评定，由项目法人组织外观质量检验所需仪器、工具和测量人员等，并主持外观质量检验评定工作。规定了参加外观质量评定组的单位及最少人数，目的是为了保证外观质量检验评定结论的公正客观。外观质量检验评定的项目、评定标准、评定办法及评定结果由项目法人及时报送工程质量监督机构进行核定。外观质量评定项目、标准及办法按附录A执行。

(4) 质量事故检查和质量缺陷备案检查。

与原规程条文比较，主要是在《水利工程质量事故处理暂行规定》出台后，明确事故分类及相应的处理原则。另外，增加了质量缺陷备案检查的相关规定。

① 根据《水利工程质量事故处理暂行规定》(水利部令第9号)的规定，水利水电

工程质量事故分为一般质量事故、较大质量事故、重大质量事故和特大质量事故 4 类。

② 质量事故发生后，有关单位应按“三不放过”原则，调查事故原因，研究处理措施，查明事故责任者，并根据《水利工程质量事故处理暂行规定》的规定做好事故处理工作。

“三不放过”原则，是指事故原因不查清不放过，主要事故责任者和职工未受到教育不放过，补救和防范措施不落实不放过。

按照《水利工程质量事故处理暂行规定》的要求，质量事故发生后，事故单位要严格保护现场，采取有效措施抢救人员和财产，防止事故扩大。项目法人应及时按照管理权限向上级主管部门报告。

质量事故的调查应按照管理权限组织调查组进行调查，查明事故原因，提出处理意见，提交事故调查报告。

一般质量事故由项目法人组织设计、施工、监理等单位进行调查，调查结果报项目主管部门核备。

较大质量事故由项目主管部门组织调查组进行调查，调查结果报上级主管部门批准并报省级水行政主管部门核备。

重大质量事故由省级以上水行政主管部门组织调查组进行调查，调查结果报水利部核备。

特大质量事故由水利部组织调查。

质量事故的处理按以下规定执行：

1）一般质量事故，由项目法人负责组织有关单位制订处理方案并实施，报上级主管部门备案。

2）较大质量事故，由项目法人负责组织有关单位制定处理方案，经上级主管部门审定后实施，报省级水行政主管部门或流域机构备案。

3）重大质量事故，由项目法人负责组织有关单位提出处理方案，征得事故调查组意见后，报省级水行政主管部门或流域机构审定后实施。

4）特大质量事故，由项目法人负责组织有关单位提出处理方案，征得事故调查组意见后，报省级水行政主管部门或流域机构审定后实施，并报水利部备案。

事故处理需要进行设计变更的，需原设计单位或有资质的单位提出设计变更方案。需要进行重大设计变更的，必须经原设计审批部门审定后实施。

③ 在施工过程中，因特殊原因使得工程个别部位或局部发生达不到技术标准和设计要求（但不影响使用），且未能及时进行处理的工程质量缺陷问题（质量评定仍定为合格），应以工程质量缺陷备案形式进行记录备案。

④ 质量缺陷备案表由监理单位组织填写，内容应真实、准确、完整。各工程参建单位代表应在质量缺陷备案表上签字，若有不同意见应明确记载。质量缺陷备案表应及时报工程质量监督机构备案，格式见附录 B。质量缺陷备案资料按竣工验收的标准制备。工程竣工验收时，项目法人应向竣工验收委员会汇报并提交历次质量缺陷备案资料。

工程质量缺陷的备案，是按水利部水建管〔2001〕74 号文《印发关于贯彻落实加强公益性水利工程建设管理若干意见的实施意见的通知》中相关规定编写。

⑤ 工程质量事故处理后，应由项目法人委托具有相应资质等级的工程质量检测单位检测后，按照处理方案确定的质量标准，重新进行工程质量评定。

质量事故处理完成后的检验、评定和验收，对保证质量事故发生部位在今后中能按设计工况正常运行十分重要，按照《水利工程质量事故处理暂行规定》的要求，质量事故处理情况应按照管理权限经过质量评定与验收，方可投入使用或进入下一阶段施工。为保证处理质量，规定由项目法人委托有相应资质的质量检测机构进行检验。

（5）数据处理。

① 测量误差的判断和处理，应符合 JJF 1094—2002 和 JJF 1059.1—2012 的规定。

② 数据保留位数，应符合国家及行业有关试验规程及施工规范的规定。计算合格率时，小数点后保留一位。

③ 数值修约应符合 GB/T 8170—2008 的规定。

《数值修约规则与极限数值的表示和判定》（GB/T 8170—2008）的规定数值修约的进舍规则如下：拟舍弃数字的最左一位数字小于 5 时，则舍去；拟舍弃数字的最左一位数字大于 5 或是 5 但其后跟有并非全部为 0 的数字时，则进 1；如拟舍弃数字的最左一位数字为 5，而右面无数字或皆为 0 时，若所保留的末位数字为奇数（1，3，5，7，9）则进 1，为偶数（2，4，6，8，0）则舍弃。即“四舍五入，奇入偶舍”的原则。

④ 检验和分析数据可靠性时，应符合下列要求：

检查取样应具有代表性。

检验方法及仪器设备应符合国家及行业规定。

操作应准确无误。

⑤ 实测数据是评定质量的基础资料，严禁伪造或随意舍弃检测数据。对可疑数据，应检查分析原因，并做出书面记录。

⑥ 单元（工序）工程检测成果按《单元工程评定标准》规定进行计算。

⑦ 水泥、钢材、外加剂、混合材及其他原材料的检测数量与数据统计方法应按现行国家和行业有关标准执行。

⑧ 砂石集料、石料及混凝土预制件等中间产品检测数据统计方法应符合《单元工程评定标准》的规定。

⑨ 混凝土强度的检验评定应符合以下规定：

普通混凝土试块试验数据统计应符合附录 C 的规定。试块组数较少或对结论有怀疑时，也可采取其他措施进行检验。

碾压混凝土质量检验与评定按《水工碾压混凝土施工规范》SL 53—1994 规定执行。

喷射混凝土抗压强度的检验与评定应符合喷射混凝土抗压强度检验评定标准。

⑩ 砂浆、砌筑用混凝土强度检验评定标准应符合附录 E 的规定。

条文中试块组数超过 30 组和不足 30 组的最小值要求不一样，主要原因是试块组数不足 30 组的情况一般不会发生在砌石坝挡水坝等主要建筑物上，对其试块强度的最小值要求应相对降低。

30 组以下的试件强度检验评定如何进行，水利行业一直没有明确的标准。关于砂浆强度检验评定合格标准，《砌体结构工程施工质量验收规范》（GB 50203—2011）中

4.0.12 条规定：同一验收批砂浆试块抗压强度平均值必须大于或等于设计强度等级所对应的立方体抗压强度；同一验收批砂浆试块抗压强度的最小一组平均值必须大于或等于设计强度等级所对应的立方体抗压强度的 0.75 倍。《公路工程质量检验评定标准 第一册·土建工程》（土建工程）（JTGF 80/1—2017）的附录F 规定：同一强度等级试件的平均强度不低于设计强度等级；任意一组试件的强度最小值不低于设计强度等级的 75%。国电水电建设工程质量监督总站编写的《水电工程施工试验与检验》中对砂浆强度的最小值规定是不低于设计值的 80%。参照以上标准，结合水利水电工程的特点做了如条文所述的规定。另外，因砂浆和砌筑用混凝土均是砌体的胶结材料，故做了同样的规定。

（五）施工质量评定

（1）合格标准。

① 合格标准是工程验收标准。不合格工程必须进行处理且达到合格标准后，才能进行后续工程施工或验收。水利水电工程施工质量等级评定的主要依据如下：

国家及相关行业技术标准。

《单元工程评定标准》。

经批准的设计文件、施工图纸、金属结构设计图样与技术条件、设计修改通知书、厂家提供的设备安装说明书及有关技术文件。

工程承发包合同中约定的技术标准。

工程施工期及试运行期的试验和观测分析成果。

评定依据增加施工期的试验和观测分析成果。

技术标准、设计文件、图纸、质检资料、合同文件等是工程施工质量评定的依据。试运行期的观测资料可综合反映工程建设质量，是评定工程施工质量的重要依据。

② 单元（工序）工程施工质量合格标准应按照《单元工程评定标准》或合同约定的合格标准执行。当达不到合格标准时，应及时处理。处理后的质量等级应按下列规定重新确定：

全部返工重做的，可重新评定质量等级。

经加固补强并经设计和监理单位鉴定能达到设计要求时，其质量评为合格。

处理后的工程部分质量指标仍达不到设计要求时，经设计复核，项目法人及监理单位确认能满足安全和使用功能要求，可不再进行处理；或经加固补强后，改变了外形尺寸或造成工程永久性缺陷的，经项目法人、监理及设计单位确认能基本满足设计要求，其质量可定为合格，但应按规定进行质量缺陷备案。

明确原规程第 2 款由谁进行鉴定，是由设计和监理单位进行鉴定。另外，与原规程相比，增加质量缺陷备案的规定。

条文中“处理后部分质量指标达不到设计要求”是指单元工程中不影响工程结构安全和使用功能的一般项目质量未达到设计要求。“可不再进行处理”的，应按本规程 4.4.3 及 4.4.4 规定进行质量缺陷备案。

③ 分部工程施工质量同时满足下列标准时，其质量评为合格：

所含单元工程的质量全部合格。质量事故及质量缺陷已按要求处理，并经检验合格。

原材料、中间产品及混凝土（砂浆）试件质量全部合格，金属结构及启闭机制造质量合格，机电产品质量合格。

④ 单位工程施工质量同时满足下列标准时，其质量评为合格：

所含分部工程质量全部合格。

质量事故已按要求进行处理。

工程外观质量得分率达到70%以上。

单位工程施工质量检验与评定资料基本齐全。

工程施工期及试运行期，单位工程观测资料分析结果符合国家和行业技术标准以及合同约定的标准要求。

外观质量得分小数点后保留一位：

条文中“外观质量得分率达到70%以上”含外观质量得分率70%。

施工质量检验与评定资料基本齐全是指单位工程的质量检验与评定资料的类别或数量不够完善，但已有资料仍能反映其结构安全和使用功能符合实际要求的。对达不到“基本齐全”要求的单位工程，尚不具备单位工程质量合格等级的条件。

⑤ 工程项目施工质量同时满足下列标准时，其质量评为合格：

单位工程质量全部合格；

工程施工期及试运行期，各单位工程观测资料分析结果均符合国家和行业技术标准以及合同约定的标准要求。

(2) 优良标准。

① 优良等级是为工程项目质量创优而设置。

其评定标准为推荐性标准，是为鼓励工程项目质量创优或执行合同约定而设置。

② 单元工程施工质量优良标准应按照《单元工程评定标准》以及合同约定的优良标准执行。全部返工重做的单元工程，经检验达到优良标准时，可评为优良等级。

③ 分部工程施工质量同时满足下列标准时，其质量评为优良：

所含单元工程质量全部合格，其中70%以上达到优良等级，重要隐蔽单元工程和关键部位单元工程质量优良率达90%以上，且未发生过质量事故。

中间产品质量全部合格，混凝土（砂浆）试件质量达到优良等级（当试件组数小于30时，试件质量合格）。原材料质量、金属结构及启闭机制造质量合格，机电产品质量合格。

在原条文基础上做了如下修改：①明确了主要分部工程的优良标准与一般分部工程优良标准相同；②将单元工程优良率由50%以上改为70%以上，重要隐蔽单元工程和关键部位单元工程优良率由全部优良改为优良率90%以上；③将混凝土拌和质量优良改为混凝土试块质量优良。当$n<30$时，试块质量合格，同时又满足第1款优良标准时，分部工程施工质量评定为优良。

条文中的“50%以上”“70%以上”“90%以上”含50%、70%、90%（以下条文相同）。

④ 单位工程施工质量同时满足下列标准时，其质量评为优良：

所含分部工程质量全部合格，其中70%以上达到优良等级，主要分部工程质量全部优良，且施工中未发生过较大质量事故。

质量事故已按要求进行处理。

外观质量得分率达到85%以上。

单位工程施工质量检验与评定资料齐全。

工程施工期及试运行期，单位工程观测资料分析结果符合国家和行业技术标准以及合同约定的标准要求。

⑤ 工程项目施工质量同时满足下列标准时，其质量评为优良：

单位工程质量全部合格，其中70%以上单位工程质量达到优良等级，且主要单位工程质量全部优良。

工程施工期及试运行期，各单位工程观测资料分析结果均符合国家和行业技术标准以及合同约定的标准要求。

在原条文基础上将单位工程优良率由50%以上改为70%以上，并增加工程施工期及试运行期各单位工程观测资料分析结果均符合国家和行业技术标准以及合同约定的标准要求的条款。

（3）质量评定工作的组织与管理。

① 单元（工序）工程质量在施工单位自评合格后，由监理单位复核，监理工程师核定质量等级并签证认可。

按照《建设工程质量管理条例》和《水利工程质量管理规定》的规定，施工质量由承建该工程的施工单位负责，因此规定单元工程质量由施工单位质检部门组织评定，监理单位复核，具体做法是：单元（工序）工程在施工单位自检合格填写《水利水电工程施工质量评定表》终检人员签字后，由监理工程师复核评定。

② 重要隐蔽单元工程及关键部位单元工程质量经施工单位自评合格、监理单位抽检后，由项目法人（或委托监理）、监理、设计、施工、工程运行管理（施工阶段已经有时）等单位组成联合小组，共同检查核定其质量等级并填写签证表，报工程质量监督机构核备。重要隐蔽单元工程（关键部位单元工程）质量等级签证表见附录F。

③ 分部工程质量，在施工单位自评合格后，由监理单位复核，项目法人认定。分部工程验收的质量结论由项目法人报工程质量监督机构核备。大型枢纽工程主要建筑物的分部工程验收的质量结论由项目法人报工程质量监督机构核定。分部工程施工质量评定表见附录G中表G-1。

分部工程施工质量评定：增加了项目法人认定的规定。一般分部工程由施工单位质检部门按照分部工程质量评定标准自评，填写分部工程质量评定表，监理单位复核后交项目法人认定。

分部工程验收后，由项目法人将验收质量结论报工程质量监督机构核备。核备的主要内容：检查分部工程质量检验资料的真实性及其等级评定是否准确，如发现问题，应及时通知监理单位重新复核。

大型枢纽主要建筑物的分部工程验收的质量结论，需报工程质量监督机构核定。

④ 单位工程质量，在施工单位自评合格后，由监理单位复核，项目法人认定。单位工程验收的质量结论由项目法人报工程质量监督机构核定。单位工程施工质量评定表见附录G中表G-2，单位工程施工质量检验与评定资料核查表见附录G中表G-3。

单位工程施工质量评定：增加了项目法人认定的规定。即施工单位质检部门按照单位工程质量评定标准自评，并填写单位工程质量评定表，监理单位复核，项目法人认定。单位工程验收的质量结论由项目法人报工程质量监督机构核定。

⑤ 工程项目质量，在单位工程质量评定合格后，由监理单位进行统计并评定工程项目质量等级，经项目法人认定后，报工程质量监督机构核定。工程项目施工质量评定表见附录 G 中表 G-4。

工程项目施工质量评定，本条修改较多，增加了工程项目质量评定的条件、监理单位和项目法人的责任。工程项目质量评定表由监理单位填写。

⑥ 阶段验收前，工程质量监督机构应提交工程质量评价意见。

本条为新增条款。阶段验收时，工程项目一般没有全部完成，验收范围内的工程有时构不成完整的分部工程或单位工程。为对验收范围内的工程质量有一定的评价，故本条规定可以参照 5.3.4 条对需要验收的工程进行质量检验与评定。

⑦ 工程质量监督机构应按有关规定在工程竣工验收前提交工程质量监督报告，工程质量监督报告应有工程质量是否合格的明确结论。

本条文为强制性条文。与原规程的区别：将“质量评定报告”改为“质量监督报告”；将“质量等级的建议”改为“质量是否合格的明确结论”；取消原附录 C 中“水利水电工程质量评定报告格式”。

三、混凝土工程质量评定

混凝土工程质量评定应根据《水利水电工程单元工程施工质量验收评定标准　混凝土工程》SL 632—2012 的规定进行。

（一）基本规定

1. 一般要求

（1）单元工程划分应符合下列要求：

分部工程开工前应由建设（监理）单位组织监理、设计、施工等单位，根据《水利水电工程单元工程施工质量验收评定标准　混凝土工程》SL 632—2012 的标准要求，共同划分单元工程。

建设单位应根据工程性质和部位确定重要隐藏单元工程和关键部位单元工程。

单元工程划分结果应书面报送质量监督机构备案。

（2）单元工程按工序划分情况，应分为划分工序单元工程和不划分工序单元工程。

划分工序单元工程应先进行工序施工质量验收评定。应在工序验收评定合格和施工项目实体质量检验合格的基础上，进行单元工程施工质量验收评定。

不划分工序单元工程的施工质量验收评定，应在单元工程中所包含的检验项自检验合格和施工项目实体质量检验合格的基础上进行。

（3）检验项目应分为主控项目和一般项目。

（4）工序和单元工程施工质量等各类项目的检验，应采用随机布点和监理工程师现场指定区位相结合的方式进行。检验方法及数量应符合本标准和相关标准的规定。

（5）工序和单元工程施工质量验收评定表及其备查资料的制备应由工程施工单位负责，其规格宜采用国际标准 A4（210mm×297mm），验收评定表一式 4 份，备查资料一式两份，其中验收评定表及其备查资料各 1 份应由监理单位保存，其余应由施工单位保存。

2. 工序施工质量验收评定

单元工程中的工序分为主要工序和一般工序，主要工序和一般工序的划分应按标准的规定执行。

（1）工序验收评定条件。

工序施工质量验收评定应具备下列条件：

① 工序中所有施工项目（或施工内容）已完成，现场具备验收条件。

② 工序中所包含的施工质量检验项目经施工单位自检全部合格。

（2）工序施工质量验收评定程序。

工序施工质量验收评定应按下列程序进行：

① 施工单位应首先对已经完成的工序施工质量按标准进行自检。并做好检验记录。

② 施工单位自检合格后，应填写工序施工质量验收评定表（附录A），质量责任人履行相应签认手续后，向监理单位申请复核。

③ 监理单位收到申请后，应在4h内进行复核。复核包括下列内容：核查施工单位报验资料是否真实、齐全；结合平行检测和跟踪检测结果等，复核工序施工质量检验项目是否符合本标准的要求；在施工单位提交的工序施工质量验收评定表中填写复核记录，并签署工序施工质量评定意见。核定工序施工质量等级。相关责任人履行相应签认手续。

（3）工序施工质量验收评定资料。

工序施工质量验收评定应包括下列资料：

① 施工单位报验时，应提交下列资料：

各班（组）的初检记录、施工队复检记录、施工单位专职质检员终检记录。

工序中各施工质量检验项目的检验资料。

施工单位自检完成后，填写的工序施工质量验收评定表。

② 监理单位应提交下列资料：

监理单位对工序中施工质量检验项目的平行检测资料。

监理工程师签署质量复核意见的工序施工质量验收评定表。

（4）工序施工质量评定分级。

工序施工质量验收评定分为合格和优良两个等级，其标准应符合下列规定：

① 合格等级标准应符合下列规定：

主控项目，检验结果应全部符合本标准的要求。

一般项目，逐项应有70%及以上的检验点合格，且不合格点不应集中。

各项报验资料应符合本标准的要求。

② 优良等级标准应符合下列规定：

主控项目，检验结果应全部符合本标准的要求。

一般项目，逐项应有90%及以上的检验点合格，且不合格点不应集中。

各项报验资料应符合本标准的要求。

3. 单元工程施工质量验收评定

（1）单元工程施工质量验收评定条件。

单元工程施工质量验收评定应具备下列条件：

① 单元工程所含工序（或所有施工项目）已完成，施工现场具备验收的条件。

② 已完工序施工质量经验收评定全部合格，有关质量缺陷已处理完毕或有监理单位批准的处理意见。

（2）单元工程施工质量验收评定程序。

重要隐蔽单元工程和关键部位单元工程施工质量的验收评定应由建设单位（或委托监理单位）主持。应由建设、设计、监理、施工等单位的代表组成联合小组，共同验收评定，并应在验收前通知工程质量监督机构。

单元工程施工质量验收评定应按下列程序进行：

① 施工单位应首先对已经完成的单元工程施工质量进行自检，并填写检验记录。

② 施工单位自检合格后，应填写单元工程施工质量验收评定表（附录A），向监理单位申请复核。

③ 监理单位收到申报后，应在8h内进行复核。复核应包括下列内容：

核查施工单位报验资料是否真实、齐全。

对照施工图纸及施工技术要求。结合平行检测和跟踪检测结果等，复核单元工程质量是否达到标准的要求。

检查已完单元遗留问题的处理情况，在施工单位提交的单元工程施工质量验收评定表中填写复核记录，并签署单元工程施工质量评定意见，核定单元工程施工质量等级，相关责任人履行相应签认手续。

对验收中发现的问题提出处理意见。

（3）单元工程施工质量验收评定资料。

单元工程施工质量验收评定应包括下列资料：

① 施工单位资料。

施工单位申请验收评定时，应提交下列资料：

单元工程中所含工序（或检验项目验收评定的检验资料。

原材料、拌和物与各项实体检验项目的检验记录资料。

施工单位自检完成后，填写的单元工程施工质量验收评定表。

② 监理单位资料。

监理单位应提交下列资料：

监理单位对单元工程施工质量的平行检测资料。

监理工程师签署质量复核意见的单元工程施工质量验收评定表。

（4）划分工序的单元工程施工质量评定。

划分工序的单元工程施工质量评定分为合格和优良两个等级，其标准应符合下列规定：

① 合格等级标准应符合下列规定：

各工序施工质量验收评定应全部合格。

各项报验资料应符合本标准的要求。

② 优良等级标准应符合下列规定：

各工序施工质量验收评定应全部合格，其中优良工序应达到50%及以上，且主要工序应达到优良等级。

各项报验资料应符合本标准的要求。

(5) 不划分工序的单元工程施工质量评定。

不划分工序的单元工程施工质量评定分为合格和优良两个等级，其标准应符合下列规定：

① 合格等级标准应符合下列规定：

主控项目，检验结果应全部符合标准的要求。

一般项目，逐项应有70%及以上的检验点合格，且不合格点不应集中。

各项报验资料应符合标准的要求。

② 优良等级标准应符合下列规定：

主控项目，检验结果应全部符合本标准的要求。

一般项目，逐项应有90%及以上的检验点合格，且不合格点不应集中。

各项报验资料应符合标准的要求。

(6) 未达标单元工程处理

单元工程施工质量验收评定未达到合格标准时，应及时进行处理，处理后应按下列规定进行验收：

① 全部返工重做的，重新进行验收评定。

② 经加固补强并经设计和监理单位鉴定能达到设计要求时，其质量评定为合格。

③ 处理后的单元工程部分质量指标仍未达到设计要求时，经原设计单位复核。建设单位及监理单位确认能满足安全和使用功能要求，可不再进行处理；或经加固补强后，改变了建筑物外形尺寸或造成工程水久缺陷的，经建设单位、设计单位及监理单位确认能基本满足设计要求，其质量可评定为合格，并按规定进行质量缺陷备案。

(二) 普通混凝土工程质量评定

1. 一般规定

普通混凝土单元工程宜以混凝土浇筑仓号或一次检查验收范围划分。对混凝土浇筑仓号，应按每一仓号分为一个单元工程；对排架、梁、板、柱等构件。应按一次检查验收的范围分为一个单元工程。

普通混凝土单元工程分为基础面或施工缝处理、模板安装、钢筋制作及安装、预埋件（止水、伸缩缝等）制作及安装、混凝土浇筑（含养护、脱模）、外观质量检查6个工序，其中钢筋制作及安装，混凝土浇筑（含养护、脱模）工序宜为主要工序。

水泥、钢筋、掺合料、外加剂、止水片（带）等原材料质量应按有关规范要求进行全面检验，进场检验结果应满足相关产品标准，不合格产品不应使用。不同批次原材料在工程中的使用部位应有记录，原材料及中间产品备查表见《水利水电工程单元工程施工质量验收评定标准　混凝土工程》中附录B。

砂石集料质量应符合附录C.1规定的质量标准。

混凝土拌和物性能应符合附录C.2规定的质量标准。

硬化混凝土性能应符合附录C.3规定的质量标准。

2. 基础面、施工缝处理

基础面处理施工质量标准见表5-1。

表 5-1 基础面处理施工质量标准

项次		检查项目		质量要求	检验方法	检验数量
主控项目	1	基础面	岩基	符合设计要求	观察，查阅设计图纸或地质报告	全仓
			软基	预留保护层已挖出；符合设计要求	观察，查阅测量断面及设计报告	
	2	地表水和地下水		妥善引排或封堵	观察	全仓
一般项目	1	岩面清理		符合设计要求，清洗洁净，无积水，无积渣杂物	观察	全仓

注：构筑物基础的整体开挖符合 SL 631 中的有关标准

混凝土施工缝处理质量标准见表 5-2。

表 5-2 混凝土施工缝处理质量标准

项次		检查项目	质量要求	检验方法	检验数量
主控项目	1	施工缝的留置位置	符合设计要求或有关施工规范规定	观察，量测	全数
	2	施工缝面凿毛	基面无乳皮，成毛面，微露粗砂	观察	
一般项目	1	缝面清理	符合设计要求；清洗洁净，无积水，无积渣杂物	观察	全数

3. 模板制作与安装

定型模板现场装配式钢、水模板等的制作及安装，对于特种模板（镶面模板、滑升模板、拉模及钢模台车等）除应符合本标准外，还应符合有关标准和设计要求等的规定。

模板制作及安装施工质量标准见表 5-3。

表 5-3 模板制作及安装施工质量标准

项次		检查项目		质量要求	检验方法	检验数量
主控项目	1	稳定性、刚度和强度		满足混凝土施工荷载要求，并符合模板设计要求	对照模板设计文件及图纸检查	全部
	2	承重模板底面高程		允许偏差 0～+5mm	仪器测量	
	3	排架、梁板、柱、墙	结构断面尺寸	允许偏差±10mm	仪器测量	模板面积在 100m² 以内，不少于 10 个点；每增加 100m²，检查点数增加不少于 10 个点
			轴线位置	允许偏差±10mm	仪器测量	
			垂直度	允许偏差±5mm	2m 靠尺测量或仪器测量	
	4	结构物边线与设计边线	外露表面	内模板：允许偏差−10mm～0 外模板：允许偏差 0～+10mm	钢尺测量	
			隐蔽内面	允许偏差 15mm		
	5	预留孔、洞尺寸及位置	孔洞尺寸	允许偏差−10mm	测量查看图纸	
			空洞位置	允许偏差±10mm		

续表

项次		检查项目	质量要求		检验方法	检验数量
一般项目	1	模板平整度、相邻两板面错台	外露表面	钢模：允许偏差2mm 木模：允许偏差3mm	2m靠尺测量或拉线检查	模板面积在100m^2以内，不少于10个点；每增加100m^2，检查点数增加不少于10个点
			隐蔽内面	允许偏差5mm		
	2	局部平整度	外露表面	钢模：允许偏差3mm 木模：允许偏差5mm	水平线（或垂直线）布置检测点，2m靠尺测量	模板面积在100m^2以上，不少于20个点；每增加100m^2，检查点数增加不少于10个点
			隐蔽内面	允许偏差10mm		
	3	板面缝隙	外露表面	钢模：允许偏差1mm 木模：允许偏差2mm	量测	100m^2以上，检查3～5个点；100m^2以下，检1～3个点
			隐蔽内面	允许偏差2mm		
	4	结构物水平断面内部尺寸	允许偏差±20mm		量测	100m^2以上，不少于10个点；100m^2以下，不少于5个点
	5	脱模剂涂刷	产品质量符合标准要求，涂刷均匀，无明显色差		查阅产品质检证明，观察	全面
	6	模板外观	表面光洁，无污物		观察	

注：1. 外露表面、隐蔽内面是指相应模板的混凝土结构物表面最终所处位置。

2. 有专门要求的高速水流区、溢流面、闸墩、闸门槽等部位模板，还应符合有关专项设计的要求。

4. 钢筋制作及安装

钢筋进场时应逐批（炉号）进行检验，应查验产品合格证、出厂检验报告和外观质量并记录，并按相关规定抽取试样进行力学性能检验，不符合标准规定的不应使用。

钢筋制作及安装施工质量标准见表5-4（钢筋连接施工质量标准表略，参见评定标准）。

表5-4 钢筋制作及安装施工质量标准

项次		检查项目	质量要求	检验方法	检验数量
主控项目	1	钢筋的数量、规格尺寸、安装位置	符合质量标准和设计要求	对照设计文件检查	全数
	2	钢筋接头的力学性能	符合规范要求和国家及行业有关规定	对照仓号，在结构上取样测试	焊接200个接头检查1组，机械连接500个接头检查1组
	3	焊接接头和焊缝外观	不允许有裂缝、脱焊点、漏焊点、表面平顺，没有明显咬边、凹陷、气孔等，钢筋不应有明显烧伤	观察并记录	不少于10个点
	4	钢筋连接	钢筋连接参见SL 632中钢筋连接施工质量标准		
	5	钢筋间距、保护层	符合规范和设计要求	观察测量	不少于10个点

续表

<table>
<tr><th colspan="2">项次</th><th colspan="2">检查项目</th><th>质量要求</th><th>检验方法</th><th>检验数量</th></tr>
<tr><td rowspan="6">一般项目</td><td>1</td><td colspan="2">钢筋长度方向</td><td>局部偏差±1/2净保护层厚度</td><td>观察测量</td><td rowspan="4">不少于5个点</td></tr>
<tr><td rowspan="2">2</td><td rowspan="2">同一排受力钢筋间距</td><td>排架、柱、梁</td><td>允许偏差±0.5d</td><td>观察测量</td></tr>
<tr><td>板、墙</td><td>允许偏差±0.1倍间距</td><td>观察测量</td></tr>
<tr><td>3</td><td colspan="2">双排钢筋，其排与排间距</td><td>允许偏差±0.1倍排距</td><td>观察测量</td></tr>
<tr><td>4</td><td colspan="2">梁与柱中箍筋间距</td><td>允许偏差±0.1倍箍筋间距</td><td>观察测量</td><td>不少于10个点</td></tr>
<tr><td>5</td><td colspan="2">保护层厚度</td><td>局部偏差±1/4保护层厚</td><td>观察测量</td><td>不少于5个点</td></tr>
</table>

5. 预埋件制作及安装

水工混凝土中的预埋件包括止水、伸缩缝（填充材料）、排水系统、冷却及灌浆管路、铁件、安全监测设施等。在施工中应进行全过程检查和保护，防止移位、变形、损坏及堵塞。

预埋件的结构形式、位置、尺寸及材料的品种、规格、性能等应符合设计要求和有关标准。所有预埋件都应进行材质证明检查，需要抽检的材料应按有关规范进行。预埋件制作及安装施工质量标准参见 SL 632。

6. 混凝土浇筑

所选用的混凝土浇筑设备能力应与浇筑强度相适应，确保混凝土施工的连续性。

混凝土浇筑施工质量标准见表5-5。

表5-5　混凝土浇筑施工质量标准

<table>
<tr><th colspan="2">项次</th><th>检查项目</th><th>质量要求</th><th>检验方法</th><th>检验数量</th></tr>
<tr><td rowspan="6">主控项目</td><td>1</td><td>入仓混凝土料</td><td>无不合格料入仓，如有少量不合格料入仓，应及时处理至达到要求</td><td>观察</td><td>不少于入仓总次数的50%</td></tr>
<tr><td>2</td><td>平仓分层</td><td>厚度不大于振捣棒有效长度的90%，铺设均匀，分层清楚，无集料集中现象</td><td>观察、量测</td><td rowspan="5">全部</td></tr>
<tr><td>3</td><td>混凝土振捣</td><td>振捣器垂直插入下层5cm，有次序，间距、留振时间合理，无漏振，无超振</td><td>在混凝土浇筑过程中全部检查</td></tr>
<tr><td>4</td><td>铺筑间歇时间</td><td>符合要求，无初凝现象</td><td>在混凝土浇筑过程中全部检查</td></tr>
<tr><td>5</td><td>浇筑温度（指有温度控制要求的混凝土）</td><td>满足设计要求</td><td>温度计测量</td></tr>
<tr><td>6</td><td>混凝土养护</td><td>表面保持湿润，连续养护时间基本满足要求</td><td>观察</td></tr>
<tr><td rowspan="5">一般项目</td><td>1</td><td>砂浆铺筑</td><td>厚度宜为2～3cm，均匀平整，无漏铺</td><td>观察</td><td rowspan="4">全部</td></tr>
<tr><td>2</td><td>积水和泌水</td><td>无外部水流入，泌水排除及时</td><td>观察</td></tr>
<tr><td>3</td><td>插筋、管路等埋件以及模板的保护</td><td>保护好，符合设计要求</td><td>观察、测量</td></tr>
<tr><td>4</td><td>混凝土表面保护</td><td>保护时间、保温材料质量符合设计要求</td><td>观察、测量</td></tr>
<tr><td>5</td><td>脱模</td><td>脱模时间符合施工技术规范或设计要求</td><td>观察或查阅施工记录</td><td>不少于脱模总次数的30%</td></tr>
</table>

7. 外观质量检查

混凝土拆模后，应检查其外观质量，当发生混凝土裂缝、冷缝、蜂窝、麻面、错台和变形等质量问题时，应及时处理，并做好记录。

混凝土外观质量评定可在拆模后或消除缺陷处理后进行。

混凝土外观质量检查标准见表 5-6。

表 5-6 混凝土外观质量检查标准

<table>
<tr><th colspan="2">项次</th><th>检查项目</th><th>质量要求</th><th>检验方法</th><th>检验数量</th></tr>
<tr><td rowspan="3">主控项目</td><td>1</td><td>表面平整度</td><td>符合设计要求</td><td>用 2m 靠尺或专用工具检查</td><td>100m² 以上表面检查 6～10 个点；100m² 以下的表面检查 3～5 个点</td></tr>
<tr><td>2</td><td>形体尺寸</td><td>符合设计要求或允许偏差±20mm</td><td>钢尺量测</td><td>抽查 15%</td></tr>
<tr><td>3</td><td>重要部位缺损</td><td>不允许，应修复使其符合设计要求</td><td>观察、仪器检测</td><td>全部</td></tr>
<tr><td rowspan="4">一般项目</td><td>1</td><td>麻面、蜂窝</td><td>麻面、蜂窝累积面积不超过 0.5%，经处理符合设计要求</td><td>观察</td><td rowspan="4">全部</td></tr>
<tr><td>2</td><td>孔洞</td><td>单个面积不超过 0.01m²，且深度不超过集料最大粒径。经处理符合设计要求</td><td>观察、测量</td></tr>
<tr><td>3</td><td>错台、跑模、掉角</td><td>经处理符合设计要求</td><td>观察、测量</td></tr>
<tr><td>4</td><td>表面裂缝</td><td>短小、深度不大于钢筋保护层厚度的表面裂缝经处理符合设计要求</td><td>观察、测量</td></tr>
</table>

四、土石方工程质量评定

土石方工程质量评定应根据《水利水电工程单元工程施工质量验收评定标准 土石方工程》（SL631—2012）的规定进行。单元工程划分要求同前述混凝土工程施工质量评定要求。

（一）工序施工质量验收评定

单元工程中的工序分为主要工序和一般工序。主要工序和一般工序的划分应按标准的规定执行。

1. 工序施工质量验收评定条件

工序施工质量验收评定应具备下列条件：

（1）工序中所有施工项目（或施工内容）已完成，现场具备验收条件。

（2）工序中所包含的施工质量检验项目经施工单位自检全部合格。

2. 工序施工质量验收评定程序

工序施工质量验收评定应按下列程序进行：

（1）施工单位应首先对已经完成的工序施工质量按本标准进行自检，并做好检验记录。

（2）施工单位自检合格后，应填写工序施工质量验收评定表（附录 A），质量责任人履行相应签认手续后，向监理单位申请复核。

（3）监理单位收到申请后，应在4h内进行复核。复核应包括下列内容：

核查施工单位报验资料是否真实、齐全。

结合平行检测和跟踪检测结果等，复核工程施工质量检验项目是否符合标准的要求。

在施工单位提交的工序施工质量验收评定表中填写复核记录，并签署工程施工质量评定意见，核定工序施工质量等级。相关责任人履行相应签认手续。

3．工序施工质量验收评定资料

工序施工质量验收评定应包括下列资料：

（1）施工单位报验时，应提交下列资料：各班、组的初检记录、施工队复检记录、施工单位专职质检员终验记录；工序中各施工质量检验项目的检验资料；施工单位自检完成后，填写的工序施工质量验收评定表。

（2）监理单位应提交下列资料：

监理单位对工序中施工质量检验项目的平行检测资料；监理工程师签署质量复核意见的工序施工质量验收评定表。

4．工序施工质量评定

工序施工质量评定分为合格和优良两个等级。其标准应符合下列规定：

（1）合格等级标准应符合下列规定

主控项目，检验结果应全部符合标准的要求。

一般项目，逐项应有70％及以上的检验点合格，且不合格点不应集中。

各项报验资料应符合本标准要求。

（2）优良等级标准应符合下列规定：

主控项目，检验结果应全部符合本标准的要求。

一般项目，逐项应有90％及以上的检验点合格，且不合格点不应集中。

各项报验资料应符合本标准要求。

（二）单元工程施工质量验收评定

1．单元工程施工质量验收评定条件

单元工程施工质量验收评定应具备下列条件：

（1）单元工程所含工序（或所有施工项目）已完成。施工现场具备验收的条件。

（2）已完工序施工质量经验收评定全部合格，有关质量缺陷已处理完毕或有监理单位批准的处理意见。

2．单元工程施工质量验收评定程序

单元工程施工质量验收评定应按下列程序进行：

（1）施工单位应首先对已经完成的单元工程施工质量进行自检，并填写检验记录。

（2）施工单位自检合格后，应填写单元工程施工质量验收评定表（附录A），向监理单位申请复核。

（3）监理单位收到申报后，应在8h内进行复核。复核应包括下列内容：

核查施工单位报验资料是否真实、齐全；对照施工图纸及施工技术要求，结合平行检测和跟踪检测结果等，复核单元工程质量是否达到标准要求，检查已完单元工程遗留问题的处理情况，在施工单位提交的单元工程施工质量验收评定表中填写复核记录：并签署单元工程施工质量评定意见，评定单元工程施工质量等级，相关责任人履行相应签认手续；对验收中发现的问题提出处理意见。

重要隐蔽单元工程和关键部位单元工程施工质量的验收评定应由建设单位（或委托监理单位）主持，应由建设、设计、监理、施工等单位的代表组成联合小组，共同验收评定，并应在验收前通知工程质量监督机构。

3. 单元工程施工质量验收评定资料

单元工程施工质量验收评定应包括下列资料：

（1）施工单位资料

施工单位申请验取评定时，应提交下列资料：单元工程中所含工序（或检验项目）验收评定的检验资料；各项实体检验项目的检检记录资料；施工单位自检完成后，填写的单元工程施工质量验收评定表。

（2）监理单位资料

监理单位应提交下列资料：监理单位对单元工程施工质量的平行检测资料；监理工程师签署质量复核意见的单元工程施工质量验收评定表。

4. 划分工序单元工程施工质量评定

划分工序单元工程施工质量评定分为合格和优良两个等级，其标准应符合下列规定：

（1）合格等级标准应符合下列规定：

各工序施工质量验收评定应全部合格。

各项报验资料应符合标准要求。

（2）优良等级标准应符合下列规定：

各工序施工质量验收评定应全部合格。其中优良工序应达到50％及以上。且主要工序应达到优良等级。

各项报验资料应符合本标准要求。

5. 不划分工序单元工程施工质量评定

不划分工序单元工程施工质量评定分为合格和优良两个等级。其标准应符合下列规定：

（1）合格等级标准应符合下列规定：

主控项目，检验结果应全部符合本标准的要求。

一般项目，逐项应有70％及以上的检验点合格，且不合格点不应集中。

各项报验资料应符合标准要求。

（2）优良等级标准应符合下列规定：

主控项目，检验结果应全部符合标准的要求。

一般项目，逐项应有90％及以上的检验点合格，且不合格点不应集中。

各项报验资料应符合标准。

6. 未达标单元工程处理

单元工程施工质量验收评定未达到合格标准时，应及时进行处理，处理后可按下列规定进行验收评定：

（1）全部返工重做的，重新进行

（2）经加固处理并经设计和监理单位鉴定能达到设计要求时，其质量评定为合格。

（3）处理后的单元工程部分质量指标仍未达到设计要求时，经原设计单位复核，建设单位和监理单位确认能满足安全和使用功能要求，可不再进行处理，或经加固处理后，改变了建筑物外形尺寸或造成工程永久缺陷的，经建设单位、设计单位及监理单位确认能基本满足设计要求，其质量可认定为合格，并按规定进行质量缺陷备案。

（三）明挖工程

明挖工程施工应自上而下进行，并分层检查和检测。同时应做好施工记录。

施工中应按施工组织设计要求在指定地点设置弃渣场，不应随意弃渣；开挖坡面应稳定，无松动，且应不陡于设计坡度。

1. 土方开挖

单元工程宜以工程设计结构或施工检查验收的区、段划分，每一区、段划分为一个单元工程。

土方开挖施工单元工程宜分为表土及土质岸坡清理、软基和土质岸坡开挖两个工序，其中软基和土质岸坡开挖为主要工序。

表土及土质岸坡清理施工质量标准见表 5-7。

表 5-7　表土及土质岸坡清理施工质量标准

<table>
<tr><th colspan="2">项次</th><th>检查项目</th><th>质量要求</th><th>检验方法</th><th>检验数量</th></tr>
<tr><td rowspan="3">主控项目</td><td>1</td><td>表土清理</td><td>树木、草皮、树根、乱石、坟墓以及各种建筑物全部清除，水井、泉眼、地道、坑窖等洞穴的处理符合设计要求</td><td rowspan="2">观察，查阅施工记录</td><td rowspan="3">全数检查</td></tr>
<tr><td>2</td><td>不良土质的处理</td><td>淤泥、腐殖质土、泥炭土全部清除，对风化岩石、坡积土、残积物、滑坡体、粉土、细砂等处理符合设计要求</td></tr>
<tr><td>3</td><td>地质坑、孔处理</td><td>构筑物基础区范围的地质探孔、竖井、试坑的处理符合设计要求，回填材料质量满足设计要求</td><td>观察，查阅施工记录，取样试验等</td></tr>
<tr><td rowspan="2">一般项目</td><td>1</td><td>清理范围</td><td>满足设计要求，长、宽边线允许偏差：人工施工 0～50cm，机械施工 0～100cm</td><td rowspan="2">测量</td><td>每边线测点不少于5个点，且点间距不大于 20m</td></tr>
<tr><td>2</td><td>土质岸边坡度</td><td>不陡于设计边坡</td><td>每 10 延米测 1 个断面</td></tr>
</table>

软基或土质岸坡开挖施工质量标准见表 5-8。

表 5-8　软基或土质岸坡开挖施工质量标准

<table>
<tr><th colspan="2">项次</th><th>检查项目</th><th colspan="3">质量要求</th><th>检验方法</th><th>检验数量</th></tr>
<tr><td rowspan="3">主控项目</td><td>1</td><td>保护层开挖</td><td colspan="3">保护层开挖方式符合设计要求，在接近建基面时，宜使用小型机械或人工挖除，不应扰动建基面以下的原地基</td><td rowspan="3">观察、测量、查阅施工记录</td><td rowspan="3">全数检查</td></tr>
<tr><td>2</td><td>建基面处理</td><td colspan="3">构筑物软基和土质岸坡开挖面平顺，软基和土质岸坡与土质构筑物接触时，采用斜面连接，无台阶，急剧变化及反坡</td></tr>
<tr><td>3</td><td>渗水处理</td><td colspan="3">构筑物基础区及土质岸坡渗水（含泉眼）妥善引排或封堵，建基面清洁无积水</td></tr>
<tr><td rowspan="8">一般项目</td><td rowspan="8">1</td><td rowspan="8">基坑断面尺寸及开挖面平整度</td><td rowspan="4">无结构要求或无配筋</td><td>长或宽不大于10m</td><td>符合设计要求，允许偏差为－10～20cm</td><td rowspan="4">观察、测量、查阅施工记录</td><td rowspan="8">检测点采用横断面控制，断面间距不大于20m，各横断面总点数间距不大于2m，局部突出或凹陷部位（面积在$0.5m^2$以上的）应增设测点</td></tr>
<tr><td>长或宽不大于10m</td><td>符合设计要求，允许偏差为－20～30cm</td></tr>
<tr><td>坑（槽）底部标高</td><td>符合设计要求，允许偏差为－10～20cm</td></tr>
<tr><td>垂直或斜面平整度</td><td>符合设计要求，允许偏差为20cm</td></tr>
<tr><td rowspan="4">有结构要求有配筋</td><td>长或宽不大于10m</td><td>符合设计要求，允许偏差为0～20cm</td><td rowspan="4">观察、测量、查阅施工记录</td></tr>
<tr><td>长或宽不大于10m</td><td>符合设计要求，允许偏差为0～30cm</td></tr>
<tr><td>坑（槽）底部标高</td><td>符合设计要求，允许偏差为0～20cm</td></tr>
<tr><td>斜面平整度</td><td>符合设计要求，允许偏差为15cm</td></tr>
</table>

2. 岩石岸坡开挖

单元工程宜以施工检查验收的区、段划分，每一区、段为一个单元工程。

岩土岸坡开挖施工单元工程宜分为岩石岸坡开挖、地质缺陷处理两个工序，其中岩石岸坡开挖工序为主要工序。

岩石岸坡开挖施工质量标准见表5-9。

3. 岩石地基开挖

单元工程宜以施工检查验收的区、段划分，每一区、段为一个单元工程。

岩石地基开挖施工单元工程宜分为岩石地基开挖、地质缺陷处理为个工序，其中岩石地基开挖为主要工序。岩石地基开挖施工质量标准见SL631—2012表中4.4.3。

表 5-9　岩石岸坡开挖施工质量标准

<table>
<tr><th colspan="2">项次</th><th>检查项目</th><th colspan="2">质量要求</th><th>检验方法</th><th>检验数量</th></tr>
<tr><td rowspan="3">主控项目</td><td>1</td><td>保护层开挖</td><td colspan="2">浅孔、密孔、少药量、控制爆破</td><td>观察、测量、查阅施工记录</td><td>每个单元抽测 3 处，每处不少于 10m²</td></tr>
<tr><td>2</td><td>开挖坡面</td><td colspan="2">稳定且无松动岩块、悬挂体和尖角</td><td>观察、仪器测量、查阅施工记录</td><td>全数检查</td></tr>
<tr><td>3</td><td>岩体的完整性</td><td colspan="2">爆破未损害岩体的完整性，开挖表面无明显爆破裂隙，声波降低率小于 10%或满足设计要求</td><td>观察、声波检测（需要时采用）</td><td>符合设计要求</td></tr>
<tr><td rowspan="6">一般项目</td><td>1</td><td>平均坡度</td><td colspan="2">开挖坡面不陡于设计坡度，（台阶、马道）符合设计要求</td><td rowspan="6">察、测量、查阅施工记录</td><td rowspan="6">总检测点数量采用横断面控制，断面间距不大于 10m，各横断面沿坡面长度方向测点间距不大于 5m，且点数不少于 6 个点，局部突出或凹陷部位（面积在 0.5m² 以上者）应增设测点</td></tr>
<tr><td>2</td><td>坡角标高</td><td colspan="2">±20cm</td></tr>
<tr><td>3</td><td>坡面局部超欠挖</td><td colspan="2">允许偏差：欠挖不大于 20cm，超挖不大于 30cm</td></tr>
<tr><td rowspan="3">4</td><td rowspan="3">炮孔痕迹保存率</td><td>节理裂隙不发育的岩体</td><td>>80%</td></tr>
<tr><td>节理裂隙发育的岩体</td><td>>50%</td></tr>
<tr><td>节理裂隙极发育的岩体</td><td>>20%</td></tr>
</table>

（四）土石方填筑

1. 一般规定

土石方填筑施工应分层进行，分层检查和检测，并应做好施工记录。

土石方填筑料如土料、砂砾料、堆石料、反滤料等材料的质量指标应符合设计要求。

土石方填筑料在铺填前，应进行碾压试验，以确定碾压方式及碾压质量控制参数。

2. 土料填筑

本条适用于土石坝防渗体土料铺填施工，其他土料铺填可参照执行。

单元工程宜以工程设计结构或施工检查验收的区、段、层划分，通常每一区、段的每一层即为一个单元工程。

土料铺填施工单元工程宜分为结合面处理、卸料及铺填、土料压实、接缝处理 4 个工序，其中土料压实工序为主要工序。结合面处理施工质量标准见 SL 631—2012 表 6.2.4。

3. 砂砾料填筑

单元工程宜以设计或施工铺填区段划分，每一区、段的每一铺填层划分为一个单元工程。

砂砾料铺填施工单元工程宜分为砂砾料铺填、压实两个工序，其中砂砾料压实工序为主要工序。砂砾料铺填施工质量标准见 SL 631—2012 中表 6.3.4。

4. 堆石料填筑

单元工程宜以设计或施工铺填区段划分；每一区、段的每一铺填层划分为一个单元工程。

堆石料铺填施工单元工程宜分为堆石料铺填、压实两个工序，其中堆石料压实工序为主要工序。堆石料铺填施工质量标准见 SL 631—2012 中表 6.4.3。

5. 反滤（过渡）料填筑

单元工程宜以反滤层、过渡层工程施工的区、段、层划分，每一区、段的每一层划分为一个单元工程。

反滤（过渡）料铺填单元工程施工宜分为反滤（过渡）料铺填、压实两个工序，其中反滤（过渡）料压实工序为主要工序。反滤（过渡）料铺填施工质量标准见 SL 631—2012 中表 6.5.3。

6. 排水工程

本条适用于以砂砾料、石料作为排水体的工程，如坝体贴坡排水、棱体排水和褥垫排水等。

单元工程宜以排水工程施工的区、段划分，每一区、段为划分一个单元工程。

排水工程单元工程施工质量标准见 SL 631—2012 中表 6.7.3。

（五）砌石工程

1. 一般规定

砌石工程施工应自下而上分层进行，分层检查和检测，并应做好施工记录。

砌石工程采用的石料和胶结材料如水泥砂浆、混凝土等质量指标应符合设计要求。

2. 干砌石

单元工程宜以施工检查验收的区段划分，每一区、段为一个单元工程。

干砌石单元工程施工质量标准见 SL 631—2012 中表 7.2。

3. 水泥砂浆砌石体

单元工程宜以施工检查验收的区、段、块划分，每一个（道）墩、墙划分为一个单元工程，或每一施工段、块的一次连续砌筑层（砌筑高度一般为 3～5m）为一个单元工程。

水泥砂浆砌石体施工单元工程宜分为浆砌石体层面处理、砌筑、伸缩缝 3 个工序，其中砌筑工序为主要工序。

水泥砂浆砌石体层面处理施工质量标准见 SL631—2012 中表 7.3.3；水泥砂浆砌石体砌筑施工质量标准见表 7.3.4-1；水泥砂浆砌体表面砌缝宽度控制标准见表 7.3.4-2；浆砌石填体外轮廓尺寸偏差控制标准见表 7.3.4-3；浆砌石墩、墙砌体位置、尺寸偏差控制标准见表 7.3.4-4；浆砌石溢洪道溢流面砌筑结构尺寸偏差控制标准见表 7.3.4-5。

4. 混凝土砌石体

单元工程宜以施工检查验收的区、段、块划分，每一个（道）墩、墙或每一施工段、块的一次连续砌筑层（砌筑高度一般为 3～5m）划分为一个单元工程。

混凝土砌石体单元工程施工宜分为砌石体层面处理、砌筑、伸缩缝 3 个工序，其中砌石体砌筑工序为主要工序。层面处理施工质量标准见表 7.3.3；混凝土砌石体砌筑施工质量标准见表 7.4.4-1，细石混凝土砌体表面砌缝宽度控制标准见表 7.4.4-2。

第四节　水利水电建设工程验收

加强水利水电工程建设质量管理，保证工程施工质量，统一质量检验及评定方法，使施工质量评定工作标准化、规范化，2008年依据水利部《水利工程建设项目验收管理规定》（水利部令第30号）等有关文件，按照《水利技术标准编写规定》（SL 1—2002）的要求，对《水利水电建设工程验收规程》（SL 223—1999）进行修订。《水利水电建设工程验收规程》（SL 223—2008），2008年3月3日发布，自2008年6月3日实施。

《水利水电建设工程验收规程》共9章，15节，146条和25个附录，主要内容如下：

（1）验收工作的分类；

（2）验收工作的组织和程序；

（3）验收应具备的条件和验收成果性文件；

（4）验收所需报告和资料的制备；

（5）验收后工程的移交和验收遗留问题处理。

对SL 223—1999进行修订的主要内容如下：

（1）对验收工作的名称重新进行划分和归类；

（2）对规程结构进行调整；

（3）增加工程验收的监督管理章节；

（4）调整单位工程验收内容；

（5）增加合同工程完工验收内容；

（6）调整阶段验收内容，增加引（调）排水工程通水验收、部分工程投入使用验收；

（7）调整竣工验收内容，取消初步验收，增加竣工验收自查、工程质量抽样检测、竣工验收技术鉴定以及竣工技术预验收；

（8）增加工程移交以及遗留问题处理章节。

一、总体要求

1. 使用范围

本规程适用于由中央、地方财政全部投资或部分投资建设的大中型水利水电建设工程（含1、2、3级堤防工程）的验收，其他水利水电建设工程的验收可参照执行。

2. 验收主持单位

水利水电建设工程验收按验收主持单位可分为法人验收和政府验收。

法人验收应包括分部工程验收、单位工程验收、水电站（泵站）中间机组启动验收、合同工程完工验收等；政府验收应包括阶段验收、专项验收、竣工验收等。验收主持单位可根据工程建设需要增设验收的类别和具体要求。

政府验收应由验收主持单位组织成立的验收委员会负责；法人验收应由项目法人组织成立的验收工作组负责。验收委员会（工作组）由有关单位代表和有关专家组成。

3. 验收依据

工程验收应以下列文件为主要依据：

(1) 国家现行有关法律、法规、规章和技术标准；

(2) 有关主管部门的规定；

(3) 经批准的工程立项文件、初步设计文件、调整概算文件；

(4) 经批准的设计文件及相应的工程变更文件；

(5) 施工图纸及主要设备技术说明书等；

(6) 法人验收还应以施工合同为依据。

4. 验收的主要内容

工程验收应包括以下主要内容：

(1) 检查工程是否按照批准的设计进行建设；

(2) 检查已完工程在设计、施工、设备制造安装等方面的质量及相关资料的收集、整理和归档情况；

(3) 检查工程是否具备运行或进行下一阶段建设的条件；

(4) 检查工程投资控制和资金使用情况；

(5) 对验收遗留问题提出处理意见；

(6) 对工程建设做出评价和结论。

5. 验收的成果

验收的成果性文件是验收鉴定书，验收委员会（工作组）成员应在验收鉴定书上签字。对验收结论持有异议的，应将保留意见在验收鉴定书上明确记载并签字。

6. 其他

(1) 工程项目中需要移交非水利行业管理的工程，验收工作宜同时参照相关行业主管部门的有关规定。

(2) 当工程具备验收条件时，应及时组织验收。未经验收或验收不合格的工程不得交付使用或进行后续工程施工。验收工作应相互衔接，不应重复进行。

(3) 工程验收应在施工质量检验与评定的基础上，对工程质量提出明确结论意见。

(4) 验收资料制备由项目法人统一组织，有关单位应按要求及时完成并提交。项目法人应对提交的验收资料进行完整性、规范性检查。

(5) 验收资料分为应提供的资料和需备查的资料。有关单位应保证其提交资料的真实性并承担相应责任。验收资料目录分别见附录 A 和附录 B。

(6) 工程验收的图纸、资料和成果性文件应按竣工验收资料要求制备。除图纸外，验收资料的规格宜为国际标准 A4（210mm×297mm）。文件正本应加盖单位印章且不得采用复印件。

(7) 水利水电建设工程的验收除应遵守本规程外，还应符合国家现行有关标准的规定。

二、工程验收监督管理

水利部负责全国水利工程建设项目验收的监督管理工作。水利部所属流域管理机构按照水利部授权，负责流域内水利工程建设项目验收的监督管理工作。县级以上地方人民政府水行政主管部门按照规定权限负责本行政区域内水利工程建设项目验收的监督管理工作。

法人验收监督管理机关应对工程的法人验收工作实施监督管理。

由水行政主管部门或者流域管理机构组建项目法人的，该水行政主管部门或者流域管理机构是本工程的法人验收监督管理机关；由地方人民政府组建项目法人的，该地方人民政府水行政主管部门是本工程的法人验收监督管理机关。

工程验收监督管理的方式应包括现场检查、参加验收活动、对验收工作计划与验收成果性文件进行备案等。

水行政主管部门、流域管理机构以及法人验收监督管理机关可根据工作需要到工程现场检查工程建设情况、验收工作开展情况以及对接到的举报进行调查处理等。

当发现工程验收不符合有关规定时，验收监督管理机关应及时要求验收主持单位予以纠正，必要时可要求暂停验收或重新验收并同时报告竣工验收主持单位。

法人验收监督管理机关应对收到的验收备案文件进行检查，不符合有关规定的备案文件应要求有关单位进行修改、补充和完善。

项目法人应当自工程开工之日起 60 个工作日内，制订法人验收工作计划，报法人验收监督管理机关备案。当工程建设计划进行调整时，法人验收工作计划也应相应地进行调整并重新备案。

法人验收过程中发现的技术性问题原则上应按合同约定进行处理。合同约定不明确的，按国家或行业技术标准规定处理。当国家或行业技术标准暂无规定时，由法人验收监督管理机关负责协调解决。

三、分部工程验收

1. 验收组织

分部工程验收应由项目法人（或委托监理单位）主持。验收工作组由项目法人、勘测、设计、监理、施工、主要设备制造（供应）商等单位的代表组成。运行管理单位可根据具体情况决定是否参加。

质量监督机构宜派代表列席大型枢纽工程主要建筑物的分部工程验收会议。

大型工程分部工程验收工作组成员应具有中级及其以上技术职称或相应执业资格；其他工程的验收工作组成员应具有相应的专业知识或执业资格。参加分部工程验收的每个单位代表人数不宜超过 2 名。

分部工程具备验收条件时，施工单位应向项目法人提交验收申请报告。项目法人应在收到验收申请报告之日起 10 个工作日内决定是否同意进行验收。

2. 验收条件

分部工程验收应具备以下条件：

（1）所有单元工程已完成；

（2）已完单元工程施工质量经评定全部合格，有关质量缺陷已处理完毕或有监理机构批准的处理意见；

（3）合同约定的其他条件。

3. 验收程序

分部工程验收应按以下程序进行：

(1) 听取施工单位工程建设和单元工程质量评定情况的汇报；

(2) 现场检查工程完成情况和工程质量；

(3) 检查单元工程质量评定及相关档案资料；

(4) 讨论并通过分部工程验收鉴定书。

项目法人应在分部工程验收通过之日后10个工作日内，将验收质量结论和相关资料报质量监督机构核备。大型枢纽工程主要建筑物分部工程的验收质量结论应报质量监督机构核定。

质量监督机构应在收到验收质量结论之日后20个工作日内，将核备（定）意见书面反馈项目法人。

分部工程验收鉴定书正本数量可按参加验收单位、质量和安全监督机构各1份以及归档所需要的份数确定。自验收鉴定书通过之日起30个工作日内，由项目法人发送有关单位，并报送法人验收监督管理机关备案。

四、单位工程验收

1. 验收组织

单位工程验收应由项目法人主持。验收工作组由项目法人、勘测、设计、监理、施工、主要设备制造（供应）商、运行管理等单位的代表组成。必要时，可邀请上述单位以外的专家参加。

单位工程验收工作组成员应具有中级及其以上技术职称或相应执业资格，每个单位代表人数不宜超过3名。

单位工程完工并具备验收条件时，施工单位应向项目法人提出验收申请报告。项目法人应在收到验收申请报告之日起10个工作日内决定是否同意进行验收。

项目法人组织单位工程验收时，应提前10个工作日通知质量和安全监督机构。主要建筑物单位工程验收应通知法人验收监督管理机关。法人验收监督管理机关可视情况决定是否列席验收会议，质量和安全监督机构应派员列席验收会议。

2. 验收条件

单位工程验收应具备以下条件：

(1) 所有分部工程已完建并验收合格；

(2) 分部工程验收遗留问题已处理完毕并通过验收，未处理的遗留问题不影响单位工程质量评定并有处理意见；

(3) 合同约定的其他条件。

3. 验收主要内容

单位工程验收应包括以下主要内容：

(1) 检查工程是否按批准的设计内容完成；

(2) 评定工程施工质量等级；

(3) 检查分部工程验收遗留问题处理情况及相关记录；

(4) 对验收中发现的问题提出处理意见。

4. 验收程序

单位工程验收应按以下程序进行：

（1）听取工程参建单位工程建设有关情况的汇报；

（2）现场检查工程完成情况和工程质量；

（3）检查分部工程验收有关文件及相关档案资料；

（4）讨论并通过单位工程验收鉴定书。

5. 单位工程提前投入使用验收

需要提前投入使用的单位工程应进行单位工程投入使用验收。单位工程投入使用验收由项目法人主持，根据工程具体情况，经竣工验收主持单位同意，单位工程投入使用验收也可由竣工验收主持单位或其委托的单位主持。

单位工程投入使用验收除满足基本条件外，还应满足以下条件：

工程投入使用后，不影响其他工程正常施工，且其他工程施工不影响该单位工程安全运行；

已经初步具备运行管理条件，需移交运行管理单位的，项目法人与运行管理单位已签订提前使用协议书。

单位工程投入使用验收还应对工程是否具备安全运行条件进行检查。

项目法人应在单位工程验收通过之日起 10 个工作日内，将验收质量结论和相关资料报质量监督机构核定。质量监督机构应在收到验收质量结论之日起 20 个工作日内，将核定意见反馈项目法人。

五、合同工程完工验收

合同工程完成后，应进行合同工程完工验收。当合同工程仅包含一个单位工程（分部工程）时，宜将单位工程（分部工程）验收与合同工程完工验收一并进行，但应同时满足相应的验收条件。

1. 验收组织

合同工程完工验收应由项目法人主持。验收工作组由项目法人以及与合同工程有关的勘测、设计、监理、施工、主要设备制造（供应）商等单位的代表组成。

合同工程具备验收条件时，施工单位应向项目法人提出验收申请报告。项目法人应在收到验收申请报告之日起 20 个工作日内决定是否同意进行验收。

2. 验收条件

合同工程完工验收应具备以下条件：

（1）合同范围内的工程项目已按合同约定完成；

（2）工程已按规定进行了有关验收；

（3）观测仪器和设备已测得初始值及施工期各项观测值；

（4）工程质量缺陷已按要求进行处理；

（5）工程完工结算已完成；

（6）施工现场已经进行清理；

（7）需移交项目法人的档案资料已按要求整理完毕；

（8）合同约定的其他条件。

六、阶段验收

1. 一般规定

阶段验收应包括枢纽工程导（截）流验收、水库下闸蓄水验收、引（调）排水工程通水验收、水电站（泵站）首（末）台机组启动验收、部分工程投入使用验收以及竣工验收主持单位根据工程建设需要增加的其他验收。

（1）阶段验收组织。阶段验收应由竣工验收主持单位或其委托的单位主持。阶段验收委员会由验收主持单位、质量和安全监督机构、运行管理单位的代表以及有关专家组成；必要时，可邀请地方人民政府以及有关部门参加。

工程参建单位应派代表参加阶段验收，并作为被验收单位在验收鉴定书上签字。

工程建设具备阶段验收条件时，项目法人应向竣工验收主持单位提出阶段验收申请报告，其格式见附录I。竣工验收主持单位应自收到申请报告之日起20个工作日内决定是否同意进行阶段验收。

（2）阶段验收内容。阶段验收应包括以下主要内容：

检查已完工程的形象面貌和工程质量；

检查在建工程的建设情况；

检查后续工程的计划安排和主要技术措施落实情况，以及是否具备施工条件；

检查拟投入使用工程是否具备运行条件；

检查历次验收遗留问题的处理情况；

鉴定已完工程施工质量；

对验收中发现的问题提出处理意见；

讨论并通过阶段验收鉴定书。

阶段验收的工作程序可参照竣工验收的规定进行。

2. 枢纽工程导（截）流验收

枢纽工程导（截）流前，应进行导（截）流验收。

（1）导（截）流验收条件。导流工程已基本完成，具备过流条件，投入使用（包括采取措施后）不影响其他未完工程继续施工；

满足截流要求的水下隐蔽工程已完成；

截流设计已获批准，截流方案已编制完成，并做好各项准备工作；

工程度汛方案已经有管辖权的防汛指挥部门批准，相关措施已落实；

截流后壅高水位以下的移民搬迁安置和库底清理已完成并通过验收；

有航运功能的河道，碍航问题已得到解决。

（2）导（截）流验收应包括以下主要内容：

检查已完水下工程、隐蔽工程、导（截）流工程是否满足导（截）流要求；

检查建设征地、移民搬迁安置和库底清理完成情况；

审查导（截）流方案，检查导（截）流措施和准备工作落实情况；

检查为解决碍航等问题而采取的工程措施落实情况；

鉴定与截流有关已完工程施工质量；

对验收中发现的问题提出处理意见；

讨论并通过阶段验收鉴定书。

工程分期导（截）流时，应分期进行导（截）流验收。

3. 水库下闸蓄水验收

水库下闸蓄水前，应进行下闸蓄水验收。

（1）下闸蓄水验收应具备以下条件：

挡水建筑物的形象面貌满足蓄水位的要求；

蓄水淹没范围内的移民搬迁安置和库底清理已完成并通过验收；

蓄水后需要投入使用的泄水建筑物已基本完成，具备过流条件；

有关观测仪器、设备已按设计要求安装和调试，并已测得初始值和施工期观测值；

蓄水后未完工程的建设计划和施工措施已落实；

蓄水安全鉴定报告已提交；

蓄水后可能影响工程安全运行的问题已处理，有关重大技术问题已有结论；

蓄水计划、导流洞封堵方案等已编制完成，并做好各项准备工作；

年度度汛方案（包括调度运用方案）已经有管辖权的防汛指挥部门批准，相关措施已落实；

（2）下闸蓄水验收应包括以下主要内容：

检查已完工程是否满足蓄水要求；

检查建设征地、移民搬迁安置和库区清理完成情况；

检查近坝库岸处理情况；

检查蓄水准备工作落实情况；

鉴定与蓄水有关的已完工程施工质量；

对验收中发现的问题提出处理意见；

讨论并通过阶段验收鉴定书。

4. 引（调）排水工程通水验收

引（调）排水工程通水前，应进行通水验收。

（1）通水验收应具备以下条件：

引（调）排水建筑物的形象面貌满足通水的要求；

通水后未完工程的建设计划和施工措施已落实；

引（调）排水位以下的移民搬迁安置和障碍物清理已完成并通过验收；

引（调）排水的调度运用方案已编制完成；度汛方案已得到有管辖权的防汛指挥部门批准，相关措施已落实。

（2）通水验收应包括以下主要内容：

检查已完工程是否满足通水的要求；

检查建设征地、移民搬迁安置和清障完成情况；

检查通水准备工作落实情况；

鉴定与通水有关的工程施工质量；

对验收中发现的问题提出处理意见；

讨论并通过阶段验收鉴定书。

5. 水电站（泵站）机组启动验收

水电站（泵站）每台机组投入运行前，应进行机组启动验收。

（1）主持单位。

首（末）台机组启动验收应由竣工验收主持单位或其委托单位组织的机组启动验收委员会负责；中间机组启动验收应由项目法人组织的机组启动验收工作组负责。验收委员会（工作组）应有所在地区电力部门的代表参加。

根据机组规模情况，竣工验收主持单位也可委托项目法人主持首（末）台机组启动验收。

（2）机组试运行。机组启动验收前，项目法人应组织成立机组启动试运行工作组开展机组启动试运行工作。首（末）台机组启动试运行前，项目法人应将试运行工作安排报验收主持单位备案，必要时，验收主持单位可派专家到现场收集有关资料，指导项目法人进行机组启动试运行工作。

机组启动试运行工作组应主要进行以下工作：

① 审查批准施工单位编制的机组启动试运行试验文件和机组启动试运行操作规程等；

② 检查机组及相应附属设备安装、调试、试验以及分部试运行情况，决定是否进行充水试验和空载试运行；

③ 检查机组充水试验和空载试运行情况；

④ 检查机组带主变压器与高压配电装置试验和并列及负荷试验情况，决定是否进行机组带负荷连续运行；

⑤ 检查机组带负荷连续运行情况；

⑥ 检查带负荷连续运行结束后消缺处理情况；

⑦ 审查施工单位编写的机组带负荷连续运行情况报告。

（3）机组带负荷连续运行应符合以下要求：

① 水电站机组带额定负荷连续运行时间为72h；泵站机组带额定负荷连续运行时间为24h或7d内累计运行时间为48h，包括机组无故障停机次数不少于3次；

② 受水位或水量限制无法满足上述要求时，经过项目法人组织论证并提出专门报告报验收主持单位批准后，可适当降低机组启动运行负荷以及减少连续运行的时间。

（4）技术预验收。

首（末）台机组启动验收前，验收主持单位应组织进行技术预验收，技术预验收应在机组启动试运行完成后进行。

1）技术预验收应具备以下条件：

① 与机组启动运行有关的建筑物基本完成，满足机组启动运行要求；

② 与机组启动运行有关的金属结构及启闭设备安装完成，并经过调试合格，可满足机组启动运行要求；

③ 过水建筑物已具备过水条件，满足机组启动运行要求；

④ 压力容器、压力管道以及消防系统等已通过有关主管部门的检测或验收；

⑤ 机组、附属设备以及油、水、气等辅助设备安装完成，经调试合格并经分部试运转，满足机组启动运行要求；

⑥ 必要的输配电设备安装调试完成，并通过电力部门组织的安全性评价或验收，送（供）电准备工作已就绪，通信系统满足机组启动运行要求；

⑦ 机组启动运行的测量、监测、控制和保护等电气设备已安装完成并调试合格；

⑧ 有关机组启动运行的安全防护措施已落实，并准备就绪；

⑨ 按设计要求配备的仪器、仪表、工具及其他机电设备已能满足机组启动运行的需要；

⑩ 机组启动运行操作规程已编制，并得到批准；

⑪ 水库水位控制与发电水位调度计划已编制完成，并得到相关部门的批准；

⑫ 运行管理人员的配备可满足机组启动运行的要求；

⑬ 水位和引水量满足机组启动运行最低要求；

⑭ 机组按要求完成带负荷连续运行。

2）技术预验收应包括以下主要内容：

① 听取有关建设、设计、监理、施工和试运行情况报告；

② 检查评价机组及其辅助设备质量、有关工程施工安装质量；检查试运行情况和消缺处理情况；

③ 对验收中发现的问题提出处理意见；

④ 讨论形成机组启动技术预验收工作报告。

（5）首（末）台机组启动验收应具备以下条件：

技术预验收工作报告已提交；

技术预验收工作报告中提出的遗留问题已处理。

（6）首（末）台机组启动验收应包括以下主要内容：

听取工程建设管理报告和技术预验收工作报告；

检查机组和有关工程施工和设备安装以及运行情况；

鉴定工程施工质量；

讨论并通过机组启动验收鉴定书。

6. 部分工程投入使用验收

项目施工工期因故拖延，并预期完成计划不确定的工程项目，部分已完成工程需要投入使用的，应进行部分工程投入使用验收。

在部分工程投入使用验收申请报告中，应包含项目施工工期拖延的原因、预期完成计划的有关情况和部分已完成工程提前投入使用的理由等内容。

（1）部分工程投入使用验收应具备以下条件：

拟投入使用工程已按批准设计文件规定的内容完成并已通过相应的法人验收；

拟投入使用工程已具备运行管理条件；

工程投入使用后，不影响其他工程正常施工，且其他工程施工不影响部分工程安全运行（包括采取防护措施）；

项目法人与运行管理单位已签订部分工程提前使用协议；

工程调度运行方案已编制完成；度汛方案已经有管辖权的防汛指挥部门批准，相关措施已落实。

（2）部分工程投入使用验收应包括以下主要内容：

检查拟投入使用工程是否已按批准设计完成；

检查工程是否已具备正常运行条件；

鉴定工程施工质量；

检查工程的调度运用、度汛方案落实情况；

对验收中发现的问题提出处理意见；

讨论并通过部分工程投入使用验收鉴定书。

七、专项验收

工程竣工验收前，应按有关规定进行专项验收。专项验收主持单位应按国家和相关行业的有关规定确定。

项目法人应按国家和相关行业主管部门的规定，向有关部门提出专项验收申请报告，并做好有关准备和配合工作。

专项验收应具备的条件、验收主要内容、验收程序以及验收成果性文件的具体要求等应执行国家及相关行业主管部门有关规定。

专项验收成果性文件应是工程竣工验收成果性文件的组成部分。项目法人提交竣工验收申请报告时，应附相关专项验收成果性文件复印件。

八、竣工验收

1. 一般规定

竣工验收应在工程建设项目全部完成并满足一定运行条件后 1 年内进行。不能按期进行竣工验收的，经竣工验收主持单位同意，可适当延长期限，但最长不得超过 6 个月。

一定运行条件是指泵站工程经过一个排水或抽水期；河道疏浚工程完成后；其他工程经过 6 个月（经过一个汛期）至 12 个月。

工程具备验收条件时，项目法人应向竣工验收主持单位提出竣工验收申请报告，其格式见附录 L。竣工验收申请报告应经法人验收监督管理机关审查后报竣工验收主持单位，竣工验收主持单位应自收到申请报告后 20 个工作日内决定是否同意进行竣工验收。

工程未能按期进行竣工验收的，项目法人应提前 30 个工作日向竣工验收主持单位提出延期竣工验收专题申请报告。申请报告应包括延期竣工验收的主要原因及计划延长的时间等内容。

项目法人编制完成竣工财务决算后，应报送竣工验收主持单位财务部门进行审查和审计部门进行竣工审计。审计部门应出具竣工审计意见。项目法人应对审计意见中提出的问题进行整改并提交整改报告。

竣工验收分为竣工技术预验收和竣工验收两个阶段。

大型水利工程在竣工技术预验收前，应按照有关规定进行竣工验收技术鉴定。中型水利工程，竣工验收主持单位可以根据需要决定是否进行竣工验收技术鉴定。

竣工验收应具备以下条件：

工程已按批准设计全部完成；

工程重大设计变更已经有审批权的单位批准；

各单位工程能正常运行；

历次验收所发现的问题已基本处理完毕；

各专项验收已通过；

工程投资已全部到位；

竣工财务决算已通过竣工审计，审计意见中提出的问题已整改并提交了整改报告；

运行管理单位已明确，管理养护经费已基本落实；

质量和安全监督工作报告已提交，工程质量达到合格标准；

竣工验收资料已准备就绪；

工程有少量建设内容未完成，但不影响工程正常运行，且能符合财务有关规定，项目法人已对尾工做出安排的，经竣工验收主持单位同意，可进行竣工验收。

竣工验收应按以下程序进行：

项目法人组织进行竣工验收自查；

项目法人提交竣工验收申请报告；

竣工验收主持单位批复竣工验收申请报告；

进行竣工技术预验收；

召开竣工验收会议；

印发竣工验收鉴定书。

2. 竣工验收自查

申请竣工验收前，项目法人应组织竣工验收自查。自查工作由项目法人主持，勘测、设计、监理、施工、主要设备制造（供应）商以及运行管理等单位的代表参加。

竣工验收自查应包括以下主要内容：

检查有关单位的工作报告；

检查工程建设情况，评定工程项目施工质量等级；

检查历次验收、专项验收的遗留问题和工程初期运行所发现问题的处理情况；

确定工程尾工内容及其完成期限和责任单位；

对竣工验收前应完成的工作做出安排；

讨论并通过竣工验收自查工作报告。

项目法人组织工程竣工验收自查前，应提前10个工作日通知质量和安全监督机构，同时向法人验收监督管理机关报告。质量和安全监督机构应派员列席自查工作会议。

项目法人应在完成竣工验收自查工作之日起10个工作日内，将自查的工程项目质量结论（格式见附录E）和相关资料报质量监督机构核备。

竣工验收自查工作报告格式见附录M。参加竣工验收自查的人员应在自查工作报告上签字。项目法人应自竣工验收自查工作报告通过之日起30个工作日内，将自查报告报法人验收监督管理机关。

3. 工程质量抽样检测

根据竣工验收的需要，竣工验收主持单位可以委托具有相应资质的工程质量检测单位对工程质量进行抽样检测。项目法人应与工程质量检测单位签订工程质量检测合同。检测所需费用由项目法人列支，质量不合格工程所发生的检测费用由责任单位承担。

工程质量检测单位不得与参与工程建设的项目法人、设计、监理、施工、设备制造（供应）商等单位隶属同一经营实体。

根据竣工验收主持单位的要求和项目的具体情况，项目法人应负责提出工程质量抽样检测的项目、内容和数量，经质量监督机构审核后报竣工验收主持单位核定。

工程质量检测单位应按照有关技术标准对工程进行质量检测，按合同要求及时提出质量检测报告并对检测结论负责。项目法人应自收到检测报告之日起10个工作日内将检测报告报竣工验收主持单位。

对抽样检测中发现的质量问题，项目法人应及时组织有关单位研究处理。在影响工程安全运行以及使用功能的质量问题未处理完毕前，不得进行竣工验收。

4. 竣工技术预验收

竣工技术预验收应由竣工验收主持单位组织的专家组负责。技术预验收专家组成员应具有高级技术职称或相应执业资格，2/3以上成员应来自工程非参建单位。工程参建单位的代表应参加技术预验收，负责回答专家组提出的问题。

竣工技术预验收专家组可下设专业工作组，并在各专业工作组检查意见的基础上形成竣工技术预验收工作报告。

竣工技术预验收应包括以下主要内容：

检查工程是否按批准的设计完成；

检查工程是否存在质量隐患和影响工程安全运行的问题；

检查历次验收、专项验收的遗留问题和工程初期运行中所发现问题的处理情况；

对工程重大技术问题做出评价；

检查工程尾工安排情况；

鉴定工程施工质量；

检查工程投资、财务情况；

对验收中发现的问题提出处理意见。

竣工技术预验收应按以下程序进行：

现场检查工程建设情况并查阅有关工程建设资料；

听取项目法人、设计、监理、施工、质量和安全监督机构、运行管理等单位工作报告；

听取竣工验收技术鉴定报告和工程质量抽样检测报告；

专业工作组讨论并形成各专业工作组意见；

讨论并通过竣工技术预验收工作报告；

讨论并形成竣工验收鉴定书初稿。

竣工技术预验收工作报告应是竣工验收鉴定书的附件，其格式见附录S。

5. 竣工验收

竣工验收委员会可设主任委员1名，副主任委员以及委员若干名，主任委员应由验收主持单位代表担任。竣工验收委员会由竣工验收主持单位、有关地方人民政府和部门、有关水行政主管部门和流域管理机构、质量和安全监督机构、运行管理单位的代表以及有关专家组成。工程投资方代表可参加竣工验收委员会。

项目法人、勘测、设计、监理、施工和主要设备制造（供应）商等单位应派代表参加竣工验收，负责解答验收委员会提出的问题，并作为被验收单位代表在验收鉴定书上签字。

竣工验收会议应包括以下主要内容和程序：

现场检查工程建设情况及查阅有关资料；

召开大会：

宣布验收委员会组成人员名单；

观看工程建设影像资料；

听取工程建设管理工作报告；

听取竣工技术预验收工作报告；

听取验收委员会确定的其他报告；

讨论并通过竣工验收鉴定书；

验收委员会委员和被验收单位代表在竣工验收鉴定书上签字。

工程项目质量达到合格以上等级的，竣工验收的质量结论意见为合格。

竣工验收鉴定书格式见附录 T。数量按验收委员会组成单位、工程主要参建单位各 1 份以及归档所需要份数确定。自鉴定书通过之日起 30 个工作日内，由竣工验收主持单位发送有关单位。

九、工程移交及遗留问题处理

1. 工程交接

通过合同工程完工验收或投入使用验收后，项目法人与施工单位应在 30 个工作日内组织专人负责工程的交接工作，交接过程应有完整的文字记录并有双方交接负责人签字。

项目法人与施工单位应在施工合同或验收鉴定书约定的时间内完成工程及其档案资料的交接工作。

工程办理具体交接手续的同时，施工单位应向项目法人递交工程质量保修书，其格式见附录 U。保修书的内容应符合合同约定的条件。

工程质量保修期从工程通过合同工程完工验收后开始计算，但合同另有约定的除外。

在施工单位递交了工程质量保修书、完成施工场地清理以及提交有关竣工资料后，项目法人应在 30 个工作日内向施工单位颁发合同工程完工证书。

2. 工程移交

工程通过投入使用验收后，项目法人宜及时将工程移交运行管理单位管理，并与其签订工程提前启用协议。

在竣工验收鉴定书印发后 60 个工作日内，项目法人与运行管理单位应完成工程移交手续。

工程移交应包括工程实体、其他固定资产和工程档案资料等，应按照初步设计等有关批准文件进行逐项清点，并办理移交手续。

办理工程移交，应有完整的文字记录和双方法定代表人签字。

3. 验收遗留问题及尾工处理

有关验收成果性文件应对验收遗留问题有明确的记载。影响工程正常运行的，不得作为验收遗留问题处理。

验收遗留问题和尾工的处理由项目法人负责。项目法人应按照竣工验收鉴定书、合同约定等要求，督促有关责任单位完成处理工作。

验收遗留问题和尾工处理完成后，有关单位应组织验收，并形成验收成果性文件。项目法人应参加验收并负责将验收成果性文件报竣工验收主持单位。

工程竣工验收后，应由项目法人负责处理验收遗留的问题，项目法人已撤销的，由组建或批准组建项目法人的单位或其指定的单位处理完成。

4. 工程竣工证书颁发

工程质量保修期满后 30 个工作日内，项目法人应向施工单位颁发工程质量保修责任终止证书，其格式见附录 W。但保修责任范围内的质量缺陷未处理完成的除外。

工程质量保修期满以及验收遗留问题和尾工处理完成后，项目法人应向工程竣工验收主持单位申请领取竣工证书。申请报告应包括以下内容：

工程移交情况；

工程运行管理情况；

验收遗留问题和尾工处理情况；

工程质量保修期有关情况。

竣工验收主持单位应自收到项目法人申请报告后 30 个工作日内决定是否颁发工程竣工证书，其格式见附录 X（正本）和附录 Y（副本）。

颁发竣工证书应符合以下条件：

竣工验收鉴定书已印发；

工程遗留问题和尾工处理已完成并通过验收；

工程已全面移交运行管理单位管理。

工程竣工证书是项目法人全面完成工程项目建设管理任务的证书，也是工程参建单位完成相应工程建设任务的最终证明文件。

工程竣工证书数量按正本 3 份和副本若干份颁发，正本由项目法人、运行管理单位和档案部门保存，副本由工程主要参建单位保存。

第六章　水利工程安全生产管理基础知识

第一节　安全管理的基本概念

生产活动是人类赖以生存和发展的基础，保护自身在生产活动中的安全健康，是人们最基本的需求之一。安全生产是人类进行生产活动的客观需要，是人类文明发展的必然趋势。

安全生产管理是实现安全生产的重要保证。自新中国成立以来，特别是近年来，党和国家对安全生产工作极为重视，先后颁布了一系列安全生产管理的法律、法规和标准、规范，安全管理制度逐步完善，安全管理水平不断提高。

建筑业与其他行业相比有其自身的特点，主要表现在产品固定、生产流动性大、露天交叉作业多、手工操作、劳动强度大等，容易发生伤亡事故，这就给建筑安全生产工作带来了较大的难度和更高的要求。因此，加强建筑业的安全生产管理，实现建筑业稳定发展，是十分必要的。

一、基本概念

（一）危险与安全

危险与安全是相对的概念，是人们对生产、生活中可能遭受健康损害和人身伤亡的综合认识。

1. 危险

危险是警告词，指某一系统、产品或设备或操作的内部和外部的一种潜在的状态，其发生可能造成人员伤害、职业病、财产损失、作业环境破坏的状态，还有一些机械类的危害。

危险是指系统中存在特定危险事件发生的可能性与后果的总称。一般用危险度表示具有严重后果的事件发生的可能性程度。

2. 安全

安全是指生产系统中人员免遭不可承受危险的伤害。简单地讲，即在系统中人员、财产不受威胁，没有危险，不出事故。

（二）事故与事故隐患

1. 事故

事故多指生产、工作中发生的意外损失或灾祸。在生产过程中，事故是指造成人员死亡、伤害、财产损失或者其他损失的意外事件。

2. 事故隐患

隐患是指潜藏着的祸患。事故隐患泛指生产系统中导致事故发生的人的不安全行为、物的不安全状态和管理上的缺陷。

（三）本质安全

本质安全是指设备、设施或者技术工艺含有内在的能够从根本上防止事故发生的功能。其具体包含以下两方面的内容：

（1）失误—安全功能。失误—安全功能指操作者即使操作失误，也不会发生事故或伤害。或者说，设备、设施或者技术工艺本身具有自动防止人的不安全行为的功能。

（2）故障—安全功能。故障—安全功能指设备、设施或者技术工艺发生故障或损坏时，还能暂时维持正常工作或自动转换为安全状态。

上述两种安全功能，应当是设备、设施或者技术工艺本身所固有的。

本质安全是安全生产管理“预防为主”的根本体现，也是安全生产管理的努力方向和最高境界。现实中由于技术、资金和人的认识等原因，还很难做到全部的本质安全。

（四）风险

风险是指不确定性的影响。

影响是指偏离预期，可以是正面的或负面的。

不确定性是一种对某个事件，甚至是局部的结果或可能性缺乏理解或知识方面的信息的状态。

一般通过有关可能事件和后果或两者组合来表现风险的特性。通常风险是以某个事件的后果（包括情况的变化）及其发生的可能性的组合来表述。

（五）安全生产与安全生产管理

1. 安全生产

安全生产是为了使生产过程在符合物质条件和工作程序下进行，防止发生人身伤亡、财产损失等事故，而采取的消除或控制危险和有害因素、保障人身安全和健康以及保证设备和设施免遭损坏、环境免遭破坏的一系列措施和活动。广义地讲，安全生产是指为了保证生产过程不伤害劳动者和周围人员的生命和人身健康、不使相关财产遭受损失的一切行为。

安全生产是由社会科学和自然科学两个科学范畴相互渗透、相互交织构成的保护人和财产的政策性和技术性的综合学科。

2. 安全生产管理

安全生产管理是运用人力、物力和财力等有效资源，利用计划、组织、指挥、协调、控制等措施，控制物的不安全因素和人的不安全行为，从而实现安全生产的活动。

安全生产管理的最终目的是为了减少和控制危害和事故，尽量避免生产过程中发生人身伤害、财产损失、环境污染以及其他损失。安全生产管理包括对人的安全管理和对物的安全管理两个主要方面。具体讲，安全生产管理包括安全生产法制管理、行政管理、工艺技术管理、设备设施管理、作业环境和作业条件管理等。

二、建筑业的特点及其对建筑安全生产的影响

建筑业与其他行业存在明显的不同特点，反映在安全生产上存在较多的不安全

因素。

（1）建筑产品的多样性决定了建筑安全生产的复杂性。建筑产品的多样性主要表现在：产品固定，所处的环境不同；建筑结构多样，规模大小不一，建设周期长；建筑使用功能和施工工艺也是多样化的，没有雷同的建筑产品。建筑产品的多样性决定了对施工人员、材料、机械设备、防护用具、施工技术等各方面的要求不同，工程建设过程中总会不断面临新的安全问题。

（2）施工过程的不断变化决定了建筑安全生产的多变性。建筑物从基础、主体到装修阶段，随着施工进度的发展，施工过程中的环境、作业条件、不安全因素等都是在不断发生变化的，而相应的安全防护措施往往滞后于施工进度，给施工人员造成较大的危险。

（3）多个工程建设责任主体的存在及其关系的复杂性决定了建筑安全监督管理的难度较高。建设工程具有投资主体多样、参与主体多等特点。工程建设的责任主体有建设、勘察、设计、施工及工程监理等单位。施工现场的安全虽然是由施工单位负主要责任，但其他责任主体也是影响建筑安全生产的重要因素。无论哪个主体、环节出了问题，都会导致安全隐患，甚至造成安全事故的发生。

（4）多个施工队伍共同参与施工，给施工现场安全管理制度的落实带来了难度。当前，建筑施工实行总承包制度，尽管要求施工总承包单位对施工现场的安全生产负总责，分包单位对总承包单位负责，但由于施工现场的作业人员分属不同的总包、专业承包和劳务分包队伍，总承包单位往往难以管理到位。另外，施工单位对工程项目部的现行管理方式，使得现场安全管理的责任更多的由工程项目部来承担。但是，由于工程项目部存在临时性和面对日趋激烈市场竞争的压力，造成对安全生产疏于管理；另外，施工单位对工程项目以包代管，安全管理难以到位，使得安全规章制度在项目得不到充分的落实。

（5）露天作业、高处作业、交叉作业多的特点，导致施工现场不安全因素多。露天作业受天气、温度等环境影响大，高温和严寒使得工人体力和注意力下降，雨雪天气还会导致工作面湿滑，夜间照明不够等都是不安全因素；高处作业多，按《高处作业分级》标准划分，施工现场的作业90%以上属于高处作业，危险性大；工作环境不利，施工现场存在大量的噪声、热量和粉尘等有害介质；劳动强度大，建筑工人工作时间较长，体力劳动多、消耗大。同时，由于工序多，往往形成交叉施工作业，形成多个危险点。所有这些不安全因素，都容易导致事故发生。

（6）手工作业多，作业人员素质偏低，易导致施工作业的不安全行为。建筑业属于劳动密集型行业，需要大量的人力资源。但建筑业生产过程的低技术含量决定了从业人员的素质相对普遍较低。同时，由于教育培训不到位，造成作业人员安全意识差，安全作业知识缺乏，安全操作技能得不到提升，违章作业的现象时有发生，这是造成安全事故的重要原因。

三、安全生产管理体制

我国实行“企业负责，行业管理，国家监察，群众监督”的安全生产管理体制。这一体制是《国务院关于加强安全生产工作的通知》（国发〔1993〕50号）确定的，它体现了“安全第一、预防为主”的安全生产方针，强调了“管生产必须管安全”的原则，明确了安全生产各责任主体在安全生产管理中的职责。

（一）企业负责

“企业负责”即企业对安全生产工作负责。企业法定代表人是企业安全生产的第一责任人。企业必须贯彻执行国家的安全生产法律法规和标准规范，在一切生产经营管理活动中坚持“安全第一、预防为主”的方针，建立健全企业安全管理体系，坚持管生产必须管安全和在计划、布置、检查、总结和评比生产工作的同时计划、布置、检查、总结和评比安全工作的原则，建立健全安全生产责任制度，完善安全生产规章制度和操作规程，保证本单位安全生产所需资金的投入，对从业人员进行安全教育培训，建立健全安全管理机构，合理配备安全管理人员，改善劳动条件和作业环境，保证从业人员的人身安全和健康。

对于建筑业，“企业负责”既包括施工单位依法对本单位的安全生产工作负责，也包括建设单位、勘察单位、设计单位、工程监理单位及其他与建设工程安全生产有关的单位必须遵守安全生产法律法规的规定，保证建设工程安全生产，依法承担建设工程安全生产的责任。

（二）行业管理

“行业管理”即行业主管部门，依照国家的法律法规，监督管理本行业或本领域内的安全生产工作，并承担相应的行政监管责任。其主要职责：组织起草、制定本行业或本领域内的安全生产法律法规、规章制度和标准规范；制定本行业或本领域内的安全生产管理的规划和目标；依法监督企业贯彻执行国家安全生产方针政策、法律法规和标准规范情况，并履行考核奖惩职责；组织或参与本行业或本领域内生产安全事故的调查处理等。

（三）国家监察

“国家监察”即政府安全生产综合管理部门综合管理安全生产工作。其主要职责：组织起草安全生产方面的综合性法律法规；研究拟订安全生产工作方针政策、安全生产标准；制定安全生产发展规划；制定发布工矿商贸行业及有关综合性安全生产规章规程；指导、协调和监督有关部门安全生产监督管理工作；依法组织、协调重大、特大和特别重大事故的调查处理工作。

（四）群众监督

“群众监督”包括各级工会、组织和企事业单位职工等对安全生产工作的监督。其中工会监督是最基本的监督形式，工会组织代表职工群众依法对劳动安全法律法规的贯彻实施情况进行监督，对危害职工生命安全和身体健康的行为、对违反劳动安全法律法规的行为提出批评、检举和控告，维护职工劳动安全卫生方面的合法权益。同时，广大人民群众和从业人员有对存在的安全生产问题提出批评、检举和控告的权利。群众监督是一种自下而上的监督，是安全生产工作不可缺少的重要环节。

2004年1月9日，国务院印发的《国务院关于进一步加强安全生产工作的决定》中指出：要努力构建“政府统一领导、部门依法监管、企业全面负责、群众参与监督、全社会广泛支持”的安全生产工作格局。该决定要求：地方各级人民政府要定期分析、部署、督促和检查本地区的安全生产工作；各级安全生产委员会及其办公室要积极发挥综合协调作用；安全生产综合监管及其他负有安全生产监督管理职责的部门要在政府的统一领导下，依照有关法律法规的规定，各负其责，密切配合，切实履行安全监管职能；各级工会、共青团组织要围绕安全生产，发挥各自优势，开展群众性安全生产活动；充分发挥各类协会、学会、中心等中介机构和社团组织的作用，构建信息、法律、技术装备、宣传教育、培训和应急救援等安全生产支撑体系；强化社会监督、群众监督和新闻媒体监督，共同构建全社会齐抓共管的安全生产工作格局。

2010年7月19日，国务院又印发了国发〔2010〕23号《国务院关于进一步加强安全生产工作的决定》，是继2004年《国务院关于进一步加强安全生产工作的决定》之后，国务院在加强安全生产工作方面的又一重大举措，充分体现了党中央、国务院对安全生产工作的高度重视。通知要求：深入贯彻落实科学发展观，坚持以人为本，牢固树立安全发展的理念，切实转变经济发展方式，调整产业结构，提高经济发展的质量和效益，把经济发展建立在安全生产有可靠保障的基础上；坚持“安全第一、预防为主、综合治理”的方针，全面加强企业安全管理，健全规章制度，完善安全标准，提高企业技术水平，夯实安全生产基础；坚持依法依规生产经营，切实加强安全监管，强化企业安全生产主体责任落实和责任追究，促进我国安全生产形势实现根本好转。其主要任务：以煤矿、非煤矿山、交通运输、建筑施工、危险化学品、烟花爆竹、民用爆炸物品、冶金等行业（领域）为重点，全面加强企业安全生产工作。要通过更加严格的目标考核和责任追究，采取更加有效的管理手段和政策措施，集中整治非法违法生产行为，坚决遏制重特大事故发生；要尽快建成完善的国家安全生产应急救援体系，在高危行业强制推行一批安全适用的技术装备和防护设施，最大程度减少事故造成的损失；要建立更加完善的技术标准体系，促进企业安全生产技术装备全面达到国家和行业标准，实现我国安全生产技术水平的提高；要进一步调整产业结构，积极推进重点行业的企业重组和矿产资源开发整合，彻底淘汰安全性能低下、危及安全生产的落后产能，以更加有力的政策引导，形成安全生产长效机制。

四、建筑施工企业安全生产管理

（一）建筑施工企业安全生产管理机构的设置与人员配备的必要性

根据对近年来发生的生产安全事故的分析可以看出，在诸多的事故原因中，生产经营单位没有设置相应的安全生产管理机构和配备必要的安全生产管理人员，安全生产失控，是导致事故发生的一个重要原因。为此，《中华人民共和国安全生产法》规定“矿山、建筑施工单位和危险物品的生产、经营、储存单位，应当设置安全生产管理机构或者配备专职安全生产管理人员。”

《建设工程安全生产管理条例》中明确规定“施工单位应当设立安全生产管理机构，配备专职安全生产管理人员。”建筑施工企业应当按照《建设工程安全生产管理条例》的规定，设立安全生产管理机构，并依据国家有关规定，根据企业规模大小、承包工程性质等情况决定配置的专职安全管理人员的数量、专业等。

（二）建筑施工企业安全生产管理机构的设置与人员配备的办法

在建设部颁布的《建筑施工企业安全生产管理机构设置及专职安全生产管理人员

配备办法》中，对建筑施工企业安全生产管理机构的设置及专职安全生产管理人员的配备做出了明确的规定。

1. 安全生产管理机构及其职责

安全生产管理机构是指建筑施工企业及其在建设工程项目中设置的负责安全生产管理工作的独立职能部门。

建筑安全生产管理机构的设置：建筑施工企业及其所属的分公司、区域公司等较大的分支机构应当各自独立设置安全生产管理机构，负责本企业（分支机构）的安全生产管理工作。

建筑施工企业及其所属分公司、区域公司等较大的分支机构必须在建设工程项目中设立安全生产管理机构。

安全生产管理机构的主要职责：落实国家有关安全生产法律法规和标准、编制并适时更新安全生产管理制度、组织开展全员安全教育培训及安全检查等活动。

2. 专职安全生产管理人员及其职责

专职安全生产管理人员是指经建设主管部门或者其他有关部门安全生产考核合格，并取得安全生产考核合格证书在企业从事安全生产管理工作的专职人员，包括企业安全生产管理机构的负责人及其工作人员和施工现场专职安全生产管理人员。

专职安全生产管理人员的职责如下：

(1) 企业安全生产管理机构负责人依据企业安全生产实际，适时修订企业安全生产规章制度，调配各级安全生产管理人员，监督、指导并评价企业各部门或分支机构的安全生产管理工作，配合有关部门进行事故的调查处理等。

(2) 企业安全生产管理机构工作人员负责安全生产相关数据统计、安全防护和劳动保护用品配备及检查、施工现场安全督查等。

(3) 施工现场专职安全生产管理人员负责施工现场安全生产巡视督查，并做好记录。

发现现场存在安全隐患时，应及时向企业安全生产管理机构和工程项目经理报告；对违章指挥、违章操作的，应立即制止。

3. 建筑施工总承包企业专职安全生产管理人员的配备

建筑施工企业安全生产管理机构内的专职安全生产管理人员应当按企业资质类别和等级足额配备，根据企业生产能力或施工规模，专职安全生产管理人员人数配备如下：

(1) 集团公司：1人/百万 m^2・年（生产能力）或每10亿元施工总产值・年，不少于4人。

(2) 工程公司（分公司、区域公司）：1人/10万 m^2・年（生产能力）或每1亿元施工总产值・年，且不少于3人。

(3) 专业公司：1人/10万 m^2・年（生产能力）或每1亿元施工总产值・年，且不少于3人。

(4) 劳务公司：1人/50名施工人员，且不少于2人。

4. 建设工程项目专职安全生产管理人员的配备

建设工程项目应当成立由项目经理负责的安全生产管理小组，小组成员应包括企业派驻到项目的专职安全生产管理人员，专职安全生产管理人员的配置如下：

（1）建筑工程、装修工程按照建筑面积：

① 1万 m^2 及以下的工程至少1人；

② 1万～5万 m^2 的工程至少2人；

③ 5万 m^2 以上的工程至少3人，应当设置安全主管，按土建、机电设备等专业设置专职安全生产管理人员。

（2）土木工程、线路管道、设备按照安装总造价：

① 5000万元以下的工程至少1人；

② 5000万～1亿元的工程至少2人；

③ 1亿元以上的工程至少3人，应当设置安全主管，按土建、机电设备等专业设置专职安全生产管理人员。

工程项目采用新技术、新工艺、新材料或致害因素多、施工作业难度大的工程项目，施工现场专职安全生产管理人员的数量应当根据施工实际情况，在上述规定的配置标准上增配。

5. 劳务分包企业在建设工程项目的专职安全生产管理人员的配备

劳务分包企业在建设工程项目的施工人员50人以下的，应当设置1名专职安全生产管理人员；50～200人的，应设2名专职安全生产管理人员；200人以上的，应根据所承担的分部分项工程施工危险实际情况增配，并不少于企业总人数的5%。

施工作业班组应设置兼职安全巡查员，对本班组的作业场所进行安全监督检查各方责任主体的安全生产责任。

第二节　事故致因理论

事故致因理论是一定生产力发展水平的产物。在生产力发展的不同阶段，生产中存在的安全问题也不同，为了解决这些问题，人们努力探讨事故发生机理，不断加深对危险源及其控制的认识，形成带有时代特征的事故致因理论。

目前，世界上比较成熟的事故致因理论主要有事故频发倾向理论、海因里希因果连锁理论、博德事故因果连锁理论、亚当斯事故因果连锁理论、能量意外释放理论和轨迹交叉理论等。

一、事故频发倾向理论

事故频发倾向论是阐述企业工人中存在着个别人容易发生事故的、稳定的、个人的内在倾向的一种理论。1919年，格林伍德和伍慈对许多工厂里伤害事故发生次数资料按如下三种统计分布进行了统计检验。

（1）泊松分布。当员工发生事故的概率不存在个体差异时，即不存在事故频发倾向者时，一定时间内事故发生次数服从泊松分布。在这种情况下，事故的发生是由于工厂里的生产条件、机械设备方面的问题以及一些其他偶然因素引起的。

（2）偏倚分布。一些工人由于存在精神或心理方面的问题，如果在生产操作过程中发生过一次事故，则会造成胆怯或神经过敏，当再次操作时，就有重复发生第二次、第三次建设工程质量与安全生产管理事故的倾向。造成这种统计分布的是工人中存在少数有精神或心理缺陷的人。

(3) 非均等分布。当工厂中存在许多特别容易发生事故的人时，发生不同次数事故的人数服从非均等分布，即每个人发生事故的概率不相同。在这种情况下，事故的发生主要是由于人的因素引起的。为了检验事故频发倾向的稳定性，他们还计算了被调查工厂中同一个人在前3个月和后3个月里发生事故次数的相关系数，结果发现工厂中存在着事故频发倾向者。

1926年，纽鲍尔德研究了大量工厂中事故发生次数分布，证明事故发生次数服从发生概率极小，且每个人发生事故概率不等的统计分布。他计算了一些工厂中前5个月和后5个月事故次数的相关系数，充分证明了存在着事故频发倾向者。

1939年，法默和查姆勃明确提出了事故频发倾向的概念，认为事故频发倾向者的存在是工业事故发生的主要原因，即少数事故频发倾向的工人是事故频发倾向者，他们的存在是工业事故发生的原因。事故频发倾向是指个别容易发生事故的稳定的个人内在倾向。事故频发倾向者往往有如下的性格特征：感情冲动，容易兴奋；脾气暴躁；厌倦工作，没有耐心；慌慌张张，不沉着；动作生硬而工作效率低；喜怒无常，感情多变；理解能力低，判断和思考能力差；极度喜悦和悲伤；缺乏自制力；处理问题轻率、冒失；运动神经迟钝，动作不灵活等。日本的丰原恒男发现容易冲动的人、不协调的人、不守规矩的人、缺乏同情心的人和心理不平衡的人发生事故次数较多。如果企业中减少了事故频发倾向者，就可以减少工业事故。

二、海因里希因果连锁理论

1931年，美国的海因里希在《工业事故预防》一书中阐述了工业安全理论，该书的主要内容之一就是论述了事故发生的因果连锁理论，后人称其为海因里希因果连锁理论。该理论认为，伤亡事故的发生不是一个孤立的事件，尽管伤害可能在某瞬间突然发生，却是一系列事件相继发生的结果。

海因里希把工业伤害事故的发生、发展过程描述为具有一定因果关系的事件的连锁发生过程，即：①人员伤亡的发生是事故的结果；②事故的发生是由于人的不安全行为和物的不安全状态引发的；③人的不安全行为或物的不安全状态是由于人的缺点造成的；④人的缺点是由于不良环境诱发的，或者是由先天的遗传因素造成的。

海因里希最初提出的事故因果连锁过程包括以下5个因素：

(1) 遗传因素及社会环境（M）。遗传因素及社会环境是造成人的性格上缺点的原因，遗传因素可能造成鲁莽、固执等不良性格；社会环境可能妨碍教育、助长性格上的缺点发展。

(2) 人的缺点（P）。人的缺点是使人产生不安全行为或造成机械、物质不安全状态的原因，它包括鲁莽、固执、过激、神经质、轻率等性格上的先天缺点，以及缺乏安全生产知识和技能等后天缺点。

(3) 人的不安全行为或物的不安全状态（H）。人的不安全行为或物的不安全状态是指曾经引起过事故，或可能引起事故的人的行为或机械、物质的状态，它们是造成事故的直接原因。例如，在起重机的吊荷下停留、不发信号就启动机器、工作时间打闹或拆除安全防护装置等都属于人的不安全行为；没有防护的传动齿轮、裸露的带电体或照明不良等属于物的不安全状态。

(4) 事故（D）。事故是由于物体、物质、人或放射线的作用或反作用，使人员受到伤害或可能受到伤害的、出乎意料之外的、失去控制的事件。坠落、物体打击等使人员受到伤害的事件是典型的事故。

(5) 伤害（A）。直接由于事故而产生的人身伤害。

海因里希还用多米诺骨牌来形象地描述这种事故因果连锁关系（图 6-1 和图 6-2）。在多米诺骨牌系列中，一张骨牌被碰倒了，即将发生连锁反应，其余的几张骨牌相继被碰倒。如果移去中间的一张骨牌，骨牌连锁被破坏，事故过程被中止。他认为，企业安全工作的中心就是防止人的不安全行为，消除机械或物的不安全状态，中断事故连锁的进程而避免事故的发生。

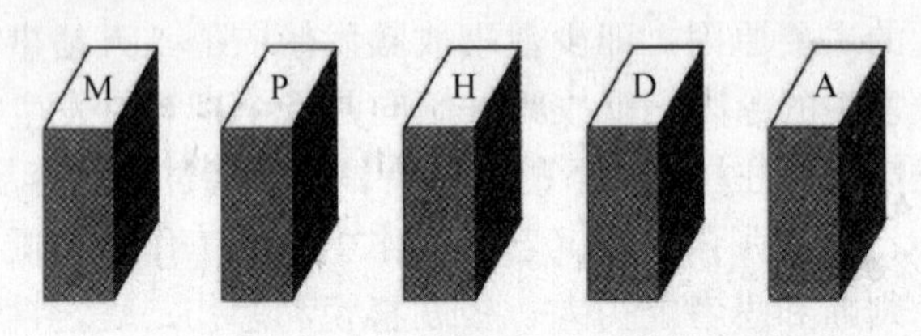

图 6-1　海因里希事故连锁关系图

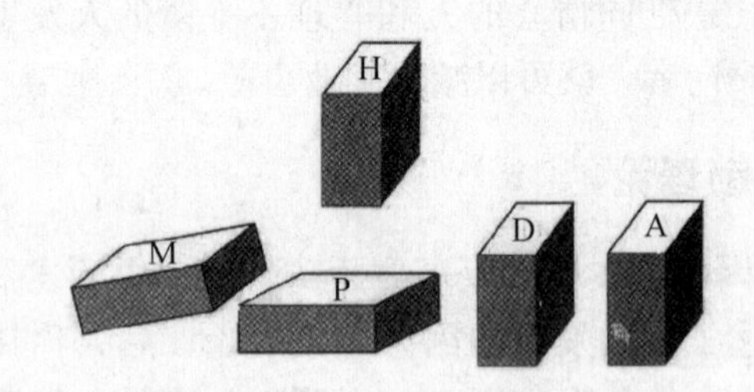

图 6-2　海因里希事故连锁关系图

海因里希的工业安全理论阐述了工业事故发生的因果论，人与物的问题，事故发生频率与伤害严重度之间的关系，不安全行为的原因，安全工作与企业其他生产管理机能之间的关系，进行安全工作的基本责任，以及安全与生产之间的关系等工业安全中最重要、最基本的问题。该理论曾被称作“工业安全公理”，得到世界上许多国家广大安全工作者的赞同。

三、博德事故因果连锁理论

在海因里希因果连锁理论中，把遗传和社会环境看作事故的根本原因，表现出了其时代局限性。尽管遗传因素和人成长的社会环境对人员的行为有一定的影响，却不是影响人员行为的主要因素。在企业中，若管理者能充分发挥管理控制技能，则可以有效控制人的不安全行为、物的不安全状态。博德（Frank Bird）在海因里希因果连锁理论的基础上，提出了与现代安全观点更加吻合的事故因果连锁理论。

博德事故因果连锁理论同样为 5 个因素，但每个因素的概念与海因里希的有所不同：

（1）管理失误。企业管理者必须认识到，只要生产没有实现本质安全化，就有发生事故及伤害的可能性，因此，安全生产管理是企业管理的重要一环。安全生产管理系统要随着生产的发展变化而不断调整完善，十全十美的管理系统不可能存在。由于安全管理上的缺陷，致使能够造成事故的其他原因出现。

（2）个人原因及工作条件。个人原因及工作条件是事故的基本原因。个人原因包括缺乏安全知识或技能，行为动机不正确，生理或心理有问题等；工作条件原因包括安全操作规程不健全，设备、材料不合适，以及存在有害作业环境因素等。只有找出并控制这些原因，才能有效地防止后续原因的发生，从而防止事故发生。

（3）人的不安全行为或物的不安全状态。人的不安全行为或物的不安全状态是事故的直接原因。

直接原因只是一种表面现象，是深层次原因的表征。在实际工作中，不能停留在这种表面现象上，而要追究其背后隐藏的管理上的缺陷，并采取有效的控制措施，从根本上杜绝事故的发生。

（4）事故。这里的事故被看作是人体或物体与超过其承受阈值的能量接触，或人体与妨碍正常生理活动的物质的接触。因此，防止事故就是防止接触。可以通过对装置、材料、工艺等的改进来防止能量的释放，或者训练工人提高识别和回避危险的能力，佩戴劳动防护用品等来防止接触。

（5）损失。人员伤害及财物损坏统称为损失。人员伤害包括工伤、职业病、精神创伤等。在许多情况下，可以采取恰当的措施，最大限度地减小事故造成的损失。

四、亚当斯事故因果连锁理论

亚当斯（Edward Adams）提出了一种与博德事故因果连锁理论类似的因果连锁模型。

在该理论中，把人的不安全行为和物的不安全状态称作现场失误，其目的在于提醒人们注意不安全行为和不安全状态的性质。

亚当斯事故因果连锁理论的核心在于对现场失误的背后原因进行了深入的研究。操作者的不安全行为及生产作业中的不安全状态等现场失误，是由于企业负责人和安全管理人员的管理失误造成的。

管理人员在管理工作中的差错或疏忽，企业负责人的决策失误，对企业经营管理及安全工作具有决定性的影响。管理失误又由企业管理体系中的问题所导致，这些问题包括：如何有组织地进行管理工作，确定怎样的管理目标，如何计划、如何实施等。管理体系反映了作为决策中心的领导人的信念、目标及规范，它决定各级管理人员安排工作的轻重缓急、工作基准及方针等重大问题。

五、能量意外释放理论

随着科技水平的不断提高，各种新材料、新技术、新产品与日俱增，特别是机械能、热能、电能、化学能、生物能和声能等新能源的充分利用，给工业生产和人们的生活带来巨大变化，同时，也给人类带来更多的危险。

1961年，吉布森从能量的观点出发，提出了事故是一种不正常的或不希望的能量释放，各种形式的能量是构成伤害的直接原因。因此，应该通过控制能量或控制作为能量达及人体媒介的能量载体，来预防伤害事故。在吉布森的研究基础上，1966年哈登完善了能量意外释放理论，提出“人受伤害的原因只能是某种能量的转移”.哈登认为，在一定条件下，某种形式的能量能否产生伤害造成人员伤亡事故取决于能量大小、接触能量时间长短和频率以及力的集中程度。事故是一种不正常的或不希望的能量释放。

（一）能量在事故致因中的地位

能量在人类的生产、生活中是不可缺少的，人类利用各种形式的能量做功以达到预定的目的。人类在利用能量时必须采取措施控制能量，使能量按照人们的意图产生、转换和做功。从能量在系统中流动的角度，应该控制能量按照人们规定的能量流通渠道流动。如果由于某种原因失去了对能量的控制，就会发生能量违背人的意愿的意外释放或逸出，使进行中的活动中止而发生事故。如果发生事故时意外释放的能量作用于人体，并且能量的作用超过人体的承受能力，则将造成人员伤害；如果意外释放的能量作用于设备、建筑物、物体等，并且能量的作用超过它们的抵抗能力，则将造成设备、建筑物、物体的损坏。

生产和生活中经常会遇到各种形式的能量，如机械能、电能、热能、化学能、电离及非电离辐射、声能、生物能等，它们的意外释放都可能造成伤害或损坏。

1. 机械能

事故中意外释放的机械能是导致人员伤害的主要类型的能量。

机械能包括势能和动能。位于高处的人体、物体、岩体或结构的一部分相对于低处的基面有较高的势能。当人体具有的势能意外释放时，发生坠落或跌落事故；物体具有的势能意外释放时，物体自高处落下可能发生物体打击事故；岩体或结构的一部分具有的势能意外释放时，发生冒顶、片帮、坍塌等事故。运动着的物体都具有动能，它们具有的动能意外释放作用于人体，则可能发生车辆伤害、机械伤害、物体打击等事故。

2. 电能

意外释放的电能会造成各种电气事故。意外释放的电能可能使电气设备的金属外壳等带电而发生所谓的“漏电”现象。当人体与带电体接触时会遭受电击；电火花会引燃易燃易爆物质而发生火灾、爆炸事故；强烈的电弧可能灼伤人体等。

3. 热能

现今的生产、生活中到处利用热能，人类利用热能的历史可以追溯到远古时代。失去控制的热能可能灼烫人体、损坏财产、引起火灾。火灾是热能意外释放造成的最典型的事故。应该注意，在利用机械能、电能、化学能等其他形式的能量时也可能产生热能。

4. 化学能

有毒有害的化学物质导致人员中毒，是化学能引起的典型伤害事故。在众多的化学物质中，相当多的物质具有的化学能会导致人员急性、慢性中毒，致病、致畸、致癌。火灾中化学能转变为热能，爆炸中化学能转变为机械能和热能。

5. 电离及非电离辐射

电离辐射主要指 α 射线、β 射线和中子射线等，它们会造成人体急性、慢性损伤。非电离辐射主要为 X 射线、γ 射线、紫外线、红外线和宇宙射线等射线辐射。工业生产中常见的电焊、熔炉等高温热源放出的紫外线、红外线等有害辐射会伤害人的视觉器官。

（二）事故预防

麦克法兰（McFarland）在解释事故造成的人身伤害或财产损坏的机理时说：所有的伤害事故（或损坏事故）都是因为机体接触了超过机体组织（或结构）抵抗力的某种形式的过量的能量；或者有机体与周围环境的正常能量交换受到了干扰（如窒息、淹溺等）。因而，各种形式的能量构成伤害的直接原因。

人体自身也是个能量系统。人的新陈代谢过程是个吸收、转换、消耗能量，与外界进行能量交换的过程。当人体与外界的能量交换受到干扰时，即人体不能进行正常的新陈代谢时，人员受到伤害，甚至死亡。

事故发生时，在意外释放的能量作用下人体（或结构）能否受到伤害（或损坏），以及伤害（或损坏）的严重程度如何，取决于作用于人体（或结构）的能量的大小、能量的集中程度，人体（或结构）接触能量的部位，能量作用的时间和频率等。显然，作用于人体的能量越大、越集中，造成的伤害越严重；人的头部或心脏受到过量的能量作用时会有生命危险；能量作用的时间越长，造成的伤害越严重。

该理论阐明了伤害事故发生的物理本质，指明了防止伤害事故就是防止能量意外释放，防止人体接触能量。根据这种理论、人们要经常注意生产过程中能量的流动、转换，以及不同形式能量的相互作用，防止发生能量的意外释放或逸出。

从能量意外释放论出发，预防伤害事故就是防止能量的意外释放，防止人体与过量的能量接触。把约束、限制能量，防止人体与能量接触的措施叫作屏蔽。这是一种广义的屏蔽。在工业生产中经常采用的防止能量意外释放的屏蔽措施主要有以下几种：

1. 用安全的能源代替不安全的能源

有时被利用的能源有较高的危险性，这时可考虑用较安全的能源取代。例如，在容易发生触电的作业场所，用压缩空气动力代替电力，可以防止发生触电事故。但应注意，绝对安全的事物是没有的，以压缩空气做动力虽然避免了触电事故，但可能带来压缩空气管路破裂、脱落的软管抽打等事故。

2. 限制能量

生产工艺尽量采用低能量的工艺或设备，这样即使发生了意外的能量释放，也不致发生严重伤害。例如，利用低电压设备防止电击；限制设备运转速度以防止机械伤害；限制露天爆破装药量以防止个别飞石伤人等。

3. 防止能量蓄积

能量的大量蓄积会导致能量突然释放，因此要及时泄放多余的能量，防止能量蓄积。例如，通过接地消除静电蓄积；利用避雷针放电保护重要设施等。

4. 缓慢地释放能量

缓慢地释放能量可以降低单位时间内释放的能量，减轻能量对人体的作用。

5. 设置屏蔽设施

屏蔽设施是一些防止人员与能量接触的物理实体，即狭义的屏蔽。屏蔽设施可以被设置在能源上，如安装在机械转动部分外面的防护罩；也可以设置在人员与能源之间，如安全围栏等。人员佩戴的个体防护用品，可视为设置在人员身上的屏蔽设施。

6. 在时间或空间上把能量与人隔离

在生产过程中也有两种或两种以上的能量相互作用引起事故的情况。例如，一台吊车移动的机械能作用于化工装置，导致化工装置破裂而有毒物质泄漏，引起人员中毒。针对两种能量相互作用的情况，应该考虑设置两组屏蔽设施：一组设置于两种能量之间，防止能量间的相互作用；另一组设置于能量与人之间，防止能量达及人体。

7. 信息形式的屏蔽

各种警告措施等信息形式的屏蔽，可以阻止人员的不安全行为或避免发生行为失误，防止人员接触能量。

根据可能发生的意外释放的能量的大小，可以设置单一屏蔽或多重屏蔽，并且应该尽早设置屏蔽，做到防患于未然。

8. 使用智能机械代替人工操作

如在不能消除危险和有害因素的条件下，为摆脱能量对操作人员的危害，可用机器人或自动控制装置来代替人。

六、轨迹交叉理论

（一）轨迹交叉理论基础

轨迹交叉理论的基本思想是指伤害事故是许多相互联系的事件顺序发展的结果。这些事件概括起来为人和物（包括环境）两大发展系列。当人的不安全行为和物的不安全状态在各自发展过程（轨迹）中，在一定时间、空间上发生了接触（交叉），能量转移于人体时，伤害事故就会发生，或能量转移于物体时，物品产生损坏。而人的不安全行为和物的不安全状态之所以产生和发展，又是受多种因素作用的结果。

起因物与致害物可能是不同的物体，也可能是同一个物体；同样，肇事者和受害者可能是不同的人，也可能是同一个人，轨迹交叉理论事故模型如图 6-3 所示。

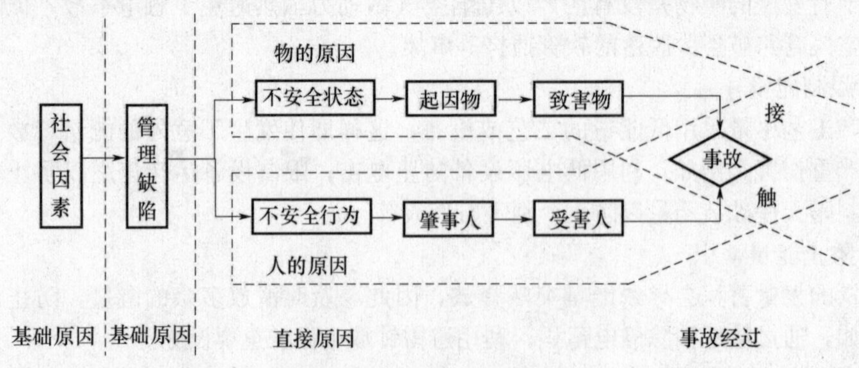

图 6-3　轨迹交叉理论事故模型

轨迹交叉理论反映了绝大多数事故的情况。在实际生产过程中，只有少量的事故是由人的不安全行为或物的不安全状态引起，绝大多数的事故是与两者同时相关的。例如，原日本劳动省通过对50万起工伤事故调查发现，只有约4%的事故与人的不安全行为无关，而只有约9%的事故与物的不安全状态无关。

在人和物两大系列的运动中，两者往往是相互关联、互为因果、相互转化的。有时人的不安全行为促进了物的不安全状态的发展，或导致新的不安全状态的出现；而物的不安全状态可以诱发人的不安全行为。

因此，事故的发生可能并不是如图6-3所示的那样简单地按照人、物两条运动轨迹独立地运行，而是呈现较为复杂的因果关系。

按照轨迹交叉论的观点，构成事故的要素为人的不安全行为、物的不安全状态和人与物的运动轨迹交叉。根据此理念，可以通过避免人与物两种因素运动轨迹交叉，来预防事故的发生。

（二）预防事故发生的措施

根据轨迹交叉理论，可以从下列几个方面预防事故的发生：

1. 防止人和物发生时空交叉

不安全行为的人和不安全状态的物的时空交叉点就是事故点。因此，防止事故的根本出路就是避免两者的轨迹交叉。如隔离、屏蔽、尽量避免交叉作业以及危险设备的连锁保险装置等。

2. 控制人的不安全行为

控制人的不安全行为的目的是切断人和物两系列中人的不安全行为的形成系列。控制人的不安全行为的措施主要有下列内容：

（1）职业适应性选择。由于工作的类型不同，对职工素质的要求也不同。尤其是职业禁忌症应加倍注意，避免因生理、心理素质的欠缺而发生工作失误。

（2）创造良好的工作环境。消除工作环境中的有害因素，使机械、设备、环境适合人的工作，使人适应工作环境。这就要按照人机工程的设计原则进行机械、设备、环境以及劳动负荷、劳动姿势、劳动方法的设计。

（3）加强教育与培训，提高职工的安全素质。实践证明，事故的发生与职工的文化素质、专业技能和安全知识密切相关。加强职工的教育与培训，提高广大职工安全素质，减少不安全行为是一项根本性措施。

（4）健全管理体制，严格管理制度。加强安全管理必须有健全的组织，完善的制度并严格贯彻执行。

3. 控制物的不安全状态

从设计、制（建）造、使用、维修等方面消除不安全因素，控制物的不安全状态，创造本质安全条件。

第三节　安全管理原理

安全管理作为管理的主要组成部分，遵循管理科学的普遍规律，它既服从管理的基本原理与原则，又有其特殊性的原理与原则。

安全管理原理主要包括系统原理、人本原理、预防原理、强制原理和责任原理等。

一、系统原理

1. 系统原理的含义

系统原理是现代管理学的一个最基本原理。它是指人们在从事管理工作时，运用系统观点、理论和方法，对管理活动进行充分的系统分析，以达到管理的优化目标，即用系统论的观点、理论和方法来认识和处理管理中出现的问题。

所谓系统，是由相互作用和相互依赖的若干部分组成的有机整体。任何管理对象都可以作为一个系统，系统可以分为若干个子系统，子系统可以分为若干个要素，即系统是由要素组成的。按照系统的观点，管理系统具有 4 个特征，即集合性、目的性、整体性和层次性。

（1）集合性。管理同世界上一切事物一样都呈现着系统形态，又都是由相关的众多要素通过相互联系、相互作用、相互制约、有机结合而构成系统集合体，也称“复合体”。没有要素或单个要素无从复合，则不能构成系统。

（2）目的性。凡系统都有自己特定的目的即目标，它在系统中发挥启动、导向、激励、聚合和衡量作用。没有目的，各要素是一盘散沙，系统就不能存在和运转。每个系统只能有一个总的目的，系统内的各部分（子系统）都要围绕总目标统筹运动，确定或调整子系统的具体目标必须服从总目标。

（3）整体性。每个系统都是一个相对独立的整体，它要求立足全局，对诸要素进行科学组合，形成合理的结构，使各局部性能融合为全局性能，从而发挥系统的最佳整体效应。

（4）层次性。它表现在本系统内或本系统与更大系统的关系上都呈现出一定的层次性。本系统内，上层管理下层、下级对上级负责，从总体目标考虑局部目标、局部服从整体。

在更大的系统内，则要求本系统要适应社会环境的变化和需求，并依靠与社会相互交换物质、能量和信息而得到发展与提高。

安全生产管理系统是生产管理的一个子系统，它包括各级安全管理人员、安全防护设备与设施、安全管理规章制度、安全生产操作规范和规程以及安全生产管理信息等。安全生产管理贯穿生产活动的方方面面，安全生产管理是全方位、全天候和涉及全体人员的管理。

2. 运用系统原理的原则

运用系统原理，应遵循以下原则：

（1）整分合原则。整分合原则强调把握整体，科学分解，组织综合。即对整体有充分了解，在整体规划下合理分工，又在分工基础上进行有效的综合，使系统中的结构要素围绕总目标，同步、和谐、平衡地发展。

运用整分合原则，要求企业管理者在制订整体目标和宏观决策时，必须将安全生产纳入其中，将安全生产作为一项重要内容考虑，在安全管理中做到安全管理制度健全，分工明确，使每个部门、每个人员都有明确的目标和责任。同时，加强专职安全管理部门的职能，保证强有力的协调控制，实现有效的综合。

（2）封闭原则。在任何一个管理系统内部，管理手段、管理过程等必须构成一个连续封闭的回路，才能形成有效的管理活动，这就是封闭原则。

根据封闭原则，企业要建立包括决策、执行、监督检查和反馈等具有封闭回路的组织机构，建立健全规章制度和岗位责任制。在实际工作中，执行机构要准确无误地执行决策机构的指令，监督机构要对执行机构的执行情况进行监督检查，反馈机构要对得到的信息进行处理，再返回到决策机构，决策机构据此发出新的指令，形成一个连续封闭的回路。

（3）反馈原则。反馈是控制论中的术语，是指“一个系统或一个过程输出端的信息，一部分反馈到输入端”，也就是说，控制系统把信息输送出去，又把起作用的结果返回来，并对信息的再输出产生影响，起到控制作用，以达到预定目的。成功的高效管理，离不开灵活、准确、快速的反馈。

反馈原则对企业安全生产有着重要意义。企业的内部条件和外部环境在不断变化，为了维持系统的稳定，企业应建立有效的反馈系统和信息系统，及时捕捉、反馈不安全的信息，及时采取措施消除或控制不安全因素，使系统的运行回到安全的轨道上。在实际工作中，安全检查、隐患整改、事故统计分析、考核评价等都是反馈原则在企业安全管理中的运用。

（4）弹性原则。由于管理的要素、过程及管理环境都具有复杂多变的特点，人们的认识往往不能百分之百地把握它们，而且人本身又是最复杂的自变因素，常常存在力所不及和顾此失彼的现象。所以，管理必须留有余地，具有灵活性和适应性，这样才能有效地实现动态管理，这就是弹性原则。

安全管理面临着错综复杂的环境和条件，尤其是事故的发生是很难预测和掌握的，因此在制订安全目标时，要综合考虑各种因素，制订的目标要切合实际、留有余地，保证目标的实现。

二、人本原理

1. 人本原理的含义

在管理活动中，对管理效果起决定性作用的最重要的因素就是人，管理对象的全部要素和管理的整个过程中都需要人来掌握和推动。在管理中必须把人的因素放在首位，体现以人为本的指导思想，这就是人本原理。人本原理是现代管理原理中最重要、最具基础性的原理。人本原理所包含的管理思想主要体现在以下几个方面：

（1）人是管理系统的主体要素。人本原理的实质就在于充分肯定人在管理中的主体作用，通过研究人的需要、动机和行为，并由此激发人的积极性、主动性和创造性，实现管理的高效。按照人本原理，人是管理活动的主体，是做好整个管理工作的根本因素，一切管理制度和方法都是由人建立的，一切管理活动都是由人来进行的，最大限度地发掘和调动人的潜力是提高管理效益的关键。

（2）激发人的工作热情是管理的首要问题。人本原理的首要问题是调动人的积极性、主动性。调动人的积极性要从人性出发，使用现代管理中的各种有效理论和方法，分析影响人的积极性发挥的因素，遵循人的思想活动的基本规律，要做到出发点正确，分析人理，方法得当，并注意其思想的动态变化，采取权变的方法。依靠科学管理和员工参与，将个人利益与企业利益紧密结合，使企业全体员工为了共同的目标而自觉地努力工作，从而保证企业管理的高效。

（3）尊重人性是现代管理的核心。人本原理要求对人的管理必须遵循人性化思路。各项管理制度的制订及实施管理的方式，要遵循人性化管理思路，创造一种员工自由表现自己、不断创新、张扬个性的氛围。就员工而言，应该具有积极、民主地共同参与企业各种活动的心态和要求。

（4）管理的最终目的是人的发展。管理是为人服务的，管理就是服务。人是管理主体，尊重人的权益，理解人的价值，关心人的生活，并且提供可靠的途径，创造优厚的条件，使人在企业中得到发展，实现人的目标。企业发展进步需要不断完善自我，员工个人的发展也要在企业的发展中不断加以完善。良好的管理不仅能确保企业健康发展，也为员工的自我完善、实现自身价值创造了条件。

2. 运用人本原理的原则

（1）能级原则。现代管理理论认为，单位、机构和个人都有一定的能量，并且可按照能量的大小顺序排列，形成管理的能级，这就是能级原则。在管理系统中，根据单位和个人能量的大小安排其工作，才能发挥不同能级的能量，保证结构的稳定性和管理的有效性。根据能级原则，在安全管理工作中应主要做到以下几点：

① 在安排安全管理机构人员时，应根据人员的专业技术、工作能力、工作态度和人员配备比例，合理安排安全管理人员。

② 在建立安全责任制度时，应根据各部门和人员的级别、职责，确定不同的安全责任。

③ 在制订安全生产规章制度时，应明确不同能级的部门和人员的权力，并且有一定的物质利益、荣誉以及处罚相对应。

总之，既要每个员工都能根据自己的能量找到合适的工作岗位，各得其所，各尽其职，又要保证组织结构科学合理，避免和减少能量的耗费。

（2）动力原则。管理活动必须有强大的动力，正确运用动力，才能使管理活动持续、有效地进行，这就是动力原则。

对于管理系统，有三种基本动力，即物质动力、精神动力和信息动力。物质动力就是以适量的物质刺激来调动人的积极性；精神动力就是用精神的力量来激发人的积极性和创造性；信息动力是通过信息的获得和交流产生动力。

在管理中运用动力原则要注意以下几点：首先，要协调配合、综合运用三种动力。要针对不同的时间、条件和对象，有针对性地选择不同的动力。首先，要以精神激励为主、物质奖励为辅，加上信息的启发诱导，才能使管理健康发展。其次，正确认识与处理个体和集体的辨证关系。管理者要善于因势利导，在实现管理目标的前提下发挥个体动力，以获取较大的、稳定的集体动力。最后，掌握好各种刺激量的界限。管理者要合理地选择奖励和处罚这两种不同的刺激，同时要注意刺激量的合理性，这样才能收到良好的效果。

三、预防原理

1. 预防原理的含义

在管理系统中，安全生产管理应该做到以预防为主，在可能发生人身伤害、设备或设施损坏和环境破坏的场合，事先采取措施，通过有效的管理和技术手段，减少和防止人的不安全行为和物的不安全状态，这就是预防原理。

2. 运用预防原理的原则

（1）偶然损失原则。事故后果以及后果的严重程度，都是随机的、难以预测的。反复发生的同类事故，并不一定产生完全相同的后果，这就是事故损失的偶然性。

（2）因果关系原则。事故的发生是许多因素互为因果连续发生的最终结果，只要事故的因素存在，发生事故是必然的，只是时间或迟或早而已，这就是因果关系原则。

（3）本质安全化原则。本质安全化原则是指从一开始和从本质上实现安全化，从根本上消除事故发生的可能性，从而达到预防事故发生的目的。本质安全化原则不仅可以应用于设备、设施，还可以应用于建设项目。

3. 预防原理在实际安全工作中运用

安全生产工作的主要目的之一是预防和控制事故的发生。预防与控制包括两部分内容，即事故预防和事故控制，前者是指通过采用技术和管理手段使事故不发生，后者是通过采取技术和管理手段使事故发生后不造成严重后果或使后果尽可能减小。预防原理告诉我们，安全事故的发生虽然有其突发性和偶然性，但事故是可以预测、预防和控制的，对于事故的预防与控制，应从安全管理、安全技术、安全教育三方面入手，采取相应措施。

（1）建立健全安全管理规章制度，完善安全管理体制。安全系统的各层次要建立健全安全管理机构，配备安全监督人员；建立安全责任制度，明确各部门和人员的安全生产责任；建立安全检查等管理制度，完善检查检测机制，及时发现和消除安全隐患，并根据所发生事故的原因，分析、研究、制订预防事故的制度措施，防止事故发生。

（2）积极开展安全科学研究，制订防范事故的技术措施。要对生产设施、设备和工艺存在的安全问题组织力量进行研究，在对新产品、新材料、新技术的研究和应用中，解决有关安全方面的问题；对使用的设备、设施，加强维修保养，确保其安全性能；在进行新建、改建和扩建时，安全设施要与主体工程同时设计、同时施工、同时投产使用；在工程项目施工前，要制定安全技术措施；在施工过程中，要严格执行安全技术标准、规范，遵守安全操作规程，不断提高防护能力与技术水平。

（3）加强安全教育培训，提高全员安全素质。建立安全教育培训制度，从思想、法制、安全知识和技能等方面加强对职工安全教育培训，提高管理人员和职工搞好安全生产的责任感和自觉性，增强安全意识，掌握安全科学知识，不断提高安全管理和安全技术水平，增强安全防护能力。

四、强制原理

（一）强制原理定义

强制原理是指采取强制管理的手段控制人的意愿和行动，使个人的活动、行为等受到安全生产管理要求的约束，从而实现有效的安全生产管理。

一般来说，管理均带有一定的强制性。管理是管理者对被管理者施加作用和影响，并要求被管理者服从其意志，满足其要求，完成其规定的任务的活动，这显然带有强制性。强制可以有效地控制被管理者的行为，将其调动到符合整体管理利益和目的的轨道上。

安全生产管理更需要强制性，这是基于下列3个原因：

(1) 事故损失的偶然性。由于事故的发生及其造成的损失具有偶然性，并不一定马上会产生灾害性的后果，这样会使人忽视安全工作，使得不安全行为和不安全状态继续存在，直至发生事故。

(2) 人的冒险心理。这里所谓的冒险是指某些人为了获得某种利益而甘愿冒受到伤害的风险。持有这种心理的人不恰当地估计了事故潜在的可能性，心存侥幸，冒险心理往往会使人产生有意识的不安全行为。

(3) 事故损失的不可挽回性。这一原因可以说是安全生产管理需要强制性的根本原因。事故损失一旦发生，往往会造成永久性的损害，尤其是人的生命和健康，更是无法挽回。

安全生产管理强制性的实现，离不开严格合理的安全生产法律法规、标准规范和管理制度。同时，还要有强有力的安全生产管理和监督体系，以保证被管理者始终按照行为规范进行活动，一旦其行为超出规范的约束，就要有严厉的惩处措施。

(二) 强制原理的运用原则

1. 安全第一原则

安全第一原则就是要求在进行生产和其他活动的同时，把安全工作放在一切工作的首要位置。当生产和其他工作与安全发生矛盾时，要以安全为主，生产和其他工作要服从安全。

作为强制原理范畴中的一个原则，安全第一应该成为企业的统一认识和行动准则，各级领导和全体员工在从事各项工作中都要以安全为根本，把安全生产作为衡量企业工作好坏的一项基本内容，作为一项有“否决权”的指标，不安全不准进行生产。

水利水电工程建设各参建单位在安全生产管理中，坚持安全第一原则，就要建立和健全各级安全生产责任制，从组织上、思想上、制度上切实把安全工作摆在首位，常抓不懈，形成“标准化、制度化、经常化”的安全工作体系。

2. 监督原则

监督原则是指在安全工作中，为了使安全生产法律法规得到落实，必须明确安全生产监督职责，对企业生产中的守法和执法情况进行监督。

只要求执行系统自动贯彻实施安全生产法律法规，而缺乏强有力的监督系统来监督执行，安全生产法律法规的强制力是难以发挥的。必须建立专门的安全生产管理机构，配备合格的安全生产管理人员，赋予必要的强制力，以保证其履行监督职责，才能保证安全管理工作落到实处。

监督原则的应用在实际安全管理中具有重要的作用。在水利水电工程建设安全生产管理工作中，必须授权专门的部门和人员行使监督、检查和惩罚的职责，对各单位工作人员的守法和执行情况进行监督，追究和惩戒违章失职行为，以保证水利水电工程建设的正常进行。

五、责任原理

安全生产管理的责任原理是指在安全生产管理活动中，为实现管理过程的有效性，管理工作需要在合理分工的基础上，明确规定各级部门和个人必须完成的工作任务和必须承担的相应责任。责任原理与整分合原则相辅相成，有分工就必须有各自的责任。

责任通常可以从下列两个层面来理解：

(1) 责任主体方对客体方承担必须承担的任务，完成必须完成的使命和工作，如员工的义务、岗位职责等。

(2) 责任主体没有完成份内的工作而应承担的后果或强制性义务，如担负责任、承担后果等。

责任既包含个人的责任，又包含单位（集体）的责任。在安全生产管理实践中，通常所说的"安全生产责任制""事故责任问责制""一岗双责""权责对等"等都反映了安全生产管理的责任原理。

国际推行的 SA 8000 即"社会责任标准"也是责任原理的具体体现。SA 8000 是全球首个道德规范国际标准，是以保护劳动环境和条件、保障劳工权利等为主要内容的管理标准体系，其主要内容包括对童工、强迫性劳动、健康与安全、结社自由和集体谈判权、歧视、惩戒性措施、工作时间、工资报酬、管理系统等方面的要求。其中与安全相关的有下列内容：

(1) 企业应不使用或者支持使用童工，不得将其置于不安全或不健康的工作环境或条件下。

(2) 企业应具备避免各种工业与特定危害的知识，为员工提供健康、安全的工作环境，采取足够的措施，最大限度地降低工作中的危害隐患，尽量防止意外或伤害的发生；为所有员工提供安全卫生的生活环境，包括干净的浴室、厕所、可饮用的水；洁净安全的宿舍；卫生的食品存储设备等。

(3) 企业支付给员工的工资应不低于法律或行业的最低标准，必须足以满足员工基本需求，对工资的扣除不能是惩罚性的。

SA 8000 规定了企业必须承担的对社会和利益相关者的责任，其中有许多与安全生产紧密相关。

目前，我国的许多企业均发布了年度社会责任报告。

在安全生产管理活动中，运用责任原理，应建立健全安全生产责任制，在责、权、利、能四者相匹配的前提下，构建落实安全生产责任的保障机制，促使安全生产责任落实到位，并强制性地实施安全问责，做到奖罚分明，激发和引导员工的责任心。

第四节　建设单位主体的安全责任

一、建设单位的安全责任

建设单位应当向施工承包单位提供施工现场与毗邻区域的供水、排水，供电、供气、供热、通信、广播电视等地下管线资料，气象和水文观测资料，相邻建筑物和构筑物、地下工程的有关资料，并保证资料的真实、准确、完整；建设单位不得对勘察、设计、施工、工程监理等单位提出不符合建设工程安全生产法律、法规和强制性标准规定的要求；不得压缩合同约定的工期；建设单位在编制工程概算时，应当确定建设工程安全作业环境及安全施工措施所需费用；建设单位不得明示或暗示施工承包单位购买、租赁、使用不符合安全施工要求的安全防护用具、机械设备、施工机具及配件、消防设施和器材；建设单位在申请领取施工许可证时，应当提供建设工程有关安全施工措施的资料；依法批准开工报告的建设工程，建设单位应当自开工报告批准之日起15日内，将保证安全施工的措施报送建设工程所在地的县级以上地方人民政府建设行政主管部门或者其他有关部门备案；建设单位应当将拆除工程发包给具有相应资质的施工承包单位；建设单位应当在拆除工程施工开始之日起15日前，将下列资料报送建设工程所在地的县级以上地方人民政府建设行政主管部门或其他有关部门备案：施工承包单位资质等级证明，拟拆除建筑物，构筑物及可能危及毗邻建筑的说明，拆除施工组织方案；堆放、消除废弃物的措施，实施爆破作业的，应当遵守国家有关民用爆破物品管理的规定。

二、施工承包单位的安全责任

（1）施工承包单位从事建设工程的新建、扩建、改建和拆除等活动应当具备国家规定的注册资本、专业技术人员、技术装备和安全生产等条件，依法取得相应等级的资质证书，并在其资质等级许可的范围内承揽工程。

（2）施工承包单位主要负责人要依法对本单位的安全生产工作全面负责。施工承包单位应当建立健全安全生产责任制度和安全生产教育培训制度，制定安全生产规章制度和操作规程，保证本单位安全生产条件所需的资金投入，对所承担的建设工程进行定期专项安全检查，并做好安全检查记录。施工承包单位的项目负责人应当由取得相应执业资格的人员担任，对建设项目的安全负责，落实安全生产责任制度、安全生产规章制度和操作规程，确保安全生产费用的有效使用，并根据工程的特点组织制定安全施工措施，消除安全事故隐患，及时、如实报告生产安全事故。

（3）施工承包单位应对列入建设工程预算的安全作业环境及安全施工措施所需费用，应当用于施工安全防护工具及设施的采购和更新，安全施工措施的落实，安全生产条件的改善，不得挪作他用。

（4）施工承包单位应当设立安全生产管理机构，配备专职安全生产管理人员。专职安全生产管理人员负责对安全生产进行现场监督检查。发现安全事故隐患，应当及时向项目负责人和安全生产管理机构报告；对违章指挥、违章操作的，应当立即制止。专职安全生产管理人员的配备办法由国务院建设行政主管部会同国务院其他有关部确定。

（5）建设工程实行施工总承包的，由总承包单位对施工现场的安全生产负总责。总承包单位应当自行完成建设工程主体结构的施工。总承包单位依法将建设工程分包给其他单位的，分包合同中应当明确各自在安全生产方面的权利、义务。总承包单位和分包单位对分包工程的安全生产承担连带责任。分包单位应当服从总承包单位的安全生产管理，分包单位不服从管理导致生产安全事故的，由分包单位承担主要责任。

（6）垂直运输机械作业人员、安装拆卸工、爆破作业人员、起重信号工、登高架设作业人员等特种作业人员，必须按照国家有关规定经过专门的安全作业培训，并取得特种作业操作资格证书后，方可上岗作业。

（7）根据《危险性较大的分部分项工程安全管理规定》（中华人民共和国住房和城乡建设部令第37号令，自2018年06月01日生效），施工单位应当在危大工程施工前组织工程技术人员编制专项施工方案。实行施工总承包的，专项施工方案应当由施工总承包单位组织编制。危大工程实行分包的，专项施工方案可以由相关专业分包单位组织编制。专项施工方案应当由施工单位技术负责人审核签字、加盖单位公章，并由总监理工程师审查签字、加盖执业印章后方可实施。危大工程实行分包并由分包单位编制专项施工方案的，专项施工方案应当由总承包单位技术负责人及分包单位技术负责人共同审核签字并加盖单位公章。对于超过一定规模的危大工程，施工单位应当组织召开专家论证会对专项施工方案进行论证。实行施工总承包的，由施工总承包单位组织召开专家论证会。专家论证前专项施工方案应当通过施工单位审核和总监理工程师审查。危大工程及超过一定规模的危大工程详见中华人民共和国住房和城乡建设部办公厅《关于实施〈危险性较大的分部分项工程安全管理规定〉有关问题的通知》（建办质〔2018〕31号）的规定。

（8）建设工程施工前，施工承包单位负责项目管理的技术人员应当对有关安全施工的技术要求向施工作业班组、作业人员做出详细说明，并由双方签字确认。

（9）施工承包单位应当在施工现场入口处、施工起重机械、临时用电设施、脚手架、出入通道口，楼梯口、电梯口孔洞口、桥梁口、隧道口、基坑边沿、爆破物及有害危险气体和液体存放处等危险部位设置明显的安全警示标志。安全警示标志必须符合国家标准。施工承包单位应当根据不同施工阶段和周围环境及季节、气候的变化，在施工现场采取相应的安全施工措施。施工现场暂时停止施工的，施工承包单位应当做好现场保护，所需费用由责任方承担，或者按照合同约定执行。

（10）施工承包单位应当将施工现场的办公区、生活区与作业区分开设置，并保持安全距离，办公区、生活区的选址应当符合安全性要求。职工的膳食、饮水、休息场所等应当符合卫生标准。施工承包单位不得在尚未竣工的建筑物内设置员工集体宿舍。施工现场临时搭建的建筑物应符合安全使用要求。施工现场使用的装配式活动房屋应当具有产品合格证。

（11）施工承包单位对因建设工程施工可能造成损害的毗邻建筑物、构筑物和地下管线等，应当采取专项防护措施。施工承包单位应当遵守有关环境保护法律、法规的规定，在施工现场采取措施，防止或者减少粉尘、废气、废水、固体废物、噪声、振动和施工照明对人和环境的危害与污染。在城市市区内的建设工程，施工承包单位应对施工现场实行封闭围挡。

（12）施工承包单位应当在施工现场建立消防安全责任制度，确定消防安全责任人，制定用电、使用易燃易爆材料等各项消防安全管理制度和操作规程，设置消防通道、消防水源、配备消防设施和灭火器材，并在施工现场入口处设置明显标志。

（13）施工承包单位应当向作业人员提供安全防护用具和安全防护服装，并书面告知危险岗位的操作规程和违章操作的危害。作业人员有权对施工现场的作业条件、作业程序和作业方式中存在的安全问题提出批评、检举和控告，有权拒绝违章指挥和强令冒险作业。在施工中发生危及人身安全的紧急情况时，作业人员有权立即停止作业或者在采取必要的应急措施后撤离危险区域。

（14）作业人员应当遵守安全施工的强制性标准、规章制度和操作规程，正确使用安全防护用具、机械设备等。

（15）施工承包单位采购、租赁的安全防护用具、机械设备、施工机具及配件，应当具有生产（制造）许可证、产品合格证，并在进入施工现场前进行查验。施工现场的安全防护工具、机械设备、施工机具及配件必须由专人管理，定期进行检查、维修和保养，建立相应的资料档案，并按照国家有关规定及时报废。

（16）施工承包单位在使用施工起重机械和整体提升脚手架、模板等自升式架设设施前，应当组织有关单位进行验收，也可以委托具有相应资质的检验检测机构进行验收；使用承租的机械设备和施工机具及配件的，由施工总承包单位、分包单位、出租单位和安装单位共同进行验收。验收合格的方可使用。《特种设备安全监察条例》规定的施工起重机械，在验收前应当经有相应资质的检验检测机构监督检验合格。

施工承包单位应当自施工起重机械和整体提升脚手架、模板等自升式架设设施验收合格之日起30日内，向建设行政主管部门或者其他有关部门登记。登记标志应当置于或者附着于该设备的显著位置。

（17）施工承包单位的主要负责人、项目负责人，专职安全生产管理人员应当经建设行政主管部门或者其他有关部门考核合格后方可任职。

施工承包单位应当对管理人员和作业人员每年至少进行一次安全生产教育培训，其教育培训情况记入个人工作档案。安全生产教育培训考核不合格的人员不得上岗。

（18）作业人员进入新的岗位或者新的施工现场前，应当接受安全生产教育培训。未经教育培训或者教育培训考核不合格的人员不得上岗作业。

施工承包单位在采用新技术、新工艺、新设备、新材料时，应当对作业人员进行相应的安全生产教育培训。

（19）施工承包单位应当为施工现场从事危险作业的人员办理意外伤害险。意外伤害保险费由施工承包单位支付。实行施工总承包的，由总承包单位支付意外伤害保险费。意外伤害保险期限自建设工程开工之日起至竣工验收合格止。

三、勘察单位的安全责任

勘察单位应该认真执行国家有关法律、法规和工程建设强制性标准，在进行勘察作业时，应当严格执行操作规程，采取措施保证各类管线、设施和周边建筑物、构筑物的安全，提供真实、准确、满足建设工程安全生产需要的勘察资料。

四、设计单位在工程建设活动中的安全责任

设计单位或注册建筑师等执业人员应当对其设计负责；设计单位应当严格按照有关法律、法规和工程建设强制性标准进行设计，防止因设计不合理导致生产安全事故的发生，在设计中应当考虑施工安全操作和防护的需要，对涉及施工安全的重点部位和环节在设计文件中注明，并对防范生产安全事故提出指导意见；对于采用新结构、新材料、新工艺的建设工程和特殊结构的建设工程，设计单位应当在设计中提出保障施工作业人员安全和预防生产安全事故的措施建议。

五、工程监理单位的安全责任

工程监理单位派驻工程建设项目的项目监理机构应当审查施工组织设计中的安全技术措施、施工单位报审的专项施工方案是否符合工程建设强制性标准，符合要求的，由总监理工程师签认后报建设单位，超过一定规模的危险性较大的分部分项工程的专项施工方案，应检查施工单位组织专家论证、审查的情况，以及是否附具安全验收结果。项目监理机构应要求施工单位按照已审查批准的安全技术措施、专项施工方案组织施工。项目监理机构应审查施工单位现场安全生产规章制度的建立和实施情况，并应审查施工单位安全生产许可证及施工单位项目经理、专职安全生产管理人员和特种作业人员的资格，同时应检查施工机械和设施的安全许可验收手续，定期巡视检查危险性较大的分部分项工程专项施工方案实施情况。发现未按专项施工方案施工时，应签发监理通知单，要求施工单位按专项施工方案实施。项目监理机构在实施监理过程中，发现工程存在安全事故隐患的，应签发监理通知，要求施工承包单位整改；情况严重时，应签发工程暂停令，并及时报告建设单位。施工承包单位拒不整改或者不停止施工时，项目监理机构应当及时向有关主管部门报送监理报告。工程监理单位和监理工程师应当按照法律、法规和工程建设强制性标准实施监理，并对建设工程安全生产承担监理责任。

第七章　安全风险管理

第一节　相关术语和定义

一、事件、事故和未遂事故

在安全风险管理技术或系统安全工程技术中有一些具有特定含义的术语和定义，理解掌握这些具有特定含义的术语和定义，是进一步掌握安全风险管理技术的前提条件。

事件（Incident）是发生或可能发生与工作相关的健康损害（Ill Health）或人身伤害（无论哪一种程度）或者死亡的情况。

事故（Accident）是一种发生人身伤害、健康损害或死亡的事件。

事件是国际职业健康安全专业领域使用的一种术语表达。它本身包含两种情况：一是人们在从事工作活动中不期待发生的造成伤害、健康损害或死亡的事情；二是有可能造成伤害、健康损害或死亡后果，但由于一些偶然因素，实际上没有造成伤害、健康损害或死亡的事情。

我国的职业健康安全专业领域用事故和未遂事故来表述事件包含的两种情况。在国际上也有用“near-miss”“near-hit”“closecall”或“dangerous occurrence”表述未发生伤害、健康损害或死亡的事件。

美国的海因里希（W. H. Heinrich）对事件进行过较为深入的研究，他在调查了5000多起伤害事故后发现，在330起类似的事故中，300起事故没有造成伤害，29起引起轻微伤害，1起造成了严重伤害。即严重伤害、轻微伤害和没有伤害的事故件数之比为1：29：300，这就是著名的海因里希法则。

海因里希法则反映了事故发生的频率与事故后果严重度之间的一般规律，且说明事故发生后其后果的严重程度具有随机性质或者说其后果的严重度取决于机会因素。因此，一旦发生事故，控制事故后果的严重程度是一件非常困难的工作。为了防止严重伤害的发生，应该全力以赴地防止未遂事故的发生。

海因里希法则阐明了事故发生频率与伤害严重程度之间的普遍规律，即一般情况下，事故发生后造成严重伤害的可能性是很小的，大量发生的是轻微伤害或者无伤害，这也是为什么人们容易忽视安全问题的主要原因之一。

海因里希法则也指出，未遂事故虽然没有造成人身伤害和经济损失，但由其发生的原因和发展的过程极可能造成严重伤害，因而必须对其进行深入研究，探讨发生原因和发展规律，从而采取相应措施，消除事件原因或斩断事件发展过程，达到控制预防事件的目的。也就是说，根据海因里希法则，在同类事件中未遂事故和轻伤事故发生可能性要比严重伤害事故大得多，只要关注未遂事故，研究未遂事故，就有可能控制重伤害事故的发生，这也是控制事故的重要手段之一。对于一些未知因素较多的系统，如采用新技术、新设备、新工艺、新材料、新产品等的系统更是如此。

当然，研究未遂事故也有很多困难，其一，也是最主要的问题，就是人们对其不重视。只要事故的发生没有造成严重后果，许多人认为只是虚惊一场，未遂事故之后我行我素，依然如故，员工如此，管理层如此，政府部门也是如此。其二，未遂事故数量庞大，对其进行调查、统计、分析研究需要投入大量的人力、物力，在有些情况下，这种投入是令人难以承受的。其三，未遂事故的界定困难。在大量的各类突发事件中，哪些属于未遂事故，在有些情况下是模糊的，对它的界定会因人们理解的程度，观察事物的角度不同而有所不同。其四，因为人们只关心那些可能会造成严重事故的未遂事故，但在大量的未遂事故中筛选出这类事故，要依赖于人的经验和直觉。

二、危险源、事故隐患

（一）危险源（Hazard）

危险源是可能导致人身伤害和（或）健康损害的根源、状态或行为。

危险源的概念源自现代安全科学的系统安全的发展。系统安全是事故致因理论发展至今的最新成果，也是安全科学所提出的用于指导事故控制的最新理论和方法。

事故致因理论是研究分析导致事故发生原因因素的科学理论。系统中可能导致事故发生的原因因素被称为事故致因因素（Accident Causing Factor）。随着人类社会生产的发展，事故致因理论也经历了其发展的不同阶段。

系统安全强调全过程、全方面、全方位考虑系统的事故控制问题，即全过程、全方面、全方位地识别和控制系统中的事故致因因素。识别和控制系统中的事故致因因素的手段被称为系统安全工程。系统安全工程借鉴了风险管理科学的成果，所以也可被称为职业健康安全风险管理过程。风险管理科学把导致风险或随机事件的因素称为风险源（Risk Source），把具有潜在损害的风险源或可能导致不期待事件的风险源称为危险源（Hazard）。因此，系统安全将系统中的事故致因因素称为危险源。系统中所有的事故致因因素在系统安全中都被视作危险源。初期的系统安全只是将系统中可能导致事故发生的各种因素都作为危险源来考虑，并没有将危险源与其他相关的事故致因理论加以联系，深入分析危险源的基本概念，对危险源进行分类。随着安全科学技术的发展，基于事故致因理论，各种涉及危险源的基本概念及分类的理论被提出。

国外学者不倾向于对危险源进行分类，他们把生产作业场所中包含某种能量、可能导致某种事故的单元作为危险源，在对危险源实施评价和控制时进一步识别单元内和与单元相关联的更具体的事故致因因素（也可以称作危险源）。

国内的学者基于事故致因因素在事故发生发展过程中的作用，分别提出了两类危险源和三类危险源的理论。

我国的安全生产法规，基于我国实际的安全生产管理实践，将相关的事故致因因素表述为“危险因素”“有害因素”“不安全因素”“事故隐患”等。这些术语概念被日常地应用到我国具体的安全生产实践活动中。

尽管上述这些危险源理论和涉及的相关概念都是基于不同的角度和目的提出的，

但涉及同一专业方面出现过多的理论和概念，如果不加以诠释，就会使得系统安全理论的学习和应用变得复杂起来。

（二）事故致因因素分析

综合现代安全科学的事故致因理论，导致伤亡事故发生的客观实体是存在于工作场所中的可能意外释放能量导致人员伤害的能量物质或能量载体；而诱发能量物质或载体意外释放能量的直接因素是物的不安全状态和人的不安全行为两方面。

对于导致物的不安全状态和人的不安全行为的间接因素，不同学者在其事故致因理论中，阐述了很多观点。

海因里希把导致伤亡事故的间接原因归结为遗传、教育及社会环境和人的缺点。博德将间接原因归结为管理失误和个人原因、工作条件。

日本学者北川彻三在其《安全工程学基础》一书，及其作为编委委员会委员长的《安全技术手册》中这样对间接原因分类：

（1）技术原因。

① 建筑物、机械装置设计不良；

② 材料结构不合适；

③ 检修、保养不好；

④ 作业标准不合理。

（2）教育原因。

① 缺乏安全知识（无知）；

② 错误理解安全规程要求（不理解、轻视）；

③ 训练不良、坏习惯；

④ 经验不足、没有经验。

（3）身体原因。

① 疾病（头痛、腹痛、眩晕、癫痛）；

② 疾病（近视、耳聋）；

③ 疲劳（睡眠不足）；

④ 酩酊大醉；

⑤ 体格不合格（身高、性别）。

（4）精神原因。

① 错觉（错感、冲动、忘却）；

② 态度不好（怠慢、不满、反抗）；

③ 精神不安（恐怖、紧张、焦躁、不和睦、心不在焉）；

④ 感觉的缺陷（反应迟钝）；

⑤ 性格上的缺陷（顽固、心胸狭窄）；

⑥ 智能缺陷（白痴）。

（5）管理原因。

① 领导的责任心不强；

② 安全管理机构不健全；

③ 安全教育机构不完善；

④ 安全标准不明确；
⑤ 检查、保养制度不健全；
⑥ 对策实施迟缓；
⑦ 认识管理不善；
⑧ 劳动积极性不高。
(6) 教育原因。
① 义务教育；
② 高等教育；
③ 师资的培养；
④ 职业教育；
⑤ 社会教育。
(7) 社会原因。
① 法规；
② 行政；
③ 社会结构。
(8) 历史原因。
① 国家、民族特点；
② 产业的发达程度；
③ 社会思想的开化、进步程度。

其他学者也有不同的分类。

(三) 危险源理论及应用分析

1. 事故致因因素与危险源

基于上述事故致因因素的系统模型，便可诠释各种危险源理论。

国际上的职业健康安全管理体系的相关指南标准，对危险源术语定义中的“根源”“状态”和“行为”进行了举例说明，如根源可以指的是运动的机械、辐射或能量源；状态可以指的是在高处工作；行为可以指的是手工举起重物，均是指包含可能意外释放能量导致伤害的能量单元。国际劳工组织（ILO）将引起灾难性事故的危险源称为重大危险源（Major Hazard），所谓重大危险源是指可能引起灾难事故的储存和使用易燃易爆或有毒的化学物质的单元。由此可见，国外多数学者将生产作业场所中存在的包含可能意外释放能量导致伤害的能量物质或能量载体的单元视作危险源。

陈宝智教授提出了两类危险源的理论。该理论把系统中存在的、可能发生意外释放能量的能量物质或能量载体称为第一类危险源；把诱发能量物质或载体意外释放能量造成伤亡事故的直接因素，物的不安全状态和人的不安全行为称为第二类危险源。

田水承教授提出了三类危险源的理论。该理论将系统中存在的、可能发生意外释放能量的能量物质或能量载体称为第一类危险源；把诱发能量物质或载体意外释放能量造成伤亡事故的直接因素，物的不安全状态和人的不安全行为称为第二类危险源；把诱发物的不安全状态和人的不安全行为的管理因素称为第三类危险源。

此外，还有人将危险源分类为：固有型危险源和触发型危险源；固有危险源和变动危险源；物质性危险源和非物质性危险源；基本型危险源和控制型危险源。实质上都是基于事故致因因素系统模型的不同角度的分类。

2. 两类危险源理论介绍

20世纪90年代初，陈宝智教授提出两类危险源理论，并以此作为危险源辨识、评价和控制的基础。

(1) 第一类危险源。根据能量意外释放论，事故是能量或危险物质的意外释放，作用于人体的过量的能量或干扰人体与外界能量交换的能量是造成人员伤害的直接原因。于是，把系统中存在的、可能发生意外释放的能量物质或能量载体称为第一类危险源。

一般地讲，能量被解释为物体做功的本领。做功的本领是无形的，只有在做功时才显现出来。因此，实际工作中往往把产生能量的能量源或拥有能量的能量载体视为第一类危险源来处理。

(2) 第二类危险源。诱发能量物质和载体意外释放能量造成伤亡事故的直接因素，物的不安全状态和人的不安全行为称为第二类危险源。

在生产、生活中，为了利用能量，使能量按照人们的意图在系统中流动、转换和做功，必须采取措施约束、限制能量。但即使按人们的意图对系统中能量物质或载体采取了约束、限制措施，防止能量意外释放，但系统中还是存在潜在的或实际出现的危险因素或不安全因素（对实际出现的可称为事故隐患），即第二类危险源。

第二类危险源往往是一些围绕第一类危险源而存在的潜在因素或随机发生的现象，它们出现的情况决定事故发生的可能性。第二类危险源出现（事故隐患的出现）的越频繁，发生事故的可能性就越大。

(3) 两类危险源的作用和联系。一起事故的发生是两类危险源共同起作用的结果。一方面，第一类危险源的存在是事故发生的前提，没有第一类危险源就谈不上能量的意外释放，也就无所谓事故。另一方面，如果没有第二类危险源的出现诱发第一类危险源意外释放能量，也不会发生能量的意外释放而导致事故发生。第二类危险源的出现是第一类危险源导致事故的必要条件，第二类危险源可能造成人员伤害的条件。

在事故的发生、发展过程中，两类危险源相互依存，相辅相成。第一类危险源在发生事故时释放出的能量是导致人员伤害的能量主体，决定事故后果的严重程度；第二类危险源出现的难易决定事故发生的可能性的大小。两类危险源共同决定危险源的风险程度。

第二类危险源是围绕第一类危险源随机出现的人、物方面的问题，其辨识、评价和控制应该在第一类危险源辨识、控制和评价的基础上进行。并且，与第一类危险源的辨识、控制和评价相比，第二类危险源的辨识、控制和评价更困难。

3. 三类危险源理论介绍

2001年田水承教授在两类危险源理论的基础上，提出了三类危险源理论。该理论将系统中存在的、可能发生意外释放的能量物质或能量载体称为第一类危险源；把诱发能量物质和载体意外释放能量造成伤亡事故的直接因素，物的不安全状态和人的不安全行为称为第二类危险源；把诱发物的不安全状态和人的不安全行为的管理因素称为第三类危险源。

依据三类危险源理论，三类危险源的关系是，第一类危险源是事故发生的前提

（物质性），主要影响事故的后果；第二类危险源是事故发生的触发条件；第三类危险源是事故发生的背后深层次作用因素；第二类和第三类危险源主要影响事故发生的可能性。

4. 危险源理论的应用分析

系统安全通过运用系统安全工程方法来实现对危险源的控制，进而实现事故控制。系统安全工程方法强调通过危险源辨识过程识别系统中的危险源，通过风险评价过程确定对危险源所采取控制措施的有效性，基于风险评价结果确定对危险源需进一步采取的控制措施。上述各种危险源理论对系统安全工程方法运用的结果是否会导致差异，每一种危险源理论在事故的控制过程上各自有何优势，对此需要做出分析。

按能量单元的危险源理论观点，在系统安全工程方法的应用过程中，危险源辨识过程首先需要识别的是生产作业场所中存在的可能意外释放能量导致伤害的能量物质或能量载体的单元，单元内和与单元相关的具体事故致因因素，在后续的进一步的危险源辨识、风险评价，如确定控制措施过程中进一步予以识别。

依据两类危险源的理论，在危险源辨识过程中需要识别的是两类危险源，其他事故致因因素在风险评价和确定控制措施的过程中予以识别。

依据三类危险源的理论，在危险源辨识过程中需要识别三类危险源，即所有的事故致因因素，风险评价过程只需对相关因素做定性或定量处理。

危险源的特性。从不同危险源对象的角度，能量物质或载体危险源对象的特性是指其可能以何种意外释放的能量形式造成伤害、这种能量形式作用于人体可能会导致的伤害类型和后果；诱发能量物质或载体意外释放能量的因素。

（四）安全隐患

安全隐患是指生产经营单位违反安全生产法律、法规、规章、标准、规程、安全生产管理制度的规定，或者其他因素在生产经营活动中存在的可能导致不安全事件或事故发生的不安全状态、人的不安全行为和管理上的缺陷。从性质上分为一般安全隐患和重大安全隐患。

事故隐患是指人的活动场所、设备及设施的不安全状态，或者由于人的不安全行为和管理上的缺陷而可能导致人身伤害或者经济损失的潜在危险。事故隐患分为一般事故隐患和重大事故隐患。

安全隐患和事故隐患的区别就是，事故隐患是安全隐患的一种；安全隐患范围更广。

三、风险、可接受风险、安全与危险

风险是发生危险事件或有害暴露的可能性，与随之引发的人身伤害或健康损害严重性的组合。

系统安全工程方法提出的风险概念是指系统中危险源带来的风险。依据风险是由风险构成要素相互作用的结果的学术观点，系统的风险是所有事故致因因素共同作用的结果。根据上述风险定义，系统的风险程度大小取决于系统中危险源导致伤害或健康损害的可能性大小和后果大小两方面，而后果取决于能量物质或载体对象；可能性取决于诱发能量物质或载体意外释放能量的因素。

风险也可以表达为危险源在特定周期内可能导致的损失。实质上，系统中危险源导致危险事件的可能性可表达为在系统特定运行周期内危险事件发生的概率值；而可能导致的后果可表达为一次危险事件的发生可能带来的损失；那么由危险事件发生可能性和后果组合的风险便可表达为危险源在特定周期内可能导致的损失。

可接受风险是指根据组织的法律义务和职业健康安全方针，已被组织降至可容许程度的风险。

1. 人类所面临的风险

自然界中充满着各种各样的风险，人类的生产、生活过程中也总是伴随着风险。表 7-1 和表 7-2 所列分别为典型的来自自然的风险和人为的风险。

表 7-1　人类所面临的自然风险

自然灾害	推测的频率（每 100 年）	死亡人数（人）
山崩	6.74	400～4000
洪水泛滥、海啸	37.3	200～900000
龙卷风、飓风	37.5	137～250000
地震	330	5～700000
火山爆发	2500	1～28000

表 7-2　人为因素造成的风险

事故	推测的频率	死亡人数（人）
药物中毒及污染	20 年中 10 次以上	0～6000
溃坝	92 年中 14 次以上	60～2118
火灾	90 年中 40 次以上	20～1700
化学爆炸和火灾	156 年中 19 次以上	17～1600
矿山灾害	70 年中 27 次以上	11～1549
海难	30 年中 25 次以上	17～1953
火车倾覆	22 年中 7 次以上	12～800
飞机坠毁	63 年中 39 次以上	128～570
体育场群集事故	14 年中 24 次以上	40～400
交通事故	每年死亡 25 万人，伤 750 万人	

2. 可接受风险

自然界中到处都存在着风险，但人们对各种风险有着自身的感受。研究表明，许多因素影响人们对风险的认识。人们所能接受的风险一般与其期待的利益有关，一般人们进行某项活动可能获得的利益越多，所能承受的风险越高。美国原子能委员会曾引用利益与危险关系图来说明人们从事非自愿的活动所获得的利益与承受的风险之间的关系。

斯达（Starr）把可接受风险概括为“自愿性的”和“非自愿性的”。所谓“自愿性的可接受风险”是指个人依据个人的价值观和经验确定的可接受风险。“非自愿性的可接受风险”是指个人服从于他人判断的可接受风险。研究表明人们更愿意选择“自愿性的可接受风险”对风险做出判断。

影响可接受风险水平的因素还包括人们是否自愿从事某项活动；以及风险的后果是否立即出现，是否有进行该项活动的替代方案，认识风险的程度，共同承担还是独自承担风险，事故的后果能否被清除等。

被社会公众所接受的风险称为“社会允许风险”。在系统风险评价中，把社会允许风险作为可接受风险的基准。确定社会允许风险的方法有统计法和风险与收益比较法。

在风险评价过程中，由于可以采用定性、相对和概率不同种评价方法，所以可接受的内容表现形式也不相同。如定性评价方法的可接受风险直接表现为法规或经验要求相对评价方法中，常采用加权系数的办法，并通过一定的数理关系将它们整合在一起，最终算出总的风险评分，可接受风险分值的确定是通过对一个行业内的若干企业进行试评，然后对不同企业的风险评分进行分析总结，就可以得出在一定时期内适用于该行业的可以接受风险分值。概率评价方法使用周期死亡概率作为可接受风险量化值。

根据 OHSAS 18001：2007 标准的可接受风险定义，一个具体的组织确定可接受风险依据的最低准则是组织适用的法律法规要求，在此基础上，组织可依据其方针体现的管理意图，提出高于法律法规要求的可接受风险界定准则。

3. 安全与危险

按相关文献，一般把安全（Safety）表达为“免除危险源”。但实际上完全消除所有的危险源是不可能的。因此，安全实质上就是危险源处于受控状态。

危险（Danger）是暴露于危险源。基于危险源的概念，人们在生产、生活过程中危险源是普遍存在的，人们只能通过控制危险源来降低所面对的危险程度。安全和危险是相互对应的反义词汇。

系统安全通过危险源在某种控制状态条件体现的风险程度来表述相对的安全与危险。

ISO 和 IEC 的相关指南中把安全定义为“免除造成伤害的不可接受风险”。这意味着安全与危险是人们对危险源在某种控制状态条件下体现的风险程度的接受与否。

由于人们对风险的接受程度受所从事活动可能获得利益的影响，所以同样这也影响人们对安全与危险的认知。

依据可接受风险定义，组织在实施 OHSMS 过程中要达到的最低安全要求是要满足其适用的法律法规要求。在此基础上，根据其职业健康安全方针反映的管理意图，本着持续改进的原则，不断提高其可接受风险界定的准则，并控制其危险源的风险程度在可接受范围内，进而不断提高组织的安全程度。

四、风险评价、安全评价与危险评价

风险评价（Riskassessment）是对危险源导致的风险进行评估，对现有控制措施的充分性加以考虑以及对风险是否可接受予以确定的过程。

风险评价的目的是运用风险评价方法评价出危险源对象在某种控制状态条件下的风险程度；然后确定这种风险程度是否可接受，即危险源对象在现有控制状态条件下是安全的还是危险的；如果危险源对象在现有控制状态条件下风险程度可接受，就可认为现有控制措施是相对充分的，可暂不考虑改进或增加措施，否则要改进或增加措施。

由于通过风险评价可确定出危险源对象在某种控制状态条件下的安全和危险，或可评价出安全程度与危险程度，所以有时也将风险评价称为安全评价或危险评价。例如，日本人有时比较避讳“风险”这个词，所以有的日本安全工程学者建议在安全工作中把风险评价称为安全评价。在我国，安全评价这个术语用的也比较多。

有些文献中，风险评价的术语包含了危险源辨识、风险确定和降低风险措施选择的整个过程。

第二节　安全风险管理基本原理

一、风险管理原则

所有的组织在某种程度上都在管理风险。在过去一段时间，许多行业为满足不同的需要，已经开展了风险管理实践。ISO 31000：2009《风险管理原则与实施指南》标准建立了一些为使风险管理变得有效而需要满足的原则，是风险管理科学理论发展至今最精髓的理论思想，是开展风险管理应遵循的最基本原则。

1. 风险管理创造和保护价值

风险管理创造和保护价值这一原则，在组织的职业健康安全风险管理方面，体现得尤为明确。

组织通过全风险管理，控制事故的发生，进而避免了事故给组织带来的直接和间接的经济损失。另一个方面，具有系统、规范安全风险管理的组织，在其他业务方面也会成为一个高效的组织，如具有较高的生产力、低成本、高质量、较好的员工关系等，这些都会为组织创造价值。

组织的管理者，特别是最高者，应意识到风险管理创造和保护价值的原则，并基于此原则，决策和推动组织的系统和规范的风险管理。

2. 风险管理是整合在所有组织过程中的部分

安全风险存在于组织的各项工作活动中，组织实施安全风险管理不能与组织的活动和过程割裂，将其作为一项孤立的活动，而是要将安全风险管理作为管理者职责的一部分和整合在所有组织过程中的部分，包括战略规划、所有项目、变更管理过程等。

危险源存在于组织的工作活动或工作场所中，因此，组织的安全风险管理过程或系统安全工程必须运用在组织的实际活动或过程之中。

3. 风险管理支持决策

风险管理可以帮助决策者做出明智的选择、优先的措施和辨别行动方向。组织通过风险管理过程，辨识危险源，确定不可接受的风险以及进一步的风险等级的划分，依据这样的风险评价结果，有针对性地对危险源采取进一步的控制措施。通过这样一个过程，决策者可以有针对性地考虑事故控制的解决方案。

4. 风险管理明晰解决不确定问题

风险管理明确地阐述不确定性、不确定性的性质和如何加以解决。组织通过危险源辨识过程，识别危险源并确定其可能导致的事故及导致事故的基本途径；通过风险评价过程，确定危险源在现有控制措施条件下的风险可接受性；基于风险评价结果，有针对性地确定对危险源所要采取的进一步的控制措施。整个过程明确地阐述了事故这种随机事件的不确定问题的解决途径。

5. 风险管理具备系统、结构化和及时性

系统、及时和结构化的风险管理方法有助于提高效率与取得一致、可衡量和可靠的结果。无论是职业健康安全风险管理过程还是基础的管理体系，都具备系统、结构化的特征。职业健康安全风险管理过程强调全方面、全过程地进行危险源辨识、风险评价和确定控制措施，这是一个系统、结构化的过程。支撑安全管理过程的基础管理体系所包含的原理和要素都是结构化的。

6. 风险管理基于最可用的信息

风险管理过程的输入基于信息源，如历史数据、经验、利益相关方的反馈、观察、预测和专家判断。然而，决策者宜告诫自身和考虑，数据或所使用模型的局限性，或者专家之间分歧的可能性。

风险是不确定性对目标的影响。这种不确定性是指，与事件和其后果或可能性的理解或知识相关的信息缺陷的状态，或不完整。所以风险管理要尽可能地利用各种信息源，来收集和掌握相关的信息，进而尽可能有效地解决不确定性问题。

7. 风险管理要有针对性

风险管理是与组织的外部和内部状况及风险状况相匹配的。

每个组织的活动过程、人文文化、资源条件等都不尽相同，组织外部的社会环境、法律法规要求、经济资源等也不尽相同。组织这些内外部的状况，必然影响组织风险管理的目标、可利用资源和技术等，所以组织要针对其内外部状况有针对性地开展风险管理。

组织风险管理过程所采用的风险管理技术和确定的风险准则，都应与其风险状况相适应。

8. 风险管理考虑人文因素

风险管理认识到可以促进或阻碍组织目标实现的内部和外部人员的能力、观念和意图。

组织内部和外部人员的能力、观念和意图会影响组织风险管理技术的运用和风险准则的确定，同时也影响他们参与组织风险管理的程度。所以，组织的风险管理应认识到可以促进或阻碍组织目标实现的内部和外部人员的能力、观念和意图。只有认识到这些可以促进或阻碍组织目标实现的人文因素，才能利用、促进或调动这些人文因素的资源，合理地控制风险。

9. 风险管理是透明和包容的

利益相关方，尤其是组织各层面的决策者适当、及时的参与，确保了风险管理保持相关和先进性。参与过程也允许利益相关方适当地发表意见，并将其观点考虑到风险准则的确定中。

组织的安全风险管理应体现这种透明和包容性。在开展安全风险管理过程中，组织应将危险源和其他工作场所相关信息告知各利益相关方。组织的各级管理者还应掌握组织的安全风险管理体系的信息，以供其作为工作决策的基础。

10. 风险管理是动态、迭代和应对变化的

风险管理持续察觉和响应变化。由于外部和内部事件发生，状况和知识在改变，风险监测和评审在进行，新的风险出现，一些风险在改变，而另一些风险消失了。

对于组织的安全风险管理，可能会面临诸多组织内外部状况的变化，如法律法规或社会期望值的变化；资源条件的变化；生产工艺过程、设备、设施、材料的变化；知识的变化。这些变化会使得组织的危险源和风险发生变化，所运用风险管理技术以及风险准则要随之改变。有效的安全风险管理一定是能够应对这些变化，有效地控制组织所存在的各种安全风险。

11. 风险管理实现组织的持续改进

组织宜制定和实施战略，协同组织的其他方面共同改进风险管理的成熟度。

持续改进是组织的生命力所在。组织在职业健康安全风险管理方面也必须实现持续改进。法律法规的日趋严格，社会责任意识总体提升，商业竞争的加剧，这些都构成了组织职业健康安全风险管理持续改进的驱动力。

风险管理科学所采用的现代系统管理科学原理，为实现持续改进组织的风险管理成熟度提供了运行机制。

二、安全风险管理过程

系统、结构化的风险管理过程，如图 7-1 所示。

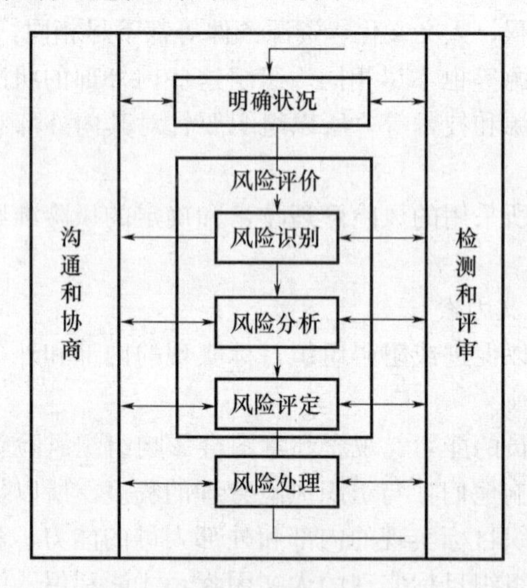

图 7-1　风险管理过程

风险控制是在明确系统内外部状况的基础上，通过风险识别、风险分析、风险评定、风险处理的过程来实现。同时，在上述每个环节的实施过程中，都要辅以沟通和协商、监测和评审，以确保其有效地实施。明确状况是基于风险管理要有针对性、考虑人文因素的原则；沟通和协商是基于风险管理，基于最可用信息和透明、包容性的原则；监测和评审是基于风险管理是动态、迭代和应对变化的、实现组织持续改进的原则。

1. 沟通和协商

与内、外部利益相关方沟通和协商应在职业健康安全风险管理过程所有阶段进行。利益相关方是指可以影响、被影响或者觉得自己会被组织职业健康安全风险管理决策或活动影响的个人或团体。

组织在安全风险管理过程中应制定沟通和协商计划。该计划应针对与危险源及其特性、风险程度影响因素以及处理风险措施相关的问题。为确保实施安全风险管理过程的职责明确，以及利益相关方理解决策的基础和特定措施需求的原因，应采取有效的外部和内部沟通和协商。

有效的沟通和协商可以：

适当地帮助明确状况；

确保利益相关方的利益被理解和考虑；

帮助确保危险源充分地被识别；

将不同领域的专业知识一并用于危险源辨识、风险评价和确定控制措施过程；

确保在界定风险准则和评定风险时，不同的观点被恰当地考虑；

确保认同和支持职业健康安全风险处理的措施；

加强在职业健康安全风险管理过程中的变更管理。

沟通和协商宜提供真实的、相关的、准确的、便于理解的交流信息，同时宜考虑到保密和个人诚实因素。

2. 明确状况

通过明确状况，组织明确目标，界定管理职业健康安全风险要考虑的外部和内部因素，确定安全风险管理过程的范围和风险准则。

（1）明确外部状况。外部状况是指组织寻求实现其目标的外部环境。

为了确保在建立风险准则时，目标和外部利益相关方的关注点被予以考虑，理解外部状况是重要的。它基于组织宽泛的状况，但具备法律法规要求的具体细节、利益相关方的观点、针对风险管理过程范围内的其他因素。

外部状况可以包括，但不局限于：

社会、文化、政治、法律法规、金融、技术、经济、自然和竞争环境，无论国际的、国内的、区域的，还是本地的；

影响组织目标的主要动力和趋势；

与外部利益相关方的关系，外部利益相关方的观点和价值观。

（2）明确内部状况。内部状况是指组织寻求实现其目标的内部环境。

职业健康安全风险管理过程宜与组织的文化、过程、结构和战略相一致。内部状况是组织内能够影响管理风险方法的方面。内部状况宜明确，原因如下：

① 风险管理是在组织的目标状况下进行；

② 具体项目、过程或活动的目标和准则，宜依据组织的整体目标予以考虑；

③ 一些组织未能意识到实现它们战略、项目或经营目标的机会，这影响了持续的组织承诺、信誉、诚信和价值观。

（3）明确风险管理过程状况。宜确立组织活动的目标、策略、范围和参数，或安全风险管理过程应用到的组织的那些部分。安全风险管理宜充分考虑满足开展管理的资源需求。所需的资源、职责、权限和要保存的记录也宜予以规定。

(4) 确定风险准则。组织应确定用于评定风险重要性的准则。该准则应反映组织的价值观、目标和资源。

一些准则可以服从或引用法律法规要求或组织签署的其他要求。风险准则宜与组织风险管理方针一致，在风险管理过程开始时予以确定，并予以持续评审。

当确定风险准则时，要考虑的因素如下：

可以出现的致因和后果的性质和类别，以及如何予以测量；

可能性如何确定；

可能性和（或）后果的时间范围；

风险程度如何确定；

利益相关方的观点；

风险可接受或可容许的程度；

多种风险的组合是否予以考虑，如果是，如何考虑及哪种风险组合宜予以考虑。

3. 危险源辨识、风险评价和确定控制措施

组织应通过危险源辨识过程，识别危险源及其特性；通过风险评价过程对危险源导致的风险进行评估、对风险是否可接受予以确定，以及对现有控制措施的充分性加以考虑；基于风险评价结果确定对危险源的进一步控制措施。

4. 监测和评审

监测和评审都应是风险管理过程计划的部分，包含常规检查或监督，可以定期或不定期。

监测和评审的职责应明确界定。

组织的监测和评审过程应包含风险管理过程的所有方面，目的如下：

确保控制措施在设计和运行上有效和有效率；

获得进一步改进风险评价的信息；

从事件（包括 Near-miss）、变化、趋势、成功和失败中分析和吸取教训；

探测内外部状况的变化，包括风险准则的变化、需要修正风险处理和优先顺序的风险自身；识别出现的风险。

在实施风险处理计划的进程中需要绩效测量。可将结果融入组织整体绩效管理、测量和外部与内部报告活动中。

监测和评审的结果应予以记录和在内外部适当地报告，也可用作风险管理体系评审的输入。

三、风险管理框架与职业健康安全管理体系

根据风险管理科学的基本原理，组织要使风险管理过程实施得更为有效，需要将风险管理过程嵌入一个系统化的管理基础体系中。

1. 风险管理框架

ISO 31000 标准所提出的风险管理框架，有助于通过在组织不同层次和特定状况内应用风险管理过程，有效地管理风险。框架确保从风险管理过程取得的风险信息充分地被报告，以及作为决策和所有相关组织层次责任的基础。

本框架目的不是规定一个管理体系，而是有助于组织将风险管理整合到它的整个管理体系中。因此，组织宜使框架的要素适用于其特定的需求。

如果组织现存的管理实践和过程包含风险管理要素，或者如果组织已经针对特定的风险或状况采纳了一个正式的风险管理过程，那么对原有的这些实践和过程宜针对本框架进行评审和评价，以确定它们的充分性和有效性。

（1）指令和承诺。风险管理的引入和确保它的持续有效需要组织管理者强有力和持续的承诺，以及为实现承诺在所有层次战略的和严密的策划。

管理者宜：

确定和签署风险管理方针；

确保组织的文化和风险管理方针一致；

确定与组织绩效参数一致的风险管理绩效参数；

使风险管理目标与组织的目标和战略一致；

确保法律法规的符合性；

在组织内适当的层次分配责任和职责；

确保为风险管理配置必要的资源；

将风险管理的益处通报给所有的利益相关方；

确保风险管理框架持续保持适宜。

（2）风险管理框架的设计。

1）理解组织和其状况。在开始设计和实施风险管理框架前，评价和理解组织内外部的状况是重要的，因为这将对框架的设计产生显著的影响。

评价组织外部状况可以包括，但不限于：

① 社会和文化、政治、法律法规、财务、技术、经济、自然和竞争环境，无论国际、国内、区域和当地；

② 影响组织目标的动力和趋势；

③ 与外部利益相关方的关系，以及它们的感受和价值观。评价组织内部状况可以包括，但不限于：

管理方法、组织结构、作用和责任；

方针、目标，以及为实现它们所制定的战略；

以资源和知识来理解的能力（如资本、时间、人员、过程、系统和技术）；

信息系统、信息流和决策过程（正式和非正式的）；

与内部利益相关方的关系，以及它们的感受和价值观；

组织的文化；

被组织采用的标准、指南和模型；

合同关系的形式和范围。

2）建立风险管理方针。风险管理方针应清楚阐明组织风险管理的目标和承诺，特别要针对：

组织管理风险的基本原理；

组织目标和方针与风险管理方针的联系；

管理风险的责任和职责；

处理利益冲突的方法；

提供有助于管理风险必要资源的承诺；

风险管理绩效测量和报告的方法；

对定期评审与改进风险管理方针和框架，以及对事件和环境变化做出响应的承诺。

风险管理方针宜适当地沟通。

3）责任。组织应确保具备管理风险的责任、权限和适当的能力，包括实施和保持风险管理过程与确保任何控制措施的充分性、有效性和效率。这可通过如下途径来实现：

确定有责任和权利管理风险的风险拥有者；

确定负责建立、实施和保持风险管理框架的人员；

确定组织所有层次人员的风险管理过程的其他职责；

建立绩效测量与内部和外部报告和逐级报告过程；

确保确定的合适程度。

4）整合到组织的过程。风险管理应以相关、有效和有效率的方式嵌入所有组织的实践和过程中。风险管理过程应变成组织过程的部分，而不是分离的。特别是，风险管理应嵌入方针制定、商业和战略策划的评审及变更的管理过程中。

应具备一个组织的广泛风险管理计划，以确保风险管理方针的实施和将风险管理嵌入全部组织的实践和过程中。风险管理计划可以整合到组织其他的计划中，如战略计划。

5）资源。组织应为风险管理配置适当的资源。对如下方面应予以考虑：

人员、技能、经验和能力；

对于风险管理过程的每个步骤所需的资源；

用于管理风险的组织的过程、方法和工具；

形成文件的过程和程序；

管理体系的信息和知识；

培训方案。

6）建立内部沟通和报告机制。组织应建立内部沟通和报告机制，用于支持和促进风险的责任和归属。这些机制宜确保：

风险管理框架的关键要素和任何后续的更改被适当地沟通；

对框架和其有效性及结果在内部充分地予以报告；

风险管理的相关信息在适当的层次和时间予以获得；

与内部利益相关方的协商过程被予以提供。

适当时，这些机制应包括基于多源头强化风险信息的过程，以及可能需要考虑信息的敏感性。

7）建立外部沟通和报告机制。组织应制定和实施一个关于如何与外部利益相关方沟通的计划。这应包括：

吸引适当的外部利益相关方的关注和确保有效的信息交流；

对外报告法律法规和管理要求的遵守情况；

对沟通和协商进行报告和反馈；

运用沟通来建立组织的信心；

向利益相关方沟通紧急或突发事件。

适当时，这些机制应包括基于多源头强化风险信息的过程，以及可能需要考虑信息的敏感性。

(3) 实施风险管理。

1) 实施风险管理的框架。在实施组织的风险管理的框架时，组织应：

确定实施框架的适当时间安排和策略；

将风险管理方针和过程应用到组织的过程；

遵守法律法规要求；

确保决策，包括目标的制定和设立，与风险管理过程输出结果一致；

举行信息和培训会议；

与利益相关方进行沟通和协商以确保其风险管理框架保持正确。

2) 实施风险管理过程。风险管理应通过确保将风险管理过程在风险框架的支持下，作为组织实践和过程的一部分应用到组织相关职能和层次。

(4) 框架的监测和评审。为了确保风险管理有效和持续改进组织的绩效，组织应：

针对适当定期评审的参数，测量风险管理绩效；

定期测量风险管理计划的进展和偏离；

基于组织的内部和外部状况，定期评审风险管理框架、方针和计划是否仍然适宜；

报告风险、风险管理计划的进展和风险管理方针的执行；

评审风险管理框架的有效性。

(5) 框架的持续改进。基于监测和评审结果，应做出如何可以改进风险管理框架、方针和计划的决策。这些决策应使组织的风险管理和风险管理文化得以改进。

2. 安全管理体系

ISO 31000 标准所提出的风险管理框架实质上表述了一种管理体系方法。这种管理体系方法是以 PDCA (Plan; Do; Check; Action) 科学工作程序为体系运行模式，同时包含系统化管理体系所必须的基本要素。组织将风险管理过程嵌入这个框架中，就会形成系统、规范的风险管理。

第三节　危险源辨识和控制

诱发能量物质或载体意外释放能量的因素是围绕能量物质或载体而存在的潜在的或实际出现的危险因素或不安全因素（实际出现的可称为事故隐患）。因此，在危险源辨识或风险评价过程中，可采用下述原则：首先要辨识系统中的可能意外释放能量的能量单元，围绕系统中的能量单元，根据系统情况，识别系统中的相关危险因素。这种危险因素包括潜在的或实际出现的物的不安全状态、人的不安全行为和管理缺陷。通常，与系统中可能意外释放能量的能量物质或载体对象辨识相比，识别诱发能量物质或载体意外释放能量的因素更有难度。

一、危险源辨识

（一）危险源识别

系统中的能量单元是危险源对象。作为危险源的辨识，通过分析或测试出系统中存在的能量物质或载体及其特性，即可确定出危险源对象。在实际工作中，人们根据以往的事故经验弄清导致各种事故发生的主要危险源类型，然后到实际中发现这些类型的危险源。人们在已经拥有了相关工作活动或场所的危险源信息经验的基础上，再来辨识类似活动或场所的危险源，就相对容易。

事件或事故信息会不断增加人们对危险源的认识。

在企业危险源辨识过程中，为获取危险源信息，可运用一些具体的方法，例如：

生产活动的观测；

企业间的水平对比；

访问和调查；

安全巡视和检查；

事件评审；

检测和评价有害的暴露；工作流程和工艺过程分析。

（二）危险源特性的确定

能量物质或载体危险源的特性是指其可能以何种意外释放的能量形式造成伤害，这种能量形式作用于人体可能会导致的伤害类型和后果。

1. 能量意外释放的形式与伤害类型

表 7-3 列举了部分相关的危险源的能量意外释放的形式和伤害类型。

表 7-3　能量意外释放的形式和伤害的类型

工作活动或场所	能量物质或载体	能量意外释放的形式和伤害类型
产生物体落下、抛出、破裂、飞散的操作或场所	落下、抛出、破裂、飞散的物体	势能和动能的意外释放，人体受到物体打击
机动车辆驾驶	运动的车辆	动能的意外释放，人体受到机动车辆撞击
存在机械设备的场所	运动的机械部分或人体	动能的意外释放，人体受到机械的刺、割、压、撞等
起重、提升作业	被吊起重物	势能和动能的意外释放，人体受到重物打击
存在电气设备的区域	带电体	电能的意外释放，人体受到电击伤
存在热源设备、加热设备、炉灶、发热体的场所	带温物体、高温物质	热能的意外释放，人体受到烫伤或高温危害
存在可燃物、助燃物的场所	可燃物、助燃物	化学能及热能的意外释放，人员受到火灾的烧伤或中毒
人员在高差大的场所开展作业活动	人体	势能的意外释放，人体高处坠落受到伤害
土石方、料堆、料仓、建筑物、构筑物工程施工活动	边坡土（岩）体、物料、建筑物、构筑物、荷载	势能压力转换为动能意外释放，人体受到坍塌、压埋
井工矿山采掘场所	顶板、两帮围岩	势能压力转换为动能意外释放，人员受到冒顶、片帮的压埋
存在瓦斯与空气混合物的场所	瓦斯	化学能的意外释放，瓦斯爆炸伤害人员

续表

工作活动或场所	能量物质或载体	能量意外释放的形式和伤害类型
存在压力容器的场所	内容物	压力转换的冲击动能或内容物的化学能的意外释放，压力容器爆炸导致人员伤害
江、河、湖、海、池塘、洪水、储水容器	水	动能的意外释放，水导致人员淹溺
产生、储存、聚集有毒有害物质的场所	有毒有害物质	化学能的意外释放，造成人员中毒窒息

2. 危险源重要度的评价

在安全管理过程中，人们通常针对危险源可能导致的事故后果的严重程度，对危险源的重要度做出评价。危险源重要度评价方法有后果分析和相对划分等级。

相对划分等级评价危险源的重要度，主要考虑以下几个方面的因素：

(1) 能量物质或载体所包含的能量。危险源导致事故而造成后果的严重程度主要取决于发生事故时意外释放的能量的多少。一般地讲，危险源拥有的能量越多，则发生事故时可能意外释放的能量也越多。因此，危险源拥有的能量是其重要度评价的最重要指标。

(2) 能量意外释放的强度。危险源能量意外释放的强度是指事故发生时单位时间内释放的量。在意外释放的能量的总量相同的情况下，释放强度越大，能量对人体的作用越强烈，造成的后果越严重。

(3) 能量的种类。不同种类的能量造成人的伤害机理不同，其后果也不相同。例如，燃烧爆炸物质的物理、化学性质会影响其火灾爆炸事故后果；有毒物质的毒害后果取决于自身的毒性大小。

(4) 意外释放的能量的影响范围。事故发生时意外释放的能量影响范围越大，可能遭受其作用的人越多，事故后果越严重。例如，有毒有害气体泄漏时，可能受风流影响而扩散范围增大。

根据上述相对划分危险源重要度的原则，可以在企业、行业、国家等层面划分危险源的重要度。依据危险源重要度的划分结果，可以有针对性地对危险源采取技术控制措施、分级监控管理和应急策略。

企业在实施 OHSMS 过程中，针对企业所拥有的危险源可做重要度评价，针对评价结果采取针对性措施。例如，建筑施工企业通常将可能导致坠落、机械伤害、车辆伤害、坍塌、物体打击、电气伤害、搬运伤害、火灾爆炸事故的危险源，评价确定为企业的“重要危险源”，对其实施重点的监控管理。

3. 重大危险源

可能导致重大事故的危险源称为重大危险源（Major Hazard）。

(1) 重大事故。1993 年国际劳工组织通过的《预防重大工业事故公约》中，将重大事故定义为“在重大危险设施内的一项生产活动中突然发生的，涉及一种或多种危险物质的严重泄漏、火灾、爆炸等导致职工、公众或环境急性或慢性严重危害的意外事故。”它把重大事故划分为以下两大类：

① 由易燃易爆物质引起的事故。

产生强烈热辐射和浓烟的重大火灾；

威胁到危险物质，可能使其发生火灾、爆炸或有毒物质泄漏的火灾；产生冲击波、飞散碎片和强烈热辐射的爆炸。

② 由有毒物质引起的事故。

有毒物质缓慢或间歇性的泄漏；

由于火灾或容器损坏引起的有毒物质逸散；

设备损坏造成的有毒物质在短时间内急剧泄漏；

大型储存容器破坏、化学反应失控、安全装置失效等引起的有毒物质大量泄漏。

火灾是一种失去控制并造成财产损失或人员伤害的燃烧现象。

燃烧是一种放热、发光的化学反应，在燃烧过程中参加燃烧的物质改变原有的性质而变成新物质。燃烧反应属于氧化还原反应，参加反应的物质必须包括氧化剂和还原剂。空气中的氧气是取之不竭的氧化剂，各种可燃物属于还原剂。燃烧反应的进行还需要引起燃烧并维持燃烧的热源，通常把引起燃烧的热源称为引火源，而维持燃烧的热源往往是燃烧自身放出的热量。一般情况下，空气中的氧气作为氧化剂到处存在，于是火灾事故危险源是可燃物和引火源。

火灾发生时释放出大量的热能，造成财产损失和人员伤亡。可燃物质燃烧时消耗大量的氧气，造成火灾现场人员缺氧窒息，火灾产生的烟气中含有大量有毒有害物质，造成人员中毒。

发生火灾时强烈的热辐射会烧伤人体。人体被烧伤的严重程度取决于热辐射强度和暴露时间，当火灾的辐射热通量一定时，热辐射的强度与人体到热源距离的平方呈反比，即人体距热源越近，受到的热辐射越强烈，受到的伤害越严重。一般地讲，人体受到 $10kW/m^2$ 的热辐射 5s、$30kW/m^2$ 的热辐射 0.4s 以上时就会感到疼痛。火灾的辐射热通量取决于同时燃烧的可燃物的量、可燃物的燃烧热等参数。

火灾烟气的危害程度取决于烟气中有毒有害物质的成分和数量，而它们又取决于燃烧的可燃物的化学成分和燃烧条件（完全燃烧或不完全燃烧）。

爆炸是物质发生剧烈的物理或化学变化，在瞬间释放出大量能量，发生巨大声响并伴随产生冲击波的现象。

爆炸分为物理爆炸和化学爆炸两类。前者是由于物质的物理变化产生的爆炸，如压力容器在内部介质压力作用下发生的爆炸。后者是由于物质的化学变化发生的爆炸，如炸药的爆炸，密闭空间中可燃性混合气体遇火源发生的气体爆炸等。

发生爆炸时物质释放出大量的爆炸能，使爆炸中心处压力急剧增加，巨大的压力可以毁坏坚固的建筑物和设备，严重伤害人员。爆炸中心产生的巨大压力推动周围空气形成爆炸冲击波向外传播，爆炸时的空气冲击波有强大的破坏力和杀伤作用。当空气中冲击波超压达到（0.02～0.03）MPa 时，人员就会受伤。距离爆炸源越近，空气冲击波的波阵面超压越大，破坏和杀伤作用越大；随着冲击波在空气中的传播，能量逐渐衰减，破坏和杀伤作用越来越小。

被爆炸破坏的物体的碎片具有很大的动能，可以飞散到很远的地方。飞散的碎片击中人体会造成伤害，造成伤害的严重程度主要取决于碎片具有的动能。据研究，具有 25.5J 动能的碎片击中人体时就可以使人受伤；当动能超过 196J 时可能造成骨折。

中毒是有毒物质进入人体而导致人体某些生理功能或组织、器官受到损坏的现象。

工业生产过程中涉及的有毒物质称为工业毒物。工业毒物主要经过呼吸道和皮肤侵入人体（生活中有经过口和消化道进入人体的情况），被血液携带分布全身，毒害组织和器官。工业毒物对人体的毒害主要表现在以下几方面：

① 刺激或破坏皮肤和黏膜。某些工业毒物与皮肤或黏膜接触后，刺激或破坏皮肤及黏膜。一些腐蚀性或溶于水后产生腐蚀性物质的脂溶性兼有水溶性的毒物使皮肤或黏膜出现红肿、疼痛、腐烂，导致炎症或水肿。

② 造成神经系统紊乱。一些“亲神经性毒物”引起神经系统不正常地兴奋或麻醉，产生植物性神经紊乱，导致内分泌失调而出现全身性症状。

③ 造成体内缺氧而窒息性中毒。工业毒物进入人体体内引起植物神经紊乱，内分泌失调而供血不足，引起组织、器官缺氧而窒息；或引起血液中血红蛋白失去携氧气功能，或引起组织细胞失去接受氧气的功能而导致窒息。

④ 抑制酶系统的活性。酶是一种具有特殊结构的蛋白质。起生化催化作用。某些工业毒物进入人体会使酶的一部分结构溶解，蛋白质变性而失去催化功能，导致中毒。

工业毒物的毒性取决于毒物本身的理化特性及剂量、浓度、作用时间，以及人员的健康状况、中毒环境、劳动强度等。目前国内外大多采用半数致死剂量和半数至死浓度来表示毒物的毒性。

GBZ 230—2010《职业性接触毒物危害程度分级》中把工业毒物划分为四级：

一级毒物，又称极度危害毒物，如汞、苯、氰化物等；

二级毒物，又称高度危害毒物，如三硝基甲苯、二硫化碳、氯等；

三级毒物，又称中度危害毒物，如苯乙烯、甲醇、硝酸等；

四级毒物，又称轻度危害毒物，如丙酣、氢氧化钠、氨等。

（2）重大危险源的辨识。

根据重大事故的定义，重大危险源是指那些一旦泄漏可能导致火灾、爆炸、中毒等重大事故的危险物质。实际工作中往往把生产、加工处理、储存这些危险物质的装置作为危险源，称为重大危险装置。

按国际劳工组织的规定，如果相距 500m 以内且属于同一工厂的全部装置中的危险物质的量超过了临界量表中的规定值，则这些装置被确定为重大危险装置。

目前，国内外都是根据危险物质及其临界量表来确定重大事故危险源。

这些危险物质及其临界量是按照“国家级”重大危险源建议的，各国、各地区应该根据具体情况规定各自的危险物质及其临界量，作为重大事故危险源辨识依据。

《中华人民共和国安全生产法》将重大危险源定义为“长期地或临时地生产、加工、搬运，使用或储存危险物质，且危险物质的数量等于或超过临界量的单元。”单元指一个（套）生产装置、设施或场所，或同属一个工厂的且边缘距离小于 500m 的几个（套）生产装置、设施或场所。

（3）重大危险源控制。对重大危险源除采取一些必要的技术控制措施外，加强管理是控制重大危险源的重要手段。对重大危险源的管理分为企业的内部管理和政府部门的监督管理。

重大危险源的管理主要包括如下内容：

① 进行重大危险源辨识。依据相关的法规、标准，辨识企业存在的重大危险源。

② 对重大危险源进行评价。通过评价发现隐患，以便为隐患整改提供依据。

③ 实行重大危险源登记制度。通过登记，政府部门能够掌握重大危险源的分布和安全状况，对重大危险源进行监督管理。

④ 建立健全企业和政府的重大危险源管理机构。

⑤ 建立健全重大危险源安全技术规范和管理制度。

⑥ 建立监控预警系统。企业和政府建立重大危险源的档案，对重大危险源进行严格的监控。制定应急预案，当发生事故时，做出应急响应。

⑦ 企业对重大危险源做日常的严格安全检查，政府对企业的重大危险源安全管理进行监督。

4. 后果分析

后果分析（Consequence Analysis）是危险源辨识过程中对危险源特性进行分析的一种方法，其目的在于定量地描述危险源导致事故后果的严重程度。通过后果分析，不但可以评价危险源的重要度，而且可以为有效地策划应急策略提供支持性信息。

目前国际范围内主要针对重大危险源开展后果分析的研究工作，主要对化学物质泄漏而引起的火灾、爆炸和中毒进行后果分析。

在详细了解系统的基础上，设想重大危险源导致事故及其后果的情况，选择恰当的数学模型计算事故后果的有关参数，与允许的相应参数值相比较，最后讨论并得出分析的结论。

在后果分析过程中，事故及其后果设想与模型选择和参数计算间、后者与允许值之间是一个相互影响、协调进行的过程。特别是，现有的后果分析数学模型都是在一个系列假设前提下，按理想的情况建立的模型，有些经过小型试验验证了，也可能与实际情况有很大的出入。

在设想重大危险源导致的事故及其后果时，经常参考美国海岸警备队的损害模型(Coast Guard Vulnerability Model)。该模型概括了火灾、爆炸、中毒事故后果分析的基本内容，后果分析考虑的是重大事故发生带来的最严重的结果。

重大事故的发生几乎都是由于作为重大危险源的易燃、易爆、有毒有害物质的泄漏引起的。因此，后果分析往往是由对泄漏的分析开始的，然后研究泄漏出的物质的流动、扩散，以及发生火灾、爆炸、中毒事故，造成人员伤亡和财产损失的情况。

二、危险源的控制

工程技术手段是控制能量物质或载体危险源的基本措施。在事故控制过程中，首先通过工程技术手段控制系统中可能意外释放能量的能量物质或载体，然后通过控制物的不安全状态和人的不安全行为保证工程技术措施的完好性和可靠性，而可能造成物的不安全状态和人的不安全行为的因素通过管理来实现控制。

在生产过程中，为了达到生产的目的而采取的技术称为生产技术；为了达到安全目的而采取的技术称为安全技术。安全技术和生产技术密不可分，安全技术是生产技术的一部分。生产技术本身也具有安全功能。但是，安全技术与一般生产技术又有区别的地方。生产技术着重于如何高效率地利用或生产能量；安全技术着重于如何防止能量意外释放。

控制危险源的安全技术包括防止事故发生的安全技术和避免或减少事故损失的安全技术两大类。

（一）防止事故发生的安全技术

防止事故发生的安全技术的基本出发点是采取措施约束、限制能量物质或载体，防止其意外释放能量。常用的防止事故发生的安全技术包括消除危险源、限制危险源意外释放能量的强度和隔离。

1. 消除危险源

消除危险源可以通过两种方式：一是消除（Elimination）可能导致伤害的能量物质或载体对象；二是用不承载某种有害能量的物质替代（Substitution）承载某种有害能量的物质。

在系统中消除可能导致伤害的能量物质或载体对象如下：

消除设备或物品的毛刺、尖角或粗糙、破裂的表面，防止刺、割、擦伤皮肤；

道路立体交叉，防止撞车；

设备通过铆固、焊接及加胶垫缓冲，消除振动或噪声；

电镀工艺中不使用氧化物。

用不承载某种有害能量的物质替代承载某种有害能量的物质如下：

用无毒物质替代有毒物质，如在喷涂生产工艺中用无苯油漆替代含苯油漆；

用压气或液压系统替代电力系统，防止发生电气事故；

用不燃材料替代可燃材料，防止火灾发生；

用液压系统代替压气系统，避免压力容器、管路破裂造成冲击波。

应该注意，有时采取措施消除了某种危险源，却又可能带来新的危险源。例如，用压气系统替代电力系统可以防止电气事故，但是压气系统可能发生物理爆炸事故。所谓的本质安全是针对某种危险源而言的。

2. 限制危险源意外释放的能量程度

受实际技术、经济条件的限制，有些危险源不能被彻底根除，这时应该设法限制危险源可能意外释放的能量程度。可以通过三种途径实现限制危险源可能意外释放的能量程度：减少能量物质或载体的能量；防止能量积蓄；安全释放能量。

（1）实际生产过程中减少能量物质或载体的能量。

例如：必须使用电力时，采用低电压（如 42V 以下）防止触电；

稀释可燃气体浓度，使其达不到爆炸界限；

利用液位控制装置，防止液位过高或过低；

控制化学反应速度，防止产生过多的热或过高的压力。

（2）防止能量积蓄。

例如：使用电容器减少电源关闭后的电积累，防止电气线路的剧烈振荡；

利用金属喷层或导电涂层防止静电积蓄；

控制工艺参数，如温度、压力、流量等。

3. 隔离

隔离（Isolation）是一种常用的控制危险源的安全技术措施，既可用于防止事故发生，也可用于避免或减少事故损失。

预防事故发生的隔离措施有分离（Separation）和屏蔽（Shielding）两种。前者是指时间上或空间上的分离，防止一旦相遇则可能意外释放能量的物质相遇；后者是指利用物理的屏蔽措施限制、约束能量物质或载体。一般来说，屏蔽较分离更可靠，因而得到广泛应用。

（1）分离。分离是将不相容的物质分开，防止相互作用意外释放能量。例如：

把燃烧三要素中的任一要素与其余的要素分开，防止发生火灾；

把性质相抵触的危险化学品分开储存，防止发生燃烧、爆炸等事故；

保持腐蚀性气体或液体与不相容的金属和其他物质分离，以避免有害的影响。

（2）屏蔽。屏蔽又可分为封闭（Lockins）和关闭（Lockouts），封闭是保持人员离开限制的区域；关闭是防止人员进入不希望进入的区域，通常也将关闭措施称为安全防护装置。

（3）联锁。为了确保隔离措施发挥作用，有时采用联锁（Interlock）方式。但是，联锁本身并非隔离措施。联锁主要应用于下列三种情况：

① 为防止疏忽或误操作，利用安全防护装置与设备之间的联锁。在安全防护装置被利用前，设备不能运转。例如，矿井井口的安全栅在关闭前，罐笼不能进行升降运行；摇台与卷扬机启动电路联锁，可以防止误启动卷扬机。

② 当某种危险状态出现时，启动联锁装置。例如，当人体或人体的一部分进入危险区域时，联锁装置使设备停止运转；化工工艺反应装置出现异常状况时，通过联锁装置停止工艺运转。

③ 利用联锁装置防止出现错误的顺序。在工业生产中错误的工艺顺序可能会导致事故，采用联锁可以控制错误工序的产生，如利用联锁装置控制工艺操作按钮。

（二）避免或减少事故损失的安全技术

避免或减少事故损失的安全技术的基本出发点是防止意外释放的能量达及人或物，或者减轻其对人和物的作用。发生事故后如果不能迅速控制局面，则事故规模有可能进一步扩大，甚至引起二次事故而释放出更多的能量。在事故发生前就应该考虑采取避免或减少事故损失的技术措施。

常用的避免或减少事故损失的安全技术有隔离（Physical Isolation）、个体防护（Personal Protective Equipment）、薄弱环节（Weaklinks）、避难与援救（Escape Survival Rescue）等。

1. 隔离

作为避免或减少事故损失的隔离，其作用在于把被保护的人或物与意外释放的能量或危险物质隔开。隔离措施有远离、封闭和缓冲三种。

（1）远离。把可能发生事故而释放出大量能量或危险物质的工艺、设备或工厂等布置在远离人群或被保护物的地方。例如，把爆破材料的加工制造、储存设施安排在远离居民区和建筑物的地方；一些危险性高的化工企业远离市区等。

（2）封闭。利用封闭措施可以控制事故造成的危险局面，限制事故的影响。

① 控制事故造成的危险局面。

② 限制事故影响，避免伤害和破坏。

③ 为人员提供保护。把某一区域封闭起来作为安全区保护人员。

④ 为物质、设备提供保护。

(3) 缓冲。缓冲可以吸收能量，减轻能量的破坏作用。

2. 个体防护

实际上，个体防护也是一种隔离措施，它把人体与意外释放的能量或危险物质隔离。个体防护用品主要用于以下三种场合：

(1) 有危险的作业。在危险源不能消除、一旦发生事故就会危及人身安全的情况下必须使用个体防护用品。但是，应该避免用个体防护用品代替消除或控制危险源的其他措施。

(2) 为调查和消除危险而进入危险区域。

(3) 事故发生的应急情况。

3. 薄弱环节

利用事先设计好的薄弱环节使事故能量按人们的意图释放，防止能量作用于被保护的人或物。也就是说，设计的薄弱部分虽被破坏了，但却以较小的损失避免了较大的损失。因此，这种安全技术又称接受微小损失。如常见的薄弱环节如下：

(1) 汽车发动机冷却水系统的防冻塞。当气缸水套中冻冰时体积膨胀，把防冻塞顶开而保护气缸。

(2) 锅炉上的易熔塞。当锅炉里的水降低到一定水平时，易熔塞温度升高并熔化，锅炉内的蒸汽泄放而防止锅炉爆炸。

(3) 在有爆炸危险的厂房上设置泄压窗。当厂房内发生意外爆炸时，泄压窗泄压而保护厂房不被破坏。

(4) 电路中的熔断器、驱动设备上的安全连接棒等。

4. 避难与援救

事故发生后应采取果断措施控制事态的发展，但是，当判明事态已经发展到不可控制的地步时，则应迅速避难，撤离危险区。

按事故发生与伤害发生之间的时间关系，伤亡事故可分为以下两种情况：

(1) 发生事故的瞬间人员即受到了伤害，甚至受伤害者尚不知发生了什么就遭受了伤害。例如，在爆炸事故发生瞬间处于事故现场的人员受到伤害的情况。在这种情况下人员没有时间采取措施避免伤害。为了防止伤害，必须全力以赴地控制能量或危险物质，防止事故发生。

(2) 事故发生后意外释放的能量经过一段相对长的时间间隔才达及人体，人员有时间躲避能量的作用。例如，发生火灾、有毒有害物质泄漏事故的场合，远离事故现场的人们可以恰当地采取避难、撤离等行动，避免遭受伤害。在这种情况下人们的行为正确与否往往决定他们的生死存亡。

对于后一种情况，避难与援救具有非常重要的意义。为了满足事故发生时的应急需要，在厂区布置、建筑物设计和交通设施的设计中，要充分考虑一旦发生事故时的人员避难和援救问题。

为了在一旦发生事故时人员能够迅速地脱离危险区域，事前应该做好应急计划，并在平时就进行避难、援救演习。

第四节　危险因素的识别

危险因素是指可能诱发能量物质或载体意外释放能量的因素。根据前面分析，危险因素识别包括识别系统中围绕能量物质或载体以潜在的或实际出现形式存在的危险因素或隐患。即使是同一能量物质或载体对象在不同系统条件下，围绕其形成的危险因素也会体现出差别，所以危险因素识别是一件非常困难的事情，特别是对于复杂系统，危险因素识别工作会更加困难，而要利用专门的方法，还需要许多知识和经验。危险因素识别方法可以粗略地分为经验对照分析和系统安全分析两大类。

一、经验对照分析

在生产、生活中人们对诱发能量物质或载体意外释放能量的因素有了不断认识和大量的经验积累，因而人们可以依据这些经验来识别危险因素。为了控制事故发生，人们往往提出控制危险因素的法规和标准要求，这也为识别危险因素提供了比照依据。

与法规、标准和经验相对照来识别危险因素的方法称为对照法。对照法是一种基于经验的方法，适用于有以往经验可供借鉴的情况。早期人们在事故预防方面，基本上是“从事故学习事故”，即分析、研究以往事故发生的原因和总结控制事故的经验，相应地人们便运用这种经验来识别危险因素。20 世纪 60 年代以后，国外开始依据法规、标准和安全检查表识别危险因素。

运用对照法识别危险因素，常以如下一些形式体现：

询问、交谈；

头脑风暴；

现场观察；

测试分析；

查阅有关记录；

获取外部信息；

工作任务分析；

安全检查表。

1. 询问、交谈

与某项工作活动相关的操作、管理、技术人员进行询问和交谈，依据他们的经验可表述出与工作活动相关的危险因素信息。在采用询问、交谈方法时要把握一定技巧，针对不同的人员对象以不同的语言方式提出有针对性的问题。

2. 头脑风暴

头脑风暴是个人或集体在相关经验的基础上，通过思维识别危险因素。企业在运用头脑风暴识别危险因素时，常常组建一个或多个工作小组，工作小组由企业内部各类有经验的人员组成，必要时也可请外部专家加入。工作小组针对企业的各个工作活动或场所进行思维分析，罗列危险因素，反复修改补充、完善。

3. 现场观察

现场观察是获得工作场所危险因素信息的快捷方法。现场观察需要具备相关安全知识和经验的人员来完成。现场观察人员将观察到的信息与其掌握的知识和经验相对照来识别危险因素。

4. 测试分析

通过测试分析可以识别危险因素，特别是以实际出现的危险因素，即识别事故隐患。例如，通过测试防止间接接触电击伤害的保护接地的电阻值，可以确定保护接地电阻是否符合要求。

5. 查阅有关记录

查阅企业过去与职业健康安全相关的记录，可获取很多企业的危险因素信息。特别是企业的事件、事故等有关记录会直接反映出企业的主要危险因素信息。

6. 获取外部信息

企业获取外部信息的途径有很多，如获取外部专家咨询等。企业在开展识别危险因素过程中获取类似企业的危险因素信息进行对照，称为对比法。

7. 工作任务分析

对于一个具体的企业，可以按某种原则将其所涉及的工作活动划分为具体的工作任务对象，围绕工作任务对象识别危险因素。完成工作任务的相关人员掌握工作过程中的相关情况，加以引导会充分表述危险因素信息。很多企业以生产班组为单位进行工作任务分析，为启发班组工人进行危险因素识别，事先开展培训、编写指南文件或指导表格，在汇总班组信息的基础上，由工作小组进一步完善补充。

8. 安全检查表

安全检查表是为确认系统对象符合拟定的安全标准而编制的问题清单。使用安全检查表可实现三方面的意图：一是掌握系统中以潜在形式存在的不安全因素；二是确定系统中实际出现的事故隐患；三是确定系统的安全性，即进行定性的或定量的风险评价。从识别危险因素的角度，要利用安全检查表实现前两方面的意图。

对于安全检查表的格式，没有统一的规定，一般采用的格式：序号；检查内容(项目)；检查方法；结果确认（是/否或打分）；其他。安全检查表必须由专业人员、管理人员和实际操作者共同编制。

在企业实施 OHSMS 条件下，管理方面的缺陷可通过管理体系实施过程中加以检查发现，并予以改进。因此，建议企业在实施 OHSMS 过程中，开展危险源辨识、评价和控制可不将管理方面的事故致因因素作为危险源或危险因素对象考虑。

采用对照分析进行危险因素识别的优点是简单易行，但缺点是缺少对系统内部因素的详尽分析，可能会出现疏漏，对新开发系统由于缺少经验而不能使用。一般地讲，很少单独使用对照分析实现企业完整的危险因素识别。

二、系统安全分析

系统安全分析是通过分析系统中可能导致事故的各种因素及相互关联的过程实现系统的危险因素识别。

目前人们已研究开发了近百种系统安全分析方法，从事故结果和原因因素的推理角度，可把系统安全分析方法分为归纳分析方法和演绎分析方法。归纳分析是从原因推论结果的方法；演绎分析是从结果推论原因的方法。从识别危险因素的角度，演绎分析方法是从系统事故出发查找可能导致该事故的危险因素；归纳分析方法是从系统的故障或失误出发探讨可能导致的事故，再来确定危险因素。两种方法相比较，演绎分析方法可将注意力集中在考查系统中可能导致某一事故的危险因素上，重点突出、效率较高；归纳分析方法可以更为宽泛地分析系统中导致不同事故的危险因素。实际工作中可以把两类方法结合起来进行系统安全分析。

与对照分析相比较，系统安全分析方法对需要掌握和运用的知识要求更高，所以通常被用来辨识可能带来严重事故后果的危险因素，也可用于辨识没有事故经验的系统的危险因素。系统越复杂，越需要利用系统安全分析方法来识别危险因素。

在危险因素识别中得到广泛应用的系统安全分析方法主要有以下几种：

预先危险分析（Preliminary Hazard Analysis，PHA）；

故障类型和影响分析（Failure Model and Effects Analysis，FMEA）；

危险性和可操作性研究（Hazard and Operability Studies，HAZOP）；

事件树分析（Event Tree Analysis，ETA）；

故障树分析（Fault Tree Analysis，FTA）；

因果分析（Causal Factor Anglysis，CFA）。

1. 预先危险分析

预先危险分析主要用于新系统设计、已有系统改造之前的方案设计、选址阶段，人们还没有掌握其详细资料时，用来分析、识别可能出现或已经存在的危险因素。

预先危险分析的优点在于人们能够在系统策划和设计开发的早期系统地识别和控制危险因素。

进行预先危险分析时，首先查明系统中的能量物质或载体危险源，然后识别使危险源演变为事故的诱发因素。

预先危险分析一般按如下步骤进行：

（1）准备：在进行分析之前要收集对象系统的资料和其他类似系统或使用类似设备、工艺物质的系统资料。

（2）通过对方案设计、主要工艺和设备的安全审查，辨识其中的主要能量物质或载体危险源及其相关的危险因素。

（3）粗略进行风险评价分级，通过修改设计、增加措施来控制危险因素。

（4）结果汇总：以表格的形式汇总分析结果。

2. 故障类型和影响分析

故障类型和影响分析是对系统的各组成部分、元素进行分析。系统的组成部分或元素在运行过程中会发生故障，并且往往可能发生不同类型的故障。不同类型的故障对系统的影响是不同的。采用这种分析方法，首先找出系统中各组成部分及元素可能发生的故障及其类型，查明各种类型故障对邻近部分或元素的影响以及最终对系统的影响，然后提出避免或减少这些影响的措施。

故障类型和影响分析一般按下列步骤实施：

（1）确定系统对象

进行故障类型和影响分析之前，必须确定被分析的对象系统的边界条件和分析的详细程度。

（2）分析系统元素的故障类型和产生原因

在分析系统元素的故障类型时，要把它视为故障原因产生的结果。首先，找出所有可能的故障类型，同时找出每种故障类型的可能原因，最后确定系统元素的故障类型。

（3）研究故障类型的影响

在假设其他元素都正常运行或处于可以正常运行状态的前提下，系统、全面地研究、评价一个元素的每种故障类型对系统的影响。

（4）故障类型和影响分析表格

利用预先准备好的表格，可以系统、全面地进行故障类型和影响分析。在分析结束后将分析结果汇总，编制一览表，可以简明地显示全部分析内容。故障类型和影响分析表格形式很多，分析者可以根据分析的目的、要求设立必要的栏目。

3. 危险性与可操作性研究

危险性与可操作性研究，是英国帝国化学工业公司于1974年开发的，适用于热力—水力系统的系统安全分析方法。它应用系统的审查方法来审查新设计或已有工厂的生产工艺和工程意图，以评价因装置、设备的个别部分的误操作或机械故障引起的潜在危险，并评价其对整个工厂的影响。可以认为，危险与可操作性研究是故障类型和影响分析的改版，它特别适合像化学工业那样的系统的安全分析。

危险性与可操作性研究需要由一组人而不是一个人进行，这一点有别于其他系统安全分析方法。通常，分析小组成员应该包括相关各领域的专家，采用头脑风暴法来进行创造性的工作。

4. 事件树分析

事件树分析是一种从原因到结果的过程分析，最早用于分析系统的可靠性。其基本原理是：

任何事物从初始原因到最终结果所经历的每一个中间环节都有成功（或正常）或失败（或失效）两种可能或分支。如果将成功记为1，并作为上分支，将失败记为0，作为下分支，然后分别从这两个状态开始，仍按成功（记为1）或失败（记为0）两种可能分析。这样一直分析下去，直到最后结果为止，最后即形成一个水平放置的树状图。

从事故的发生过程看，任何事故的瞬间发生都是由于在事物的一系列发展变化环节中接二连三“失败”所致。因此，利用事件树原理对事故的发展过程进行分析，不但可以掌握事故过程规律，还可以辨识导致事故的危险因素。

事件树分析是利用逻辑思维的规律和形式，分析事故的起因、发展和结果的整个过程。

利用事件树，分析事故的发生过程，是以“人、机、物、环境”综合系统为对象，分析各环节事件成功与失败的两种情况，从而预测系统可能出现的各种结果。

5. 故障树分析

故障树分析是一种根据系统可能发生的事故或已经发生的事故结果，来寻找与该事故发生有关的原因、条件和规律，同时可以辨识出系统中可能导致事故发生的危险因素。

故障树分析是一种严密的逻辑过程分析，分析中所涉及的各种事件、原因及其相互关系，需要运用一定的符号予以表达。故障树分析所用符号有三类，即事件符号、逻辑门符号、转移符号。

6. 因果分析

因果分析方法是把事件树“顺推”特点和故障树“逆推”特点融为一体的方法，该方法表示事故与许多可能的基本事件关系。它的优点是使用了从两个方面展开的图解法，向前是事件的结果，向后是事件的基本原因。由于故障树分析和事件树分析比较烦琐，因果分析方法的优点是用简单的模型来表示事故的原因和后果。

对一个具体的序列来说，原因后果的求解是事故序列的最少割集。与故障树的最小割集类似，这些割集表示产生每个事故系列的基本原因。

进行因果分析有 6 个步骤：选择评价的事件；确定影响事故进程的安全功能（系统、作业人员的行动等）；提出事故扩展的路径（事件树分析）；找出起始事件和安全功能失败事件，并确定基本原因（故障树分析）；确定事故序列的最小割集；排列或评价分析结果。

7. 如果……怎么办

为了找出某一建设项目或某一工业装置在研究、设计、建设、操作、维修的开发阶段存在的危险、有害因素，寻求控制危险、有害因素的对策措施，杜邦公司开发了“如果……怎么办（what…if）”这种对系统进行解剖的定性分析方法。

该方法是先对所分析的系统进行全面、彻底的检查，对凡具有危险性的对象，通过提出一系列“如果……怎么办”的问题，发现存在的危险、危害因素。其具体分析的对象包括环境、建筑及场地布置、设备及管线系统、动力系统、工艺过程、操作和监控、物料、中间体及产品、仓库储存、物料装卸、道路运输、安全及卫生设施、防火防爆系统以及安全管理系统等。

8. 管理疏忽和风险树分析

管理疏忽和风险树分析法是在 20 世纪 70 年代初期，由美国能源部系统安全分析中心和约翰逊合作研究开发的。MORT 方法借鉴了故障树分析法，以一张“逻辑树”图，把整个安全管理系统的各有关部分结合起来。在整个分析过程中，系统地结合了当时最先进的安全理论，特别是变化分析、能量与屏障和安全系统等重要概念，始终贯穿 MORT 分析中。此外，当时最好的安全实践经验、行为科学、组织和分析科学及系统安全技术等也被结合进 MORT 中。因而，使 MORT 成了安全管理方面最为先进、全面的管理系统安全分析方法。MORT 在首次开发出后，又经几次修订，使其更加完善。

在现有的系统安全分析法中，只有 MORT 把分析的重点放到了造成伤亡事故的深层次作用因素——管理缺陷上。

MORT 是按一定顺序和逻辑方法分析安全管理系统的逻辑树。

在 MORT 中分析的各种基本问题有 98 个。如果树中的某一部分被转移到不同位置继续分析时，MORT 分析中潜在因素总数可达 1500 个。这些潜在因素是伤亡事故的最基本的原因和管理措施上的一些基本问题。因此，MORT 的分析结果被用作安全管理中特殊的安全检查表。

MORT 是一种标准安全程序分析模式，它可用于分析某类特殊的事故、评价安全管理措施、检索事故数据或安全报告。

MORT 这几方面用途，有助于管理水平的提高。在安全检查中查出的新事故隐患，被记入 MORT 逻辑图中相应的位置；通过安全整改措施，可以消去 MORT 中一些基本因素。在安全管理中，运用 MORT 可以降低事故风险、防止管理失效和差错；分析和评价事故风险对管理水平的影响；对安全措施和风险控制方法事先最优化。

9. 系统安全分析方法的选择

在系统寿命不同阶段的危险源辨识中，应该选择相应的系统安全分析方法。例如，在系统的开发、设计早期可以应用预先危害分析方法；在系统设计或运行阶段可以应用危险性和可操作性研究、故障类型和影响分析等方法进行详细分析，或者应用事件树分析、故障树分析或因果分析等方法对特定的事故或系统故障进行详细分析。表 7-4 列出系统寿命期间各阶段适用的系统安全分析方法。

表 7-4 系统安全分析方法适用情况

分析方法	开发研制	方案设计	样机	详细设计	日常运行	改建扩建	事故调查
预先危险分析	√	√	√	√		√	
危险性与可操作性研究			√	√	√	√	√
故障类型影响分析			√	√	√	√	√
故障树分析			√	√	√	√	√
事件树分析			√			√	√
因果分析			√	√		√	√
如果……怎么办	√	√	√	√		√	
管理疏忽和风险树					√		√

第五节 物的不安全状态和人的不安全行为控制

一、物的不安全状态控制

企业主要从设计、精确施工和加工、采购和安装、监测和检查、维修和改造几个方面控制物的不安全状态。

（一）设计

良好的工程设计（Design）是控制物的不安全状态的一种有效措施，在设计实践中经常采取基本安全功能设计；增加安全系数；减低负荷；冗余设计；故障—安全设计；耐故障设计；选用高质量的材料、元件、部件等措施来控制物的不安全状态。

1. 基本安全功能设计

基本安全功能设计是基于控制系统中能量物质或载体的基本技术措施要求，来设计系统的结构、部件等元素。生产实践中可通过两种方式实现基本安全功能设计：一是依据已经制定出的有关系统安全性的规范、标准实施设计，如按建筑设计防火规范的要求进行防火间距的设计；二是采用工程学的方法，分析事故的性状及控制事故性状的安全要求，依据分析的结果实施设计。

2. 安全系数

安全系数（Safety Factor）可能是最古老的通过设计减少事故的手段。在设计中采用安全系数是最早采用的防止结构（机械零部件、建筑结构、岩土工程结构等）发生故障的方法。采用安全系数的基本思想是，把结构、部件的强度设计到超出其可能承受的应力的若干倍，这样就可以减少因设计计算误差、制造缺陷、老化及未知因素等造成的破坏或故障。

一般地讲，安全系数越大，结构、部件的可靠性越高，故障率越低。但是，增加系数可能增加结构、部件尺寸，增加成本。合理地确定结构、部件的安全系数是个很重要的问题，目前主要根据经验选取。对于一旦发生故障可能导致事故造成严重后果的结构、部件应该选用较大的安全系数。

3. 减低负荷

减低结构和部件的运行压力会减少它们的故障率和提高可靠性。

负荷系数是决定运行故障的主要因素，负荷系数是指实际负荷与理论负荷的比值。负荷系数能通过电压、电流或其他内部指示参数进行测量。紧密装配的部件，如一些电气设备，会产生对不同部分造成相互破坏的热。以前是采用冷却手段或缩短部件的寿命。随着晶体管和集成电路的发展，几乎没有热的需求、产生及传输。随着负荷系数的降低，故障率会降低。

减低负荷也可通过使用能力远大于实际要求的部件来实现。这可以被认为是电气上的安全系数。

4. 冗余设计

采用冗余（Redundancy）设计构成冗余系统，可以大大地提高可靠性，减少故障的发生。

在各种冗余方式中，并联冗余和备用冗余最常用。

当采用并联冗余时，冗余元素与原有元素同时工作，冗余元素越多，则可靠性越高。

但是，增加第 n 个元素只能取得 $1/n$ 的效果，并联元素越多，最后并联上去的元素所起的作用越小。再考虑体积和成本问题，实际设计中只将有限的元素并联起来构成并联冗余系统。

在采用备用冗余的场合，工作元素发生故障时把备用元素投入工作，增加了平均故障时间，减少系统故障率。许多重要的设施、设备都采用备用冗余方式，如备用电源、备用电动机、备用轮胎等。在设计备用冗余时应该考虑把备用元素投入工作的转换机构的可靠性问题。如果转换机构发生故障，则在工作元素发生故障时不能及时将备用元素投入运行，最终将导致系统故障。

5. 故障—安全设计

故障—安全（Fail-safe）设计，是在系统、设备、结构的一部分发生故障或破坏的情况下，在一定时间内也能保证安全的设计。

按系统、设备、结构在其一部分发生故障后所处的状态，故障—安全设计方案可以分成3种：故障—正常方案、故障—消极方案、故障—积极方案。

故障—正常方案是系统、设备、结构在其一部分发生故障后、采取校正措施前仍能正常发挥功能。

故障—消极方案是系统、设备、结构在其一部分发生故障后，处于最低的能量状态，直到采取校正措施之前不能工作。

故障—积极方案是故障发生后，在采取校正措施之前，系统、设备、结构处于安全的能量状态下，或者维持其基本功能，但是性能（包括可靠性）下降。

6. 耐故障设计

耐故障（Fault Tolerance）设计又称容错设计，是在系统、设备、结构的一部分发生故障或破坏的情况下，仍能维持其功能的设计。可以认为耐故障设计是故障—安全设计的一种。耐故障设计在防止故障方面得到了广泛应用。

7. 选用高质量的材料、元件、部件

设备、结构等是由若干元件、部件组成的系统。由高可靠性的元素组成的系统，其可靠性也高。选用高质量的材料、元件、部件，可以保证系统元素有较高的可靠性。为此，一些重要的元件、部件要经过严格筛选（Screening）后才能使用。

（二）精确施工和加工

系统的结构、部件等元素经过了安全设计后，还需按设计的结果精确地去施工和加工。通过精确的施工和加工使得设计中的安全意图得以实施。

（三）采购和安装

对具体企业而言，在采购工艺设备和服务时，针对采购的工艺设备和服务中的危险源，要对供方和分包方进行控制管理。控制管理包括供方和分包方的选择、控制要求的传递、协议的签订、过程的检查等。

采购的工艺设备如果在安装过程中达不到要求，会埋下事故隐患。因此，要严格按照相关要求进行工艺设备的安装。

（四）监测和检查

在生产过程中经常利用安全监控系统监测和控制与安全有关的状态参数，如温度、压力等，确保这些参数保持正确的水平，发现故障和异常，及时采取控制措施使这些参数达不到危险水平，从而消除故障、异常，以防止事故发生。

安全监控系统可以用做确定：

特定的情况存在与否；

系统是否满足程序要求运行；

测量的参数是否正常；

是否提供了满足要求的输入；

期待和非期待的输出是否出现；

规定的限制要求是否满足或超出。

安全监控系统必要时必须要能够产生合适的纠正措施。简单的系统构成可以是将信息传递给操作者，操作者被认为是系统的一部分，他来完成所要求的任务。安全监控系统也可以不通过操作者自动完成纠正措施。

(五) 维修和改造

广义的维修是指为了维持或恢复系统、设备、结构正常状态而进行的一系列活动，如保养、检查、故障识别、更换或修理等。

按维修与故障发生之间的时间关系，维修分为预防性维修和修复性维修两大类。前者在故障发生前进行；后者在故障发生后进行。

1. 预防性维修

根据平均故障时间等可靠性参数确定维修周期，按预先规定的维修内容有计划地进行维修。工业企业的设备大、中、小修属于预防性维修。由于随着工作时间的增加，系统可靠性逐渐降低，在进入磨损故障阶段之前进行维修，可以有效地降低故障发生率。

在预防性维修中，按进行维修工作的时机，有定时维修、按需维修和监测维修等工作方式。

(1) 定时维修。以平均故障时间为维修周期进行的周期性维修，称为定时维修。这种维修工作方式便于安排维修计划，但是其针对性差，维修工作量大，不经济。

(2) 按需维修。按需维修是根据系统、设备、结构的状况决定是否进行维修。按需维修在定时检查的基础上进行，既可以消除潜在故障，又可以减少维修工作量，充分利用元素的工作寿命，是一种较好的预防性维修方式。

(3) 监测维修。监测维修是在广泛收集、分析元素故障资料的基础上，根据对其运行情况连续监测的结果确定维修时间和内容。它是按需维修的深化和发展，既可以提高系统、设备、结构的可用度，减少维修工作量，又能充分发挥元素潜力，是一种理想的预防性维修方式。监测维修涉及故障分析和故障诊断技术、系统状态监测技术，特别适用于随机故障和规律不清楚的故障的预防。

2. 修复性维修

系统、设备、结构发生故障后，查找故障部位，隔离故障（限制故障影响），更换、修理故障元素，以及校准、校验等，使其尽快恢复到正常状态。

从安全的目的出发，为了防止可能导致事故的故障发生，维修工作应该以预防性维修为主，以修复性维修为辅。

一些大规模复杂系统没有或很少有磨损故障阶段，只可能发生随机故障和初期故障。在这种场合，预防性维修对减少故障没有什么效果。近年来在监测维修的基础上，一种以可靠性为中心的维修发展起来，它以维持系统、设备、结构的可靠性为着眼点，根据各个元素的功能、故障、故障原因及其影响来确定具体的维修工作，它包括定期检查、定期修理、定期报废等维修措施。

二、人的不安全行为控制

(一) 安全行为的产生

1. 行为科学的基本原理

行为科学是研究工业企业中人的行为规律，用科学的观点和方法改善对人的管理，充分调动人的积极性，提高劳动生产率的一门科学。行为科学起源于20世纪20年代，一般都以著名的霍桑实验作为最早在工业领域中研究人的行为的标志。美国的梅约在西方电气公司的霍桑工厂进行的实验表明，影响工厂劳动生产率的主要因素不是工作条件、休息时间和工资待遇，而是领导与工人，工人与工人之间的关系。他的研究结果发表在《工业文明的人性问题》中。行为科学综合了心理学、社会学、人类学、经济学和管理学的理论和方法，分析研究生产过程中人的行为及其产生原因，属于多学科相互渗透的边缘学科。

行为科学认为，人的行为是由动机支配的。动机是引起个体行为，维持该行为，并将此行为导向某一目标的念头，是产生行为的直接原因。引起行为的动机可以是一个，也可以是若干个。当存在多个动机时，这些动机的强度不尽一致，且随时发生变动。在任何时候，一个人的行为都受其全部动机中最强有力的动机，即优势动机所支配。

激发人的动机的心理过程称为激励。通过激励可以使个体保持在兴奋状态中。在事故预防工作中，激励是指激发人的正确动机，调动人的积极性，搞好安全生产。

需要是指个体缺乏某种东西的状态，包括缺乏维持生理作用的物质要素和社会环境中的心理要素。为了弥补这种缺乏，就产生欲望和动力，引起并推动个体活动。需要是一种极复杂的心理现象，它既受人的生理上自然需求的制约，又受后天形成的社会需要的制约，两者统一于个体中。

需要（需求、期望、欲望）是激励的基础，是为个体所感觉到并认可的激励力量。当个体感到某种需要时，就会在内心产生一种紧张或不平衡，进而产生企图减轻紧张的行动。

行为科学中关于人的行为的理论很多，与产生安全行为联系最密切的理论有如下几种：马斯洛（Maslow）提出了需要层次理论。人具有内在的动机（需要）来指导或推动他们走向自我完成和个人优越的境地。较高层次的需要，只有在较低层次的需要满足后才能占优势。个人的动机结构是不相同的，各层次的需求对行为的影响也不一致。各层次的需要相互依赖和重叠；并且是发展变化着的，因此，需要层次是一种动态的，而不是一种静止概念。他认为，只有未被满足的需要才能影响行为。

人类需要的5个层次如下：

（1）生理需要。生理需要指物质需要，即维持生命的基本需要。例如，饥和渴就是普遍的生理基本驱动力。马斯洛说“缺少食物、安全、爱情及尊重的人，很可能对食物的渴望比其他任何东西的需求都更为强烈”。

（2）安全需要。其不仅包括身体的实际安全，也包括心理上和物质上的免受损害。从管理上来说就是要注意安全生产、保障工作的安定感，较稳定的收入和物价、福利制度、财产保险和良好的社会秩序等。

（3）社交需要。前两个需要都反映在个人身上，而社交需要反映了同其他人发生的相互作用，也称为社会性需要。它包括与别人交往、归属于群体、得到别人的支持、友谊与爱情等需要。这一层次的需要脱离了前面所强调的生理方面的内容，开始强调精神的、心理的、感性的东西。这类需要得不到满足，会影响人的心理健康，产生病态心理，甚至失常。

(4) 尊重需要。人们需要自我尊重和受人尊重，即按照自己的标准和别人的标准期望得到尊重。为了满足尊重需要，人们要努力工作取得成绩来赢得尊重。应该注意的是，自卑或过于自尊是有害的；尊重别人往往会导致自我尊重和受人尊重；对职工的成绩给以适当的肯定和赏识，可以促进人们继续完成工作任务和取得新成就。

(5) 自我实现需要。人们通过自己的努力，实现对生活的期望，从而对生活和工作会感到很有意义。马斯洛说，一个人能是什么样的人，必须使之成为什么样的人。为了自我才干的实现，能够充分发挥个人的潜力。从管理上，对职工要量才使用，让其干相应的工作。

随着社会的发展，生产力的提高，教育事业的发达，人们对精神方面的需要将越来越多，越来越高。安全管理人员的任务，在于了解职工需求的情况，采取恰当的措施促进职工产生积极的行为，安全的行为。

美国心理学家赫茨伯格（F. Herzberg）通过调查发现，职工不满意的情绪往往是由工作环境引起的，而满意的因素通常由工作本身产生。于是，他提出了“激励因素—保健因素理论”，简称“双因素理论”。

激励因素是指使人得到满足感和起激励作用的因素，又称满意因素，其内容包括成就、赞赏、工作本身的挑战性、负有责任及上进心等。满足激励因素，能激励职工的工作热情和积极性，搞好工作。因此，激励因素是适合个人心理成长的因素，激发人们工作热情的因素，促进人们进取的因素。

所谓保健因素，是指缺少它会产生意见和消极情绪的因素，是避免产生不满意的因素，其内容包括企业的政策与管理、监督、工资、工作环境及同事关系等。“保健”二字表示像预防疾病那样，防止不满意情绪的产生。改善保健因素，消除不满情绪，能使职工维持原有的工作状况，保持积极性，但不起激励作用，不能使职工感到很满意。

双因素理论舍弃了“人主要为钱而工作”的观念，强调工作本身的激励作用和精神需要对物质需要的调节作用。

心理学家弗罗姆提出了期望理论。在任何时候人类行为的激励力量，都取决于人们所能得到的结果的预期价值——效价，与人们认为这种结果实现的期望值的乘积，即个人行为与其结果之间有如下关系：

$$激发力量=效价\times期望值$$

这里，激发力量表示人们被激励的强度；效价指实现目标对满足个人需要的价值如何；期望值指根据个人经验估计的实现目标的概率。效价和期望值的不同结合，决定着激发力量的大小。期望值大、效价大，则激发力量大；期望值小、效价小，或两者中某一个小，则激发力量小。

2. 安全行为的决定性因素

劳勒（Lawler）和波特（Porter）在期望理论的基础上，提出了更完善的激励模式。他们认为，努力取决于报偿的价值、报偿概率和个人认为需要的能力。

在他们提出的动机—报偿—满足模型中，努力和工作成绩之间的关系，除了主要取决于努力外，还受人们对任务的知觉（对目标、所需活动和对任务其他方面的理解）和个人能力的影响；成绩和满意之间的关系，还取决于内在和外在的报偿及对报偿是否公平的认识。内在的报偿包括具有挑战性的或令人愉快的工作、成就感、责任感和自尊等；外在的报偿包括工资、奖励、表扬、工作条件和地位等。

皮特森（Petersen）提出了与劳勒和波特模型类似的动机—报偿—满足模型，他认为，职工能否实行安全行为，主要取决于两个因素：是否有从事该项工作的能力；是否有高水准的动机。

也就是说，如果人们有胜任工作的能力，又被激励产生了动机，则能以安全行为完成工作任务。

职工的能力取决于人员选择，以及教育、训练情况。动机来自于日常的压力（来自同事的压力，班组的压力及其他方面的压力），工作任务的激励因素，工作本身，人员个性、企业的风气等，非常复杂。

职工安全地完成了工作任务，获得正的或负的报偿。这种报偿可能是上级或组织给的，也可能来自同事或班组，自身的成就感（本质的报偿）。获得的报偿能否与所期望的报偿相符合，即是否得到了满足，对以后行为的动机将发生影响。

3. 建立与维持对安全工作的兴趣

兴趣是人力求认识某种事物，从事某种活动的倾向。由于这种倾向，使一个人的注意力经常集中和趋向于某种事物。

兴趣是获得知识，开阔眼界，以及丰富心理生活内容的最强大的推动力。兴趣对完成某种事业具有效果和力量。真正有效的兴趣能鼓舞人积极追求他的满足，而成为活动的最有力的动机。

海因里希提出，防止伤亡事故的第一原则是建立和维持职工对安全工作的兴趣。一个人的兴趣可以由针对性强的一种或多种强烈的感觉、情感或意志、愿望引起。下面介绍一个人或一群人的个性，可以利用人们的个性心理特征引起其对安全工作的兴趣，激励人们搞好安全生产的动机。

（1）人具有自卫感。害怕被伤害是个性心理特征中最强烈且较普遍的一种特性，一个下意识怕被伤害的工人，如能利用这一点引起对注意安全的兴趣，则他会对机器做适当的防护而站在安全的位置上操作。

借自卫感来建立与维持兴趣的方法：描述伤害的后果（但不应使用太恐怖的方法）；比较强健而富活力的人与受伤害者之间工作能力及生活情趣间的差距等。可以利用板报、展览、电影、电视等形式。

应该注意，对于轻视个人安全，又有强烈荣誉感的鲁莽汉，过分强调自卫，反而会促使其逞能，更容易把自己暴露于危险环境之中。反之，若对其强调集体的荣誉，将有利于动员他努力防止伤亡事故。另外，热心于安全生产的人，并非是有强烈自卫感的怕死者。出于责任感、人道感，有自卫感的人也会舍己为人，忘我地去抢救别人。

（2）人具有人道感。人道主义是人类广泛具有的品质，希望为他人服务。具有共产主义道德的人有比人道主义更高的思想境界，对他人受到伤害，有强烈的同情心。利用人道感可以唤起职工对他人安全的关心，做到自己不受伤害，也不让别人受到伤害。人道感最好发挥于工人尚未置身于危险状况之前。当然，重视急救，强调拯救生命及避免事故扩大，以及利用事故伤亡数字，更易唤起有人道感的人的合作。

（3）人具有荣誉感。荣誉感即希望与人合作，关心集体荣誉和个人荣誉。告诉职工，发生工伤事故会影响班组、车间的安全记录，有荣誉感的职工为了保持本单位的安全记录，不会产生不安全行为。有荣誉感的人喜欢支持上级，并遵守安全规程。对此类人不必过分强调与群众合作的好处，而应强调不合作是不荣誉的。告诉职工其不安全行为不仅会导致伤亡事故，而且会减少产品数量和降低产品质量，还会增加成本。这样可以调动有荣誉感职工的安全生产积极性。

（4）人具有责任感。责任感是能认清自己义务的心理特征。大多数人都有某种程度的责任感。可以增加有责任感的人在安全工作中所负的责任；也可以指派其承担某项安全工作以发展其安全生产方面的兴趣。

（5）人具有自尊心。自尊心即希望得到自我满足和受到赞赏。自尊心来自于对自己工作价值的认识和获得的报偿。表扬、奖励是经常用来引起自尊心的刺激。可以用图表或统计数字显示职工安全生产成果或颁发奖状、奖金鼓励先进个人或集体。让有自尊心的人担负安全管理责任时，往往会有特别积极的表现。

（6）人具有从众性。从众性是害怕被人认为与众不同的心理特征。有从众性的人不愿标新立异，总是竭诚地遵守安全规程。可以通过制定大多数人都能遵守的规程，指出违反劳动纪律和安全规程为大家所不齿，强调组织纪律性等方法，调动具有从众性的职工的安全生产积极性。

（7）人具有竞争性。竞争性是希望与人竞争的心理特征。有这种心理特征的人在与他人竞争时，往往比单独工作更有劲；在与别人竞争时，他的兴趣似乎在于证明自己比别人优越。为引起其安全生产的兴趣，可以让其参加安全竞赛，提出有竞争性的安全目标，如安全行车万公里、几年无事故等。

（8）人有希望出头露面或称领袖欲。利用这种心理特征，可以增加其安全工作责任，如指派作兼职，安全员、群众监督岗、安全检查小组长等。

（9）人具有逻辑思考力。这种人往往以“明察秋毫”自负，善于分析问题并做出正确的结论。可以安排这种人在安全机构中担负一定职务，以发挥其思考力的特长。

（10）人希望得到奖励。人们几乎都希望得到物质的或精神的鼓励。因此，可以用各种奖励来调动职工安全生产积极性。

在分析职工的心理特征时，要认真调查研究其下列状况：经济地位、家庭情况、健康状态、年龄、嗜好、习惯、性情、气质、心情，以及对不同事物的心理反应。究竟选用何种方法调动其安全生产积极性，应视其个人情况而定。

（二）防止人的不安全行为的措施

防止人的不安全行为可以从物的角度和人的角度两方面来考虑。从物的角度，常用的防止人的不安全行为的措施有用机器代替人操作、采用冗余系统、耐失误设计、警告以及良好的人—机—环境匹配等。从人的角度，主要从以下几方面入手：根据工作任务的要求选择合适的人员；通过教育、培训来提高人员的意识、知识和技能水平；合理安排工作任务，防止人员发生疲劳和使人员心理紧张度最优；树立良好的企业风气，建立和谐的人际关系，激励职工安全生产积极性。

1. 用机器代替人

用机器代替人操作是防止人的不安全行为发生的最可靠的措施。

随着科学技术的进步，人类的生产、生活方面的劳动越来越多地为各种机器所代替。用机器代替人的操作，不仅可以减轻人的劳动强度、提高工作效率，而且可以有效地避免减少人的不安全行为。

尽管用机器代替人可以有效地防止人的不安全行为，但并非任何场合可以用机器取代。这是因为人具有机器无法比拟的优点，许多功能是无法用机器取代的。在生产、生活活动中，人永远是不可缺少的系统元素。因此，在考虑用机器代替人操作时，要充分发挥人与机器各自的优点，让机器做那些最适合机器做的工作，让人做那些最适合人做的工作。这样，既可以防止人的不安全行为，又可以提高工作效率。人机工程学中的一个重要方面就是系统的人、机功能分配问题。

概括地说，在进行人、机功能分配时，应该考虑人的准确度、体力、动作的速度及知觉能力 4 个方面的基本界限，以及机器的性能、维持能力、正常动作能力、判断能力及成本 4 个方面的基本界限。人员适合从事要求智力、视力、听力、综合判断力、应变能力及反应能力的工作；机器适合于承担功率大、速度快、重复性作业及持续作业的任务。

2. 冗余系统

采用冗余系统是提高系统可靠性的有效措施，也是提高人的可靠性、防止人的不安全行为的有效措施。

冗余是把若干元素附加于系统基本元素之上来提高系统可靠性的方法。附加上去的元素称作冗余元素；含有冗余元素的系统称作冗余系统。冗余系统的特征是，只有一个或几个而不是所有的元素发生故障或失误，系统仍然能够正常工作。用于防止人的不安全行为的冗余系统主要是并联方式工作的系统。

本来由一个人可以完成的操作，由两个人来完成，形成两人操作。一般地讲，一个人操作另一个人监视，另一个人可以纠正失误。根据可靠性工程原理，并联冗余系统的人的不安全行为概率等于各元素失误概率的乘积。假设一个人操作发生人的不安全行为的概率为 10^{-3}，则两个人同时发生人的不安全行为的概率为 10^{-6}，相应地，系统发生失误的概率非常小。

许多重要的生产操作都采取两人操作方式防止人的不安全行为的发生。例如，为保证飞行安全，民航客机由正、副两位驾驶员驾驶；大型矿井提升飞机由两位驾驶员运转等。近年来随着计算机的推广普及，计算机数据库中数据录入的准确性受到人们的重视。在录入一些重要数据（如学生考试成绩）时，采取两人分别录入数据，然后利用计算机将两组数据比较的方法防止录入失误。

应该注意，当两人在同一环境中操作时，有可能由于同样原因而同时发生失误，即两者的失误在统计上互相不独立，或称共同原因失误。在这种情况下，冗余系统的优点便体现不出来了。为此，必须设法消除引起共同原因失误的原因。例如，为了防止民航客机的正、副驾驶员同时食物中毒，分别供给来源不同的食物；为了防止处于同一驾驶室的正、副驾驶员发生同样的失误，由处于不同环境的地面管制人员监视他们的操作。

由人员和机器共同操作组成的人机并联系统中，人的缺点由机器来弥补，机器发生故障时由人员对故障采取适当措施来克服。由于机器操作时其可靠性较人的可靠性高，这样的核对系统比两人操作系统可靠性高。

3. 耐失误设计

耐失误设计（Foolproof）是通过精心地设计使得人员不能发生失误或者发生失误了也不会带来事故等严重后果的设计。

用不同的形状或尺寸防止安装、连接操作失误。

采用连锁装置防止人员误操作，一般包括紧急停车装置、自动停车装置、采取强制措施迫使人员不能发生操作失误。

在一旦发生人的不安全行为可能造成伤害或严重事故的场合，采用紧急停车装置可以使人的不安全行为无害化。紧急停车方式包括误操作直接迫使机械、设备紧急停车。

在人的不安全行为可能造成严重后果的场合，采取特殊措施强制人员不能进行错误操作。

4. 警告

提醒人们注意的各种信息都是经过人的感官传达到大脑的。于是，可以通过人的各种感官来实现警告。根据所利用的感官的不同，警告分为视觉警告、听觉警告、气味警告、触觉警告及味觉警告。

（1）视觉警告。视觉是人们感知外界的主要器官，视觉警告是最广泛应用的警告方式。视觉警告的种类很多，常用的有亮度、颜色、信号灯、旗、标记、标志、书面警告。

让有危险因素的地方比没有危险因素的地方更明亮以使注意力集中在有危险的地方。明亮的变电所表明那里有危险并可以发现小偷和破坏者。障碍物上的灯光可防止行人、车辆撞到障碍物上。

明亮、鲜艳的颜色很容易引起人们的注意。设备、车辆、建筑物等涂上黄色或桔黄色，很容易与周围环境区别。在有危险的生产区域，以特殊的颜色与其他区域相区别，防止人员误入。有毒、有害、可燃、腐蚀性的气体、液体管路应按规定涂上特殊的颜色。国家标准《安全色》（GB 2893—2008）规定，红、蓝、黄、绿 4 种颜色为安全色。

（2）听觉警告。在有些情况下，只有视觉警告不足以引起人们的注意。明亮的视觉信号可以在远处就被发现，但是设计在听觉范围内的听觉警告更能唤起人们的注意。

有时也利用听觉警告唤起对视觉警告的注意。在这种情况下，视觉警告会提供更详细的信息。

预先编码的听觉信号可以表示不同的内容。

（3）气味警告。可以利用一些带特殊气味的气体进行警告。气体可以在空气中迅速传播，特别是有风时，可以传播很远。

由于人对气味能迅速地产生退敏作用，用气味做警告有时间方面的限制。只有在没有产生退敏作用之前的较短期间内可以利用气味做警告。

（4）触觉警告。振动是一种主要的触觉警告。

交通设施中广泛采用振动警告的方式。突起的路标使汽车振动，即使瞌睡的驾驶员也会惊醒，从而避免危险。

5. 人—机—环境匹配

工业生产作业是由人员、机械设备、工作环境组成的人—机—环境系统。作为系统元素的人员、机械设备、工作环境合理匹配，使机械设备、工作环境适应人的生理、心理特征，才能使人员操作简便准确、失误少、工作效率高。人机工程学（简称人机学）就是研究这个问题的科学。

人—机—环境匹配问题主要包括人机功能的合理分配、机器的人机学设计以及生产作业环境的人机学要求等。机器的人机学设计主要是指机器的显示器和操纵器的人机学设计。这是因为机器的显示器和操纵器是人与机器的交接面。人员通过显示器获得有关机器运转情况的信息，通过操纵器控制机器的运转。设计良好的人机交接面可以有效地减少人员在接受信息及实现行为过程中的人的不安全行为。

6. 职业适合性

职业适合性是指人员从事某种职业（或操作）应该具备的基本条件，它着重于职业对人员的能力的要求。严格来讲，任何种类的职业都存在职业适合性，即对从事该种职业的人员有一定的要求。不同的职业其职业适合性不尽相同，需要具有不同能力的人员来从事。一般地讲，特种作业的职业适合性要求比较严格，要求特种作业人员较从事一般作业的人员有较高的素质。根据职业适合性选择、安排人员，使人员胜任所从事的工作，可以有效地防止人的失误和人的不安全行为的发生。

职业适合性包括对人员的生理、心理特征方面的要求，以及对知识、技能方面的要求。

7. 安全教育与技能训练

安全教育与技能训练是防止职工产生不安全行为，防止人的失误的重要途径。安全教育、技能训练的重要性，首先在于它能够提高企业领导和广大职工搞好事故预防工作的责任感和自觉性。其次安全技术知识的普及和安全技能的提高，能使广大职工掌握工业伤害事故发生发展的客观规律、提高安全操作技术水平，掌握安全检测技术和控制技术、搞好事故预防，保护自身和他人的安全健康。

8. 合理安排工作

心理和生理学研究表明，人的大脑意识水平与心理紧张有密切关系，相应地，人的信息处理能力与心理紧张有密切的关系。

工作任务是引起生产操作过程中人员心理紧张的主要紧张源。工作的困难程度、任务的明确性、工作负荷、工作的危险性等都会影响人的心理紧张度。因此，合理安排工作任务，消除各种增加心理紧张的因素，是使职工保持最优心理紧张度的重要途径。

研究表明，疲劳、睡眠不足、醉酒、饥饿引起的低血糖等生理状态的变化，生物节律、精神异常、慢性酒精中毒、脑外伤后遗症等病理状态，都会影响大脑的意识水平。因此要控制人员在疲劳、睡眠不足、醉酒、饥饿、生物节律低潮、精神异常、慢性酒精中毒、患脑外伤后遗症等状态下上岗。

9. 树立良好的企业风气

研究表明，恐慌、焦虑会扰乱正常的信息处理过程。过于自信、头脑发热也妨碍正常的信息处理。家庭纠纷、忧伤等不安定情绪会分散注意力。人际关系也影响人的心理状态。所以，树立良好的企业风气，建立和谐的人际关系，激励职工安全生产积极性，使职工保持正常稳定心态和积极向上的精神，是控制企业职工不安全行为的很重要的一个方面。

第六节　风险评价与控制措施确定

通过危险源辨识识别了危险源对象和确定了危险源特性，基于危险源辨识结果对危险源采取了控制措施。作为一个系统规范的管理，需要进一步确定对危险源采取的控制措施的效果，即危险源在现有控制措施条件下是否达到了人们所期待的安全状态，是否保持对危险源的现有措施，还是对其增加新的措施或改进现有措施。实现这方面的系统规范管理，可通过运用系统安全工程方法的风险评价及基于风险评价结果确定控制措施的过程来实现。

一、风险评价方法

风险评价方法有定性评价方法与定量评价方法。从本质上说，风险评价是对危险源或系统的安全性或危险性进行的定性评价，即回答危险源或系统的风险程度是可接受的还是不可接受的或是安全的还是危险的。这里所说的定性、定量评价，是指在实施风险评价时是否要把所考虑的因素进行量化处理。

（一）定性风险评价

风险评价的根本目的是确定危险源在某种控制措施条件下的风险程度是否可接受或现有控制措施是否将危险源控制在安全状态。因此，整个风险评价过程要紧紧围绕这样一个根本目的，必须实现这样一个明确的输出结果。

考虑到在安全管理过程中经常以法规、经验等作为界定可接受的风险的准则，定性风险评价方法往往表现为直接依据法规、规范、标准及经验等提出判定危险源风险是否可接受的具体准则，针对危险源对象实际的控制状况进行风险评价。

定性风险评价相对比较粗略，一般用于对危险源或系统的初步风险评价。

（二）定量风险评价

定量风险评价是在与风险相关的参数进行量化的基础上进行的风险评价。定量风险评价能够定量地描述危险源或系统的风险程度，与定性风险评价方法相比较，能够实现多层次地描述危险源或系统的风险程度（安全程度或危险程度），以供安全管理决策。此外，定量风险评价方法在一定程度上改善了定性风险评价方法过于经验化的问题。

按对风险量化处理的方式不同，定量风险评价方法又分为相对风险评价方法和概率风险评价方法。相对风险评价方法又称打分法，是对与危险源或系统的风险相关的参数进行量化打分，进而得到描述风险程度的数量值。概率风险评价方法是对危险源导致事故发生的概率和后果分析计算为基础的评价方法。

（1）概率风险评价方法。事故致因理论中，能量物质或载体意外释放能量导致伤亡事故；物的不安全状态和人的不安全行为是诱发能量物质或载体意外释放能量的直接因素。基于此，针对系统中某一能量物质或载体对象及相关可能诱发其意外释放能量的直接因素实施风险评价，就可得出这一能量物质或载体作为危险源对象的风险程度。

危险源的风险程度大小取决于危险源导致危险事件的可能性和后果大小。对危险源导致危险事件可能性分析，最理想的方式是概率分析，可以通过对与能量物质或载体对象相关的可能诱发其意外释放能量的直接因素的概率分析获得。危险源可能导致的危险事件的后果，可通过危险源的事故后果分析获得。这种风险方法称为概率风险评价方法。

概率风险评价最初应用于核电站系统安全工程的研究和应用方面。美国麻省理工学院的拉斯马森（N. C. Rasmussen）教授从1972年起，由美国原子能委员会出资300万美元，在花费50人/年的工作量，完成了萨里（Sarrey）核电站和桃花谷（Peach-bottom）核电站的概率危险性评价。在该研究中，在没有核电站事故先例的情况下预测了核电站事故，应用事件树分析和故障树分析等系统安全分析方法，建立了核反应堆事故模型，并输入各种故障率数据，进行了概率风险评价。

继核工业领域应用之后，概率风险评价被成功地应用于化学工业和石油化学工业领域。1976—1978年，英国原子能机构就坎维岛（CanVey）化学和石油化学工业安全性问题进行了概率风险评价。由于此次评价是概率风险评价在非核领域的首次应用，引起了科技界人士的极大兴趣，也受到工业界一些人士的怀疑。1981年英国安全与健康委员会进行了复评，肯定了评价结果，认为概率风险性评价是一种有效的决策辅助工具。

目前，在海上石油平台的设计、建造、运行中也已经广泛地应用概率风险评价。

（2）相对风险评价方法。概率风险评价方法虽然是较好的定量风险评价方法，但需要详尽的系统安全分析和完善的基础数据库，而且方法操作需要专业人员来完成。所以概率风险评价方法还不能得到广泛的应用。在实际的风险评价过程中，人们多采用对影响危险源导致事故发生可能性和后果的相关因素打分量化分析的方法，实施风险评价。这种打分量化分析方法称相对风险评价方法。

由于导致事故的直接因素物的不安全状态和人的不安全行为，受若干间接因素的影响。故在运用相对风险评价方法进行风险评价的过程中，往往通过分析企业管理方面的相关因素，间接地获得导致事故的直接因素的量化指标。

考虑到管理因素是企业控制事故持续稳定的深层次作用因素，在我国的安全评价方法中，多将管理因素包含在内。

二、危险源风险评价与系统风险评价

风险评价是对危险源对象的风险程度进行的评价。一个系统中可能存在诸多危险源，如果得到系统整体风险评价结论，就需将系统中各个危险源对象风险评价的结果综合起来。在实际的系统安全管理中，根据管理需要，可以分别对系统实施具体危险源对象的风险评价和整个系统风险评价。

（一）危险源风险评价

危险源的风险程度大小取决于危险源导致伤害或健康损害的可能性大小和后果大小两方面。如将系统中的能量物质或载体视为危险源对象，则获得危险源对象的风险程度大小的评价，需要考虑能量物质或载体自身及诱发其意外释放能量的相关因素。

在实际的安全管理过程中，根据需要也对事故致因因素中的具体的直接因素和间接因素对象，实施针对性的评价。例如，在故障类型和影响分析中通过计算故障的风险Cs值，对每个故障对象实施风险评价。也可对企业的管理因素对象实施评价，如我国很多行业性的企业安全评价标准中，包含着管理因素的评价。

综合某一能量物质或载体危险源对象相关的诱发其意外释放能量的相关因素的评价结果，可得出这一危险源对象的风险评价结果。

（二）系统风险评价

综合系统中所有危险源的风险评价结果，可得出系统的风险评价结果。

在我国安全管理实践中，对系统或企业实施的整体安全评价，不仅通过对危险源和其综合的系统的风险评价来得出系统或企业的整体安全性的评价结果；有时还通过对企业的安全管理状况评价及安全绩效评价来得出相应的结果。这主要考虑安全管理作为控制危险源的深层次作用因素，也能反映系统或企业的整体安全状况；而企业所取得的安全绩效也一定程度上反映了企业的安全性。但在职业健康安全管理体系实施过程中，应考虑对危险源的风险评价，管理状况和安全绩效可通过评价管理体系完善程度来体现。

三、基于风险评价结果确定控制措施

通过对危险源在具体控制措施条件下的风险评价，可确定其风险程度和风险程度是否可接受。依据系统安全工程方法原理，当危险源在某种控制措施条件下，其风险程度可接受时，危险源所处的控制状态为安全状态；否则为不安全状态或危险状态。危险源的风险程度为可接受时或危险源处在安全控制状态时，可不考虑对其增加新的控制措施，但对原有控制措施要加强监测和维护；危险源的风险程度为不可接受时或危险源处在不安全控制状态或危险状态时，需要对危险源增加新的控制措施，通过新的控制措施的实施，使得危险源的风险程度降低至可接受程度。

在风险评价过程中只需确定出危险源在某种控制措施条件下，风险程度是否可接受即可。但在实际的管理过程中，往往对危险源的风险程度分成多个等级，除区分出风险是否可接受之外，依据风险的不可接受程度确定增加新的控制措施的轻重缓急；依据风险的可接受程度确定对原有控制措施的监测管理力度。

针对不可接受风险程度的危险源要增加新的控制措施，在策划出新的控制措施计划后，应在实施前予以评审。应针对以下内容进行评审：

计划的控制措施是否使风险降低到可接受水平；

是否产生新的危险源；

是否已选定了投资效果最佳的解决方案；

受影响的人员如何评价计划的控制措施的必要性和可行性；

计划的控制措施是否会被应用于实际工作中。

四、风险评价

危险源的风险程度大小取决于危险源导致伤害或健康损害的可能性大小和后果大小两方面。作为通过对与风险相关联因素进行打分来评价风险程度的相对风险评价方法，在开发和实施这种方法过程中，首先要分析与危险源导致伤害或健康损害的可能性大小和后果大小两方面的影响因素，第一步要确定出这些因素，第二步是考虑如何对这些因素实施打分量化。在风险评价的实践过程中，人们针对相对风险评价方法进行了大量的研究探讨，得出了适用于不同目的和对象的成果。

从与风险关联因素分析和量化的深度或复杂程度的角度，可将相对风险评价方法区分为简单的和复杂的。

简单的相对风险评价方法，常常通过考察危险源对象，对影响危险源导致事故可能性因素和后果大小因素确定为简单的几个相关联的影响因素，直接对这几个影响因素实施量化打分，进而得出风险程度的评价。简单的相对风险评价方法适用于生产活动和工艺设施不是很复杂的具体作业场所的危险源的风险评价，实施过程中需要由具备实际经验和知识的人员来完成。

复杂的相对风险评价方法要对影响危险源导致事故可能性因素和后果大小因素做深入细致的分析，往往形成较多的、分层次的影响因素，在此基础上还要对众多的影响因素做量化处理，通过一些数学处理方法得出评价结果。复杂的相对风险评价方法主要用于生产活动和工艺设施相对复杂的系统。

1. 矩阵法

表 7-5 给出了评价风险程度的一种简单方法。根据估算的伤害的可能性和严重程度对风险进行分级。某些组织或许愿意开发更完善的方法，但这个方法是一个合理的起点。也可用数值取代“中度风险”“重大风险”等术语来对风险进行描述，但应用数值并不意味着评价结果更准确。表 7-6 给出了简单的依据风险评价结果确定的控制措施。

表 7-5　风险评价表

	轻微伤害	伤害	严重伤害
极不可能	可忽略风险	较大风险	中度风险
不可能	较大风险	中度风险	重大风险
可能	中度风险	重大风险	巨大风险

表 7-6　控制措施

风险	措施
可忽略的	不需采取措施且不必保留文件记录
较大的	不需要另外的控制措施，应考虑投资效果更佳的解决方案或不增加额外成本的改进措施，需要监测来确保控制措施得以维持
中度的	应努力降低风险，但应仔细测定并限定预防成本，并应在规定时间期限内实施降低风险措施； 在中度风险与严重伤害后果相关的场合，必须进行进一步的评价，以更准确地确定伤害的可能性，以确定是否需要改进的控制措施
重大的	直至风险降低后才能开始工作。为降低风险有时必须配给大量资源。当风险涉及正在进行中的工作时，就应采取应急措施
巨大的	只有当风险已降低时，才能开始或继续工作。如果无限的资源投入也不能降低风险，就必须禁止工作

这种矩阵方法是一种简单的相对风险评价方法，适用于生产活动和工艺设施不是很复杂的具体作业场所的危险源的风险评价。

2. 作业条件风险评价

作业条件风险评价是对生产作业单元进行的风险评价。采用下式计算危险源所带来的风险程度：

$$D = LEC$$

式中 D——风险值；

L——发生事故的可能性大小。事故发生的可能性大小，当用概率来表示时，绝对不可能发生的事故概率为0；而必然发生的事故概率为1。然而，从系统安全角度考察，绝对不发生事故是不可能的，所以人为地将发生事故可能性极小的分数定为0.1，而必然要发生的事故的分数定为10，介于这两种情况之间的情况指定为若干中间值；

E——暴露于危险环境的频繁程度。人员出现在危险环境中的时间越多，则危险性越大。规定连续出现在危险环境的情况定为10，而非常罕见地出现在危险环境中定为0.5，介于两者之间的各种情况规定若干个中间值；

C——发生事故产生的后果。事故造成的人身伤害与财产损失变化范围很大，所以规定分数值为1～100，把需要救护的轻微伤害或较小财产损失的分数规定为1，把造成多人死亡或重大财产损失的可能性分数规定为100，其他情况的数值均为1～100。

3. 检查表打分法

在我国的安全管理实践中常对生产作业现场实施检查表打分的方法实施风险评价。与用于危险因素识别和定性风险评价的安全检查表不同的是，用于定量风险评价的安全检查表包含依据作业现场的危险源控制状态进行打分的具体准则要求。

4. 多因素打分评价方法

多因素打分评价方法是指针对系统内某一能量物质或载体对象的危险源，将影响其风险程度的相关因素转化成可以相对量化的指标，所有相关因素的指标合成为度量危险源的风险程度的指标。

5. 模糊数学综合评价方法

事物不确定性的现象是客观存在的，这种不确定性主要表现在两个方面：一是随机性，二是模糊性。随机性是由于事物因果关系不确定形成的，是概率分析等所涉及的范畴。所谓模糊，是指边界不清楚，表现在含义上不能明确区别是与非，在论域上不能区分其界限，是事物的差异之间实际存在着的中间过渡过程。模糊分析主要涉及事物的模糊性。

在相对风险评价方法中，在某种程度上对每个因素评分存在着不确定性。这种不确定表现为模糊性。

五、危险源更新

在下列情况下，应及时重新组织危险源的辨识与评价，更新危险源信息：

(1) 管理评审有要求时。

（2）当安全生产法律法规、标准规范及其他要求发生变化时。

（3）工程现场施工发生重大调整和变化时。

（4）采用新设备、新技术、新工艺、新材料前。

（5）相关方的抱怨明显增多时。

（6）发现危险源辨识有遗漏时。

（7）发生重大及以上生产安全事故后等。

六、危险源控制

对危险源的控制主要有技术控制、个人行为控制和管理控制 3 种方法，见表 7-7 所示。

表 7-7　危险源控制方法

控制途径	含义	措施
技术控制	采用技术措施对危险源进行控制	消除、控制、防护、隔离、监控、保留和转移等
个人行为控制	控制人为失误，减少人的不安全行为	加强教育培训，提高人的安全意识，操作技能等
管理控制	通过加强完善管理措施控制危险源	建立危险源管理制度和档案，明确责任人和控制措施，定期检查，设置安全警示标牌等

七、水利工程重大危险源辨识与评价

（一）水利工程主要重大危险源

水利水电工程施工的重大危险源应主要从下列几方面考虑：

1. 高边坡作业

（1）土方边坡高度大于 30m 或地质缺陷部位的开挖作业；

（2）石方边坡高度大于 50m 或滑坡地段的开挖作业。

2. 深基坑工程

（1）开挖深度超过 3m（含）的深基坑作业；

（2）开挖深度虽未超过 3m，但地质条件、周围环境和地下管线复杂，或影响毗邻建（构）筑物安全的深基坑作业。

3. 洞挖工程

（1）断面大于 $20m^2$ 或单洞长度大于 50m 以及地质缺陷部位开挖；

（2）不能及时支护的部位；地应力大于 20MPa 或大于岩石强度的 1/5 或埋深大于 500m 部位的作业；

（3）洞室临近相互贯通时的作业；当某一工作面爆破作业时，相邻洞室的施工作业。

4. 模板工程及支撑体系

（1）工具式模板工程：包括滑模、爬模、飞模工程；

（2）混凝土模板支撑工程：搭设高度 5m 及以上，搭设跨度 10m 及以上；施工总荷载 $10kN/m^2$ 及以上，集中线荷载 15kN/m 及以上；

（3）承重支撑体系：用于结构安装等满堂支撑体系。

5. 其中吊装及安装拆卸工程：

（1）采用非常规起重设备、方法。且单件起吊重量在 10kN 及以上的起重吊装工程；

（2）采用起重机械进行安装的工程；

（3）起重机械设备自身的安装、拆卸作业。

6. 脚手架工程

（1）搭设高度 24m 以上的落地式钢管脚手架工程；

（2）附着式整体和分片提升脚手架工程；

（3）悬挑式脚手架工程；

（4）吊篮脚手架工程；

（5）自制卸料平台、移动操作平台工程；

（6）新型及异型脚手架工程。

7. 拆除、爆破工程

（1）围堰拆除作业：爆破拆除作业；

（2）可能影响行人交通、电力设施、通信设施或其他建（构）筑物安全的拆除作业；

（3）文物保护建筑、优秀历史建筑或历史文化风貌区控制范围的拆除作业。

8. 危险品及危险品设施

储存、生产和供给易燃易爆危险品的设施、设备及易燃易爆危险品的储运，主要分布于工程项目的施工场所：

（1）油库（储量：汽油 20t 及以上；柴油 50t 及以上）；

（2）炸药库（储量：炸药 1t）；

（3）压力容器（压力不小于 0.1MPa 和体积不小于 $100m^3$）；

（4）锅炉（额定蒸发量 1.0t/h 及以上）；

（5）重件、超大件运输。

9. 人员集中区域及突发事件

（1）人员集中区域（场所、设施）的活动；

（2）可能发生火灾事故的居住区、办公区、重要设施、重要场所等。

10. 其他

（1）开挖深度超过 16m 的人工挖孔桩工程；

（2）地下暗挖、顶管作业、水下作业工程及存在上下交叉的作业；

（3）截流工程、围堰工程；

（4）变电站、变压器；

（5）采用新技术、新工艺、新材料、新设备及尚无相关技术标准的危险性较大的单项工程；

（6）其他特殊情况下可能造成生产安全事故的作业活动、大型设备、设施和场所等。

（二）危险源分级

水利水电工程施工重大危险源应按发生事故的后果分为下列级别：

（1）可能造成特别重大安全事故的危险源为一级重大危险源。

（2）可能造成重大安全事故的危险源为二级重大危险源。

（3）可能造成较大安全事故的危险源为三级重大危险源。

（4）可能造成一般安全事故的危险源为四级重大危险源。

（三）重大危险源识别与评估

1. 重大危险源辨识

项目法人应在开工前，组织各参建单位共同研究制订项目重大危险源管理制度，明确重大危险源辨识、评价和控制的职责、方法、范围、流程等要求。施工单位应根据项目重大危险源管理制度制订相应管理办法，并报监理单位、项目法人备案。

施工单位应在开工前，对施工现场危险设施或场所组织进行重大危险源辨识，并将辨识成果及时报监理单位和项目法人。

项目法人应在开工前，组织参建单位本项目危险设施或场所进行重大危险源辨识，并确定危险等级。

项目法人应报请项目主管部门组织专家组或委托具有相应安全评价资质的中介机构，对辨识出的重大危险源进行安全评估，并形成评估报告。

2. 安全评估

（1）安全评估报告的主要内容。安全评估报告应包括下列内容：

① 安全评估的主要依据。

② 重大危险源的基本情况。

③ 危险、有害因素的辨识与分析。

④ 发生事故的可能性、类型及严重程度。

⑤ 可能影响的周边单位和人员。

⑥ 重大危险源等级评估。

⑦ 安全管理和技术措施。

⑧ 评估结论与建议等。

（2）安全评价结论。

① 应简要地列出对主要危险、有害因素的评价结果，指出应重点防范的重大危险、有害因素，明确重要的安全对策措施。

② 对于招投标阶段的预评价，还应对投标人的施工方法及安全措施等做出是否满足有关安全生产法律法规和技术标准要求的结论。

③ 对于施工期综合评价还应对施工方法与辅助系统、安全管理等做出是否满足有关安全生产法律法规和技术标准要求，以及安全管理模式是否适应安全生产要求的结论。

3. 重大危险源的防控

安全评价报告的评审按有关法规规定进行。

项目法人应将重大危险源辨识和安全评估的结果印发各参建单位，并报项目主管部门、安全生产监督机构及有关部门备案。

项目法人、施工单位应针对重大危险源制订防控措施，并应登记建档。项目法人或监理单位应组织相关参建单位对重大危险源防控措施进行验收。

（四）重大危险源的评价

1. 重大危险源评价方法

水电水利工程施工重大危险源评价，宜选用安全检查表法、预先危险性分析法、作业条件危险性评价法（LEC）、作业条件—管理因子危险性评价法（LECM）或层次分析法。

不同阶段、层次应采用相应的评价方法，必要时可采用不同评价方法相互验证。

2. 重大危险源分级标准

应对辨识及评价出的重大危险源依据事故可能造成的人员伤亡数量及财产损失情况进行分级，可按以下标准分为4级：

（1）一级重大危险源：可能造成30人以上（含30人）死亡，或者100人以上重伤，或者1亿元以上直接经济损失的危险源。

（2）二级重大危险源：可能造成10～29人死亡，或者50～99人重伤，或者5000万元以上1亿元以下直接经济损失的危险源。

（3）三级重大危险源：可能造成3～9人死亡，或者10～49人重伤，或者1000万元以上5000万元以下直接经济损失的危险源。

（4）四级重大危险源：可能造成3人以下死亡，或者10人以下重伤，或1000万元以下直接经济损失的危险源。

每一阶段的危险源辨识及评价完成时均应编写并提交报告。

水电水利工程施工重大危险源评价，按层次可划分为总体评价、分部评价及专项评价。水电水利工程施工重大危险源评价，按阶段可划分为预评价、施工期评价。

预评价对象有物质仓储区，设施、场所。危险环境，待开工的施工作业。

预评价应对以下内容进行评价：

① 规划的施工道路、办公及生活场所、施工作业场所、施工作业场所可能遭遇的地质、洪水等自然灾害；

② 可能存在有毒、有害气体的地下开挖作业环境；

③ 规划的危险化学品仓库；

④ 施工地段的不良地质情况；

⑤ 待开工的单位工程或标段。

施工期评价对象有生产、施工作业。施工期评价内容如下：

① 应按《水电水利工程施工重大危险源辨识及评价导则》（DL/T 5274—2012）中第4.2.2条的规定分类进行分部评价；

② 应对大型设备吊装、爆破作业、大型模板施工、大型脚手架、深基坑等高风险作业进行专项评价。

（五）重大危险源监控和管理

（1）项目法人、施工单位应建立、完善重大危险源安全管理制度，并保证其得到有效落实。

（2）施工单位应按照国家有关规定，定期对重大危险源的安全设施和安全监测监控系统进行检测、检验，并进行经常性维护、保养，保证安全设施和安全监测监控系统有效、可靠运行。维护、保养、检测应做好记录，并由有关人员签字。

（3）相关参建单位应明确重大危险源管理的责任部门和责任人，对重大危险源的安全状况进行定期检查、评估和监控，并做好记录。

（4）项目法人、施工单位应组织对重大危险源的管理人员进行培训，使其了解重大危险源的危险特性，熟悉重大危险源安全管理规章制度，掌握安全操作技能和应急措施。

（5）施工单位应在重大危险源现场设置明显的安全警示标志和警示牌。警示牌内容应包括危险源名称、地点、责任人员、可能的事故类型、控制措施等。

（6）项目法人、施工单位应组织制订建设项目重大危险源事故应急预案，建立应急救援组织或配备应急救援人员、必要的防护装备及应急救援器材、设备、物资，并保障其完好和方便使用。

（7）项目法人应将重大危险源可能发生的事故后果和应急措施等信息，以适当方式告知可能受影响的单位、区域及人员。

（8）对可能导致一般或较大安全事故的险情，项目法人、监理、施工等知情单位应按照项目管理权限立即报告项目主管部门、安全生产监督机构。

（9）对可能导致重大安全事故的险情，项目法人、监理、施工等知情单位应按项目管理权限立即报告项目主管部门、安全生产监督机构和工程所在地人民政府，必要时可越级上报至水利部工程建设事故应急指挥部办公室。对可能造成重大洪水灾害的险情，项目法人、监理、施工等知情单位应立即报告工程所在地防汛指挥部，必要时可越级上报至国家防汛抗旱总指挥部办公室。

（10）各参建单位应根据施工进展加强重大危险源的日常监督检查，对危险源实施动态的辨识、评价和控制。

八、水利工程建设项目风险管理

根据《大中型水电工程建设风险管理规范》（GB/T 50927—2013）的规定，水利水电工程建设风险分为以下五类：

（1）人员伤亡风险。

（2）经济损失风险。

（3）工期延误风险。

（4）环境影响风险。

（5）社会影响风险。

水利水电工程建设风险从风险发生可能性与损失严重性两个方面进行风险评估。其中，按工程风险发生可能性划分，见表7-8；按风险损失严重性划分，见表7-9。

表 7-8　风险发生可能性程度等级标准

等级	可能性	概率或频率值
1	不可能	＜0.0001
2	可能性极小	0.0001～0.001
3	偶尔	0.001～0.01
4	有可能	0.01～0.1
5	经常	＞0.1

表 7-9　风险损失严重性程度等级标准

等级		A	B	C	D	E
严重程度		轻微	较大	严重	很严重	灾难性
人员伤亡	建设人员	重伤 3 人以下	死亡（含失踪）3 人以下或重伤 3～9 人	死亡（含失踪）3～9 人或重伤 10～29 人	死亡（含失踪）10～29 人或重伤 30 人以上	死亡（含失踪）30 人以上
	第三方	轻伤 1 人	轻伤 2～10 人	重伤 1 人及轻伤 10 人以上	重伤 2～9 人及以上	死亡（含失踪）1 人以上
经济损失	工程本身	100 万元以下	1000 万元以下	1000 万元～5000 万元	5000 万元～1 亿元	1 亿元以上
	第三方	10 万元以下	10～50 万元	50 万元～100 万元	100 万元～200 万元	200 万元以上
工期延误	长期工程（3 年以上）	延误少于 1 个月	延误 1～3 个月	延误 3～6 个月	延误 6～12 个月	延误大于 12 个月（或延误 1 个汛期）
	短期工程（3 年及以下）	延误少于 10d	延误少于 10d～30d	延误少于 30d～60d	延误少于 60d～90d	延误 90d 以上
环境影响		涉及范围很小的自然灾害及次生灾害	设计范围较小的自然灾害及次生灾害	设计范围大的自然灾害及次生灾害	设计范围很大的自然灾害及次生灾害	设计范围非常大的自然灾害及次生灾害
社会影响		轻微的，或需紧急转移安置 50 人以下	较严重的，或需紧急转移安置 50～100 人	严重的，或需紧急转移安置 100～500 人	很严重的，或需紧急转移安置 500～1000 人	恶劣的，或需紧急转移安置 1000 人以上

将建设项目风险发生的可能性与风险损失严重性等级组合后，水利水电工程建设风险评价等级分为四级，其风险等级标准符合表 7-10 的规定。

表 7-10　风险等级标准矩阵

损失等级		A	B	C	D	E
可能性等级		轻微	较大	严重	很严重	灾难性
1	不可能	Ⅰ级	Ⅰ级	Ⅰ级	Ⅱ级	Ⅱ级
2	可能性极小	Ⅰ级	Ⅰ级	Ⅱ级	Ⅱ级	Ⅲ级

续表

损失等级 可能性等级		A 轻微	B 较大	C 严重	D 很严重	E 灾难性
3	偶尔	Ⅰ级	Ⅱ级	Ⅱ级	Ⅲ级	Ⅳ级
4	有可能	Ⅰ级	Ⅱ级	Ⅲ级	Ⅲ级	Ⅳ级
5	经常	Ⅱ级	Ⅲ级	Ⅲ级	Ⅳ级	Ⅳ级

基于不同等级的风险，应采用不同的风险控制措施，各级风险的接受准则应符合表 7-11。

表 7-11　风险接受准则

等级	接受准则	应对策略	控制方案
Ⅰ级	可忽略	宜进行风险状态监控	开展日常审核检查
Ⅱ级	可接受	宜加强风险状态监控	宜加强日常审核检查
Ⅲ级	有条件可接受	应实施风险管理降低风险，且风险降低所需成本应小于风险发生后的损失	应实施风险防范与检测，测定风险处置措施
Ⅳ级	不可接受	应采取风险控制措施降低风险，应至少将其风险等级降低至可接受或有条件可接受的水平	应编制风险预警与应急处置方案，或进行有关方案修正或调整，或规避风险

风险控制应采取经济、可行、积极的处置措施，具体风险处置方法有风险规避、风险缓解、风险转移、风险自留、风险利用等。处置方法的选用应符合以下原则：

（1）损失大、概率大的灾害性风险，应采取风险规避。

（2）损失小、概率大的风险，应采取风险缓解。

（3）损失大、概率小的风险，宜采用保险或合同条款将责任进行风险转移。

（4）损失小、概率小的风险，宜采用风险自留。

（5）有利于工程项目目标的风险，宜采用风险利用。

采用工程保险等方法转移剩余风险时，工程保险不应被作为唯一减轻或降低风险的应对措施。

第八章　水利安全生产管理

安全生产管理是指国家应用立法、监督管理、监察等手段，生产经营单位通过规范化、标准化、科学化、系统化的管理制度和操作程序，对危害因素进行辨识、评价、控制，达到安全生产目标的一切活动。安全生产管理的对象主要包括与生产经营活动相关的人员、设备、仪器仪表、材料、能源、环境、信息、财务以及管理的信息和资料。

第一节　水利企业安全生产管理

一、安全生产管理体制

完善安全生产管理体制，建立健全安全管理制度、安全管理机构和安全生产责任制是安全管理的重要内容，也是实现安全生产目标管理的组织保证。

为适应社会主义市场经济的需要，1993年国务院将计划经济条件下的“国家监察、行政管理，群众监督”的安全生产管理体制，发展和完善成为“企业负责、行业管理、国家监察、群众监督”。

2004年1月9日《国务院关于进一步加强安全生产工作的决定》从5个方面提出了对安全生产二十三项工作要求，其中在第22条“构建全社会齐抓共管的安全生产工作格局”中提出：地方各级人民政府每季度至少召开一次安全生产例会，分析、部署、督促和检查本地区的安全生产工作；大力支持并帮助解决安全生产监管部门在行政执法中遇到的困难和问题。各级安全生产委员会及其办公室要积极发挥综合协调作用。安全生产综合监管及其他负有安全生产监督管理职责的部门要在政府的统一领导下，依照有关法律法规的规定，各负其责，密切配合，切实履行安全监管职能。各级工会、共青团组织要围绕安全生产，发挥各自优势，开展群众性安全生产活动。充分发挥各类协会、学会、中心等中介机构和社团组织的作用，构建信息、法律、技术装备、宣传教育、培训和应急救援等安全生产支撑体系。强化社会监督、群众监督和新闻媒体监督，丰富全国“安全生产月”“安全生产万里行”等活动内容，努力构建“政府统一领导，部门依法监管、企业全面负责、群众参与监督、全社会广泛支持”的安全生产工作格局。这是对我国安全生产管理体制提出的更趋完善的要求。

1. 水利部及流域机构安全生产职责

2005年水利部发布了《水利工程建设安全生产管理规定》对水利工程建设的监督管理体制和有关部门的监督管理职责进行了明确。该规定指出，水行政主管部门和流域管理机构按照分级管理权限，负责水利工程建设安全生产的监督管理。水行政主管部门或者流域管理机构委托的安全生产监督机构，负责水利工程施工现场的具体监督检查工作。

水利部负责全国水利工程建设安全生产的监督管理工作，其主要职责如下：

（1）贯彻、执行国家有关安全生产的法律、法规和政策，制定有关水利工程建设安全生产的规章、规范性文件和技术标准；

（2）监督、指导全国水利工程建设安全生产工作，组织开展对全国水利工程建设安全生产情况的监督检查；

（3）组织、指导全国水利工程建设安全生产监督机构的建设、管理有关水利水电工程施工单位的主要负责人、项目负责人和专职安全生产管理人员的安全生产考核工作。

流域管理机构负责所管辖的水利工程建设项目的安全生产监督工作。

省、自治区、直辖市人民政府水行政主管部门负责本行政区域内所管辖的水利工程建设安全生产的监督管理工作，其主要职责如下：

（1）贯彻、执行有关安全生产的法律、法规、规章、政策和技术标准，制定地方有关水利工程建设安全生产的规范性文件；

（2）监督、指导本行政区域内所管辖的水利工程建设安全生产工作，组织开展对本行政区域内所管辖的水利工程建设安全生产情况的监督检查；

（3）组织、指导本行政区域内水利工程建设安全生产监督机构的建设工作以及有关的水利水电工程施工单位的主要负责人、项目负责人和专职安全生产管理人员的安全生产考核工作。

该规定还指出，水行政主管部门或者流域管理机构委托的安全生产监督机构，应当配备一定数量并经水利部考核合格的专职安全生产监督人员，严格按照有关安全生产的法律、法规、规章和技术标准，对水利工程施工现场实施监督检查。

我国建筑安全管理机构体系如图 8-1 所示。

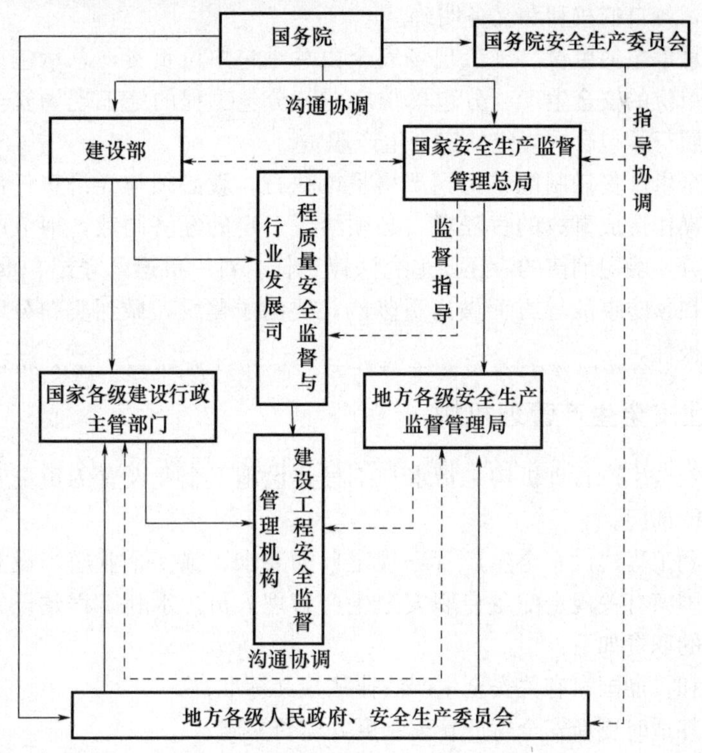

图 8-1 我国建筑安全管理机构体系

2. 施工企业安全生产责任

（1）安全生产责任制的要求。安全生产责任制，是根据“管生产必须管安全”“安全工作、人人有责”的原则，以制度的形式，明确规定各级领导和各类人员在生产活动中应负的安全职责。它是施工企业岗位责任制的一个重要组成部分，是企业安全管理中最基本的制度，是所有安全规章制度的核心。

（2）施工企业各级领导人员的安全职责。明确规定施工企业各级领导在各自职责范围内做好安全工作，要将安全工作纳入自己的日常生产管理工作中，做到在计划、布置、检查、总结、评比生产的同时，计划、布置、检查、总结、评比安全工作。

（3）各有关职能部门的安全生产职责。它包括施工企业中生产部门、技术部门、机械动力部门、材料部门、财务部门、教育部门、劳动工资部门、卫生部门等，各职能机构都应在各自业务范围内，对实现安全生产的要求负责。

（4）生产工人的安全职责。生产工人做好本岗位的安全工作是搞好企业安全工作的基础，企业中的一切安全生产制度都要通过他们来落实。因此，企业要求每一名职工都能自觉地遵守各项安全生产规章制度，不违章作业，并劝阻他人违章操作。

（5）安全生产责任制的制定和考核。施工现场项目经理是项目安全生产第一责任人，对安全生产负全面的领导责任。施工现场从事与安全有关的管理、执行和检查人员，特别是独立行使权力开展工作的人员，应规定其职责、权限和相互关系，定期考核。

各项经济承包合同中要有明确的安全指标和包括奖惩办法在内的安全保证措施。承发包或联营各方之间依照有关法规，签订安全生产协议书，做到主体合法、内容合法和程序合法，各自的权利和义务明确。

实行施工总承包的单位，施工现场安全由总承包单位负责，总承包单位要统一领导和管理分包单位的安全生产。分包单位应对其分包工程的施工现场安全向总承包单位负责，认真履行承包合同规定的安全生产职责。

为了使安全生产责任制能够得到严格贯彻执行，就必须与经济责任制挂钩。对违章指挥、违章操作造成事故的责任者，必须给予一定的经济制裁，情节严重的还要给予行政纪律处分，触犯刑律的，还要追究法律责任。对一贯遵章守纪、重视安全生产、成绩显著或者在预防事故等方面做出贡献的，要给予奖励，做到奖罚分明，充分调动广大职工的积极性。

二、施工企业安全生产管理机构

施工企业安全生产管理机构是指水利工程建设施工企业设置的负责安全生产管理工作的独立职能部门。

根据《水利工程建设安全生产管理规定》的要求，施工企业应当设立安全生产管理机构，按照国家有关规定配备专职安全生产管理人员。水利工程建设施工企业安全生产管理机构的职责如下：

（1）宣传和贯彻国家有关安全生产法律法规和标准；

（2）编制并适时更新安全生产管理制度并监督实施；

（3）组织或参与企业生产安全事故应急救援预案的编制及演练；

（4）组织开展安全教育培训与交流；

（5）协调配备项目专职安全生产管理人员；

（6）制订企业安全生产检查计划并组织实施；

（7）监督在建项目安全生产费用的使用；

（8）参与危险性较大工程安全专项施工方案专家论证会；

（9）通报在建项目违规违章查处情况；

（10）组织开展安全生产评优评先表彰工作；

（11）建立企业在建项目安全生产管理档案；

（12）考核评价分包企业安全生产业绩及项目安全生产管理情况；

（13）参加生产安全事故的调查和处理工作；

（14）企业明确的其他安全生产管理职责。

在设置安全生产管理机构的同时，水利建设施工企业还应当在建设工程项目组建安全生产领导小组。实行施工总承包的，安全生产领导小组由总承包企业、专业承包企业和劳务分包企业项目经理、技术负责人和专职安全生产管理人员组成。其主要职责如下：

（1）贯彻落实国家有关安全生产法律法规和标准；

（2）组织制定项目安全生产管理制度并监督实施；

（3）编制项目生产安全事故应急救援预案并组织演练；

（4）保证项目安全生产费用的有效使用；

（5）组织编制危险性较大工程安全专项施工方案；

（6）开展项目安全教育培训；

（7）组织实施项目安全检查和隐患排查；

（8）建立项目安全生产管理档案；

（9）及时、如实报告安全生产事故。

三、安全生产标准体系

标准在安全生产工作中起着十分重要的作用。法定的安全标准是我国安全生产法律体系的重要组成部分，保障企业安全生产的重要技术规范，安全监管监察和依法行政的重要依据与规范市场准入的必要条件。标准体系是“一定范围内标准按其内在联系形成的科学的有机整体”。

安全生产标准体系是指为维持生产经营活动，保障安全生产而制定颁布的一切有关安全生产方面的技术、管理、方法、产品等标准的有机组合，既包括现行的安全生产标准，也包括正在制定修订和计划制定修订的安全生产标准。根据《中华人民共和国标准化法》的规定，标准有国家标准、行业标准、地方标准和企业标准。国家标准、行业标准又分为强制性标准和推荐性标准。安全标准主要指国家标准和行业标准，大部分是强制性标准。

我国安全标准涉及面广，从大的方面看，包括矿山安全（含煤矿和非煤矿山）、粉尘防爆、电气及防爆、带电作业、危险化学品、民爆物品、烟花爆竹、涂装作业安全、交通运输安全、机械安全、消防安全、建筑安全、职业安全、个体防护装备（原劳动防护用品)、特种设备安全等各个方面。其包括基础标准、管理标准、技术标准、方法标准和产品标准等五大类。

多年来，在国务院各有关部门以及各标准化技术委员会的共同努力下，制定了一大批涉及安全生产方面的国家标准和行业标准。据初步统计，我国现有的有关安全生产的国家标准涉及设计、管理、方法、技术、检测检验、职业健康和个体防护用品等多个方面，有近1500项。除国家标准外，国家安全生产监督管理、公安、建设、水利等有关部门还制定了大量有关安全生产的行业标准，有近3000项。这些安全标准的制定和颁布为安全生产的好转提供了重要作用。

四、安全生产责任制

安全生产责任制是对各级政府、各职能部门、各生产经营单位和各级领导，各有关负责人及各类人员所规定的在各自职责范围对安全生产应负责任的制度。

1. 各级人民政府是本区域安全生产工作的领导者，其安全生产工作的主要职责

（1）应当加强对安全生产工作的领导，支持、督促各有关部门依法履行安全生产监督管理工作职责。

（2）应当及时协调、解决安全生产监督管理中存在的重大问题。

《中华人民共和国安全生产法》(以下简称《安全生产法》)第八条第二款规定：“国务院和县级以上地方各级人民政府应当加强对安全生产工作的领导，支持、督促各有关部门依法履行安全生产监督管理职责，建立健全安全生产工作协调机制，及时协调、解决安全生产监督管理中存在的重大问题”。

（3）应当组织有关部门对本行政区域内容易发生重大生产安全事故的生产经营单位进行严格检查并及时处理事故隐患。《安全生产法》第五十九条规定：“县级以上地方各级人民政府应当根据本行政区域内的安全生产状况，组织有关部门按照职责分工，对本行政区域内容易发生重大生产安全事故的生产经营单位进行严格检查。

安全生产监督管理部门应当按照分类分级监督管理的要求，制定安全生产年度监督检查计划，并按照年度监督检查计划进行监督检查，发现事故隐患，应当及时处理。”

（4）应当组织有关部门制定特大事故应急救援预案，建立应急救援体系。《安全生产法》第七十七条规定：“县级以上地方各级人民政府应当组织有关部门制定本行政区域内生产安全事故应急救援预案，建立应急救援体系。”

2. 各级政府负责安全生产监督管理的部门，负责对本行政区域内安全生产工作实施综合监督管理，主要职责

（1）进入生产经营单位进行安全检查，调阅有关资料，向有关单位和人员了解情况。

（2）对检查中发现的安全生产违法行为，当场予以纠正或者要求限期改正；对依法应当给予行政处罚的行为，依照本法和其他有关法律、行政法规的规定做出行政处罚决定。

（3）对检查中发现的事故隐患，应当责令立即排除。重大事故隐患排除前或者排除过程中无法保证安全的，应当责令从危险区域内撤出作业人员，责令暂时停产停业

或者停止使用；重大事故隐患排除后，经审查同意，方可恢复生产经营和使用。

（4）对有根据认为不符合保障安全生产的国家标准或者行业标准的设施、设备、器材予以查封或者扣押，并应当在15日内依法做出处理决定。

3. 各级水行政主管部门，是在水行政方面负有安全生产监督管理职责的部门，依照安全生产法和其他有关法律、法规的规定，在自己的职责范围内对有关的安全生产工作实施监督管理，主要职责：

（1）依法严把相关的审批、验收关。

（2）对依法应当经过审批、验收，而未经审批、验收即从事有关活动的违法行为，必须依法予以处理。

（3）发现已经审批的生产经营单位不再具备安全生产条件的，应当撤销原批准。

4. 生产经营单位主要负责人对本单位的安全生产全面负责，主要职责：

（1）建立、健全安全生产责任制。主要包括以下内容：

① 生产经营单位主要负责人的安全生产责任制。生产经营单位的主要负责人或者正职是安全生产第一责任者，对本单位的安全生产工作全面负责。

② 生产经营单位负责人或者副职的安全生产责任制。生产经营单位负责人或者副职在各自职责范围内，协助主要负责人或者正职搞好安全生产工作。

③ 生产经营单位职能管理机构负责人及其工作人员的安全生产责任制。职能管理机构负责人按照本机构的职责，组织有关工作人员做好安全生产工作，对本机构职责范围的安全生产工作负责。职能机构工作人员在本职责范围内做好有关安全生产工作。

④ 班组长安全生产责任制。班组长是搞好安全生产工作的关键，是法律、法规的直接执行者。安全生产工作搞得好不好，关键在班组长。班组长督促本班组的工人遵守有关安全生产规章制度和安全操作规程，不违章指挥、不违章作业、不强令工人冒险作业，遵守劳动纪律，对本班组的安全生产负责。

⑤ 岗位工人的安全生产责任制。每个岗位的工人要接受安全生产教育和培训，遵守有关安全生产规章和安全操作规程，不违章作业，遵守劳动纪律，对本岗位的安全生产负责。特种作业人员必须接受专门的培训，经考试合格取得操作资格证书的，方可上岗作业。

（2）组织制定本单位安全生产规章制度和操作规程。

（3）组织制定实施本单位安全生产教育和培训计划。

（4）保证本单位安全生产投入的有效实施。

（5）督促、检查本单位的安全生产工作，及时消除生产安全事故隐患。

（6）组织制定并实施本单位的生产安全事故应急救援预案。

（7）及时、如实报告生产安全事故。

安全生产责任制是经长期的安全生产实践证明的成功制度与措施。这一制度与措施最早见于国务院1963年3月30日颁布的《关于加强企业生产中安全工作的几项规定》（即《五项规定》）。《五项规定》中要求，企业的各级领导、职能部门、有关工程技术人员和生产工人，各自在生产过程中应负的安全责任，必须加以明确。2002年颁布的《中华人民共和国安全生产法》对各级人民政府，特别是县级以上地方各级人民政府和有关部门的安全生产监督管理职责也做出了明确规定。国务院2004年1月9日发布的《国务院关于进一步加强安全生产工作的决定》（国发〔2004〕2 号）中明确要求："地方各级人民政府要建立健全领导干部安全生产责任制。加强对地方领导干部的安全知识培训和安全生产监管人员的执法业务培训。依法严肃查处事故责任人，对存在失职、渎职行为，或对事故发生负有领导责任的地方政府、企业领导人，要依照有关法律法规严格追究责任。严厉惩治安全生产领域的腐败现象和黑恶势力"。明确了政府和生产经营单位在安全生产方面的两个责任主体，使安全生产责任制进一步完善。

安全生产责任制的内容是根据各地区、各部门、各生产经营单位和各类人员的职责来确定的，充分体现责权利相统一的原则。完善安全生产责任制的总要求是："横向到边、纵向到底"，形成一个完整的制度体系，并落实措施，建立完善的制约机制和激励机制，奖罚分明。

五、安全生产方针

安全生产方针，是国家对安全生产工作所提出的一个总的要求和指导原则，它为安全生产指明了方向。要搞好安全生产，就必须有正确的安全生产方针。《安全生产法》第三条规定："安全生产工作应当以人为本，坚持安全发展，坚持安全第一、预防为主、综合治理的方针，强化和落实生产经营单位的主体责任，建立生产经营单位负责、职工参与、政府监管、行业自律和社会监督的机制。"

安全第一，就是在生产过程中把安全放在第一重要的位置上，切实保护劳动者的生命安全和身体健康。坚持安全第一，是贯彻落实以人为本的科学发展观、构建社会主义和谐社会的必然要求。

预防为主，就是把安全生产工作的关口前移，超前防范，建立预教、预测、预想、预报、预警、预防的递进式、立体化事故隐患预防体系，改善安全状况，预防安全事故。在新时期，预防为主就是通过建设安全文化、健全安全法制、提高安全科技水平、落实安全责任、加大安全投入，构筑坚固的安全防线。

综合治理，是指适应我国安全生产形势的要求，自觉遵循安全生产规律，正视安全生产工作的长期性、艰巨性和复杂性，抓住安全生产工作中的主要矛盾和关键环节，综合运用经济、法律、行政等手段，人管、法治、技防多管齐下，并充分发挥社会、职工、舆论的监督作用，有效解决安全生产领域的问题。

"安全第一、预防为主、综合治理"的安全生产方针是一个有机统一的整体。安全第一是预防为主、综合治理的统帅和灵魂，没有安全第一的思想，预防为主就失去了思想支撑，综合治理就失去了整治依据。预防为主是实现安全第一的根本途径。只有把安全生产的重点放在建立事故隐患预防体系上，超前防范，才能有效减少事故损失，实现安全第一。综合治理是落实安全第一、预防为主的手段和方法。只有不断健全和完善综合治理工作机制，才能有效贯彻安全生产方针，真正把安全第一、预防为主落到实处，不断开创安全生产工作的新局面。

六、安全生产目标管理

（一）目标制订

（1）项目法人应建立安全生产目标管理制度，明确目标与指标的制定、分解、实施、考核等环节内容。

项目法人应根据本工程项目安全生产实际，组织制定项目安全生产总体目标和年度目标。

(2) 各参建单位应根据项目安全生产总体目标和年度目标，制定所承担项目的安全生产总体目标和年度目标。

(3) 安全生产目标应主要包括下列内容：

① 生产安全事故控制目标；

② 安全生产投入目标；

③ 安全生产教育培训目标；

④ 生产安全事故隐患排查治理目标；

⑤ 重大危险源监控目标；

⑥ 应急管理目标；

⑦ 文明施工管理目标；

⑧ 人员、机械、设备、交通、火灾、环境和职业健康等方面的安全管理控制指标等。

(4) 安全生产目标应尽可能量化，便于考核。目标制定应考虑以下因素：

① 国家的有关法律、法规、规章、制度和标准的规定及合同约定；

② 水利行业安全生产监督管理部门的要求；

③ 水利行业的技术水平和项目特点；

④ 采用的工艺和设施设备状况等。

5. 安全生产目标应经单位主要负责人审批，并以文件的形式发布。

(二) 目标实施

(1) 各参建单位应制定安全生产目标管理计划，其内容包括安全生产目标值、保证措施、完成时间、责任人等。安全生产目标应逐级分解到各管理层、职能部门及相关人员。保证措施应力求量化，便于实施与考核。

(2) 项目法人的安全生产目标管理计划，应报项目主管部门备案。

(3) 施工单位的安全生产目标管理计划，应经监理单位审核，项目法人同意，并由项目法人与施工单位签订安全生产目标责任书。

(4) 勘察、设计等其他参与工程建设的单位的安全生产目标管理计划，应报项目法人同意，并与项目法人签订安全生产目标责任书。

(5) 各参建单位应加强内部目标管理，逐级签订安全生产目标责任书，实行分级控制。

(6) 各参建单位安全目标实行自主管理。工程建设情况发生重大变化，致使目标管理难以按计划实施的，应及时报告，并根据实际情况，调整目标管理计划，并重新备案或报批。

(三) 目标考核

(1) 项目法人应制定有关参建单位的安全生产目标考核办法。各参建单位应制定本单位各部门的安全生产目标考核办法。项目法人安全生产目标考核办法由项目主管部门制定。

（2）各参建单位每季度应对本单位安全生产目标的完成情况进行自查。施工单位的自查报告应报监理单位、项目法人备案，项目法人的自查报告应报项目主管部门备案，监理、勘察、设计等参建单位的自查报告应报项目法人备案。

（3）项目法人每半年应组织对有关参建单位的安全生产目标完成情况进行考核，各参建单位每季度应对内部各部门和管理人员安全生产目标完成情况进行考核。项目法人的安全生产目标完成情况由项目主管部门考核。

（4）各参建单位应根据考核结果，按照考核办法进行奖惩。

七、安全管理的基本原则

为有效地将生产因素的状态控制好，在实施安全管理过程中，必须正确处理好五种关系，坚持六项管理原则。

1. 正确处理五种关系

（1）安全与危险并存。有危险才要进行安全管理。保持生产的安全状态，必须采取多种措施，以预防为主，危险因素就可以得到控制。

（2）安全与生产的统一。安全是生产的客观要求。生产有了安全保障，才能持续稳定地进行。生产活动中事故不断，生产势必陷于混乱、甚至瘫痪状态。

（3）安全与质量的包含。从广义上看，质量包含安全工作质量，安全概念也内含着质量，两者交互作用，互为因果。

（4）安全与速度的互保。安全与速度呈正比例关系，速度应以安全作保障。一味强调速度，置安全于不顾的做法是极其有害的，一旦酿成不幸，非但无速度可言，反而会延误时间。

（5）安全与效益的兼顾。安全技术措施的实施，定会改善劳动条件，调动职工积极性，由此带来经济效益足以使原来的投入得以补偿。

2. 坚持安全管理六项基本原则

（1）管生产同时管安全。安全管理是生产管理的重要组成部分，各级领导人员在管理生产的同时，必须负责管理安全工作。企业中各有关专职机构，都应在各自的业务范围内，对实现安全生产的要求负责。

（2）坚持安全管理的目的性。没有明确目的安全管理就是一种盲目行为，既劳民伤财，又不能消除危险因素的存在。只有针对性地控制人的不安全行为和物的不安全状态，消除或避免事故，才能达到保护劳动者安全与健康的目的。

（3）必须贯彻预防为主的方针。安全管理不是事故处理，而是在生产活动中，针对生产的特点，对生产因素采取鼓励措施有效地控制不安全因素的发展与扩大，把可能发生的事故消灭在萌芽状态。

（4）坚持“四全”动态管理。安全管理涉及生产活动的方方面面，涉及从开工到竣工交付使用的全部生产过程，涉及到全部的生产时间和一切变化着的生产因素，是一切与生产有关的人员共同的工作。因此，在生产过程中，必须坚持全员、全过程、全方位、全天候的动态安全管理。

（5）安全管理重在控制。在安全管理的四项工作内容中，对生产因素状态的控制，与安全管理目的关系更直接，作用更突出。因此，必须将生产中人的不安全行为和物的不安全状态进行控制，作为动态的安全管理的重点。

（6）在管理中发展、提高。要不间断地摸索新的规律，总结管理、控制的办法和经验，指导新的变化后的管理，从而使安全管理不断上升到新的高度。

八、安全技术措施

为改善企业生产过程中的安全卫生和文明生产条件所采取的各种技术措施，统称为安全技术措施。为此编制的措施计划称为安全技术措施计划。安全技术措施计划是企业安全管理的基本制度之一，是企业生产、基建、技术、财务和物资供应计划的重要组成部分，也是安全生产工作的重要内容。通过编制安全技术措施计划可以把改善劳动条件和实现文明生产的工作纳入国家和企业的生产建设计划之中。有计划、有步骤地解决安全技术中的重大技术问题，可以合理的使用资金，保证安全技术措施落实，发挥安全措施经费的更大作用，可以调动群众的积极性，增强各级领导对安全生产工作的责任心，从根本上改善安全作业环境和劳动条件。

（1）安全技术措施计划的项目。安全技术措施计划的项目包括改善劳动条件、防止事故、预防职业病、提高职工安全素质的一切安全技术措施。其主要包括以下几个方面的项目：

① 安全技术措施。即以防止工伤事故、火灾爆炸等设备事故及影响生产的险兆事故为目的的一切技术措施。如防护装置、信号装置、保险装置、防爆装置以及各种安全设施等。

② 工业卫生技术措施。即以改善对职工身体健康有害因素的生产环境条件、防止职业中毒与职业病为目的的一切技术措施。如防尘、防毒、防噪声与振动、通风、降温、防寒等装置或设施。

③ 辅助措施，即保证工业卫生方面所必需的房屋及一切卫生保障措施。如尘毒作业人员的淋浴室、更衣室或存衣箱、消毒室、妇女卫生室等。

④ 安全宣传教育措施。即提高作业人员安全素质的有关宣传教育设备、仪器、教材和场所等。如劳动保护教育室、安全生产教材、挂图、宣传画、培训室（场地）、展览等。

（2）建筑工程安全防护、文明施工措施。根据建设部《建设工程安全防护、文明施工措施费用及使用管理规定》，建筑工程安全防护、文明施工措施包括文明施工、环境保护、临时设施和安全施工等项目。其主要内容如下：

① 文明施工措施项目：包括工程搭设的临时设施，如临时宿舍、食堂、仓库、办公室、加工厂和卫生设施、文化设施以及道路、水、电、管线等临时设施；文明施工措施，如场地的硬化、施工场地围墙、大门、场地排水系统、洗车槽、材料堆放设置、泥浆、污水处理、垃圾及拆除废料的堆放与清运、场地绿化等。

② 安全生产措施项目：包括外墙钢管脚手架（含安全网、安全挡板）等以及其他安全生产措施。如安全管理实施方案（制度）的编印；安全标志的设置以及宣传栏的设置（包括报刊、宣教书籍、标语的购置）；安全培训；消防设施和消防器材配置以及保健急救措施；楼梯口、电梯口、通道口、预留洞口、阳台周边、楼层周边以及上下

通道的临边安全防护；交叉、高处作业安全防护；变配电装置的三级配电箱、外电防护、二级保护的防触电系统（包括漏电保护器）；起重机、塔吊等起重吊装设备（含井字架、龙门架）与外用电梯的安全检测、安全防护设施（含警戒标志）；隧道施工等地下作业中的通风、低压电配送等有关设施、监测；交通疏导、警示设施和危险性较大工程安全措施等。

建设单位、设计单位在编制工程概（预）算时，应当依据工程所在地工程造价管理机构测定的相应费率，合理确定工程安全防护、文明施工措施费。其中安全施工费由临边、洞口、交叉、高处作业安全防护费，危险性较大工程安全措施费及其他费用组成。危险性较大工程安全措施费及其他费用项目组成由各地建设行政主管部门结合本地区实际自行确定。建设单位应当及时向施工单位支付安全防护、文明施工措施费，并督促施工企业落实安全防护、文明施工措施。

（3）编制安全技术措施计划的依据。编制安全技术措施计划应以“安全第一，预防为主，综合治理”的安全生产方针为指导思想，以国家有关安全生产法规为依据，根据企业具体情况提出的一项安全措施制度。其编制依据主要有以下几个方面：

① 国家公布的安全生产方针、政策、法令、法规、职业安全卫生国家标准和各产业部门公布的有关安全生产政策及指示；

② 安全检查中发现的事故隐患；

③ 防止工伤事故、职业病和职业中毒应采取的各种措施；

④ 职工群众提出的有关安全生产和工业卫生方面的合理化建议；

⑤ 采用新技术、新工艺、新材料和新设备等应采用的安全措施。

在具体编制安全技术措施计划的过程中，应从党和政府的安全生产方针、政策、法规、标准以及企业实际情况出发，考虑措施项目计划是否必须，项目在技术上是否可行，经济上是否合理，所需费用是否可以承受等。列入计划的措施项目要注重实用、节约。力求措施项目能发挥最大作用，避免因贪大、求洋、求高的做法造成资金的浪费，做到花钱少、效果好。编制计划时要充分利用现有的设施、设备，只要在企业内通过努力，自己能解决的问题，应自力更生，尽量发动群众自己解决。编制安全生产措施计划要突出重点，优先解决对职工群众安全健康威胁最大，而群众又要求迫切解决的问题。在选择措施方案时，要从发展的角度，优选考虑改革工艺、设备，采用新材料、新工艺、新技术等措施，力求从根本上消除职业危害，有效改善劳动条件，不留新的隐患。

（4）实施安全技术措施计划的要求。

① 为实施、控制和改进项目安全技术措施计划提供必要的资源，包括人力、技术、物资、专项技能和财力等资源。

② 通过项目安全管理组织网络，逐级进行安全技术措施计划的交底或培训，保证项目部人员和分包人等人员，正确理解安全管理实施计划的内容和要求。

③ 建立并保持安全技术措施计划执行状况的沟通与监控程序，随时识别潜在的危险因素和紧急情况，采取有效措施，预防和减少因计划考虑不周或执行偏差而可能引发的危险。

④ 建立并保持对相关方在提供物资和劳动力等方面所带来的风险进行识别和控制的程序，有效控制来自外部的危险因素。

九、安全技术交底

《建设工程安全生产管理条例》中规定，建设工程施工前，施工单位负责项目管理的技术人员应当对有关安全施工的技术要求向施工作业班组、作业人员做出详细说明，并由双方签字确认。这种对有关安全施工的技术要求向施工作业班组、作业人员做出详细说明，并由双方签字确认的规定，习惯上被称为安全技术交底制度。

安全技术交底是一种行之有效的安全管理方法，是被法律认可的一种安全生产管理制度。《安全生产法》规定，生产经营单位从业人员有权了解其作业场所和工作岗位存在的危险因素，及事故应急措施。因此，生产经营单位就有义务事前，告知有关危险因素和事故应急措施。安全技术交底主要用于建设工程当中施工单位对安全生产中，员工需注意事项及责任问题的说明，也适用于安全监理部门对所监理的工程的施工安全生产，进行的监督检查。随着安全生产工作的进一步加强和完善，安全技术交底制度在越来越多的生产经营场所被广泛采用。

安全技术交底的具体内容，由施工单位安全管理部门和施工技术人员，依据国家安全生产方针、政策、规程规范、行业标准及企业各种规章制度，特别是《中华人民共和国安全生产法》《建设工程安全生产管理条例》《施工企业安全检查标准》等有关规定，结合施工实际和施工组织设计总体要求共同编写。

安全技术交底具有四大特点：针对性、时效性、强制性和全员性。

针对性是指在安全施工中，针对特殊项目而提出特殊要求，特别是针对施工难度大、危险程度高、技术要求严、施工时间较长、人员较为集中的项目，要把项目的难点、特点、注意点及特殊要求列出来，让参与施工的人员了解和熟知。

时效性是指针对具体项目，对所有施工人员提出本次施工期间的安全要求，在施工期间必须做到。

强制性是指参与施工的人员必须毫无保留地做到《安全技术交底》规定的每一项要求。

全员性是指所有参与施工人员都必须掌握安全技术交底的规定和具体内容，包括具体施工作业人员、组织管理人员、安全监督人员、聘请外来人员、司机和场地看护人员等，为了达到真正使每个人都熟悉交底内容，安全管理部门也可在施工前组织几次笔试和口试。只有完全掌握者才能参与施工。

实践证明，安全技术交底对保证重点施工项目的安全生产、实现对工人职业健康的有效预控，提高施工管理、操作人员的安全生产管理水平和操作技能，努力创造安全生产环境，杜绝事故的发生十分有效。

安全技术交底必须在工程开工前，与下达施工任务同时进行，固定场所的工种（包括后勤人员）可定期交底，非固定作业场所的工种要按每一分部（分项）工程定期进行交底，新进场作业人员必须进行安全技术交底再上岗。采用新技术、新工艺、新材料施工，必须编制相应的安全技术操作规程，进行安全技术教育，做到先培训后上岗。

工程技术负责人要根据工程进度部位、施工季节、施工条件、施工程序、结合各工种施工特点进行较为详细的安全技术交底。根据不同的对象和要求，安全技术交底一般有以下几种形式：

（1）施工单位安全生产部门和相关单位负责人对项目部进行安全生产管理首次交底。交底内容如下：

① 国家和地方有关安全生产的方针、政策、法律法规、标准、规范、规程和企业的安全规章制度。

② 项目安全管理目标、伤亡控制指标、安全达标和文明施工目标。

③ 危险性较大的分部分项工程及危险源的控制、专项施工方案清单和方案编制的指导、要求。

④ 施工现场安全质量标准化管理的一般要求。

⑤ 公司部门对项目部安全生产管理的具体措施要求。

（2）项目部负责对施工队长或班组长进行书面安全技术交底。交底内容：

① 项目各项安全管理制度、办法，注意事项、安全技术操作规程。

② 每一分部、分项工程施工安全技术措施、施工生产中可能存在的不安全因素以及防范措施等，确保施工活动安全。

③ 特殊工种的作业、机电设备的安拆与使用，安全防护设施的搭设等，项目技术负责人均要对操作班组做安全技术交底。

④ 两个以上工种配合施工时，项目技术负责人要按工程进度定期或不定期地向有关班组长进行交叉作业的安全交底。

（3）施工队长或班组长根据交底要求，对操作工人进行有针对性的班前作业安全交底，操作人员必须严格执行安全交底的要求。交底内容如下：

① 本工种安全操作规程。

② 现场作业环境要求本工种操作的注意事项。

③ 个人防护措施等。

安全技术交底内容要全面准确，通俗易懂，具有针对性和可操作性，并符合有关安全技术操作规程的规定。对专业性较强的分部分项工程和危险性较大工程必须结合施工组织设计和专项安全技术方案进行较为具体和安全技术交底。施工环境发生变化时，应及时变更交底内容。

安全技术交底要经交底人与接受交底人签字方能生效。交底字迹要清晰，必须本人签字，不得代签。

安全交底后，项目技术负责人、安全员、班组长等要对安全交底的落实情况进行检查和监督、督促操作工人严格按照交底要求施工，制止违章作业现象发生。作业人员必须按照安全技术交底和本工种安全技术操作规程要求进行施工。对严重违章者必须重新教育考核合格后再上岗。

十、安全生产检查

安全检查是一项综合性的安全生产管理措施，是建立良好的安全生产环境、做好安全生产工作的重要手段之一，也是企业防止事故、减少职业病的有效方法。

《安全生产法》中规定：“县级以上地方各级人民政府应当根据本行政区域内的安全生产状况，组织有关部门按照职责分工，对本行政区域内容易发生重大生产安全事故的生产经营单位进行严格检查。

安全生产监督管理部门应当按照分类分级监督管理的要求，制定安全生产年度监督检查计划，并按照年度监督检查计划进行监督检查，发现事故隐患，应当及时处理。”

《建设工程安全生产管理条例》中也规定：县级以上人民政府负有建设工程安全生产监督管理职责的部门在各自的职责范围内履行安全监督检查职责时，有权进入被检查单位施工现场进行检查，纠正施工中违反安全生产要求的行为，对检查中发现的安全事故隐患，责令立即排除，重大安全事故隐患排除前或者排除过程中无法保证安全的，责令从危险区域内撤出作业人员或者暂时停止施工。县级以上地方各级人民政府和负有建设工程安全生产监督管理职责的部门应当认真履行这一职责，组织有关部门严格按照有关安全生产的法律、法规和有关国家标准或者行业标准的规定，认真检查生产经营单位的安全生产状况。对检查中发现的事故隐患，应当责令有关单位采取有效措施及时处理，如果事故隐患排除前或者排除过程中无法保证安全生产的，应当责令有关单位暂时停产、停业或者停止使用。对本地区存在的重大事故隐患，超出其管辖权或者职责范围的，应当立即向有管辖权或者负有职责的上级人民政府或者政府有关部门报告，情况紧急的，应当立即采取包括责令停产、停业在内的紧急措施并同时报告，有关上级人民政府或者有关部门接到报告后，应当立即组织查处。

生产经营单位主要负责人必须督促、检查本单位的安全生产工作，及时消除生产安全事故隐患。

《安全生产法》同时规定，生产经营单位主要负责人必须督促、检查本单位的安全生产工作，及时消除生产安全事故隐患。《建设工程安全生产管理条例》中规定，施工单位必须对所承担的建设工程进行定期和专项安全检查，并做好安全检查记录。因此，施工企业通过安全生产检查，既可以达到宣传和执行安全生产方针、政策、法规的目的，又能及时发现生产现场不安全的物质状态、不良的作业环境、不安全的操作和行为以及潜在的职业危害因素，并促使其得到及时的纠正和解决，以利于预防工伤事故和职业病的发生。生产经营单位应当对检查中发现的安全问题或者事故隐患，立即处理解决；难以处理的，组织有关职能部门研究，采取有效措施，限期整改，并在人、财、物上予以保证，及时消除事故隐患。加强事故隐患整改和安全措施落实情况的监督检查，发现问题及时解决，把事故消灭在萌芽状态。

安全生产检查可分为日常性检查、专业性检查、季节性检查、节假日前后的检查和不定期检查等类型。

（1）日常性检查：企业或施工单位的项目部一般每年进行2～4次；车间或工段每月至少1次；班组每天进行检查；专职安全人员的日常检查。班组长和工人应严格履行交接班检查和班中检查。

（2）专业性检查是针对特种作业、特种设备、特种场所进行的检查，如电焊、起重设备、运输车辆、爆破品仓库、锅炉等。

（3）季节性检查是根据季节特点，为保障安全生产的特殊要求所进行的检查。如冬季的防火、防寒防冻；夏季的防汛、防高温、防台风。

（4）节假日前后的检查包括节前的安全生产检查，节后的遵章守纪检查。

(5) 不定期检查是指在设备装置试运行检查、设备开工前和停工前检查、检修检查等。

安全生产检查的主要内容主要包括思想认识、管理制度、劳动纪律、机电设备、安全卫生设施、个人防护用品使用、各种事故隐患等。

安全生产检查要坚持四个原则：一是领导与群众相结合的原则；二是自查与互查相结合的原则；三是专业检查与全面检查相结合的原则；四是检查与整改相结合的原则。

安全生产检查的形式很多，有工人在岗位上的自我检查、各级领导组织的自上而下的检查、季节性检查、专业性检查以及安全检查表检查等。一般来说，这些检查都有领导人员和专业技术人员参加，但是往往由于缺乏系统的检查提纲，只是凭几个有经验的人根据各自的经验进行检查，因而很容易造成检查漏项，达不到检查预期的效果。而安全检查表是进行安全检查、发现潜在危险的一种简单实用的工具，它是系统安全分析的初步手段，是比较原始的初步定性的安全分析方法。

为了系统地发现工厂、车间、班组或设备、工作场所以及各种操作、管理和组织措施中的不安全因素，事先把检查的对象加以剖析，把大系统分割成若干小系统，查出不安全因素所在，然后确定检查项目，以提问的方式，将检查项目按系统或小系统顺序编制成表，以便进行检查。根据上述顺序编制的表，称作安全检查表。因为安全检查是用系统的观点编制的，它将复杂的大系统分割成子系统或更小的单元，然后集中有经验人员的智慧，事先讨论这些简单的单元中可能存在什么样的危险性，会造成什么样的危险后果，如何消除它。由于事前有了考虑，就可以做到全面周密，不至于漏项。再经编制人员从单元、子系统以至整个系统详细推敲后，按系统编制出安全检查的详细提纲，以提问的方式列成表格，作为安全检查时的指南和备忘录。检查表应充分依靠职工讨论，提出建议，多次修改，由安全技术部门审定后实施。

在实施安全检查时，应按照国家颁布的安全检查标准实施全面规范的检查，避免随意性，检查一般采用安全检查表的方式进行，安全检查表的主要特点如下：

(1) 全面性。由于安全检查表是事先组织对被检查对象熟悉的人员，经过充分讨论后编制出来的，可以做到系统化、完整化，不会漏掉任何可能导致危险的关键因素，因而克服了盲目性，做到有的放矢，避免了安全检查出现走过场的现象，起到了改进和提高安全检查质量的作用。

(2) 直观性。安全检查表是采用提问的方式，以提纲的形式体现出来的，有问有答，给人以深刻的印象，能够让人们直观地知道如何做才是正确的，因此同时也起到了安全教育的作用。

(3) 准确性。安全检查表是根据国家和行业规程标准和企业自身的规章制度等制定的，从检查遵守规章制度的情况，可以得出准确的评价。

(4) 广泛性。企业、车间、班组以致于个人都可以编制安全检查表，企业、车间、班组都可以使用，因此具有广泛性。安全检查表是定性的安全分析方法，简明易懂，容易掌握，不仅适合我国现阶段使用，还可以为进一步使用更先进的安全系统工程方法，进行事故预测和安全评价打下基础。

安全检查表主要有以下类型：

（1）公司级安全检查表，供公司安全检查时使用。其主要内容包括车间管理人员的安全管理情况；现场作业人员的遵章守纪情况；各重点危险部位；主要设备装置的灵敏性可靠性，危险性仓库的储存、使用和操作管理。

（2）车间工地安全检查表，供工地定期安全检查或预防性检查时使用。其主要内容包括现场工人的个人防护用品的正确使用；机电设备安全装置的灵敏性、可靠性；电气装置和电缆电线安全性；作业条件环境的危险部位；事故隐患的监控可靠性；通风设备与粉尘的控制；爆破物品的储存、使用和操作管理；工人的安全操作行为；特种作业人员是否到位等。

（3）专业安全检查表，指对特种设备的安全检验检测。危险场所、危险作业分析等。

为了科学地评价建筑施工安全生产情况，提高安全生产工作和文明施工的管理水平，预防伤亡事故的发生，确保职工的安全和健康，实现检查评价工作的标准化、规范化，建设部于1999年组织有关人员采用安全系统工程原理，结合建筑施工中伤亡事故规律，依据国家有关法律法规、标准和规程制定了《建筑施工安全检查标准》，该标准用于建筑施工企业及其主管部门对建筑施工安全工作的检查和评价，同时规定主管部门在考核工程项目和建筑施工企业的安全情况、评选先进、企业升级、项目经理资质时，都必须承认本标准为考核依据。在广泛征求意见的基础上对标准进行了修订发布了《建筑施工安全检查标准》（JG J59—2011）。

十一、安全生产宣传与教育培训

安全教育是安全生产管理工作中一项十分重要的内容，它是提高全体劳动者安全生产素质的一项重要手段，是国家和企业安全生产管理的基本制度之一，也是预防和防止生产安全事故的一项重要对策。安全生产教育管理是为了增强企业各级领导与职工的安全意识和法制观念，提高职工安全知识和技术水平，减少人的失误，促进安全生产所采取的一切教育措施的总称。

我国政府十分重视安全生产的宣传和教育工作，早在1954年，国家劳动部就发布了《关于进一步加强安全技术教育的决定》，对安全生产教育的内容等做出了规定，并要求在各行业认真贯彻执行。在1963年国务院发布的《关于加强企业生产中安全工作的几项规定》中，安全生产教育就是其中一项重要内容，要求企业把安全生产教育作为其安全生产管理工作必须坚持的一项基本制度。

1981年，国家劳动总局制定了《劳动保护宣传教育工作五年规划》，提出要建立劳动保护教育中心和劳动保护室，有计划地开展劳动保护教育和培训工作。1990年，劳动部颁发了《厂长、经理职业安全卫生教育和培训认证规定》，并制定了《厂长、经理职业安全卫生管理知识培训大纲》。1991年，劳动部又颁发了《特种作业人员安全技术培训考核管理规定》，制定了《特种作业人员安全技术培训考核管理规定》。1995年劳动部颁布《企业职工劳动安全卫生教育管理规定》。

《安全生产法》把岗位工人必须经过安全生产教育和培训，特种作业人员必须接受专门的培训，经考试合格取得操作资格证书方可上岗作业作为生产经营单位的安全生产保障的重要内容。《建设工程安全生产管理条例》中规定，施工单位应当建立健全安全生产责任制度和安全生产教育培训制度，主要负责人、项目负责人、专职安全生产管理人员应当经建设行政主管部门或者其他有关部门考核合格后方可任职，对管理人员和作业人员每年至少进行一次安全生产教育培训，其教育培训情况记入个人工作档案。安全生产教育培训考核不合格的人员，不得上岗。作业人员进入新的岗位或者新的施工现场前，应当接受安全生产教育培训。未经教育培训或者教育培训考核不合格的人员，不得上岗作业。在采用新技术、新工艺、新设备、新材料时，应当对作业人员进行相应的安全生产教育培训。

对安全教育的要求如下：

(1) 建立健全职工全员安全教育制度，严格按制度进行教育对象的登记、培训、考核、发证、资料存档等工作，环环相扣，层层把关。坚决做到不经培训者、考试(核)不合格者、没有安全教育部门签发的合格证者，不准上岗工作。

(2) 结合企业实际情况，编制企业年度安全教育计划，每个季度应当有教育的重点，每个月要有教育的内容。计划要有明确的针对性，并随企业安全生产的特点，适时修改计划，变更或补充内容。

(3) 要有相对稳定的教育培训大纲、培训教材和培训师资，确保教育时间和教学质量。

(4) 在教育方法上，力求生动活泼，形式多样，寓教于乐，提高教育效果。

(5) 经常监督检查，认真查处未经培训就顶岗操作和特种作业人员无证操作的责任单位和责任人员。

十二、工伤保险

事故的发生，往往会造成伤亡现象的发生，给企业和职工带来极大的损失和伤害，为了保障因工作遭受事故伤害，或者患职业病的职工获得医疗救治和经济补偿，促进工伤预防和职业康复，分散用人单位的工伤风险，国务院于2003年4月公布了《工伤保险条例》(自2004年1月1日起实施，2010年12月20日修订后重新公布，修订的部分，自2011年1月1日生效。)，这标志着我国正式实行工伤保险制度。所谓工伤保险，是指职工因工伤依法获得经济赔偿和物质帮助的社会保障制度。它不仅有赔偿性质，还有物质帮助性质。其具有社会保障性，是社会保障体系的组成部分。企业职工或个体工商户的雇工因工作过程中，或者与工作有关的突发事故导致的伤害，或者因工作环境和条件长时间侵害职工健康造成的职业病，均可享受工伤保险待遇。

《工伤保险条例》中规定，中华人民共和国境内的各类企业、有雇工的个体工商户应当依照本条例规定参加工伤保险，为本单位全部职工或者雇工缴纳工伤保险费。同时，中华人民共和国境内的各类企业的职工和个体工商户的雇工，均有依照本条例的规定享受工伤保险待遇的权利。

工伤保险实行行业差别费率，根据各单位性质核定不同的缴费费率。工伤保险重视工伤事故后补偿，适用无过错原则，即发生工伤后，无论该事故是由个人疏忽、违规操作造成，还是单位安全规程疏漏造成，都享受工伤待遇。

根据《建设工程安全生产管理条例》的规定，施工单位应当为施工现场从事危险作业的人员办理意外伤害保险。意外伤害保险费，由施工单位支付。实行施工总承包的，由总承包单位支付意外伤害保险费。意外伤害保险期限自建设工程开工之日起至竣工验收合格止。这是对工伤保险制度在工程施工方面的重要补充。

建立工伤保险制度有利于保障职工利益，维护社会的稳定。由于用工单位是市场经济的主体，在市场竞争中失败与成功均有可能，如果企业破产，则工伤职工的待遇得不到保障，把工伤保险待遇与用工单位分离，有利于社会的稳定。可以分散风险，提高企业承担风险的能力。工伤事故发生后，支付的工伤待遇较高，企业可能很难承担，通过保险的方式，可以分摊风险，提高企业承担风险的能力。同时，还可以缓解矛盾，减少诉讼。工伤事故发生后，如果工伤待遇全由用工单位承担，利害关系直接在用人单位与职工之间产生，用人单位怠于支付的可能性大，不利于工伤职工利益的保护，工伤事故发生后的赔偿转由社会保险基金支付，用人单位与工伤职工的利益冲突就减小，因此发生的诉讼就会大大减少。

十三、水利工程施工安全员

水利工程施工安全员，是指经建设主管部门或者水利部门安全生产考核合格取得安全生产考核合格证书，并在水利建设工程施工企业及其项目中从事安全生产管理工作的专职人员。施工单位应当设立安全生产管理机构，按照国家有关规定配备专职安全生产管理人员。施工现场必须有专职安全生产管理人员。

安全员是施工管理中不可缺少的重要岗位，工程项目开工之前，各职能人员都应按项目组织机构的设置就位，根据各自的工作职责，结合工程的具体情况，做好准备工作。作为项目安全员，上岗后就应该熟悉图纸，了解工程的高度、立面造型和空间的变化，以及工程的结构形式、施工工艺、工程特点等，结合安全生产的相关规范，从中找出可能出现异常现象的预防措施，以保证工程项目的安全生产。做到凡是可能发生安全事故的地方，都有预案准备；有班组作业的部位，就有安全监督存在。做到有备无患，万无一失。

水利工程施工安全生产是一门综合性的学科，既包括社会学科的内容，具有高度的政策性；又包括自然学科的内容，具有复杂的技术性。同时还要有丰富的现场管理经验。为了切实做好水利工程施工安全生产管理工作，必须配备称职的现场安全员。一般来说，安全员岗位应具备以下要求：

（1）坚持学习和实践科学发展观，牢固树立以人为本，安全协调发展的思想观念。

（2）掌握施工安全生产技术专业知识和劳动保护、职业卫生知识。

（3）应该熟悉工程施工管理的全过程，掌握施工过程安全问题的解决方法，了解各施工现场和施工过程中的危险因素和危险源，熟悉现行的相关防护措施。

（4）能深入施工现场，积累施工管理经验，及时发现已经出现的和可能要发生的问题，实施各项安全技术措施，并及时指令整改。

（5）具有较强的分析能力、组织能力和综合协调能力。

（6）及时检查安全技术措施和制度的落实情况，会同生产、技术或工艺部门改进现有的安全技术措施，提出整改意见供领导参考。

（7）具有较强的文字表达能力，热爱本职工作，敢于坚持原则，密切联系群众。

水利工程建设施工企业安全员包括安全生产管理机构的负责人及其工作人员和施

工现场专职安全生产管理人员。

安全生产管理机构负责人依据企业安全生产实际，适时修订企业安全生产规章制度，调配各级安全生产管理人员，监督、指导并评价企业各部门或分支机构的安全生产管理工作，配合有关部门进行事故的调查处理等。

安全生产管理机构工作人员负责安全生产相关数据统计、安全防护和劳动保护用品配备及检查、施工现场安全督查等。

施工现场专职安全生产管理人员负责施工现场安全生产巡视督查，并做好记录。发现现场存在安全隐患时，应及时向企业安全生产管理机构和工程项目经理报告；对违章指挥、违章操作的，应立即制止。

水利工程建设施工企业安全生产管理机构专职安全生产管理人员在施工现场检查过程中行使以下职责和权力：查阅在建项目安全生产有关资料、核实有关情况；检查危险性较大工程安全专项施工方案落实情况；监督项目专职安全生产管理人员履责情况；监督作业人员安全防护用品的配备及使用情况；对发现的安全生产违章违规行为或安全隐患，有权当场予以纠正或做出处理决定；对不符合安全生产条件的设施、设备、器材，有权当场做出查封的处理决定；对施工现场存在的重大安全隐患有权越级报告或直接向建设主管部门报告；企业明确的其他安全生产管理职责和权力。

水利工程建设施工企业项目专职安全生产管理人员在项目安全管理过程中，行使以下职责和权力：严格按施工组织设计中规定安全要求，做好作业人员操作前的安全技术交底工作，并合理组织、安排施工任务；现场监督危险性较大工程安全专项施工方案和各项安全技术措施实施情况；对作业人员违规违章行为有权予以纠正或查处；对施工现场存在的安全隐患有权责令立即整改；对于发现的重大安全隐患，有权向企业安全生产管理机构报告，并对安全部门或上级提出的隐患整改要求，认真限时加以落实；依法报告生产安全事故情况。

水利建设工程施工企业安全生产管理机构专职安全生产管理人员的配备应满足要求，并应根据企业经营规模、设备管理和生产需要予以增加，具体要求见第七章第一节。

十四、安全生产资料管理

施工现场的安全管理大体分为硬件管理和软件管理两个方面。现场安全防护设施和文明施工属于硬件管理的范围；安全生产管理方针和体制、安全生产责任制、安全生产现场检查、安全生产宣传与教育培训、安全保证体系、法律法规和规章制度以及安全管理资料属于软件管理的范围。施工现场安全技术管理资料，应视为工程项目部施工管理的一部分，安全管理资料是企业实施科学化安全管理的重要组成部分，对实现施工现场安全达标和加强科学化安全管理起着考核和指导的作用，同时也是有关法规的基本要求。

安全生产管理资料反映了一个单位安全生产管理的整体情况。建立和完善安全管理资料的过程，就是实施预测、预控、预防事故的过程。因此，工地安全生产管理资料的搜集、整理与建档的管理工作，应由项目部专职安全员和资料员共同负责。搜集资料与现场检查评分的工作主要由安全员负责；资料整理分类与建档管理的工作，主要由资料员负责。施工现场的安全员、资料员都应具备基本的安全管理知识，熟悉安全管理资料内容，并结合现场实际情况，按照规定如实地记载、整理和积累相关安全管理资料，做到及时、准确、完善；并做到与施工进度同步相结合，与施工现场实况相结合，与部颁规范标准要求相结合。只有把安全管理资料整理得全面、细致、严谨、可行、具有针对性并使之标准化、规范化、制度化，切实运用于施工过程之中，才能有效地指导安全施工，及时发现问题和采取有效措施，排除施工现场的不安全因素，达到以预防为主，防患于未然的目的。

按照建设部《建筑施工安全检查评分标准》中“安全管理”分项内容，施工现场安全管理资料大体可分为以下10个方面：

1. 安全生产责任制

其主要包括以下内容：

（1）现场各级人员的安全生产责任制，如项目经理、施工员（工长）、工地质量安全员、设备员、材料员、班组长以及生产工人等的安全生产责任制。

（2）工地安全文明生产保证体系，以网络图的形式绘制。

（3）施工生产经济承包合同中应有安全承包指标和明确各自应负的主要责任与奖罚事项。

2. 安全教育

其主要包括以下内容：

（1）针对新入场职工进行的三级安全教育。三级安全教育分为公司级、分公司（工程处、项目部、车间）级、工地或班组级。三级安全培训教育时间按建设部建教〔1997〕83号文要求累计不少于50h。

（2）工人返岗安全教育。在春节、麦收、秋收时期，主要对民工队伍返岗时进行的安全教育。

（3）变换工种岗位的安全教育。

（4）其他机动性安全教育和对职工的安全知识测验、考核。

（5）安全教育内容要有针对性，要建立安全教育资料档案，在安全教育登记表上，教育者和被教育者均应由本人签字。

3. 施工组织设计

其主要包括以下内容：

（1）编制施工组织设计或施工方案首先必须坚持“安全第一、预防为主、综合治理”的方针，制定出有针对性、时效性、实用性的安全技术措施。根据单位工程的结构特点、总体施工方案和施工条件、施工方法、选用的各种机械设备以及施工用电线路、电气装置设施，施工现场及周围环境等因素从以下11个方面编制单位工程施工组织设计的安全技术措施：

① 基础作业；

② 高处作业与脚手架搭设；

③ 施工用电与防护；

④ 起重吊装与垂直吊运；

⑤“四口”防护；

⑥“五临边”防护；

⑦ 施工机械的防护；

⑧ 工地临建设施与排水；

⑨ 防火、防爆措施；

⑩ 现场文明施工与管理；

⑪ 根据季节变化的特点应采取的安全防护措施等。

（2）绘出施工现场总平面布置图。

（3）特殊项目的施工组织设计与安全技术措施的编制。例如，对临时用电设备在5台及5台以上或用电设备总容量50kW及50kW以上的，应编制临时用电施工组织设计，内容应包括以下内容：

① 现场勘探；

② 确定电源进线、变电所、配电室、总配电箱、分配电箱等的位置及线路走向；

③ 运行负荷；

④ 选择变压器容量、导线截面和电气的类型、规格；

⑤ 绘制电气平面图、立面图、接线系统图；

⑥ 制定安全用电技术措施和电气防火措施。

此外，对于深基础工程、高建筑工程、钢结构工程、桥梁工程、大型设备构件安装工程等也应单独编制特殊工程的施工组织设计和安全技术措施。

（4）编制施工组织设计与安全技术措施应抓住要害，全面、具体、切实可行；施工组织设计经讨论定稿后应报上级主管技术领导审查盖章才有效。

4. 分部（分项）工程安全技术交底

从工程开始到工程结束，按进度及作业项目由负责施工的工长编制分部（分项）工程安全技术措施，并及时进行交底。安全技术措施内容应全面、具体、有针对性。向班组和操作人员交底，采取口头与书面交底相结合，并有交底人和接受人在交底书上签字。

5. 特种作业持证上岗

凡是特种作业的人员（如电工、架子工、焊工、卷扬机司机或施工升降机司机、塔吊司机、起重工、机动车辆驾驶员、爆破工、锅炉与压力容器操作工等）必须经专门培训考试合格后持证上岗，并将其操作证复印件与花名册（登记表）和考核复验资料等一并存入安全管理资料档案。

6. 安全检查。

其主要包括以下内容：

（1）制定定期安全检查制度和检查记录，检查出的隐患问题应下达隐患整改通知书，整改措施实行“三定”落实（定措施内容、定完成时间、定执行人），整改情况应有复查记录；项目部应及时向上级检查部门写出整改反馈报告。

（2）以部颁“建筑施工安全检查评分表”作为定期检查评分标准，将7个分项安全检查评分表评出的分数汇集到单位工程安全检查评分汇总表中，有缺项的要进行换算，最后评定达标等级，写出评语及整改意见；检查部门及被检查单位有关人员均应签名。

(3) 对施工用电、塔吊、垂直运输等起重设备、受压容器、临建设施，以及脚手架、安全网等的搭设与安装，应在使用前组织进行检查验收，认真填写各项检查验收表，验收合格，双方签字后才准投入使用。

(4) 一切有关安全检查、评分、验收、整改、复查返馈、测试、鉴定等项资料均应分类、及时、准确地整理归入档案。

7. 班前安全活动

其主要包括以下内容：

(1) 施工工地及班组均应建立班前安全活动制度；班前安全活动情况应有记录。

(2) 班组长在班组安排施工生产任务时要进行安全措施交底与遵章守纪的教育，带领组员进行上岗前的安全自查及工序交接互检，发现不安全因素及时处理，做出日记。记录由班组长或班组安全员填写。

(3) 工地施工安全活动工作日记，主要由工地专职安全员记载；工地上当天的安全活动情况，如班前安全教育与安全措施交底，对事故隐患或违章行为的处理，事故的分析统计及安全奖罚情况等均应真实地记录下来。

8. 遵章守纪

对工地职工在安全文明生产方面遵章守纪的好人好事、典型事迹、表彰奖励的资料及违章违约人员的典型事例，批评教育与处罚的资料均应归类存入档案。

9. 工伤事故处理

工地应建立工伤事故档案。工伤事故登记台账应每月据实填写，如无事故发生也须填写“本月无事故”；若有工伤事故，应如实填写，及时按规定报告上级有关部门，并根据事故调查分析规则，填报伤亡事故调查处理报告书或事故登记表与复工报告单。

10. 施工现场安全文明管理

工地应有现场文明施工措施要求，建立文明施工管理制度。有关施工现场道路畅通、构件、设备、材料堆放，现场整洁、污水排放，工地防火设施、环境卫生、现场平面布置、文明施工等的状态，以及施工现场的安全标志牌、安全色标和安全操作规程牌的数量与设置是否符合要求的情况，均应通过检查做出评价，分别统计，写出资料归入档案。

根据上级要求和加强现场安全管理工作的需要，工程项目部（或工地）应建立各项安全管理制度。其包括安全生产责任制度、安全检查验收制度、安全教育制度、安全技术措施交底制度、劳动防护用品和用具管理制度、交接班制度、危险化学品管理制度、三类人员和特种作业人员管理制度、职业安全健康管理制度、安全奖惩制度、工伤事故报告处理制度、防火防爆安全管理制度、文明卫生管理制度、工地安全生产纪律、班组安全活动制度、各工种安全操作规程等。

以上各项制度内容连同上级下达的有关安全文明生产文件，均应一并纳入安全管理资料进行归档。安全管理制度应认真贯彻落实。施工现场如能积累和整理出一套完善、标准、符合要求的安全管理资料，就能全面反映施工现场安全文明生产状况及基层管理人员的技术业务素质和管理水平，基层领导与职工才能在安全生产中各司其职、各负其责、有章可循、有令可行。这项工作如能引起重视并认真做好，对于指导和推动施工现场安全管理工作将起到很大的作用。

第二节　事故安全隐患排查和治理

事故隐患是指生产经营单位违反安全生产法律、法规、规章、标准和安全生产管理制度的规定，或者因其他因素在生产经营活动中存在的可能导致不安全事件或事故发生的物的不安全状态、人的不安全行为、环境的不安全因素和生产工艺、管理上的缺陷。

一般事故隐患：危害或整改难度较小，发现后能够立即整改排除的隐患。重大事故隐患：危害或整改难度较大，需要全部或局部暂停施工，并经过一定时间整改治理方能排除的隐患，或者因外部因素影响致使参建单位自身难以排除的隐患。

与一般建筑工程施工比较，水利工程施工存在更多、更大的安全隐患，具体表现如下：

(1) 工程规模较大，施工单位多，往往现场工地分散，工地之间的距离较大，交通联系多有不便，系统的安全管理难度大。

(2) 涉及施工对象纷繁复杂，单项管理形式多变，如有的涉及土石方爆破工程，接触炸药雷管，具有爆破安全问题；有的涉及潮汐，洪水期间的季节施工，必须保证洪水和潮汐侵袭情况下的施工安全；有滩涂基础、基坑开挖处理（如大型闸室基础）时基坑边坡的安全支撑；大型机械设施的使用，更应保证架设及使用期间的安全；有引水发电隧洞，施工导流隧洞施工时洞室施工开挖衬砌、封堵的安全问题。

(3) 施工难度大，技术复杂，易造成安全隐患。如隧洞洞身钢筋混凝土衬砌，特别是封堵段的混凝土衬砌，采用泵送混凝土，模板系统的安全。高空、悬空大体积混凝土立模、扎筋、混凝土浇筑施工安全问题等。

(4) 施工现场均为“开敞式”施工，无法进行有效的封闭隔离，对施工对象、工地设备、材料、人员的安全管理增加了很大的难度。

(5) 水利工地招用民工普遍文化层次较低，素质普遍较低，加之分配工种的多变，使其安全适应应变能力相对较差，增加了安全隐患。

根据《水利水电工程施工安全管理导则》(SL 721—2015) 等规程规范，水利工程安全隐患排查与治理应遵循以下规定。

一、生产安全事故隐患排查

(1) 各参建单位是事故隐患排查的责任主体。各参建单位应建立健全事故隐患排查制度，逐级建立并落实从主要负责人到每个从业人员的事故隐患排查责任制。

(2) 项目法人应组织有关参建单位制定项目事故隐患排查制度，主要内容包括隐患排查目的、内容、方法、频次和要求等；施工单位应根据项目法人事故隐患排查制度，制定本单位的事故隐患排查制度。

各参建单位主要负责人对本单位的事故隐患排查治理工作全面负责。任何单位和个人发现重大事故隐患，均有权向项目主管部门和安全生产监督机构报告。

(3) 各参建单位应根据事故隐患排查制度开展事故隐患排查，排查前应制定排查方案，明确排查的目的、范围和方法。

各参建单位应采用定期综合检查、专项检查、季节性检查、节假日检查和日常检查等方式，开展隐患排查。

对排查出的事故隐患，组织单位应及时书面通知有关单位，定人、定时、定措施进行整改，并按照事故隐患的等级建立事故隐患信息台账。

（4）项目法人应至少每月组织一次安全生产综合检查，施工单位应至少每两月自行组织一次安全生产综合检查。

（5）项目法人、施工单位应分别建立事故隐患报告和举报奖励制度，鼓励、发动职工发现和排除事故隐患，鼓励社会公众举报。对发现、排除和举报事故隐患的有功人员，应给予物质奖励和表彰。

（6）对于重大事故隐患，应及时向项目主管部门、安全监管监察部门和有关部门报告。重大事故隐患报告应包括下列内容：

① 隐患的现状及其产生原因；

② 隐患的危害程度和整改难易程度分析；

③ 隐患的治理方案等。

二、生产安全事故隐患治理

（1）各参建单位应建立健全事故隐患治理和建档监控等制度，逐级建立并落实隐患治理和监控责任制。

（2）各参建单位对于危害和整改难度较小，发现后能够立即整改排除的一般事故隐患，应立即组织整改。

（3）重大事故隐患治理方案应由施工单位主要负责人组织制定，经监理单位审核，报项目法人同意后实施。项目法人应将重大事故隐患治理方案报项目主管部门和安全生产监督机构备案。

（4）重大事故隐患治理方案应包括下列内容：

① 重大事故隐患描述；

② 治理的目标和任务；

③ 采取的方法和措施；

④ 经费和物资的落实；

⑤ 负责治理的机构和人员；

⑥ 治理的时限和要求；

⑦ 安全措施和应急预案等。

（5）责任单位在事故隐患治理过程中，应采取相应的安全防范措施，防止事故发生。

事故隐患排除前或者排除过程中无法保证安全的，应从危险区域内撤出作业人员，并疏散可能危及的其他人员，设置警戒标志，暂时停止施工或者停止使用。

对暂时难以停止施工或者停止使用的储存装置、设施、设备，应加强维护和保养，防止事故发生。

（6）事故隐患治理完成后，项目法人应组织对重大事故隐患治理情况进行验证和效果评估，并签署意见，报项目主管部门和安全生产监督机构备案；隐患排查组织单位应负责对一般安全隐患治理情况进行复查，并在隐患整改通知单上签署明确意见。

（7）有关参建单位应按月、季、年对隐患排查治理情况进行统计分析，形成书面报告，经单位主要负责人签字后，报项目法人。

项目法人应于每月5日前、每季第一个月的15日前和次年1月31日前，将上月、季、年隐患排查治理统计分析情况报项目主管部门、安全生产监督机构。

（8）各参建单位应加强对自然灾害的预防。对于因自然灾害可能导致的事故隐患，应按照有关法律、法规、规章、制度和标准的要求排查治理，采取可靠的预防措施，制定应急预案。

各参建单位在接到有关自然灾害预报时，应及时发出预警通知；发生可能危及参建单位和人员安全的情况时，应采取撤离人员、停止作业、加强监测等安全措施，并及时向项目主管部门和安全生产监督机构报告。

（9）地方人民政府或有关部门挂牌督办并责令全部或者局部停止施工的重大事故隐患，治理工作结束后，责任单位应组织本单位的技术人员和专家对治理情况进行评估。

经治理后符合安全生产条件的，项目法人应向有关部门提出恢复施工的书面申请，经审查同意后，方可恢复施工。申请报告应包括治理方案的内容、效果和评估意见等。

三、水利工程生产安全重大事故隐患判定标准

根据水利部《水利工程生产安全重大事故隐患判定标准（试行）》的通知（水安监〔2017〕344号），对贯彻执行工作提出如下要求。

（1）事故隐患排查治理是水利建设各参建单位和运行管理单位安全生产工作的重点，科学判定隐患级别是排查治理的基础。各级水行政主管部门要进一步提高认识，认真组织做好判定标准实施工作，指导和帮助辖区内有关单位熟悉掌握有关方法和标准，科学合理地进行隐患判定。

（2）水利建设各参建单位和运行管理单位是事故隐患判定工作的主体，要根据有关法律法规、技术标准和判定标准对排查出的事故隐患进行科学合理判定。判定标准清单中列出了常见隐患内容，各有关单位可根据工程实际情况增补未涵盖的隐患内容，也可根据工作经验采用其他方式方法来判定。对于判定出的重大事故隐患，有关单位要立即组织整改，不能立即整改的，要做到整改责任、资金、措施、时限和应急预案“五落实”。重大事故隐患及其整改进展情况需经本单位负责人同意后报有管辖权的水行政主管部门。

（3）各级水行政主管部门要建立健全重大事故隐患治理督办制度，依法切实加强督办工作。对在监督检查中发现的重大事故隐患、有关单位上报的重大事故隐患，要建立台账，认真开展跟踪督办，督促相关责任单位落实整改责任，确保生产安全。

1.判定标准总则

（1）为科学判定水利工程生产安全事故隐患，防范水利工程生产安全事故，根据《安全生产法》等法律法规，制定本判定标准。

（2）本标准适用于水利工程建设期和运行管理期的生产安全重大事故隐患判定。事故隐患判定应严格执行国家和水利行业有关法律法规、技术标准，有关法律法规、技术标准对相关隐患判定另有规定的，适用其规定。

（3）水利工程建设各参建单位和水利工程运行管理单位是事故隐患排查治理的主体。水行政主管部门和流域管理机构在安全生产监督检查过程中可依有关法律法规、技术标准和本标准判定重大事故隐患。

（4）水利工程生产安全重大事故隐患判定分为直接判定法和综合判定法，应先采用直接判定法，不能用直接判定法的，采用综合判定法判定。

（5）水利工程建设各参建单位和水利工程运行管理单位可根据判定清单（指南）所列隐患的危害程度，依照有关法律法规和技术标准，结合本单位和工程实际适当增补隐患内容，按照本标准的方法判定。

2. 判定要求

（1）隐患判定应认真查阅有关文字、影像资料和会议记录，并进行现场核实。

（2）对于涉及面较广、复杂程度较高的事故隐患，水利工程建设各参建单位和水利工程运行管理单位可进行集体讨论或专家技术论证。

（3）集体讨论或专家技术论证在判定重大事故隐患的同时，应当明确重大事故隐患的治理措施、治理时限以及治理前应采取的防范措施。

3. 水利工程建设项目重大隐患判定

（1）直接判定。符合表8-1《水利工程建设项目生产安全重大事故隐患直接判定清单（指南）》中的任何一条要素的，可判定为重大事故隐患。

（2）综合判定。符合表8-2《水利工程建设项目生产安全重大事故隐患综合判定清单（指南）》中重大隐患判据的，可判定为重大事故隐患。

4. 水利工程运行管理重大隐患判定

（1）直接判定。符合表8-3《水利工程运行管理生产安全重大事故隐患直接判定清单（指南）》中的任何一条要素的，可判定为重大事故隐患。

（2）综合判定。符合表8-4《水利工程运行管理生产安全重大事故隐患综合判定清单（指南）》中重大隐患判据的，可判定为重大事故隐患。

表8-1　水利工程建设项目生产安全重大事故隐患直接判定清单（指南）

类别	管理环节	隐患编号	隐患内容
一、基础管理	现场管理	SJ-J001	施工企业无安全生产许可证或安全生产许可证未按规定延期承揽工程
		SJ-J002	未按规定设置安全生产管理机构、配备专职安全生产管理人员
		SJ-J003	未按规定编制或未按程序审批达到一定规模的危险性较大的单项工程或新工艺、新工法的专项施工方案
		SJ-J004	未按专项施工方案施工
二、临时工程	营地及施工设施建设	SJ-L001	施工驻地设置在滑坡、泥石流、潮水、洪水、雪崩等危险区域
		SJ-L002	易燃易爆物品仓库或其他危险品仓库的布置以及与相邻建筑物的距离不符合规定，或消防设施配置不满足规定
		SJ-L003	办公区、生活区和生产作业区未分开设置或安全距离不足
	围堰工程	SJ-L004	没有专门设计，或没有按照设计或方案施工，或未验收合格投入运行
		SJ-L005	土石围堰堰顶及护坡无排水和防汛措施或钢围堰无防撞措施；未按规定驻泊施工船舶；堰内抽排水速度超过方案规定
		SJ-L006	未开展监测监控，工况发生变化时未及时采取措施

续表

类别	管理环节	隐患编号	隐患内容
三、专项工程	施工用电	SJ-Z001	没有专项方案，或施工用电系统未经验收合格投入使用
		SJ-Z002	未按规定实行三相五线制或三级配电或两级保护
		SJ-Z003	电气设施、线路和外电未按规范要求采取防护措施
		SJ-Z004	地下暗挖工程、有限作业空间、潮湿等场所作业未使用安全电压
		SJ-Z005	高瓦斯或瓦斯突出的隧洞工程场所作业未使用防爆电气
		SJ-Z006	未按规定设置接地系统或避雷系统
	深基坑（槽）	SJ-Z007	深基坑未按要求（规定）监测
		SJ-Z008	边坡开挖或支护不符合设计及规范要求
		SJ-Z009	开挖未遵循“分层、分段、对称、平衡、限时、随挖随支”原则
		SJ-Z010	作业范围内地下管线未探明、无保护等开挖作业
		SJ-Z011	建筑物结构强度未达到设计及规范要求时回填土方或不对称回填土方施工
	降水	SJ-Z012	降水期间对影响范围建筑物未进行安全监测
		SJ-Z013	降水井（管）未设反滤层或反滤层损坏
	高边坡	SJ-Z014	未按规定进行边坡稳定检测
		SJ-Z015	坡顶坡面未进行清理，或无截排水设施，或无防护措施
		SJ-Z016	交叉作业无防护措施
	起重吊装与运输	SJ-Z017	起重机械上安装非原制造厂制造的标准节和附着装置且无方案及检测
		SJ-Z018	未按规范或方案安装拆除起重设备
		SJ-Z019	使用未经检验或检验不合格的起重设备
		SJ-Z020	同一作业区多台起重设备运行无防碰撞方案或未按方案实施
		SJ-Z021	起重机械安全、保险装置缺失
		SJ-Z022	吊笼钢结构井架强度、刚度和稳定性不满足安全要求
		SJ-Z023	起重臂、钢丝绳、重物等与架空输电线路间允许最小距离不满足规范规定
		SJ-Z024	使用达到报废标准的钢丝绳或钢丝绳的安全系数不符合规范规定
		SJ-Z025	船舶运输时非法携带雷管、炸药、汽油、香蕉水等易燃易爆危险品；装运易燃易爆危险品的专用船上，吸烟和使用明火
	脚手架	SJ-Z026	脚手架未进行专门设计，无专项方案
		SJ-Z027	脚手架未经验收或验收不合格投入使用
		SJ-Z028	吊篮未经检测、验收或无独立安全绳
	地下工程	SJ-Z029	施工方法不符合设计或方案要求
		SJ-Z030	未按要求进行超前地质预报、监控量测
		SJ-Z031	未按规定对作业面进行有毒有害气体监测
		SJ-Z032	瓦斯浓度达到限值
		SJ-Z033	未按规定设置通风设施

续表

类别	管理环节	隐患编号	隐患内容
三、专项工程	地下工程	SJ-Z034	开挖前未对掌子面及其临近的拱顶、拱腰围岩进行排险处理，或相向开挖的两端在相距30m以内时装炮作业前。未通知另一端停止工作并退到安全地点，或相向开挖作业两端相距15m时，一端未停止掘进，单向贯通的，或斜（竖）井相向开挖距贯通尚有5m长地段，未采取自上端向下打通
		SJ-Z035	未按要求支护或支护体材质（拱架、各类锚杆、钢筋混凝土）等不符合要求
		SJ-Z036	隧洞内存放、加工、销毁民用爆炸物品
		SJ-Z037	隧洞进出口及交叉洞未按规定进行加固
		SJ-Z038	隧洞进出口无防护棚
	爆破作业	SJ-Z039	无爆破设计，或未按爆破设计作业
		SJ-Z040	地下井挖，洞内空气含沼气或二氧化碳浓度超过1%时未停止爆破作业的
		SJ-Z041	未设置警戒区，或未按规定进行警戒
		SJ-Z042	无统一的爆破信号和爆破指挥
		SJ-Z043	装药、起爆作业无专人监督
		SJ-Z044	起爆前未进行全面清场确认
		SJ-Z045	爆破后未进行检查确认，或未排险立即施工
		SJ-Z046	爆破器材库房未进行专门设计，或未按专门设计建设，或未验收投入使用
		SJ-Z047	使用非专用车辆运输民用爆炸物品或人药混装运输
		SJ-Z048	爆破器材库区照明未采用防爆型电气
	模板工程	SJ-Z049	支架基础承载力不符合方案设计要求
		SJ-Z050	未按规范或方案要求安装或拆除沉箱、胸墙、闸墙等处的模板［包括翻模、爬（滑）模、移动模架等］
		SJ-Z051	支架立杆采用搭接、水平杆不连续、未按规定设置剪刀撑、扣件紧固力不符合要求
		SJ-Z052	采用挂篮法施工未平衡浇筑；挂篮拼装后未预压、锚固不规范；混凝土强度未达到要求或恶劣天气移动挂篮
		SJ-Z053	各类模板未经验收或验收不合格即转序施工
	拆除工程	SJ-Z054	无专项拆除设计施工方案，或未对施工作业人员进行安全技术交底
		SJ-Z055	拆除施工前，未切断或迁移水电、气、热等管线
		SJ-Z056	未根据现场情况进行安全隔离，设置安全警示标志，并设专人监护
		SJ-Z057	围堰拆除未进行专门设计论证，编制专项方案，或无应急预案
		SJ-Z058	爆破拆除未进行专门设计，编制专项施工方案，或未按专项方案作业，或未对保留的结构部分采取可靠的保护措施

续表

类别	管理环节	隐患编号	隐患内容
三、专项工程	危险物品	SJ-Z059	易燃、可燃液体的储罐区、堆场与建筑物的防火间距小于规范的规定
		SJ-Z060	油库、爆破器材库等易燃易爆危险品库房未专门设计，或未经验收或验收不合格投入使用
		SJ-Z061	有毒有害物品储存仓库与车间、办公室、居民住房等安全防护距离少于100m
		SJ-Z062	未根据化学危险物品的种类、性能，设置相应的通风、防火、防爆、防毒、监测、报警、降温、防潮、避雷、防静电、隔离操作等安全设施
		SJ-Z063	油库（储量：汽油20t或柴油50t及以上）、炸药库（储量：炸药1t及以上）未按规定管理
	消防安全	SJ-Z064	施工生产作业区与建筑物之间的防火安全距离，不满足规范规定，金属夹芯板材燃烧性能等级未达到A级
		SJ-Z065	施工现场动火作业未按规定办理动火审批手续，且周围有易燃易爆物品，未采取安全防护和隔离措施
		SJ-Z066	加工区、生活区、办公区等防火或临时用电未按规范实施
		SJ-Z067	未独立设置易燃易爆危险品仓库
		SJ-Z068	重点消防部位未规定设置消防设施和配备消防器材的
	特种设备	SJ-Z069	使用的特种设备达到设计使用年限，未按照安全技术规范的要求通过检验或者安全评估
		SJ-Z070	特种设备安装拆除无专项方案，或未按规范或方案安装拆除
		SJ-Z071	特种设备未经检测或检测不合格使用的
		SJ-Z072	特种设备未按规定验收
		SJ-Z073	特种设备安全、保险装置缺少或失灵、失效
		SJ-Z074	起重钢丝绳的规格、型号不符合说明书要求，无钢丝绳防脱槽装置，使用达到报废标准的钢丝绳或钢丝绳的安全系数不符合规范规定
四、其他	水上（下）作业	SJ-Q001	通航水域施工未办理施工许可证
		SJ-Q002	无专项施工方案，或无应急预案，或救生设施配备不足
		SJ-Q003	运输船舶无配载图，超航区运输
		SJ-Q004	工程船舶改造、船舶与陆用设备组合作业未按规定验算船舶稳定性和结构强度等
		SJ-Q005	水下爆破未经批准作业
		SJ-Q006	潜水作业未制定专人负责通信和配气或未明确线绳员
	有限空间作业	SJ-Q007	未做到“先通风、后检测、再作业”或通风不足、检测不合格作业
		SJ-Q008	在储存易燃易爆的液体、气体、车辆容器等的库区内从事焊接作业
		SJ-Q009	人工挖孔桩衬砌混凝土搭接高度、厚度和强度不符合设计要求

续表

<table>
<tr><th>类别</th><th>管理环节</th><th>隐患编号</th><th>隐患内容</th></tr>
<tr><td rowspan="8">四、其他</td><td rowspan="2">安全防护</td><td>SJ-Q010</td><td>建筑（构）物洞口、临边、交叉作业无防护或防护体刚度、强度不符合要求</td></tr>
<tr><td>SJ-Q011</td><td>垂直运输接料平台未设置安全门或无防护栏杆；进料口无防护棚</td></tr>
<tr><td rowspan="5">液氨制冷</td><td>SJ-Q012</td><td>制冷车间无通（排）风措施或排风量不符合要求或排（吸）管处未设止逆阀；安全出口的布置不符合要求</td></tr>
<tr><td>SJ-Q013</td><td>无应急预案</td></tr>
<tr><td>SJ-Q014</td><td>制冷车间无泄漏报警装置</td></tr>
<tr><td>SJ-Q015</td><td>制冷系统未经验收或验收不合格投入运行</td></tr>
<tr><td>SJ-Q016</td><td>压力容器本体及附件未按规定检测或制冷系统的储液器氨储存量不符合规定</td></tr>
</table>

表 8-2　水利工程建设项目生产安全重大事故隐患综合判定清单（指南）

<table>
<tr><th colspan="3">一、基础管理</th></tr>
<tr><td></td><td>基础条件</td><td>重大事故隐患判据</td></tr>
<tr><td>1</td><td>安全管理制度、安全操作规程和应急预案不健全</td><td rowspan="9">满足全部基础条件＋任意两项隐患</td></tr>
<tr><td>2</td><td>未按规定组织开展安全检查和隐患排查治理</td></tr>
<tr><td>3</td><td>安全教育和培训不到位或相关岗位人员未持证上岗</td></tr>
<tr><td>隐患编号</td><td>隐患内容</td></tr>
<tr><td>SJ-JZ001</td><td>未按规定进行安全技术交底</td></tr>
<tr><td>SJ-JZ002</td><td>隐患排查治理情况未按规定向从业人员通报</td></tr>
<tr><td>SJ-JZ003</td><td>超过一定规模的危险性较大的单项工程未组织专家论证或论证后未经审查</td></tr>
<tr><td>SJ-JZ004</td><td>应当验收的危险性较大的单项工程专项施工方案未组织验收或验收不符合程序。</td></tr>
</table>

<table>
<tr><th colspan="3">二、专项工程—临时用电</th></tr>
<tr><td></td><td>基础条件</td><td>重大事故隐患判据</td></tr>
<tr><td>1</td><td>安全管理制度、安全操作规程和应急预案不健全</td><td rowspan="12">满足全部基础条件＋任意 3 项隐患</td></tr>
<tr><td>2</td><td>未按规定组织开展安全检查和隐患排查治理</td></tr>
<tr><td>3</td><td>安全教育和培训不到位或相关岗位人员未持证上岗</td></tr>
<tr><td>隐患编号</td><td>隐患内容</td></tr>
<tr><td>SJ-ZDZ001</td><td>配电线路电线绝缘破损、带电金属导体外露</td></tr>
<tr><td>SJ-ZDZ002</td><td>专用接零保护装置不符合规范要求或接地电阻达不到要求</td></tr>
<tr><td>SJ-ZDZ003</td><td>漏电保护器的漏电动作时间或漏电动作电流不符合规范要求</td></tr>
<tr><td>SJ-ZDZ004</td><td>配电箱无防雨措施</td></tr>
<tr><td>SJ-ZDZ005</td><td>配电箱无门、无锁</td></tr>
<tr><td>SJ-ZDZ006</td><td>配电箱无工作零线和保护零线接线端子板</td></tr>
<tr><td>SJ-ZDZ007</td><td>交流电焊机未设置二次侧防触电保护装置</td></tr>
<tr><td>SJ-ZDZ008</td><td>一闸多用</td></tr>
</table>

续表

<table>
<tr><th colspan="3">三、专项工程—深基坑（槽）</th></tr>
<tr><td></td><td>基础条件</td><td>重大事故隐患判据</td></tr>
<tr><td>1</td><td>安全管理制度、安全操作规程和应急预案不健全</td><td rowspan="8">满足全部基础条件＋任意两项隐患</td></tr>
<tr><td>2</td><td>未按规定组织开展安全检查和隐患排查治理</td></tr>
<tr><td>3</td><td>安全教育和培训不到位或相关岗位人员未持证上岗</td></tr>
<tr><td>隐患编号</td><td>隐患内容</td></tr>
<tr><td>SJ-ZSZ001</td><td>基坑（槽）周边1m范围内随意堆物、停放设备</td></tr>
<tr><td>SJ-ZSZ002</td><td>基坑（槽）顶无排水设施</td></tr>
<tr><td>SJ-ZSZ003</td><td>变形观测资料不全</td></tr>
</table>

<table>
<tr><th colspan="3">四、专项工程—起重吊装与运输</th></tr>
<tr><td></td><td>基础条件</td><td>重大事故隐患判据</td></tr>
<tr><td>1</td><td>安全管理制度、安全操作规程和应急预案不健全</td><td rowspan="8">满足全部基础条件＋任意两项隐患</td></tr>
<tr><td>2</td><td>未按规定组织开展安全检查和隐患排查治理</td></tr>
<tr><td>3</td><td>安全教育和培训不到位或相关岗位人员未持证上岗</td></tr>
<tr><td>隐患编号</td><td>隐患内容</td></tr>
<tr><td>SJ-JDZ001</td><td>起重机械基础承载力不符合说明书要求</td></tr>
<tr><td>SJ-JDZ002</td><td>井架及物料提升机载人</td></tr>
<tr><td>SJ-JDZ003</td><td>电动卷扬机卷筒上钢丝绳余留圈数少于3圈或无防脱绳保护装置</td></tr>
<tr><td>SJ-JDZ004</td><td>钢构件或重大设备起吊时，使用摩擦式或皮带式卷扬机</td></tr>
</table>

<table>
<tr><th colspan="3">五、专项工程—地下工程</th></tr>
<tr><td></td><td>基础条件</td><td>重大事故隐患判据</td></tr>
<tr><td>1</td><td>安全管理制度、安全操作规程和应急预案不健全</td><td rowspan="10">满足全部基础条件＋任意两项隐患</td></tr>
<tr><td>2</td><td>未按规定组织开展安全检查和隐患排查治理</td></tr>
<tr><td>3</td><td>安全教育和培训不到位或相关岗位人员未持证上岗</td></tr>
<tr><td>SJ-ZWZ001</td><td>雨季、融雪季节边、仰坡施工排险、防护措施不足</td></tr>
<tr><td>SJ-ZWZ002</td><td>边、仰坡开挖未施作排水系统；岩堆、松散岩体或滑坡地段的边坡开挖、排险、防护措施不足</td></tr>
<tr><td>SJ-ZWZ003</td><td>雨季、融雪季节，浅埋或地表径流地段未开展地表监测</td></tr>
<tr><td>SJ-ZWZ004</td><td>未按规定进行盲炮处理</td></tr>
<tr><td>SJ-ZWZ005</td><td>残留炮孔内（套孔）钻孔作业</td></tr>
<tr><td>SJ-ZWZ006</td><td>未按规定进行爆破公示</td></tr>
<tr><td>SJ-ZWZ007</td><td>爆破信号不明确</td></tr>
</table>

<table>
<tr><th colspan="3">六、其他</th></tr>
<tr><td></td><td>基础条件</td><td>重大事故隐患判据</td></tr>
<tr><td>1</td><td>安全管理制度、安全操作规程和应急预案不健全</td><td rowspan="6">满足全部基础条件＋任意1项隐患</td></tr>
<tr><td>2</td><td>未按规定组织开展安全检查和隐患排查治理</td></tr>
<tr><td>3</td><td>安全教育和培训不到位或相关岗位人员未持证上岗</td></tr>
<tr><td>SJ-QZ001</td><td>有度汛要求的工程，工程进度不满足度汛要求</td></tr>
<tr><td>SJ-QZ002</td><td>人员集中区域（场所、设施）的活动无应急措施</td></tr>
<tr><td>SJ-QZ003</td><td>采用国家明令淘汰的危及生产安全的工艺、设备</td></tr>
</table>

表 8-3　水利工程运行管理生产安全重大事故隐患直接判定清单（指南）

管理内容	隐患编号	隐患内容
一、水库大坝工程	SY-K001	大坝安全鉴定为三类
	SY-K002	大坝坝身出现裂缝，造成渗水、漏水严重或出水浑浊
	SY-K003	大坝渗流异常且坝体出现流土、漏洞或管涌
	SY-K004	闸门主要承重件出现裂缝、门体止水装置老化或损坏渗漏超出规范要求，闸门在启闭过程中出现异常振动或卡阻，或卷扬式启闭机钢丝绳达到报废标准未报废
	SY-K005	泄水建筑物堵塞无法泄洪或泄洪设施不符合相关规定和要求
	SY-K006	近坝库岸或者工程边坡有失稳征兆
	SY-K007	坝下建筑物与坝体连接部位有失稳征兆
	SY-K008	存在有关法律法规禁止性行为危及工程安全的
二、水电站工程	SY-D001	无立项、无设计、无验收、无管理的“四无”水电站
	SY-D002	主要发供电设备异常运行已达到规程标准的紧急停运条件而未停止运行
	SY-D003	厂房渗水至设备、电气装置
	SY-D004	存在三类设备设施
	SY-D005	涉及水库大坝工程的隐患参照水库大坝工程
三、泵站工程	SY-B001	泵站安全类别综合评定为四类
	SY-B002	水泵机组超出扬程范围内运行
	SY-B003	泵站进水前池水位低于最低运行水位运行
四、水闸工程	SY-Z001	水闸安全类别被评定为四类
	SY-Z002	水闸过水能力不满足设计要求
	SY-Z003	闸室底板、上下游连接段止水系统破坏
	SY-Z004	水闸防洪标准不满足规范要求
五、堤防工程	SY-F001	堤防安全综合评价为三类
	SY-F002	堤顶高程不满足防洪标准要求
	SY-F003	堤防渗流坡降和覆盖层盖重不满足标准的要求，或工程已出现严重渗流异常现象的
	SY-F004	堤防及防护结构稳定性不满足规范要求，且已发现危及堤防稳定的现象
	SY-F005	存在有关法律法规禁止性行为危及工程安全的
六、灌区工程	SY-G001	渡槽及跨渠建筑物地基沉降量较大，超过设计要求
	SY-G002	渡槽结构主体裂缝多，碳化破损严重，止水失效，漏水严重
	SY-G003	隧洞洞脸边坡不稳定
	SY-G004	隧洞围岩或支护结构严重变形
	SY-G005	渠下涵阻水现象严重，泄流严重不畅
	SY-G006	灌排渠系交叉建筑物（构筑物）连接段安全评价为C级且未采取相应措施
	SY-G007	高填方或傍山渠坡出现管涌等渗透破坏现象，或塌陷、边坡失稳等现象

续表

管理内容	隐患编号	隐患内容
七、引调水工程	SY-Y001	钢管锈蚀严重
	SY-Y002	管道沉降量较大
	SY-Y003	节制闸、退水闸失效
	SY-Y004	引调水工程其他隐患内容参照本指南中其他相同或相近工程
八、淤地坝工程	SY-NK001	无溢洪道或无放水设施
	SY-NK002	坝体有宽度大于5mm的纵横向裂缝；或坝体有冲缺，且深度大于50cm；或坝坡出现大面积滑坡、塌陷
	SY-NK003	坝体发生管涌或下游坝坡出现流泥、出浑水、出清水但有沙粒流动
	SY-NK004	泄、放水设施（溢洪道、卧管、竖井、涵洞、涵管等）局部损毁或出现坍塌、断裂、基部掏刷悬空

表 8-4 水利工程运行管理生产安全重大事故隐患综合判定清单（指南）

一、水库大坝工程		
	基础条件	重大事故隐患判据
1	水库管理机构和管理制度不健全，管理人员职责不明晰	满足任意3项基础条件+任意3项物的不安全状态
2	大坝安全监测、防汛交通与通信等管理设施不完善	
3	水库调度规程与水库大坝安全管理应急预案未制定并报批	
4	不能按审批的调度规程合理调度运用，未按规范开展巡视检查和安全监测，不能及时掌握大坝安全性态	
5	大坝养护修理不及时，处于不安全、不完整的工作状态	
6	安全教育和培训不到位或相关岗位人员未持证上岗	
隐患编号	物的不安全状态	
SY-KZ001	大坝未按规定进行安全鉴定	
SY-KZ002	大坝抗震安全性综合评价级别属于C级	
SY-KZ003	大坝泄洪洞、溢流面出现大面积汽蚀现象	
SY-KZ004	坝体混凝土出现严重碳化、老化、表面大面积出现裂缝等现象	
SY-KZ005	白蚁灾害地区的土坝未开展白蚁防治工作	
SY-KZ006	闸门液压式启闭机缸体或活塞杆有裂纹或有明显变形的	
SY-KZ007	闸门螺杆式启闭机螺杆有明显变形、弯曲的	
SY-KZ008	卷扬式启闭机滑轮组与钢丝绳锈蚀严重或启闭机运行振动、噪声异常，电流、电压变化异常	
SY-KZ009	没有备用电源或备用电源失效	
SY-KZ010	未按规定设置观测设施或观测设施不满足观测要求	
SY-KZ011	通信设施故障、缺失导致信息无法沟通	
SY-KZ012	工程管理范围内的安全防护设施不完善或不满足规范要求	

续表

二、水电站工程

	基础条件	重大事故隐患判据
1	水电站管理机构和管理制度不健全，管理人员职责不明晰	满足任意3项基础条件+任意两项物的不安全状态
2	水电站安全监测、防汛交通与通信等管理设施不完善	
3	水电站调度规程与应急预案未制定并报批	
4	不能按审批的调度规程合理调度运用，未按规范开展安全监测，不能及时掌握水电站安全状态	
5	水电站养护修理不及时，处于不安全、不完整的工作状态	
6	安全教育和培训不到位或相关岗位人员未持证上岗	
隐患编号	物的不安全状态	
SY-DZ001	消防设施布置不符合规范要求	
SY-DZ002	机组的油、气、水等系统出现异常，无法正常运行，或存在可能引起火灾、爆炸事故	
SY-DZ003	机组的电流、电压、振动、噪声异常；发电过程存在气蚀破坏、泥沙磨损、振动和顶盖漏水量大等问题，出现绝缘损害、短路、轴承过热和烧坏事故等	
SY-DZ004	水轮发电机机组绕组温升超过限定值	
SY-DZ005	水电站工程其他物的不安全状态参照本指南中其他相同或相近工程	

三、泵站工程

	基础条件	重大事故隐患判据
1	工程管护范围不明确、不可控，技术人员未明确定岗定编或不满足管理要求，管理经费不足	满足任意3项基础条件+任意两项物的不安全状态
2	规章制度不健全，泵站未按审批的控制运用计划合理运用	
3	工程设施破损或维护不及时，管理设施、安全监测等不满足运行要求	
4	安全教育和培训不到位或相关岗位人员未持证上岗	
隐患编号	物的不安全状态	
SY-BZ001	潜水泵机组轴承与电动机定子绕组的温度超出限定值，机组油腔内的含水率超出正常范围	
SY-BZ002	泵站未按规定进行安全鉴定或安全类别综合评定为三类	
SY-BZ003	泵站主水泵评级为三类设备	
SY-BZ004	泵站主电动机评级为三类设备	
SY-BZ005	消防设施布置不符合规范要求	
SY-BZ006	建筑物护底的反滤排水不畅通	

续表

四、水闸工程		
	基础条件	重大事故隐患判据
1	工程管护范围不明确、不可控，技术人员未明确定岗定编或不满足管理要求，管理经费不足	满足任意3项基础条件+任意两项物的不安全状态
2	规章制度不健全，水闸未按审批的控制运用计划合理运用	
3	工程设施破损或维护不及时，管理设施、安全监测等不满足运行要求	
4	安全教育和培训不到位或相关岗位人员未持证上岗	
隐患编号	物的不安全状态	
SY-ZZ001	防洪标准安全分级为B类	
SY-ZZ002	水闸未按规定进行安全评价或安全类别被评为三类	
SY-ZZ003	渗流安全分级为B类	
SY-ZZ004	结构安全分级为B类	
SY-ZZ005	工程质量检测结果评级为B类	
SY-ZZ006	抗震安全性综合评级为B级	
SY-ZZ007	水闸交通桥结构钢筋外露锈蚀严重且混凝土碳化严重	
五、堤防工程		
	基础条件	重大事故隐患判据
1	规章制度不健全，档案管理工作不满足有关标准要求	满足任意3项基础条件+任意两项物的不安全状态
2	未落实管养经费或未按要求进行养护修理，堤防工程不完整，管理设施设备不完备，运行状态不正常	
3	管理范围不明确，未按要求进行安全检查，未能及时发现并有效处置安全隐患	
4	安全教育和培训不到位或相关岗位人员未持证上岗	
隐患编号	物的不安全状态	
SY-FZ001	堤防未按规定进行安全评价或安全综合评价为两类	
SY-FZ002	堤防防渗安全性复核结果定为B级	
SY-FZ003	堤防或防护结构安全性复核结果定为B级	
SY-FZ004	交叉建筑物（构筑物）连接段安全评价评定为C级	
SY-FZ005	堤防观测设施缺失严重	
六、灌区工程		
	基础条件	重大事故隐患判据
1	规章制度不健全，档案管理工作不满足有关标准要求	满足任意3项基础条件+任意两项物的不安全状态
2	未落实管养经费或未按要求进行养护修理，灌区工程不完整，管理设施设备不完备，运行状态不正常	
3	管理范围不明确，未按要求进行安全检查，未能及时发现并有效处置安全隐患	

续表

六、灌区工程		
	基础条件	重大事故隐患判据
4	安全教育和培训不到位或相关岗位人员未持证上岗	满足任意3项基础条件+任意两项物的不安全状态
隐患编号	物的不安全状态	
SY-GZ001	渡槽槽身、支架、渐变段发生变形，安全系数达不到规范要求值	
SY-GZ002	倒虹吸管身、支撑结构、渐变段变形较大，安全系数达不到规范要求值	
SY-GZ003	暗涵涵身衬砌结构变形较大	
SY-GZ004	渠下涵涵洞分缝处有明显不均匀沉陷	
SY-GZ005	跨渠桥桥墩与桥台沉陷量大	
SY-GZ006	建筑物（构筑物）止水漏水严重、处数多	
SY-GZ007	填方及傍山渠道存在塌方、渗水问题	
七、引调水工程		
	基础条件	重大事故隐患判据
1	规章制度不健全，档案管理工作不满足有关标准要求	满足任意3项基础条件+任意两项物的不安全状态
2	未落实管养经费或未按要求进行养护修理，引调水工程不完整，管理设施设备不完备，运行状态不正常	
3	管理范围不明确，未按要求进行安全检查，未能及时发现并有效处置安全隐患	
4	安全教育和培训不到位或相关岗位人员未持证上岗	
隐患编号	物的不安全状态	
	参照相应工程	
八、淤地坝工程		
1	管理主体责任不健全，管理人员职责不明晰	
2	安全管理制度和应急预案不健全，安全教育和培训不到位	
3	淤地坝安全监测、防汛交通与通信等管理设施不完善	
4	未按规范开展安全监测，不能及时掌握大坝安全状态	
5	淤地坝养护修理不及时，处于不安全、不完整的工作状态	
隐患编号	物的不安全状态	
SY-NKZ001	坝体表面出现较多裂缝、冲沟	
SY-NKZ002	坝坡无坡面排水沟，或排水沟部分损毁、断裂	
SY-NKZ003	溢洪道未按设计要求砌护，或砌体表面局部出现裂缝、局部破损	
SY-NKZ004	溢洪道内有人为搭建物，或过流断面堵塞	
SY-NKZ005	放水卧管或竖井出现局部损坏，或进水口堵塞	
SY-NKZ006	放水涵洞或涵管附近土体有潮湿或渗水现象	
SY-NKZ007	近坝岸坡或工程边坡有滑坡体，且未进行监测	

第三节　水利工程专项施工方案

危险性较大的单项工程是指在施工过程中存在的、可能导致作业人员群死群伤或造成重大不良社会影响的单项工程。

专项施工方案是施工单位在编制施工组织设计的基础上，针对危险性较大的单项工程编制的安全技术措施文件。

根据《水利水电工程施工安全管理导则》（SL 721—2015）等有关规程规范，危险性较大的单项工程管理必须符合以下规定：

施工单位应在施工前，对达到一定规模的危险性较大的单项工程编制专项施工方案；对超过一定规模的危险性较大的单项工程，施工单位应组织专家对专项施工方案进行审查论证。

一、达到一定规模的危险性较大的单项工程

达到一定规模的危险性较大的单项工程，主要包括下列工程：

（1）基坑支护、降水工程。开挖深度达到 3（含）～5m 或虽未超过 3m 但地质条件和周边环境复杂的基坑（槽）支护、降水工程。

（2）土方和石方开挖工程。开挖深度达到 3（含）～5m 的基坑（槽）的土方和石方开挖工程。

（3）模板工程及支撑体系：

① 大模板等工具式模板工程；

② 混凝土模板支撑工程搭设高度 5（含）～8m；搭设跨度 10（含）～18m；施工总荷载 10（含）～15kN/m^2；集中线荷载 15（含）～20kN/m；高度大于支撑水平投影宽度且相对独立无联系构件的混凝土模板支撑工程；

③ 承重支撑体系：用于钢结构安装等满堂支撑体系。

（4）起重吊装及安装拆卸工程：

① 采用非常规起重设备、方法，且单件起吊质量在 10（含）～100kN 的起重吊装工程；

② 采用起重机械进行安装的工程；

③ 起重机械设备自身的安装、拆卸。

（5）脚手架工程：

① 搭设高度 24（含）～50m 的落地式钢管脚手架工程；

② 附着式整体和分片提升脚手架工程；

③ 悬挑式脚手架工程；

④ 吊篮脚手架工程；

⑤ 自制卸料平台、移动操作平台工程；

⑥ 新型及异型脚手架工程。

（6）拆除、爆破工程。

（7）围堰工程。

（8）水上作业工程。

（9）沉井工程。

（10）临时用电工程。

（11）其他危险性较大的工程。

二、超过一定规模的危险性较大的单项工程

超过一定规模的危险性较大的单项工程，主要包括下列工程：

1. 深基坑工程

（1）开挖深度超过 5m（含）的基坑（槽）的土方开挖、支护、降水工程；

（2）开挖深度虽未超过 5m，但地质条件、周围环境和地下管线复杂，或影响毗邻建（构）筑物安全的基坑（槽）的土方开挖、支护、降水工程。

2. 模板工程及支撑体系

（1）工具式模板工程：滑模、爬模、飞模工程；

（2）混凝土模板支撑工程：搭设高度 8m 及以上；搭设跨度 18m 及以上，施工总荷载 $15kN/m^2$ 及以上；集中线荷载 20kN/m 及以上；

（3）承重支撑体系：用于钢结构安装等满堂支撑体系，承受单点集中荷载 700kg 以上。

3. 起重吊装及安装拆卸工程

（1）采用非常规起重设备、方法，且单件起吊质量在 100kN 及以上的起重吊装工程；

（1）起重量 300kN 及以上的起重设备安装工程；高度 200m 及以上内爬起重设备的拆除工程。

4. 脚手架工程

（1）搭设高度 50m 及以上落地式钢管脚手架工程；

（2）提升高度 150m 及以上附着式整体和分片提升脚手架工程；

（3）架体高度 20m 及以上悬挑式脚手架工程。

5. 拆除、爆破工程

（1）采用爆破拆除的工程；

（2）可能影响行人、交通、电力设施、通信设施或其他建筑物、构筑物安全的拆除工程；

（3）文物保护建筑、优秀历史建筑或历史文化风貌区控制范围的拆除工程。

6. 其他

（1）开挖深度超过 16m 的人工挖孔桩工程；

（2）地下暗挖工程、顶管工程、水下作业工程；

（3）采用新技术、新工艺、新材料、新设备及尚无相关技术标准的危险性较大的单项工程。

三、专项施工方案一般规定

（1）项目法人在办理安全监督手续时，应当提供危险性较大的单项工程清单和安

全生产管理措施。

(2) 项目法人及监理单位应建立危险性较大的单项工程验收制度；施工单位应建立危险性较大的单项工程管理制度。

(3) 监理单位应编制危险性较大的单项工程监理规划和实施细则，制定工作流程、方法和措施。

(4) 施工单位应当在施工前，对达到一定规模的危险性较大的单项工程编制专项施工方案；对于超过一定规模的危险性较大的单项工程，施工单位应当组织专家对专项施工方案进行审查论证。

(5) 施工单位的施工组织设计应包含危险性较大的单项工程安全技术措施及其专项施工方案。

(6) 专项施工方案应由施工单位技术负责人组织施工技术、安全、质量等部门的专业技术人员进行审核。经审核合格的，应由施工单位技术负责人签字确认。实行分包的，由总承包单位和分包单位技术负责人共同签字确认。无需专家论证的专项施工方案，经施工单位审核后应报监理单位，由项目总监理工程师审核签字，并报项目法人备案。

(7) 施工单位应根据审查论证报告修改完善专项施工方案，经施工单位技术负责人、总监理工程师、项目法人单位负责人审核签字后，方可组织实施。

(8) 施工单位应严格按照批准的专项施工方案组织施工，不得擅自修改、调整专项施工方案。

因设计、结构、外部环境等因素发生变化确需修改的，修改后的专项施工方案应当重新审核。对于超过一定规模的危险性较大的单项工程的专项施工方案，施工单位应重新组织专家进行论证。

四、专项施工方案的编制

专项施工方案是施工组织设计不可缺少的组成部分，它应是施工组织设计的细化、完善、补充，且自成体系。专项施工方案的编制，必须考虑现场的实际情况、施工特点及周围作业环境，措施要有针对性，凡施工过程中可能发生的危险因素及建筑物周围外部的不利因素等，都必须从技术上采取具体且有效的措施予以预防。专项施工方案应重点突出单项工程的特点、安全技术的要求、特殊质量的要求，重视质量技术与安全技术的统一。

(一) 专项施工方案的内容

专项施工方案应包括下列内容：

(1) 工程概况：危险性较大的单项工程概况、施工平面布置、施工要求和技术保证条件等；

(2) 编制依据：相关法律、法规、规章、制度、标准及图纸（国标图集）、施工组织设计等；

(3) 施工计划：包括施工进度计划、材料与设备计划等；

(4) 施工工艺技术：技术参数、工艺流程、施工方法、质量标准、检查验收等；

(5) 施工安全保证措施：组织保障、技术措施、应急预案、监测监控等；

（6）劳动力计划：专职安全生产管理人员、特种作业人员等；

（7）设计计算书及相关图纸等。

（二）专项施工方案编制中应注意的问题

（1）编制专项施工方案应将安全和质量相互联系、有机结合；临时安全措施构建的建（构）筑物与永久结构交叉部分的相互影响统一分析，防止荷载、支撑变化造成的安全、质量事故。

（2）安全措施形成的临时建（构）筑物必须建立相关力学模型，进行局部和整体的强度、刚度、稳定性验算。

（3）相互关联的危险性较大工程应系统分析，重点对交叉部分的危险源进行分析，采取相应措施。

（三）专项施工方案的格式

1. 专项施工方案标题与封面格式

（1）标题“××工程××专项施工方案”并标注“按专家论证审查报告修订”字样。

（2）封面内容包括编制、审查、审批3个栏目，分别由施工单位编制人签字，施工单位负责人审核签字，施工单位技术负责人审批签字。

五、专项施工方案的审查论证

（一）审查论证会参会人员

审查论证会应有下列人员参加：

（1）专家组成员。

（2）项目法人单位负责人或技术负责人。

（3）监理单位总监理工程师及相关人员。

（4）施工单位分管安全的负责人、技术负责人、项目负责人、项目技术负责人、专项方案编制人员、项目专职安全生产管理人员。

（5）勘察、设计单位项目技术负责人及相关人员等。

（二）专家组及专家成员

专家组成员应当由5名及以上符合相关专业要求的专家组成。各参建单位人员不得以专家身份参加审查论证会。

专家组成员应具备下列基本条件：

（1）诚实守信、作风正派、学术严谨。

（2）从事相关专业工作15年以上或具有丰富的专业经验。

（3）具有高级专业技术职称。

（三）审查论证

审查论证会应就下列主要内容进行审查论证，并提交论证报告。审查论证报告应对审查论证的内容提出明确的意见，并经专家组成员签字。

（1）专项施工方案是否完整、可行，质量、安全标准是否符合工程建设标准强制性条文规定。

（2）计算书是否符合有关标准规定。

（3）施工的基本条件是否满足现场实际等。

六、专项施工方案的实施、检查与验收

（1）监理、施工单位应指定专人对专项施工方案实施情况进行旁站监督。发现未按专项施工方案施工的，应要求其立即整改；存在危及人身安全紧急情况的，施工单位应立即组织作业人员撤离危险区域。

总监理工程师、施工单位技术负责人应定期对专项施工方案实施情况进行巡查。

（2）危险性较大的单项工程合成后，监理单位或施工单位应组织有关人员进行验收。验收合格的，经施工单位技术负责人及总监理工程师签字后，方可进行后续工程施工。

（3）监理单位发现未按专项施工方案实施的，应责令整改；施工单位拒不整改的，应及时向项目法人报告；如有必要，可直接向有关主管部门报告。

项目法人接到监理单位报告后，应立即责令施工单位停工整改；施工单位仍不停工整改的，项目法人应及时向有关主管部门和安全生产监督机构报告。

七、危险性较大的单项工程的安全保证措施

为规避危险性较大的单项工程的安全风险，施工单位不仅要从法律法规及规程规范的要求出发，编制专项施工方案还应从内部管理入手，加强安全观念教育，建立安全管理体系，完善安全管理制度，从而保证施工人员在生产过程中的安全与健康，严防各类事故的发生，以安全促生产。

建立健全安全管理体系，通过安全设施、安全设备与安全装置，安全监测和安全操作程序，防护用品等技术硬件的投入，实现技术系统措施的本质安全化。

危险性较大的分部分项工程，各参建单位要牢固树立“安全第一、预防为主、综合治理”的思想，坚决贯彻“管生产必须管安全”的原则，把安全生产作为头等大事来抓，并认真落实“安全生产、文明施工”的规定。

建立健全并全面贯彻安全管理制度和各岗位安全责任制，根据工程性质、特点、成立三级安全管理机构。

项目部安全领导小组，每周召开一次会议，部署各项安全管理工作和改善安全技术措施，具体检查各部门存在安全隐患问题提出改进安全技术问题，落实安全生产责任制和严格控制工人按安全规程作业，确保施工安全生产。安全员每天检查工人上、下班是否佩戴安全帽和个人防护用品，对工人操作面进行安全检查，保证工人按安全操作规程作业，及时检查安全存在问题，消除安全隐患。

安全技术要有针对性，现场的各种施工材料，须按施工平面图进行布置，现场的安全、卫生、防水设施要齐全有效。

要切实保证职工在安全条件下进行作业，施工在搭设的各种脚手架等临时设施，均要符合国家规程和标准，在施工现场安装的机电设备要保持良好的技术状态，严禁带“病”运转。

加强对职工的安全技术教育，坚持制止违章指挥和违章作业，凡进入施工现场的人员，须戴安全帽，高空作业应系好安全带，施工现场的危险部位要设置安全色标、标语或宣传画，随时提醒职工注意安全。

严肃对待施工现场发生的已遂、未遂事故，把一般事故当作重大事故来抓，未遂事故当成已遂事故来抓。对查出的事故、隐患，要做到“三定一落实”并要做到抓一个典型，教育一批人的效果。

建立安全生产管理制度，通过监督检查等管理方式，保障技术条件和环境达标，以人员的行为规范和安全生产的目的。改善安全技术措施，具体检查各部门存在安全隐患问题，提出改进安全技术问题，落实安全生产责任制和严格控制工人按安全规程作业，确保施工安全生产。

危险性较大的单项工程应建立安全生产责任制。施工单位各级领导，在管理生产的同时，必须负责管理安全工作，逐级建立安全责任制，使落实安全生产的各项规章制度成为全体职工的自觉行动。

建立安全技术措施计划，包括以改善劳动条件，防止伤亡事故，预防职业病和职业中毒为目的各项技术组织措施，创造一个良好的安全生产环境。

建立严格的劳动力管理制度。新入场的工人接受入场安全教育后方可上岗操作。特种作业人员全部持证上岗。

建立安全生产教育、培训制度，通过对全员进行安全培训教育，提高全员的安全素质，包括意识、知识、技能、态度、观念等安全综合素质。执行安全技术交底，监督、检查、整改隐患等管理方法，保障技术条件和环境达标，人的行为规范，实现安全生产的目的。建立安全生产教育制度，对新进场工人进行三级安全教育、上岗安全教育、特殊工种安全技术教育，变换工种必须进行交换工种教育方可上岗。工地建立职工三级教育登记卡和特殊作业，变换工种作业登记卡，卡中必须有工人概况、考核内容、批准上岗的工人签字，进行经常性的安全生产活动教育。

实行逐级安全技术交底，履行签字手续，开工前由单位技术负责人将工程概况施工方法、安全技术措施等情况问题向项目负责人、施工员及全体职工进行详细交底，分部分项工程由工长、施工员向参加施工的全体成员进行有针对性的安全技术交底。

建立安全生产的定期检查制度。施工单位在施工生产时，为了及时发现事故隐患，堵塞事故漏洞，防患于未然，须建立安全检查制度。项目部每周定期进行一次，班组每日上班前领导检查。要以自查为主，互查为辅。以查思想、查制度、查执行、查隐患、查整改、查闭环为主要内容。要结合季节特点，开展防雷电、防坍塌、防高处堕落、防中毒等“五防”检查，安全检查要贯彻领导与群众相结合的原则，做到边检边改并做好检查记录。存在隐患严格按“三定一落实”整改反馈。根据工地实际情况建立班前安全活动制度，对危险性较大的单项工程，施工现场的安全生产要及时进行讲评，强调注意事项，表扬安全生产中的好人好事，并做好班前安全活动记录。

施工用电、搅拌机、钢筋机械等在中型机械及脚手架、卸料平台要挂安全网、洞口和临边防护设施等，安装或搭设好后及时组织有关人员验收，验收合格方准投入使用。

建立伤亡事故的调查和处理制度，调查处理伤亡事故，要做到“三不放过”，即事故原因分析不清不放过，事故责任者和群众没有受到教育不放过，没有防范措施不放过，对事故和责任者要严肃处理。对于那些玩忽职守，不顾工人死活，强迫工人违章冒险作业而造成伤亡事故的领导，一定要给予纪律处分，严重的应依法惩办。

第四节　水利工程应急管理

“应急管理”是指政府、企业以及其他公共组织，为了保护公众生命财产安全，维护公共安全、环境安全和社会秩序，在突发事件事前、事中、事后所进行的预防、响应、处置、恢复等活动的总称。

应急预案是为有效预防控制突发公共事件的发生，或者在突发公共事件发生后能够采取有效应对处理措施，防止事态和不良影响扩大，最大限度减少人民生命财产损失，而预先制定的事前预防和事后处置的工作方案。

近几十年，在突发事件应对实践中，世界各国逐渐形成了现代应急管理的基本理念，主要包括：①生命至上，保护生命安全成为首要目标。②主体延伸，社会力量成为核心依托。③重心下沉，基层一线成为重要基石。④关口前移，预防准备重于应急处置。⑤专业处置，岗位权力大于级别权力。⑥综合协调，打造跨域合作的拳头合力。⑦依法应对，将应急管理纳入法制化轨道。⑧加强沟通，第一时间让社会各界知情。⑨注重学习，发现问题比总结经验更重要。⑩依靠科技，从“人海战术”到科学应对。

最近几年我国更加注重应急管理，2006 年国务院出台了《关于全面加强应急管理工作的意见》，2007 年 8 月出台了《中华人民共和国突发事件应对法》。《中华人民共和国安全生产法》《建筑工程安全管理条例》等均对应急管理有明确的规定。

2018 年 3 月，根据第十三届全国人民代表大会第一次会议批准的国务院机构改革方案，中华人民共和国应急管理部设立。为防范化解重特大安全风险，健全公共安全体系，整合优化应急力量和资源，推动形成统一指挥、专常兼备、反应灵敏、上下联动、平战结合的中国特色应急管理体制，提高防灾减灾救灾能力，确保人民群众生命财产安全和社会稳定。该方案提出，将国家安全生产监督管理总局的职责，国务院办公厅的应急管理职责，公安部的消防管理职责，民政部的救灾职责，国土资源部的地质灾害防治、水利部的水旱灾害防治、农业部的草原防火、国家林业局的森林防火相关职责，中国地震局的震灾应急救援职责以及国家防汛抗旱总指挥部、国家减灾委员会、国务院抗震救灾指挥部、国家森林防火指挥部的职责整合，组建应急管理部，作为国务院组成部门。

一、水利工程应急管理的任务

（1）预防准备。应急管理的首要任务是预防突发事件的发生，要通过应急管理预防行动和准备行动，建立突发事件源头防控机制，建立健全应急管理体制、制度，有效控制突发事件的发生，做好突发事件应对准备工作。

（2）预测预警。及时预测突发事件的发生并向社会预警是减少突发事件损失的最有效措施，也是应急管理的主要工作。采取传统与科技手段相结合的办法进行预测，将突发事件消除在萌芽状态。一旦发现不可消除的突发事件，应及时向社会预警。

（3）响应控制。突发事件发生后，能够及时启动应急预案，实施有效的应急救援行动，防止事件的进一步扩大和发展，是应急管理的重中之重。特别是发生在人口稠密区域的突发事件，应快速组织相关应急职能部门联合行动，控制事件继续扩展。

（4）资源协调。应急资源是实施应急救援和事后恢复的基础，应急管理机构应在合理布局应急资源的前提下，建立科学的资源共享与调配机制，有效利用可用的资源，防止在应急过程中出现资源短缺的情况。

（5）抢险救援。确保在应急救援行动中，及时、有序、科学地实施现场抢救，安全转移人员，以降低伤亡率、减少突发事件损失，这是应急管理的重要任务。尤其是突发事件具有突然性，发生后的迅速扩散以及波及范围广、危害性大的特点，要求应急救援人员及时指挥和组织群众采取各种措施进行自身防护，并迅速撤离危险区域或可能发生危险的区域，同时在撤离过程中积极开展公众自救与互救工作。

（6）信息管理。突发事件信息的管理既是应急响应和应急处置的源头工作，也是避免引起公众恐慌的重要手段。应急管理机构应当以现代信息技术为支撑，如综合信息应急平台，保持信息的畅通，以协调各部门、各单位的工作。

（7）善后恢复。善后虽然在应急管理中占有的比重不大，但是非常重要，应急处置后，应急管理的重点应该放在安抚受害人员及其家属、清理受灾现场、尽快使工程及时恢复或者部分恢复上，并及时调查突发事件的发生原因和性质，评估危害范围和危险程度。

二、水利工程应急救援体系

随着社会的发展，生产过程中涉及的有害物质和能量不断增大，一旦发生重大事故，很容易导致严重的生命、财产损失和环境破坏，由于各种原因，当事故的发生难以完全避免时，建立重大事故应急救援管理体系，组织及时有效的应急救援行动，已成为抵御风险的关键手段。应急救援体系实际是应急救援队伍体系和应急管理组织体系的总称，而应急救援队伍体系是由应急救援指挥体系和应急救援执行体系构成的。

我国现有的应急救援指挥机构基本是由政府领导牵头、各有关部门负责人组成的临时性机构，但在应急救援中仍然具有很高的权威性和效率性。应急救援指挥机构不同于应急委员会和应急专项指挥机构，它具有现场处置的最高权力，各类救援人员必须服从应急救援指挥机构命令，以便统一步调，高效救援。

应急救援执行体系包括武装力量、综合应急救援队伍、专业应急救援队伍和社会应急救援队伍，而在水利工程施工过程中，专业应急救援队伍和综合应急救援队伍是必不可少的，必要时还可以向社会求助，组建由各种社会组织、企业以及各类由政府或有关部门招募建立的由成年志愿者组成的社会应急救援队伍。在突发事件多样性、复杂性形势下，仅靠单一救援力量开展应急救援已不适应形式需要。大量应急救援实践表明，改革应急救援管理模式、组建一支以应急救援骨干力量为依托、多种救援力量参与的综合应急救援队伍势在必行。

突发事件的应对是一个系统工程，仅仅依靠应急管理机构的力量是远远不够的。需要动员和吸纳各种社会力量，整合和调动各种社会资源共同应对突发事件，形成社会整体应对网络，这个网络就是应急管理组织体系。

水利水电工程建设项目应将项目法人、监理单位、施工企业纳入应急组织体系中，实现统一指挥、统一调度、资源共享、共同应急。

各参建单位中，以项目法人为龙头，总揽全局，以施工单位为核心，监理单位等其他单位为主体，积极采取有效方式形成有力的应急管理组织体系，提升施工现场应急能力。同时需要积极加强与周围的联系，充分利用社会力量，全面提高应急管理水平。

（一）应急管理体系建设的原则

（1）统一领导，分级管理。对于政府层面的应急管理体系应从上到下在各自的职责范围内建立对应的组织机构，对于工程建设应按照项目法人责任制的原则，以项目法人为龙头，统一领导应急救援工作，并按照相应的工作职责分工，各参建单位承担各自的职责。施工企业可以根据自身特点合理安排项目应急管理内容。

（2）条块结合，属地为主。项目法人及施工企业应按照属地为主原则，结合实际情况建立完善安全生产事故灾难应急救援体系，满足应急救援工作需要。救援体系建立以就近为原则，建立专业应急救援体系，发挥专业优势，有效应对特别重大事故的应急救援。

（3）统筹规划，资源共享。根据工程特点、危险源分布、事故灾难类型和有关交通地理条件，对应急指挥机构、救援队伍以及应急救援的培训演练、物资储备等保障系统的布局、规模和功能等进行统筹规划。有关企业按规定标准建立企业应急救援队伍，参建各方应根据各自的特点建立储备物资仓库，同时在运用上统筹考虑，实现资源共享。对于工程中建设成本较高，专业性较强的内容，可以依托政府、骨干专业救援队伍、其他企业加以补充和完善。

（4）整体设计，分步实施。水利工程建设中可以结合地方行业规划和布局对各工程应急救援体系的应急机构、区域应急救援基地和骨干专业救援队伍、主要保障系统进行总体设计，并根据轻重缓急分期建设。具体建设项目，要严格按照国家有关要求进行，注重实效。

（二）应急救援体系的框架

水利水电工程建设应急救援体系主要由组织体系、运作机制、保障体系、法规制度等部分组成。

1. 应急组织体系

水利工程建设项目应将项目法人、监理单位、施工企业等各参建单位纳入应急组织体系中，实现统一指挥、统一调度、资源共享、统一协调。

项目法人作为龙头积极组织各参建单位，明确各参建单位职责，明确相关人员职责，共同应对事故，形成强有力的水利水电工程建设应急组织体系，提升施工现场应急能力。水利水电工程建设项目应成立防汛组织机构，以保证汛期抗洪抢险、救灾工作的有序进行，安全度汛。

2. 应急运行机制

应急运行机制是应急救援体系的重要保障，目标是实现统一领导、分级管理、分级响应、统一指挥、资源共享、统筹安排，积极动员全员参与，加强应急救援体系内部的应急管理，明确和规范响应程序，保证应急救援体系运转高效、应急反应灵敏，取得良好的抢救效果。

应急救援活动分为预防、准备、响应和恢复 4 个阶段，应急机制与这 4 个阶段的应急活动密切相关。涉及事故应急救援的运行机制众多，但最关键、最主要的是统一指挥、分级响应、属地为主和全员参与等机制。

统一指挥是事故应急活动的最基本原则。应急指挥一般可分为集中指挥与现场指挥，或场外指挥与场内指挥，不管采用哪一种指挥系统，都必须在应急指挥机构的统一组织协调下行动，有令则行，有禁则止，统一号令，步调一致。

分级响应要求水利水电工程建设项目的各级管理层充分利用自己管辖范围内的应急资源，尽最大努力实施事故应急救援。

属地为主是强调“第一反应”的思想和以现场应急指挥为主的原则及应急反应就近原则。

全员参与机制是水利水电工程建设应急运作机制的基础，也是整个水利水电工程建设应急救援体系的基础，是指在应急救援体系的建立及应急救援过程中要充分考虑并依靠参建各方人员的力量，使所有人员都参与救援过程中，人人都成为救援体系的一部分。

在条件允许的情况、在充分发挥参建各方的力量之外，还可以考虑让利益相关方各类人员积极参与其中。

3. 应急保障体系

应急保障体系是体系运转必备的物质条件和手段，是应急救援行动全面展开和顺利进行的强有力的保证。应急保障一般包括通信信息保障、应急人员保障、应急物资装备保障、应急资金保障、技术储备保障以及其他保障。

(1) 通信信息保障。应急通信信息保障是安全生产管理体系的组成部分，是应急救援体系基础建设之一。事故发生时，要保证所有预警、报警、警报、报告、指挥等行动的快速、顺畅、准确，同时要保证信息共享。通信信息是保证应急工作高效、顺利进行的基础。信息保障系统要及时检查，确保通信设备 24h 正常畅通。

应急通信工具有电话（包括手机、可视电话、座机电话等）、无线电、电台、传真机、移动通信、卫星通信设备等。

水利水电工程建设各参建单位应急指挥机构及人员通信方式应在应急预案中明确体现，应当报项目法人应急指挥机构备案。

(2) 应急人员保障。建立由水利水电工程建设各参建单位人员组成的工程设施抢险队伍，负责事故现场的工程设施抢险和安全保障工作。

人员组成可以由参建单位组成的勘察、设计、施工、监理等单位工作人员，同时可以聘请其他有关专业技术人员组成专家咨询队伍，研究应急方案，提出相应的应急对策和意见。

(3) 应急物资设备保障。根据可能突发的重大质量与安全事故性质、特征、后果及其应急预案要求，项目法人应当组织工程有关施工企业配备充足的应急机械、设备、器材等物资设备，以保障应急救援调用。发生事故时，应当首先充分利用工程现场既有的应急机械、设备、器材。同时在地方应急指挥机构的调度下，动用工程所在地公安、消防、卫生等专业应急队伍和其他社会资源。

（4）应急资金保障。水利水电工程建设项目应明确应急专项经费的来源、数量、使用范围和监督管理措施，制定明确的使用流程，切实保障应急状态时应急经费能及时到位。

（5）技术储备保障。加强对水利水电工程事故的预防、预测、预警、预报和应急处置技术研究，提高应急监测、预防、处置及信息处理的技术水平，增强技术储备。水利水电工程事故预防、预测、预警、预报和处置技术研究和咨询依托有关专业机构进行。

（6）其他保障。水利水电工程建设项目应根据事故应急工作的需要，确定其他与事故应急救援相关的保障措施，如交通运输保障、治安保障、医疗保障和后勤保障等其他社会保障。

（三）应急法规制度

水利水电工程建设应急救援的有关法规制度是水利水电工程建设应急救援体系的法制保障，也是开展事故应急管理工作的依据。我国高度重视应急管理的立法工作，目前，对应急管理有关工作的法律法规、规章、标准主要有《中华人民共和国安全生产法》《中华人民共和国突发事件应对法》《中华人民共和国防洪法》《生产安全事故报告和调查处理条例》《水库大坝安全管理条例》《中华人民共和国防汛条例》《生产安全事故应急预案管理办法》《突发事件应急预案管理办法》等。

三、应急救援具体措施

应急救援一般是指针对突发、具有破坏力的紧急事件采取预防、预备、响应和恢复的活动与计划。根据紧急事件的不同类型，分为卫生应急、交通应急、消防应急、地震应急、厂矿应急、家庭应急等不同的应急救援。

（一）事故应急救援的任务

事故应急救援的基本任务：①组织营救受害人员；②迅速控制事态发展；③消除危害后果，做好现场恢复；④查清事故原因，评估危害程度。

事故应急救援以对“紧急事件做出的；控制紧急事件发生与扩大；开展有效救援，减少损失和迅速组织恢复正常状态”为工作目标。救援对象主要是突发性和后果与影响严重的公共安全事故、灾害与事件。这些事故、灾害或事件主要来源于重大水利水电工程等突发事件。立即组织营救受害人员，组织撤离或者采取其他措施保护危险危害区域的其他人员；迅速控制事态，并对事故造成的危险、危害进行监测、检测，测定事故的危害区域、危害性质及维护程度；消除危害后果，做好现场恢复；查明事故原因，评估危害程度。

（二）现场急救的基本步骤

（1）脱离险区。首先要使伤病员脱离险区，移至安全地带，如将因滑坡、塌方砸伤的伤员搬运至安全地带；对急性中毒的病人应尽快使其离开中毒现场，转移至空气流通的地方；对触电的患者，要立即脱离电源等。

（2）检查病情。现场救护人员要沉着冷静，切忌惊慌失措。应尽快对受伤或中毒的伤病员进行认真仔细的检查，确定病情。检查内容包括意识、呼吸、脉搏、血压、瞳孔是否正常，有无出血、休克、外伤、烧伤，是否伴有其他损伤等。检查时不要给伤病员增加无谓的痛苦，如检查伤员的伤口，切勿一见病人就脱其衣服，若伤口部位在四肢或躯干上，可沿着衣裤线剪开或撕开，暴露其伤口部位即可。

(3) 对症救治。根据迅速检查出的伤病情，立即进行初步对症救治。对于外伤出血病人，应立即进行止血和包扎；对于骨折或疑似骨折的病人，要及时固定和包扎，如果现场没有现成的救护包扎用品，可以在现场找适宜的替代品使用；对那些心跳、呼吸骤停的伤病员，要分秒必争地实施胸外心脏按压和人工呼吸；对于急性中毒的病人要有针对性地采取解毒措施。在救治时，要注意纠正伤病员的体位，有时伤病员自己采用的所谓舒适体位，可能促使病情加重或恶化，甚至造成不幸死亡。救治伤病员较多时，一定要分清轻重缓急，优先救治伤重垂危者。

(4) 安全转移。转运伤病员要根据不同的伤情，采用适宜的担架和正确的搬运方法。在运送伤病员的途中，要密切注视伤病情的变化，并且不能中止救治措施，将伤病员迅速而平安地运送到后方医院做后续抢救。

(三) 紧急伤害的现场急救

1. 高空坠落急救

高空坠落是水利水电工程建设施工现场常见的一种伤害，多见于土建工程施工和闸门安装等高空作业。若不慎发生高空坠落伤害，则应注意以下方面：

(1) 去除伤员身上的用具和衣袋中的硬物。

(2) 在搬运和转送伤者过程中，颈部和躯干不能前屈或扭转，而应使脊柱伸直，绝对禁止一个人抬肩另一个人抬腿的搬法，以免发生或加重截瘫。

(3) 应注意摔伤及骨折部位的保护，避免因不正确的抬送，使骨折错位造成二次伤害。

(4) 创伤局部妥善包扎，但对疑似颅底骨折和脑脊液渗漏患者切忌做填塞，以免导致颅内感染。

(5) 复合伤要求平仰卧位，保持呼吸道畅通，解开衣领扣。

(6) 快速平稳地送医院救治。

2. 物体打击急救

物体打击是指失控的物体在惯性力或重力等其他外力的作用下产生运动，打击人体而造成的人身伤亡事故。发生物体打击应注意如下方面：

(1) 对严重出血的伤者，可使用压迫带止血法现场止血。这种方法适用于头、颈、四肢动脉大血管出血的临时止血。即用手或手掌用力压住距伤口靠近心脏最近部位的动脉跳动处（止血点）。四肢大血管出血时，应采用止血带（如橡皮管、纱巾、布带、绳子等）止血。

(2) 发现伤者有严重骨折时，一定要采取正确的骨折固定方法。固定骨折的材料可以用木棍、木板、硬纸板等，固定材料的长短要以能固定住骨折处上下两个关节或不使断骨错动为准。

(3) 对于脊柱或颈部骨折，不能搬动伤者，应快速联系医生，等待携带医疗器材的医护人员来搬动。

(4) 抬运伤者，要多人同时缓缓用力平托，运送时，必须用木板或硬材料，不能用布担架，不能用枕头。怀疑颈椎骨折的，伤者的头要放正，两旁用沙袋夹住，不让头部晃动。

3. 机械伤害急救

机械伤害主要指机械设备运动（静止）部件、工具、加工件直接与人体接触引起的夹击、碰撞、剪切、卷入、绞、碾、割、刺等形式的伤害。各类转动机械的外露传动部分（如齿轮、轴、履带等）和往复运动部分都有可能对人体造成机械伤害。若不慎发生机械伤害，则应注意以下方面：

(1) 发生机械伤害事故后，现场人员不要害怕和慌乱，要保持冷静，迅速对受伤人员进行检查。急救检查应先查看神志、呼吸，接着摸脉搏、听心跳，再查看瞳孔，有条件者测血压。检查局部有无创伤、出血、骨折、畸形等变化，根据伤者的情况，有针对性地采取人工呼吸、心脏按压、止血、包扎、固定等临时应急措施。

(2) 遵循“先救命、后救肢”的原则，优先处理颅脑伤、胸伤、肝、脾破裂等危及生命的内脏伤，然后处理肢体出血、骨折等伤害。

(3) 让患者平卧并保持安静，如有呕吐同时无颈部骨折时，应将其头部侧向一边以防止噎塞。不要给昏迷或半昏迷者喝水，以防液体进入呼吸道而导致窒息，也不要用拍击或摇动的方式试图唤醒昏迷者。

(4) 如果伤者出血，应进行必要的止血及包扎。大多数伤员可以按常规方式抬送至医院，但对于颈部、背部严重受损者要慎重，以防止其进一步受伤。

(5) 动作轻缓地检查患者，必要时剪开其衣服，避免突然挪动增加患者痛苦。

(6) 事故中伤者发生断肢（指）的，在急救的同时，要保存好断肢（指），具体方法：将断肢（指）用清洁纱布包好，不要用水冲洗，也不要用其他溶液浸泡，若有条件，可将包好的断肢（指）置于冰块中，冰块不能直接接触断肢（指），将断肢（指）随同伤者一同送往医院进行修复。

4. 塌方伤急救

塌方伤是指包括塌方、工矿意外事故或房屋倒塌后伤员被掩埋或被落下的物体压迫之后的外伤，除易发生多发伤和骨折外，尤其要注意挤压综合症问题，即一些部位长期受压，组织血供受损，缺血缺氧气，易引起坏死。故在抢救塌方多发伤的同时，要防止急性肾功能衰竭的发生。

急救方法：将受伤者从塌方中救出，必须紧急送医院抢救，及时采取防治肾功能衰竭的措施。

5. 触电伤害急救

在水利水电工程建设施工现场，常常会因员工违章操作而导致被触电。触电伤害急救方法如下：

(1) 先迅速切断电源，此前不能触摸受伤者，否则会造成更多的人触电。若一时不能切断电源，救助者应穿上胶鞋或站在干的木板凳上，双手戴上厚的塑胶手套，用干木棍或其他绝缘物把电源拨开，尽快将受伤者与电源隔离。

(2) 脱离电源后迅速检查病人，如呼吸心跳停止应立即进行人工呼吸和胸外心脏按压。

（3）在心跳停止前禁用强心剂，应用呼吸中枢兴奋药，用手掐人中穴。

（4）雷击时，如果作业人员孤立地处于空旷暴露区并感到头发竖起，应立即双腿下蹲，向前曲身，双手抱膝自行救护。

处理电击伤伤口时应先用碘酒纱布覆盖包扎，然后按烧伤处理。电击伤的特点是伤口小、深度大，所以要防止继发性大出血。

6. 淹溺急救

淹溺又称溺水，是人淹没于水或其他液体介质中并受到伤害的状况。水充满呼吸道和肺泡引起缺氧气窒息；吸收到血液循环的水引起血液渗透压改变、电解质紊乱和组织损害，最后造成呼吸停止和心脏停搏而死亡。淹溺急救方法如下：

（1）发现溺水者后应尽快将其救出水面，但施救者不了解现场水情，不可轻易下水，可充分利用现场器材，如绳、竿、救生圈等救人。

（2）将溺水者平放在地面，迅速撬开其口腔，清除其口腔和鼻腔异物，使其呼吸道保持通畅。

（3）倒出腹腔内吸入物，但要注意不可一味倒水而延误抢救时间。倒水方法：将溺水者置于抢救者屈膝的大腿上，头部朝下，按压其背部迫使呼吸道和胃里的吸入物排出。

（4）当溺水者呼吸停止或极为微弱时，应立即实施人工呼吸法，必要时施行胸外心脏按压法。

7. 烧伤或烫伤急救

烧伤是一种意外事故。一旦被火烧伤，要迅速离开致伤现场。衣服着火，应立即倒在地上翻滚或翻入附近的水沟中或潮湿地上。这样可迅速压灭或冲灭火苗，切勿喊叫、奔跑，以免风助火威，造成呼吸道烧伤。最好的方法是用自来水冲洗或浸泡伤患，可避免受伤面扩大。

肢体被沸水或蒸汽烫伤时，应立即剪开已被沸水湿透的衣服和鞋袜，将受伤的肢体浸于冷水中，可起到止痛和消肿的作用。如贴身衣服与伤口粘在一起时，切勿强行撕脱，以免使伤口加重，可用剪刀先剪开，然后慢慢将衣服脱去。

不管是烧伤还是烫伤，创面严禁用红汞、碘酒和其他未经医生同意的药物涂抹，而应用消毒纱布覆盖在伤口上，并迅速将伤员送往医院救治。

（四）主要灾害紧急避险

1. 台风灾害紧急避险

台风由于风速大，会带来强降雨等恶劣天气，再加上强风和低气压等因素，容易使海水、河水等强力堆积，潮位水位猛涨，风暴潮与天文大潮相遇，将可能导致水位漫顶，冲毁各类设施。其具体防范措施如下：

（1）密切关注台风预报，及时了解台风路径及预测登陆地点，储备必需的物资，做好各项防范措施。

（2）根据台风响应级别，及时启动应急预案。及时安排船只等回港避风、固锚；及时将人员、设备等转移到安全地带。

（3）严禁在台风天气继续作业，同时人员撤离前及时加固各类无法撤离的机械设备。

（4）台风警报解除前，禁止私自进入施工区域，警报解除后应先在现场进行特别检查，确保安全后方可恢复生产。

2. 山洪灾害紧急避险

水利水电工程较多处于山区，因为暴雨或拦洪设施泄洪等原因，在山区河流及溪沟形成暴涨暴落洪水及伴随发生的各类灾害。山洪灾害来势凶猛，破坏性强，容易引发山体滑坡、泥石流等现象。在水利水电工程建设期间，对工程及参建各方均有较大影响，应采取以下方式进行紧急避险：

（1）在遭遇强降雨或连续降雨时，需特别关注水雨情况信息，准备好逃生物品。

（2）遭遇山洪时，一定保持冷静，迅速判断周边环境，尽快向山上或较高地方转移。

（3）山洪暴发，溪河洪水迅速上涨时，不要沿着行洪道逃生，而要向行洪道的两侧快速躲避；不要轻易涉水过河。

（4）被困山中，及时与“110”或当地防汛部门取得联系。

3. 山体滑坡紧急避险

当遭遇山体滑坡时，首先要沉着冷静，不要慌乱。然后采取必要措施迅速撤离到安全地点。

（1）迅速撤离到安全的避难场地。避难场地应选择在易滑坡两侧边界外围。遇到山体崩滑时要朝垂直于滚石前进的方向跑。切记不要在逃离时朝着滑坡方向跑。更不要不知所措，随滑坡滚动。千万不要将避难场地选择在滑坡的上坡或下坡，也不要未经全面考察，从一个危险区跑到另一个危险区。同时，要听从统一安排，不要自择路线。

（2）跑不出去时应躲在坚实的障碍物下。遇到山体崩滑且无法继续逃离时，应迅速抱住身边的树木等固定物体。可躲避在结实的障碍物下，或蹲在地坎、地沟里。应注意保护好头部，可利用身边的衣物裹住头部。立刻将灾害发生的情况报告单位或相关政府部门，及时报告对减轻灾害损失非常重要。

4. 火灾事故应急逃生

在水利水电工程建设中，有许多容易引起火灾的客观因素，如现场施工中的动火作业以及易燃化学品、木材等可燃物，而对于水利水电工程建设现场人员的临时住宅区域和临时厂房，由于消防设施缺乏，都极易酿成火灾。发生火灾时，应采取以下措施：

（1）当火灾发生时，如果发现火势并不大，可采取措施立即扑灭，千万不要惊慌失措地乱叫乱窜，置小火于不顾而酿成大火灾。

（2）突遇火灾且无法扑灭时，应沉着镇静，及时报警，并迅速判断危险地与安全地，注意各种安全通道与安全标志，谨慎选择逃生方式。

（3）逃生时经过充满烟雾的通道时，要防止烟雾中毒和窒息。由于浓烟常在离地面约 30cm 处四散，可向头部、身上浇凉水或用湿毛巾、湿棉被、湿毯子等将头、身裹好，低姿势逃生，最好爬出浓烟区。

（4）逃生要走楼道，千万不可乘坐电梯逃生。

（5）如果发现身上已着火，切勿奔跑或用手拍打，因为奔跑或拍打时会形成风势，加速氧气的补充，促旺火势。此时，应赶紧设法脱掉着火的衣服，或就地打滚压灭火苗；如有可能跳进水中或让人向身上浇水，喷灭火剂效果更好。

5. 有毒有害物质泄漏场所紧急避险

发生有毒有害物质泄漏事故后，假如现场人员无法控制泄漏，则应迅速报警并选择安全逃生。

(1) 现场人员不可恐慌，应按照平时应急预案的演练步骤，各司其职，有序地撤离。

(2) 逃生时要根据泄漏物质的特性，佩戴相应的个体防护用品。假如现场没有防护用品，也可应急使用湿毛巾或湿衣物捂住口鼻进行逃生。

(3) 逃生时要沉着冷静确定风向，根据有毒有害物质泄漏位置，向上风向或侧风向转移撤离，即逆风逃生。

(4) 假如泄漏物质（气态）的密度比空气大，则选择往高处逃生，相反，则选择往低处逃生，但切忌在低洼处滞留。

(5) 有毒气泄漏可能的区域，应该在最高处安装风向标。发生泄漏事故后，风向标可以正确指导逃生方向。还应在每个作业场所至少设置两个紧急出口，出口与通道应畅通无阻并有明显标志。

四、水利工程应急预案

应急预案是对特定的潜在事件和紧急情况发生时所采取措施的计划安排，是应急响应的行动指南。应急预案应形成体系，针对各级各类可能发生的事故和所有危险源制定专项应急预案和现场应急处置方案，并明确事前、事中、事后的各个过程中相关部门和有关人员的职责。

(一) 应急预案的基本要求

单位主要负责人负责组织编制和实施本单位的应急预案，并对应急预案的真实性和实用性负责；各分管负责人应当按照职责分工落实应急预案规定的职责。生产经营单位组织应急预案编制过程中，应当根据法律法规、规章的规定或者实际需要，征求相关应急救援队伍、公民、法人或其他组织的意见。其具体应符合如下要求：

(1) 符合性。应急预案的内容是否符合有关法规、标准和规范的要求

(2) 适用性。应急预案的内容及要求是否符合单位实际情况。

(3) 完整性。应急预案的要素是否符合评审表规定的要素。

(4) 针对性。应急预案是否针对可能发生的事故类别、重大危险源、重点岗位部位。

(5) 科学性。应急预案的组织体系、预防预警、信息报送、响应程序和处置方案是否合理。

(6) 规范性。应急预案的层次结构、内容格式、语言文字等是否简洁明了，便于阅读和理解。

(7) 衔接性。综合应急预案、专项应急预案、现场处置方案以及其他部门或单位预案是否衔接。

(二) 应急预案的内容

根据《生产安全事故应急预案管理办法》的规定，应急预案可分为综合应急预案、

专项应急预案和现场处置方案 3 个层次。

（1）综合应急预案是指生产经营单位为应对各种生产安全事故而制定的综合性工作方案，是本单位应对生产安全事故的总体工作程序、措施和应急预案体系的总纲。综合应急预案包括应急组织机构及职责、应急预案体系、事故风险描述、预警及信息报告、应急响应、保障措施、应急预案管理等内容。

（2）专项应急预案是指生产经营单位为应对某一种或者多种类型的生产安全事故，或者针对重要生产设施、重大危险源、重大活动防止生产安全事故而制定的专项性工作方案。专项应急预案主要包括事故风险分析、应急指挥机构及职责、处置程序和措施等内容。

（3）现场处置方案是指生产经营单位根据不同的生产安全事故类型，针对具体场所、装置或者设施所制定的应急处置措施。其主要包括事故风险分析、应急工作职责、应急处置和注意事项等内容。

项目法人应当综合分析现场风险，应急行动、措施和保障等基本要求和程序，组织参建单位制定本建设项目的生产安全事故应急救援的综合应急预案，项目法人领导审批，向监理单位、施工企业发布。

监理单位与项目法人分析工程现场的风险类型（如人身伤亡），起草编写专项应急预案，相关领导审核，向各施工企业发布。

施工企业应编制水利水电工程建设项目现场处置方案，并由监理单位审核，项目法人备案。

（三）应急预案的工作流程

应急预案工作流程分为编制与管理两个阶段。应急预案编制应参照《生产经营单位生产安全事故应急预案编制导则》（GB/T 29639—2013），应急预案管理应参照《生产安全事故应急预案管理办法》（国家安监总局令第 88 号），预案操作流程大致可分为下列 6 个步骤，如图 8-2 所示。

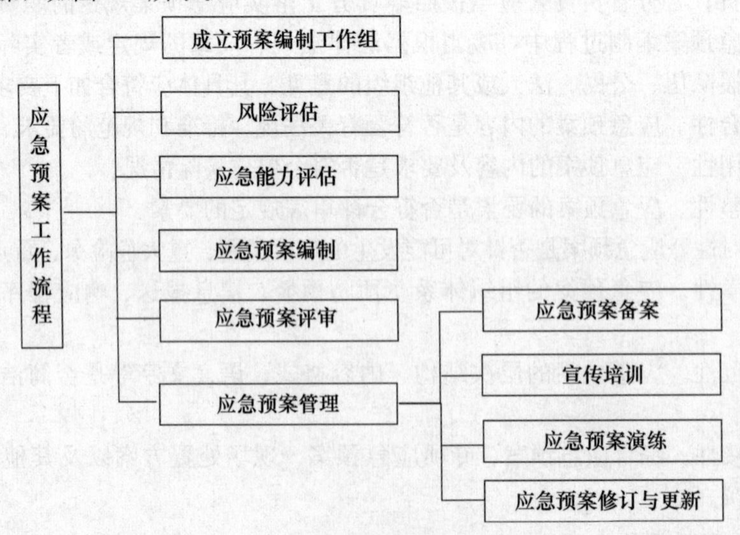

图 8-2　应急预案工作流程

1. 成立预案编制工作组

根据工程实际情况成立由本单位主要负责人任组长，工程相关人员作为成员，尤其是需要吸收有现场处置经验的人员积极参与其中，增加可操作性，也可以吸收与应急预案有关的水行政主管等职能部门和单位的人员参加，同时可以根据实际情况邀请本单位欠缺的医疗、安全等方面专家参与其中。工作组应及时制定工作计划，做好工作分工，明确编制任务，积极开展编制工作。

2. 风险评估

水利工程风险评估就是要对工程施工现场的各类危险因素分析、进行危险源辨识，确定工程建设项目的危险源、可能发生的事故后果，进行事故风险分析，并同时指出事故可能产生的次生、衍生事故及后果形成分析报告，同时要针对目前存在的问题提出具体的防范措施。

3. 应急能力评估

应急能力评估主要包括应急资源调查等内容。应急资源调查，是指全面调查本地区、本单位第一时间可以调用的应急资源状况和合作区域内可以请求援助的应急资源状况，并结合事故风险评估结论制定应急措施的过程。应急资源调查应从“人、财、物”3个方面进行调查，通过对应急资源的调查，分析应急资源基本情况，同时对于急需但工程周围不具备的，应积极采取有效措施予以弥补。

应急资源一般包括应急人力资源（各级指挥员、应急队伍、应急专家等）、应急通信与信息能力、人员防护设备（呼吸器、防毒面具、防酸服、便携式一氧化碳报警器等）、消灭或控制事故发展的设备（消防器材等）、防止污染的设备、材料（中和剂等）、检测、监测设备、医疗救护机构与救护设备、应急运输与治安能力、其他应急资源。

4. 应急预案编制

依据生产经营单位风险评估以及应急能力评估结果，组织编制应急预案。应急预案编制应注重系统性和可操作性，做到与相关部门和单位应急预案相衔接。应急预案的编制格式和要求应按照如下进行：

（1）封面。应急预案封面主要包括应急预案编号、应急预案版本号、生产经营单位名称、应急预案名称、编制单位名称、颁布日期等内容。

（2）批准页。应急预案应经生产经营单位主要负责人（或分管负责人）批准后方可发布。

（3）目次。应急预案应设置目次，目次中所列的内容及次序如下：

① 批准页；

② 章的编号、标题；

③ 带有标题条的编号、标题（需要时列出）；

④ 附件，用序号表明其顺序。

（4）印刷与装订。

应急预案推荐采用A4版面印刷，活页装订。

针对工作场所、岗位的特点，编制简明、实用、有效的应急处置卡。

应急处置卡应当规定重点岗位、人员的应急处置程序和措施，以及相关联络人员和联系方式，便于从业人员携带。

5. 应急预案评审

根据《生产经营单位生产安全事故应急预案编制导则》和《生产安全事故应急预案管理办法》的规定，应急预案编制完成后，应进行评审或者论证。内部评审由本单位主要负责人组织有关部门和人员进行；外部评审由本单位组织外部有关专家进行，并可邀请地方政府有关部门、水行政主管部门等有关人员参加。应急预案评审合格后，由本单位主要负责人签署发布，并按规定报有关部门备案。

水利工程建设项目应参照《生产安全事故应急预案管理办法》及《生产经营单位生产安全事故应急预案评审指南（试行）》的规定组织对应急预案进行评审。

（1）评审方法。应急预案评审分为形式评审和要素评审，评审可采取符合、基本符合、不符合3种方式简单判定。对于基本符合和不符合的项目，应提出指导性意见或建议。

① 形式评审。依据有关规定和要求，对应急预案的层次结构、内容格式、语言文字和制定过程等内容进行审查。形式评审的重点是应急预案的规范性和可读性。

② 要素评审。依据有关规定和标准，从符合性、适用性、针对性、完整性、科学性、规范性和衔接性等方面对应急预案进行评审。要素评审包括关键要素和一般要素。为细化评审，可采用列表方式分别对应急预案的要素进行评审。评审应急预案时，将应急预案的要素内容与表中的评审内容及要求进行对应分析，判断是否符合表中要求，发现存在的问题及不足。

（2）评审程序。应急预案编制完成后，应在广泛征求意见的基础上，采取会议评审的方式进行审查，会议审查规模和参加人员根据应急预案涉及范围和重要程度确定。

① 评审准备。应急预案评审应做好下列准备工作：成立应急预案评审组，明确参加评审的单位或人员。通知参加评审的单位或人员具体的评审时间。将被评审的应急预案在评审前送达参加评审的单位或人员。

② 会议评审。会议评审可按照下列程序进行：介绍应急预案评审人员构成，推选会议评审组组长。应急预案编制单位或部门向评审人员介绍应急预案编制或修订情况。评审人员对应急预案进行讨论，提出修改和建设性意见。应急预案评审组根据会议讨论情况，提出会议评审意见。讨论通过会议评审意见，参加会议评审人员签字。

③ 意见处理。评审组组长负责对各评审人员的意见进行协调和归纳，综合提出预案评审的结论性意见。按照评审意见，对应急预案存在的问题以及不合格项进行分析研究，并对应急预案进行修订或完善。反馈意见要求重新审查的，应按照要求重新组织审查。

6. 应急预案管理

（1）应急预案备案。根据《生产安全事故应急预案管理办法》的规定，对已报批准的应急预案备案。

中央管理的总公司（总厂、集团公司、上市公司）的综合应急预案和专项应急预案，报国务院国有资产监督管理部门、国务院安全生产监督管理部门和国务院有关主管部门备案；其所属单位的应急预案分别抄送所在地的省、自治区、直辖市或者设区的市人民政府安全生产监督管理部门和有关主管部门备案。其他单位按照相应的管理权限备案。

水利水电工程建设项目参建各方申请应急预案备案，应当提交下列材料：

① 应急预案备案申报表。

② 应急预案评审或者论证意见。

③ 应急预案文本及电子文档。

④ 风险评估结果和应急资源调查清单。

受理备案登记的安全生产监督管理部门及有关主管部门应当对应急预案进行形式审查，经审查符合要求的，予以备案并出具应急预案备案登记表；不符合要求的，不予备案并说明理由。

（2）应急预案宣传与培训。水利工程建设参建各方应采取不同方式开展安全生产应急管理知识和应急预案的宣传和培训工作。对本单位负责应急管理工作的人员以及专职或兼职应急救援人员进行相应知识和专业技能培训，同时，加强对安全生产关键责任岗位员工的应急培训，使其掌握生产安全事故的紧急处置方法，增强自救互救和第一时间处置事故的能力。在此基础上，确保所有从业人员具备基本的应急技能，熟悉本单位的应急预案，掌握本岗位事故防范与处置措施和应急处置程序，提高应急水平。

（3）应急预案演练。应急预案演练是应急准备的一个重要环节。通过演练，可以检验应急预案的可行性和应急反应的准备情况；可以发现应急预案存在的问题，完善应急工作机制，提高应急反应能力；可以锻炼队伍，提高应急队伍的作战能力，熟悉操作技能；可以教育参建人员，增强其危机意识，提高安全生产工作的自觉性。为此，预案管理和相关规章中都应有对应急预案演练的要求。

（4）应急预案修订与更新。应急预案必须与工程规模、机构设置、人员安排、危险等级、管理效率及应急资源等状况相一致。随着时间的推移，应急预案中包含的信息可能会发生变化。因此，为了不断完善和改进应急预案并保持预案的时效性，水利水电工程建设参建各方应根据本单位实际情况，及时更新和修订应急预案。

应就下列情况对应急预案进行定期和不定期的修改或修订：

① 日常应急管理中发现预案的缺陷。

② 训练或演练过程中发现预案的缺陷。

③ 实际应急过程中发现预案的缺陷。

④ 组织机构发生变化。

⑤ 原材料、生产工艺的危险性发生变化。

⑥ 施工区域范围的变化。

⑦ 布局、消防设施等发生变化。

⑧ 人员及通信方式发生变化。

⑨ 有关法律法规标准发生变化。

⑩ 其他情况。

应急预案修订前，应组织对应急预案进行评估，以确定是否需要进行修订以及哪些内容需要修订。通过对应急预案的更新与修订，可以保证应急预案的持续适应性。同时，更新的应急预案内容应通过有关负责人认可，并及时通告相关单位、部门和人员；修订的预案版本应经过相应的审批程序，并及时发布和备案。

（5）应急预案的响应。依据突发事故的类别、危害的程度、事故现场的位置及事故现场情况分析结果设定预案的启动条件。接警后，根据事故发生的位置及危害程序，决定启动相应的应急预案，在总指挥的统一指挥下，发布突发事故应急救援令，启动预案，各应急小组依据预案的分工、机构设置赶赴现场，采取相应的措施。并报告当地水利等有关部门。

（四）应急预案的编制提纲

1. 综合应急预案

（1）总则。总则包括编制目的、编制依据、适用范围、应急预案体系、应急预案工作原则等。

（2）事故风险描述。

（3）应急组织机构及职责。

（4）预警及信息报告。

（5）应急响应。应急响应包括响应分级、响应程序、处置措施、应急结束等。

（6）信息、公开。

（7）后期处置。

（8）保障措施。保障措施包括通信与信息保障、应急队伍保障、物资装备保障、其他保障等。

（9）应急预案管理。应急预案管理包括应急预案培训、应急预案演练、应急预案修订、应急预案备案、应急预案实施等。

2. 专项应急预案

（1）事故风险分析。针对可能发生的事故风险，分析事故发生的可能性以及严重程度、影响范围等。

（2）应急指挥机构及职责。根据事故类型，明确应急指挥机构总指挥、副总指挥以及各成员单位或人员的具体职责。应急指挥机构可以设置相应的应急救援工作小组，明确各小组的工作任务及主要负责人职责。

（3）处置程序。明确事故及事故险情信息报告程序和内容、报告方式和责任人等内容。根据事故响应级别，具体描述事故接警报告和记录、应急指挥机构启动、应急指挥、资源调配、应急救援、扩大应急等应急响应程序。

（4）处置措施。针对可能发生的事故风险、事故危害程度和影响范围，制定相应的应急处置措施，明确处置原则和具体要求。

3. 现场处置方案

（1）事故风险分析。事故风险分析主要包括：事故类型；事故发生的区域、地点或装置的名称；事故发生的可能时间、事故的危害严重程度及其影响范围；事故前可能出现的征兆；事故可能引发的次生、衍生事故。

（2）应急工作职责。根据现场工作岗位、组织形式及人员构成，明确各岗位人员的应急工作分工和职责。

（3）应急处置。应急处置主要包括以下内容：

① 事故应急处置程序。根据可能发生的事故及现场情况，明确事故报警、各项

应急措施启动、应急救护人员的引导、事故扩大及同生产经营单位应急预案衔接的程序。

② 现场应急处置措施。针对可能发生的火灾、爆炸、危险化学品泄漏、坍塌、水患、机动车辆伤害等，从人员救护、工艺操作、事故控制，消防、现场恢复等方面制定明确的应急处置措施。

③明确报警负责人以及报警电话及上级管理部门、相关应急救援单位联络方式和联系人员，事故报告基本要求和内容。

（4）注意事项

注意事项主要包括以下内容：

① 佩戴个人防护器具方面的注意事项。

② 使用抢险救援器材方面的注意事项。

③ 采取救援对策或措施方面的注意事项。

④ 现场自救和互救注意事项。

⑤ 现场应急处置能力确认和人员安全防护等事项。

⑥ 应急救援结束后的注意事项。

⑦ 其他需要特别警示的事项。

（5）附件。附件中列出应急工作中需要联系的部门、机构或人员的多种联系方式，当发生变化时及时进行更新。

应急物资装备的名录或清单：列出应急预案涉及的主要物资和装备名称、型号、性能、数量、存放地点、运输和使用条件、管理责任人和联系电话等。

规范化格式文本：应急信息接报、处理、上报等规范化格式文本。

关键的路线、标识和图纸主要包括以下内容：

① 警报系统分布及覆盖范围。

② 重要防护目标、危险源一览表、分布图。

③ 应急指挥部位置及救援队伍行动路线。

④ 疏散路线、警戒范围、重要地点等的标识。

⑤ 相关平面布置图纸、救援力量的分布图纸等。

（6）有关协议或备忘录。列出与相关应急救援部门签订的应急救援协议或备忘录。

五、水利工程应急培训与演练

（一）应急培训

生产经营单位应当组织开展本单位的应急预案、应急知识、自救互救和避险逃生技能的培训活动，使有关人员了解应急预案内容，熟悉应急职责、应急处置程序和措施。应急培训的时间、地点、内容、师资、参加人员和考核结果等情况应当如实记入本单位的安全生产教育和培训档案。

1. 应急培训方式

培训应当以自主培训为主；也可以委托具有相应资质的安全培训机构，对从业人员进行安全培训。不具备安全培训条件的生产经营单位，应当委托具有相应资质的安全培训机构，对从业人员进行安全培训。应急培训可以纳入安全教育培训中。

2. 应急培训实施过程

按照制定的培训计划，合理利用时间，充分利用各类不同的方式积极开展安全生产应急培训工作，让所有的人员能够了解应急基本知识，了解潜在危害和危险源，掌握自救及救人知识，了解逃生方式方法。

3. 应急培训目的

应急培训的最主要目的在于能够具有实用性，其效果反馈除了可以通过一般的考试、实际操作的考核方式外，还可以通过应急演练的方式来进行，针对应急演练中发现的问题，及时进行查漏补缺，增强重点内容，不断增加培训的效果。应急培训完成后，应尽可能进行考核，真正达到应急培训的目的。

4. 应急培训的基本内容

应急培训包括对参与应急行动所有相关人员进行的最低程度的应急培训与教育，要求应急人员了解和掌握如何识别危险、如何采取必要的应急措施、如何启动紧急情况警报系统、如何安全疏散人群等基本操作。不同水平的应急者所需接受培训的共同内容如下：

（1）报警。使应急人员了解并掌握如何利用身边的工具最快最有效地报警，比如用手机电话、网络或其他方式报警。使应急人员熟悉发布紧急情况通告的方法，如使用警笛、警钟、电话或广播等。当事故发生后，为及时疏散事故现场的所有人员，应急人员应掌握如何在现场贴发警报标志。

生产安全事故受伤人员除了本单位紧急抢救外，应迅速拨打“120”电话请求急救中心急救。发生火灾爆炸事故时，立即拨打“119”电话，应讲清起火单位名称、详细地点及着火物质、火情大小、报警人电话及姓名。发生道路交通事故拨打“122”电话，讲清事故发生地点、时间及主要情况，如有人员伤亡，及时拨打“120”电话。遇到各类刑事、治安案件及各类突发事件，及时拨打“110”报警电话。

（2）疏散。为避免事故中不必要的人员伤亡，对应急人员在紧急情况下安全、有序地疏散被困人员或周围人员进行培训与教育。对人员疏散的培训可在应急演练中进行，通过演练还可以测试应急人员的疏散能力。

（3）火灾应急培训与教育。由于火灾的易发性和多发性，对火灾应急的培训与教育显得尤为重要，要求应急人员必须掌握必要的灭火技术以便在起火初期迅速灭火，降低或减小发展为灾难性事故的危险，掌握灭火装置的识别、使用、保养、维修等基本技术。由于灭火主要是消防队员的职责，因此，火灾应急培训与教育主要也是针对消防队员开展的。

（4）防汛防台风应急措施。

① 实施防汛防台工作责任制，落实应急防汛责任人。参建各方按照规定储备足够的防汛物资，组织落实抗灾抢险队。

② 应急人员在汛期前加强检查工地防汛设施和工程施工对邻近建筑物的影响。

③ 指挥部成员在汛期值班期间保持24h通信畅通，加强值班制度、检测检查和排险工作。

④ 汛情严重或出现暴雨时，由指挥部总指挥组织全面防汛防台风及抢险救灾工作，做好上传下达，分析雨情、水情、风情，科学调度，随时做好调集人力、物力、财力

的准备。

⑤ 视安全情况，发出预警信号，应急人员及时安排受灾群众和财产转移到安全地带，把损失减小到最低程度。

（二）应急演练

应急演练是对应急能力的综合考验，开展应急演练，有助于提高应急能力，改进应急预案，及时发现工作中存在的问题，及时完善。

1. 演练的目的和要求

（1）演练目的。应急演练的主要目的包括以下内容：

① 检验预案。发现应急预案中存在的问题，提高应急预案的科学性、实用性和可操作性。

② 锻炼队伍。熟悉应急预案，提高应急人员在紧急情况下妥善处置事故的能力。

③ 磨合机制。完善应急管理相关部门、单位和人员的工作职责，提高协调配合能力。

④ 宣传教育。普及应急管理知识，提高参演和观摩人员风险防范意识和自救互救能力。

⑤ 完善准备。完善应急管理和应急处置技术，补充应急装备和物资，提高其适用性和可靠性。

⑥ 其他需要解决的问题。

（2）演练原则。

① 符合相关规定。按照国家有关法律、法规、标准及有关规定来组织演练。

② 符合企业实际。结合企业生产安全事故特点和可能发生的事故类型组织开展演练。

③ 注重能力提高。以提高指挥协调能力、应急处置能力为主要出发点开展演练。

④ 确保安全有序。在保证参演人员及设备设施安全的条件下组织开展演练。

2. 演练的类型

根据演练组织方式、内容等可以将演练类型进行分类，按照演练方式可分为桌面演练和现场演练，按照演练内容可分为单项演练和综合演练。

（1）桌面演练。桌面演练是指由应急组织的代表或关键岗位人员参加的，按照应急预案及其标准运作程序讨论紧急情况时应采取的演练活动。桌面演练的主要特点是对演练情景进行口头演练，一般是在会议室内举行非正式的活动。其主要目的是锻炼演练人员解决问题的能力，以及解决应急组织相互协作和职责划分的问题。

桌面演练只需要展示有限的应急响应和内部协调活动，事后一般采取口头评论形式收集演练人员的建议，并提交一份简短的书面报告，总结演练活动，并提出有关改进应急相应工作的建议。

（2）现场演练。现场演练是利用实际设备、设施或场所，设定事故情景，依据应急预案进行演练，现场演练是以现场操作的形式开展的演练活动。参演人员在贴近实际情况和高度紧张的环境下进行演练，根据演练情景要求，通过实际操作完成应急响应任务，以检验和提高应急人员的反应能力，加强组织指挥、应急处置和后勤保证等应急能力。

（3）单项演练。单项演练是涉及应急预案中特定应急响应功能或现场处置方案中一系列应急响应功能的演练活动。注重针对一个或少数几个参与单位的特定环节和功能进行检验。其主要目的是针对应急响应功能，检验应急响应人员以及应急组织体系的策划和响应能力。例如，指挥和控制功能的演练，其目的是检测、评价应急指挥机构在一定压力情况下的应急运行和及时响应能力，演练地点主要集中在若干个应急指挥中心或现场指挥所举行，并开展有限的现场活动，调用有限的外部资源。

（4）综合演练。综合演练针对应急预案中全部或大部分应急响应功能，检验、评价应急组织应急运行能力的演练活动。综合演练一般要求持续几个小时，采取交互方式进行，演练过程要求尽量真实，调用更多的应急响应人员和资源，并开展人员、设备及其他资源的实战性演练，以展示相互协调的应急响应能力。

3．演练的组织实施

根据国家安全监督管理总局发布的《生产安全事故应急演练指南》（AQ/T 9007—2011），将应急演练的过程分为演练计划、演练准备、演练实施 3 个阶段。

（1）演练计划

演练计划应包括演练目的、类型（形式）、时间、地点，演练主要内容、参加单位和经费预算等。

（2）演练准备

1）成立演练组织机构。

综合演练通常应成立演练领导小组，下设策划组、执行组、保障组、评估组等专业工作组。根据演练规模大小，其组织机构可进行调整。

① 领导小组。其负责演练活动筹备和实施过程中的组织领导工作，具体负责审定演练工作方案、演练工作经费、演练评估总结以及其他需要解决的重要事项等。

② 策划组。其负责编制演练工作方案、演练脚本、演练安全保障方案或应急预案、宣传报道材料、工作总结和改进计划。

③ 执行组。其负责演练活动筹备及实施过程中与相关单位、工作组的联络和协调、事故情景布置、参演人员调度和演练进程控制等。

④ 保障组。其负责演练活动工作经费和后勤保障，确保演练安全保障方案或应急预案落实到位。

⑤ 评估组。其负责审定演练安全保障方案或应急预案，编制演练评估方案并实施，进行演练现场点评和总结评估。

2）编制演练文件。

① 演练工作方案。演练工作方案内容主要包括：应急演练的目的及要求；应急演练事故情景设计；应急演练规模及时间；参演单位和人员主要任务及职责；应急演练筹备工作内容；应急演练主要步骤；应急演练技术支撑及保障条件；应急演练评估与总结。

② 演练脚本。根据需要，可编制演练脚本。演练脚本是应急演练工作方案具体操作实施的文件，帮助参演人员全面掌握演练进程和内容。演练脚本一般采用表格形式，主要内容包括：演练模拟事故情景；处置行动与执行人员；指令与对白、步骤及时间安排；视频背景与字幕；演练解说词等。

③ 演练评估方案。演练评估方案通常包括：演练信息，主要指应急演练的目的和

目标、情景描述，应急行动与应对措施简介等；评估内容，主要指应急演练准备、应急演练组织与实施、应急演练效果等；评估标准，主要指应急演练各环节应达到的目标评判标准；评估程序，主要指演练评估工作主要步骤及任务分工；附件，主要指演练评估所需要用到的相关表格等。

④ 演练保障方案。针对应急演练活动可能发生的意外情况制定演练保障方案或应急预案并进行演练，做到相关人员应知应会，熟练掌握。演练保障方案应包括应急演练可能发生的意外情况、应急处置措施及责任部门，应急演练意外情况中止条件与程序等。

⑤ 演练观摩手册。根据演练规模和观摩需要，可编制演练观摩手册。演练观摩手册通常包括应急演练时间、地点、情景描述、主要环节及演练内容、安全注意事项等。

3）演练工作保障。

① 人员保障。按照演练方案和有关要求，策划、执行、保障、评估、参演等人员参加演练活动，必要时考虑替补人员。

② 经费保障。根据演练工作需要，明确演练工作经费及承担单位。

③ 物资和器材保障。根据演练工作需要，明确各参演单位所需准备的演练物资和器材等。

④ 场地保障。根据演练方式和内容，选择合适的演练场地。演练场地应满足演练活动需要，避免影响企业和公众正常生产、生活。

⑤ 安全保障。根据演练工作需要，采取必要的安全防护措施，确保参演、观摩等人员以及生产运行系统安全。

⑥ 通信保障。根据演练工作需要，采用多种公用或专用通信系统，保证演练通信信息通畅。

⑦ 其他保障。根据演练工作需要，提供其他保障措施。

（3）演练实施。

① 熟悉演练任务和角色。组织各参演单位和参演人员熟悉各自参演任务和角色，并按照演练方案要求组织开展相应的演练准备工作。

② 组织预演。在综合应急演练前，演练组织单位或策划人员可按照演练方案或脚本组织桌面演练或合成预演，熟悉演练实施过程的各个环节。

③ 安全检查。确认演练所需的工具、设备、设施、技术资料，参演人员到位。对应急演练安全保障方案以及设备、设施进行检查确认，确保安全保障方案可行，所有设备、设施完好。

④ 应急演练。应急演练总指挥下达演练开始指令后，参演单位和人员按照设定的事故情景，实施相应的应急响应行动，直至完成全部演练工作。演练实施过程中出现特殊或意外情况，演练总指挥可决定中止演练。

⑤ 演练记录。演练实施过程中，安排专门人员采用文字、照片和影像等手段记录演练过程。

⑥ 评估准备。演练评估人员根据演练事故情景设计以及具体分工，在演练现场实施过程中展开演练评估工作，记录演练中发现的问题或不足，收集演练评估需要的各种信息和资料。

⑦ 演练结束。演练总指挥宣布演练结束，参演人员按预定方案集中进行现场讲评或者进行有序疏散。

4. 应急演练总结及改进

应急演练结束后，在演练现场，评估人员或评估组负责人对演练中发现的问题、不足及取得的成效进行口头点评。

评估人员针对演练中观察、记录以及收集的各种信息资料，依据评估标准对应急演练活动全过程进行科学分析和客观评价，并撰写书面评估报告。评估报告重点对演练活动的组织和实施、演练目标的实现、参演人员的表现以及演练中暴露的问题进行评估。演练总结报告的内容主要包括演练基本概要；演练发现的问题，取得的经验和教训；应急管理工作建议。

应急演练活动结束后，将应急演练工作方案以及应急演练评估、总结报告等文字资料，以及记录演练实施过程的相关图片、视频、音频等资料归档保存。根据演练评估报告中对应急预案的改进建议，由应急预案编制部门按程序对预案进行修订完善，并持续改进。

六、事故报告及处理

（一）事故分级

详见有关法律。

（二）事故分类

（1）高处坠落。操作者在高度基准面 2m 以上的作业，称为高处作业，其在高处作业时造成的坠落称为高处坠落。高处作业的范围是相当广泛的，如在建筑物或构筑物结构范围以内的各种形式的洞口与临时性质的作业，悬空与攀登作业，操作平台与立体交叉作业，在主体结构以外的场地上和通道旁的各类洞、坑、沟、槽等的作业，脚手架、井字架（龙门架）、施工用电梯、模板的安装拆除、各种起重吊装作业等，都易发生高处坠落。

（2）物体打击。在施工过程中，施工现场经常会有很多物体从上面落下来，打到了下面或旁边的作业人员，即产生了物体打击事故。凡在施工现场作业的人员，都有受到打击的可能，特别是在一个垂直面的上下交叉作业，最易发生打击事故。

（3）触电事故。电是施工现场中各种作业的主要动力来源，各种机械、工具等主要依靠电来驱动，即使不使用机械设备，也要使用各种照明。触电事故主要是由于设备、机械、工具等漏电，电线老化破皮或违章使用电气用具，以及在施工现场周围盲目搭接不明外来电路等造成。

（4）机械伤害。施工现场使用的机械和工具包括：木工机械，如电平刨、圆盘锯等；钢筋加工机械，如拉直机、弯曲机等；电焊机、搅拌机、各种气瓶及手持电动工具等。以上各种机械工具在使用中因缺少防护和保险装置，易对操作者造成伤害。

（5）坍塌事故。在土方开挖或是深基础施工中，造成土石方坍塌；拆除工程、在建工程及临时设施等的部分或整体坍塌。

（6）火灾爆炸。施工现场乱扔烟头、焊接与切割动火及用火、用电，使用易燃易爆材料等不慎造成的火灾、爆炸。

（7）淹溺。淹溺是指因大量水经口、鼻进入肺内，造成呼吸道阻塞，发生急性缺氧气而窒息死亡的事故，适用于船舶、排筏、设施在航行、停泊、作业时发生的落水事故。“设施”是指水上、水下各种浮动或固定的建筑、装置、管道、电缆和固定平台。“作业”是指在水域及其岸线进行装卸、勘探、开采、测量、建筑、疏浚、爆破、打捞、救助、捕捞、养殖、潜水、流放木材排除故障以及科学实验和其他水上、水下施工。

（三）事故报告

工伤事故报告的作用对于很多出现工伤的人来说很重要，因为在具体的发展过程中工伤的鉴定需要报告，这样才能够更好地进行分析和鉴定，整体的鉴定结果才会是准确的，这也充分说明了工伤事故报告的作用。在具体写报告时就需要详细进行描述和说明，这样整体的价值和实际的作用才会是更好的。

1. 事故报告的时限及流程

根据事故发生后，事故现场有关人员应当立即向本单位负责人报告；单位负责人接到报告后，应当于lh内向事故发生地上级主管单位和县级以上水行政主管部门报告，情况紧急时，事故现场有关人员可以直接向事故发生地县级以上人民政府安全生产监督管理部门和负有安全生产监督管理职责的有关部门报告。事故报告后出现新情况的，应当及时补报。自事故发生之日起30日内，事故造成的伤亡人数发生变化的，应当及时补报。道路交通事故、火灾事故自发生之日起7日内，事故造成的伤亡人数发生变化的，应当及时补报。

安全生产监督管理部门和水行政主管部门接到事故报告后，应当依照下列规定上报事故情况，并通知公安机关、劳动保障行政部门、工会和人民检察院。

（1）特别重大事故、重大事故逐级上报至国务院安全生产监督管理部门和负有安全生产监督管理职责的有关部门。

（2）较大事故逐级上报至省（自治区、直辖市）人民政府安全生产监督管理部门和负有安全生产监督管理职责的有关部门。

（3）一般事故上报至设区的市级人民政府安全生产监督管理部门和负有安全生产监督管理职责的有关部门。

安全生产监督管理部门和负有安全生产监督管理职责的有关部门依照前款规定上报事故情况，应当同时报告本级人民政府。国务院安全生产监督管理部门和负有安全生产监督管理职责的有关部门以及省级人民政府接到发生特别重大事故、重大事故的报告后，应当立即报告国务院。必要时，安全生产监督管理部门和负有安全生产监督管理职责的有关部门可以越级上报事故情况。

2. 报告内容及格式

报告事故应当包括事故发生单位概况、事故发生的时间、地点以及事故现场情况、事故的简要经过、事故已经造成或者可能造成的伤亡人数（包括下落不明的人数）和初步估计的直接经济损失、已经采取的措施和其他应当报告的情况。事故报告应当遵照完整性的原则，尽量能够全面地反映事故情况。

（1）事故发生单位概况。事故发生单位概况应当包括单位的全称、所处地理位置、所有制形式和隶属关系、生产经营范围和规模、持有各类证照的情况、单位负责人的基本情况以及近期的生产经营状况等。

（2）事故发生的时间、地点以及事故现场情况。报告事故发生的时间应当具体，并尽量精确到分钟。报告事故发生的地点要准确，除事故发生的中心地点外，还应当报告事故所波及的区域。报告事故现场总体情况、现场的人员伤亡情况、设备设施的毁损情况以及事故发生前的现场情况。

（3）事故的简要经过。事故的简要经过是对事故全过程的简要叙述。描述要前后衔接、脉络清晰、因果相连。

（4）人员伤亡和经济损失情况。对于人员伤亡情况的报告，应当遵守实事求是的原则，不作无根据的猜测，更不能隐瞒实际伤亡人数。对直接经济损失的初步估算，主要指事故所导致的建筑物的毁损、生产设备设施和仪器仪表的损坏等。由于人员伤亡情况和经济损失情况直接影响事故等级的划分，并因此决定事故的调查处理等后续重大问题，在报告这方面情况时应当谨慎细致，力求准确。

（5）已经采取的措施。已经采取的措施主要是指事故现场有关人员、事故单位负责人、已经接到事故报告的安全生产管理部门为减少损失、防止事故扩大和便于事故调查所采取的应急救援和现场保护等具体措施。

（四）调查与处理

1. 事故调查

事故调查处理应当坚持实事求是、尊重科学的原则，及时、准确地查清事故经过、事故原因和事故损失，查明事故性质，认定事故责任，总结事故教训，提出整改措施，并对事故责任者依法追究责任。

特别重大事故由国务院或者国务院授权有关部门组织事故调查组进行调查。重大事故、较大事故、一般事故分别由事故发生地省级人民政府、设区的市级人民政府、县级人民政府负责调查。省级人民政府、设区的市级人民政府、县级人民政府可以直接组织事故调查组进行调查，也可以授权或者委托有关部门组织事故调查组进行调查。未造成人员伤亡的一般事故，县级人民政府也可以委托事故发生单位组织事故调查组进行调查。

2. 事故处理

事故发生单位应当认真吸取事故教训，落实防范和整改措施，防止事故再次发生。防范和整改措施的落实情况应当接受工会和职工的监督。安全生产监督管理部门和负有安全生产监督管理职责的有关部门应当对事故发生单位落实防范和整改措施的情况进行监督检查。事故发生单位负责人接到事故报告后，应当立即启动事故相应的应急预案，或者采取有效措施，组织抢救，防止事故扩大，减少人员伤亡和财产损失。有关单位和人员应当妥善保护事故现场以及相关证据，任何单位和个人不得破坏事故现场、毁灭相关证据。因抢救人员、防止事故扩大以及疏通交通等原因，需要移动事故现场物件的，应当做出标志，绘制现场简图并做出书面记录，妥善保存现场重要痕迹、物证。事故处理遵循四不放过原则：即事故原因未查明不放过、责任人未处理不放过、整改措施未落实不放过、有关人员未受到教育不放过。

3. 具体处罚

详见国务院关于安全生产的有关通知意见。

（五）事故统计分析

1. 事故统计分析的目的

事故统计分析的目的是通过合理地收集事故相关的资料、数据，并应用科学的统计方法，对大量重复显现的数字特征进行整理、加工、分析和推断，找出事故发生的规律和原因。对水利工程建设安全事故进行统计分析，是掌握水利水电工程建设安全事故发生的规律性趋势和各种内在联系的有效方法，既对加强水利水电工程建设安全管理工作具有很好的决策和指导作用，又对加强水利安全生产体质机制建设，对事故预防工作有重大作用。

2. 事故统计分析的作用

做好事故统计分析有助于提高安全管理水平，主要表现在以下方面：

（1）从事故统计报告和数据分析中掌握事故发生的原因和规律，针对安全生产工作中的薄弱环节，有的放矢地采取避免事故发生的对策。

（2）通过事故的调查研究和统计分析，反映出安全生产业绩，统计的数据是检验安全工作好坏的一个重要标志。

（3）通过事故的调查研究和统计分析，为制定有关安全生产法律法规、标准规范提供科学依据。

（4）通过事故的调查研究和统计分析，让广大员工受到深刻的安全教育。吸取教训，提高安全自觉性，让企业安全管理人员提高对安全生产重要性的认识，从而提高安全管理水平。

（5）通过事故的调查研究和统计分析，使领导机构及时、准确、全面地掌握本系统的安全生产状况，发现问题并做出正确的决策。

3. 事故统计分析的步骤

事故统计分析一般分为3个步骤，具体如下：

（1）资料收集。对大量原始数据进行技术分组，收集事故相关的各类资料。

（2）资料整理。将收集的事故资料进行审核、汇总，并根据事故统计的目的汇总有关数据。

（3）综合分析。综合分析是将汇总整理的资料及有关数值，进行统计分析，使资料系统化、条理化、科学化。

4. 事故统计分析的方法

事故统计分析就是运用数理统计的方法，对大量的事故资料进行加工、整理和分析，从中揭示事故发生的某些必然规律，为预防事故发生指明方向。常见的事故统计分析方法有综合分析法、主次图分析法、事故趋势图分析法等。

参考文献

[1] 王东升，李建民，王晓．建设工程质量与安全生产管理［M］．徐州：中国矿业大学出版社，2013.
[2] 孙燕，王东升．建设工程项目管理理论与实务［M］．徐州：中国矿业大学出版社，2012.
[3] 苗兴皓．水利工程质量与安全管理［M］．北京：中国建材工业出版社，2014.
[4] 周建亮．工程质量与安全管理［M］．北京：中国建筑工业出版社，2017.
[5] 郑霞忠，朱忠荣．水利水电工程质量管理与控制［M］．北京：中国电力出版社，2011.
[6] 刘学应，王建华．水利工程施工安全生产管理［M］．北京：中国水利水电出版社，2018.
[7] 水利部安全监督司，水利部建设管理与质量安全中心．水利安全生产监督管理［M］．北京：中国水利水电出版社，2014.
[8] 水利部安全监督司，水利部建设管理与质量安全中心．水利水电工程建设安全生产管理［M］．北京：中国水利水电出版社，2014.
[9] 水利部建设与管理司，水利部水利建设与管理总站编．水利建设与管理法规文件汇编（全4册）［M］．北京：中国水利水电出版社，2012.
[10] 全国二级建造师执业资格考试用书编写委员会．水利水电工程管理与实务［M］．北京：中国建筑工业出版社，2019.
[11] 孙开畅，周剑岚．水利水电工程施工安全风险管理［M］．北京：中国水利水电出版社，2013.
[12] 肖振荣．水利水电工程事故处理及问题研究［M］．北京：中国水利水电出版社，2004.
[13] 林永强．如何开展好现场稽察工作．济南：水利稽察培训材料汇编，2011.
[14] 虞强生．工程质量与安全稽察要点和方法．济南：水利稽察培训材料汇编，2011.
[15] 水利部安全监督司．水利稽查法规汇编［M］．北京：中国水利水电出版社，2011.
[16] 山东省水利厅．山东水利稽查制度汇编．济南：2011.
[17] 雷明进．水利安全生产管理概述．杭州：2009.
[18] 陈全．职业健康安全风险管理［M］．北京：中国质检出版社、中国标准出版社，2011.
[19] 姚仲达．全面质量管理 TQM（ppt），2017.